메가스터디 N제

공통수학1 466제

내신·학평 완벽 대비 1등급 필수 문제집

구성과 특징

내신 만점 완성 Point가 바로 여기에!

Point 1

기본, 실전 문제부터 교육청 기출 문제까지, 올인원 학습 가능!

개념 정리에서 기본 문제, 실전 문제 및 교육청 기출문제까지 다루어 올인원 학습이 가능하도록 구성했습니다.

Point 2

내신 빈출 및 교육청 기출문제로, 내신 고득점 가능!

최신 내신 문제와 교육청 기출문제를 분석하여 구성한 문제를 수록하여 중상 난이도 문제의 풀이법을 체화할 수 있도록 했습니다.

Point 3

엄선한 변별력 문제로, 단기간 효과적인 학습 가능!

변별력 문제로 자주 출제되는 고난도, 서술형, 교육청 기출문제를 엄선, 수록하여 단기간 효과적인 학습이 가능하도록 했습니다.

STEP 1 단원별 핵심 개념 및 기본 문제

핵심 개념
교과서 내용을 철저히 분석하고 중요 개념과 공식들을 체계적으로 정리하여 학습의 기본을 다질 수 있도록 했습니다.

기본 문제
교과서 개념과 원리를 확인하는 문제를 제공하여 기본을 탄탄히 다지고, 이를 통하여 실전에 대비할 수 있도록 했습니다.

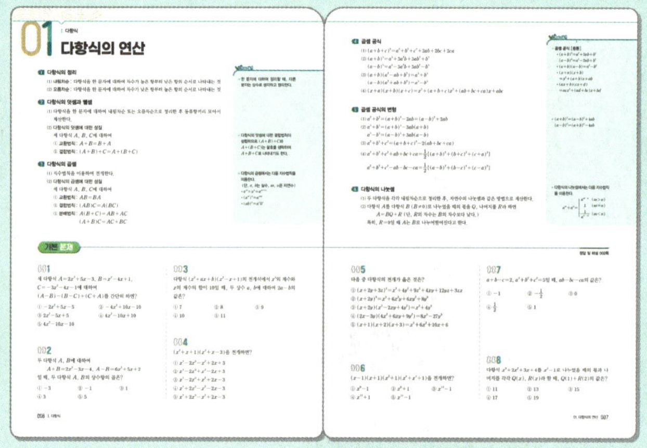

STEP 2 실전 문제

기본 문제에서 익힌 유형의 심화·발전 문제를 다루어 학교 시험 및 모의고사에 대비할 수 있도록 했습니다.

☆출제예감 시험에 자주 출제되는 문제, 알아두어야 할 핵심 문제를 출제예감으로 표시하였습니다.

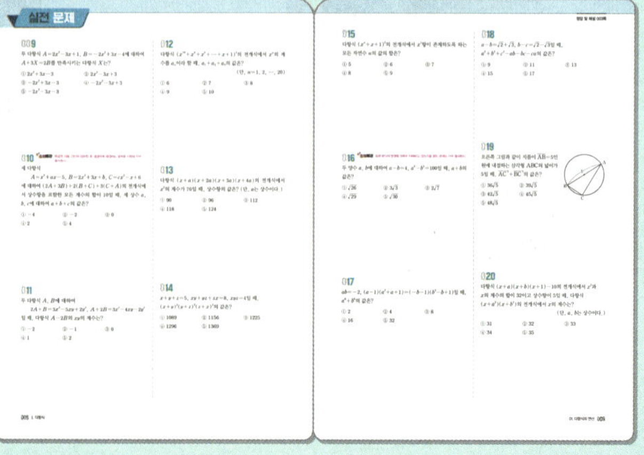

STEP 3 — 고난도 & 서술형 문제

고난도 문제
두 가지 이상의 개념을 사용해야 해결할 수 있는 문제,
신유형 문제, 창의력 문제 등을 통해 종합적인 사고력과
응용력을 키울 수 있도록 했습니다.

서술형 문제
학교 시험에서 비중이 높아지고 있는 서술형 문제에 대비
할 수 있도록 했습니다.

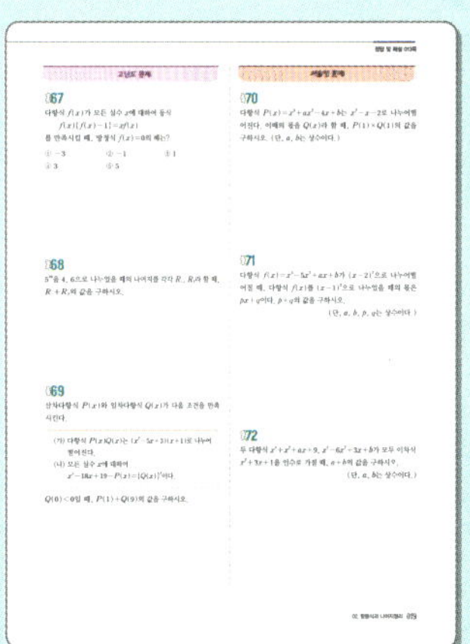

STEP 4 — 교육청 기출문제

교육청 기출문제를 통해 자신의 실력을 확인하고 시험에
완벽하게 대비할 수 있도록 했습니다.
또한, 문제 해결을 위한 단계적 풀이 방향을 제시하여
기출문제 학습에 도움이 되도록 했습니다.

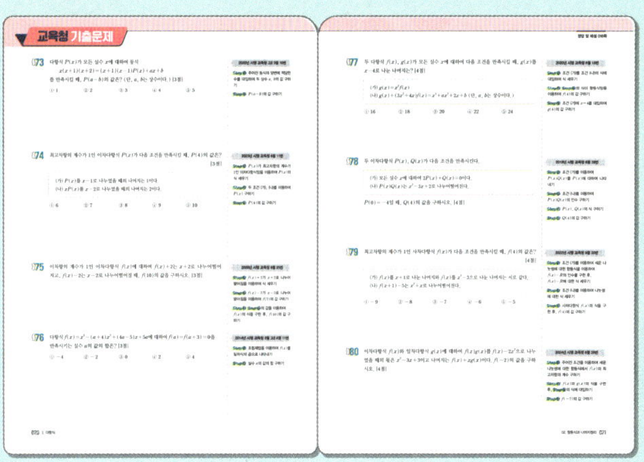

 정답 및 해설

정확하고 이해하기 쉬운 해설과 실전에서 유용한 다른
풀이를 다양하게 제공했습니다.
또한, 문제 해결을 위한 Tip, 복습이 필요한 개념 등을 플
러스 강의로 제시했습니다.
고난도 문제는 문제 해결을 위한 단계적 풀이 방향을,
서술형 문제는 문제 풀이 방향에 기준이 되는 채점 기준표를,
교육청 기출문제는 대규모 시험 응시생들의 결과를 분석한
선지 선택률 또는 정답률을 제공했습니다.

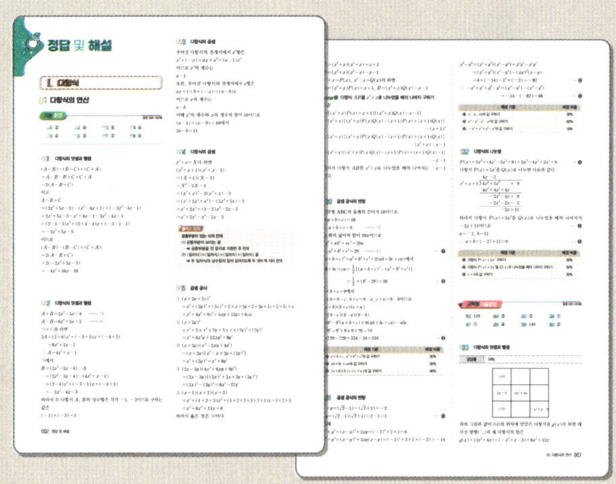

이 책의 차례

I

다항식

01 다항식의 연산

❶ 다항식의 정리

(1) 내림차순: 다항식을 한 문자에 대하여 차수가 높은 항부터 낮은 항의 순서로 나타내는 것
(2) 오름차순: 다항식을 한 문자에 대하여 차수가 낮은 항부터 높은 항의 순서로 나타내는 것

❷ 다항식의 덧셈과 뺄셈

(1) 다항식을 한 문자에 대하여 내림차순 또는 오름차순으로 정리한 후 동류항끼리 모아서 계산한다.
(2) 다항식의 덧셈에 대한 성질
　　세 다항식 A, B, C에 대하여
　　① 교환법칙: $A+B=B+A$
　　② 결합법칙: $(A+B)+C=A+(B+C)$

❸ 다항식의 곱셈

(1) 지수법칙을 이용하여 전개한다.
(2) 다항식의 곱셈에 대한 성질
　　세 다항식 A, B, C에 대하여
　　① 교환법칙: $AB=BA$
　　② 결합법칙: $(AB)C=A(BC)$
　　③ 분배법칙: $A(B+C)=AB+AC$
　　　　　　　　$(A+B)C=AC+BC$

Check!

▶ 한 문자에 대하여 정리할 때, 다른 문자는 상수로 생각하고 정리한다.

▶ 다항식의 덧셈에 대한 결합법칙이 성립하므로 $(A+B)+C$와 $A+(B+C)$는 괄호를 생략하여 $A+B+C$로 나타내기도 한다.

▶ 다항식의 곱셈에서는 다음 지수법칙을 이용한다.
（단, a, b는 실수, m, n은 자연수）
・$a^m \times a^n = a^{m+n}$
・$(a^m)^n = a^{mn}$
・$(ab)^n = a^n b^n$

기본 문제

001

세 다항식 $A=2x^2+5x-3$, $B=x^2-4x+1$, $C=-3x^2-4x-1$에 대하여
$(A-B)-(B-C)+(C+A)$를 간단히 하면?

① $-2x^2+5x-5$　　② $-4x^2+10x-10$
③ $2x^2-5x+5$　　④ $4x^2-10x+10$
⑤ $4x^2-10x-10$

002

두 다항식 A, B에 대하여
$$A+B=2x^2-3x-4, \quad A-B=6x^2+5x+2$$
일 때, 두 다항식 A, B의 상수항의 곱은?

① -3　　② -1　　③ 1
④ 3　　⑤ 5

003

다항식 $(x^2+ax+b)(x^2-x+1)$의 전개식에서 x^3의 계수와 x의 계수의 합이 10일 때, 두 상수 a, b에 대하여 $2a-b$의 값은?

① 7　　② 8　　③ 9
④ 10　　⑤ 11

004

$(x^2+x+1)(x^2+x-3)$을 전개하면?

① $x^4-2x^3-x^2+2x+3$
② $x^4-2x^3+x^2-2x+3$
③ $x^4-2x^3+x^2+2x-3$
④ $x^4+2x^3-x^2-2x-3$
⑤ $x^4+2x^3-x^2+2x-3$

4 **곱셈 공식**

(1) $(a+b+c)^2=a^2+b^2+c^2+2ab+2bc+2ca$

(2) $(a+b)^3=a^3+3a^2b+3ab^2+b^3$

$\quad (a-b)^3=a^3-3a^2b+3ab^2-b^3$

(3) $(a+b)(a^2-ab+b^2)=a^3+b^3$

$\quad (a-b)(a^2+ab+b^2)=a^3-b^3$

(4) $(x+a)(x+b)(x+c)=x^3+(a+b+c)x^2+(ab+bc+ca)x+abc$

5 **곱셈 공식의 변형**

(1) $a^2+b^2=(a+b)^2-2ab=(a-b)^2+2ab$

(2) $a^3+b^3=(a+b)^3-3ab(a+b)$

$\quad a^3-b^3=(a-b)^3+3ab(a-b)$

(3) $a^2+b^2+c^2=(a+b+c)^2-2(ab+bc+ca)$

(4) $a^2+b^2+c^2+ab+bc+ca=\dfrac{1}{2}\{(a+b)^2+(b+c)^2+(c+a)^2\}$

$\quad a^2+b^2+c^2-ab-bc-ca=\dfrac{1}{2}\{(a-b)^2+(b-c)^2+(c-a)^2\}$

6 **다항식의 나눗셈**

(1) 두 다항식을 각각 내림차순으로 정리한 후, 자연수의 나눗셈과 같은 방법으로 계산한다.

(2) 다항식 A를 다항식 B $(B\neq0)$로 나누었을 때의 몫을 Q, 나머지를 R라 하면

$\quad A=BQ+R$ (단, R의 차수는 B의 차수보다 낮다.)

특히, $R=0$일 때 A는 B로 나누어떨어진다고 한다.

Check!

▸ 곱셈 공식 [중등]
- $(a+b)^2=a^2+2ab+b^2$
$\quad (a-b)^2=a^2-2ab+b^2$
- $(a+b)(a-b)=a^2-b^2$
- $(x+a)(x+b)$
$\quad =x^2+(a+b)x+ab$
- $(ax+b)(cx+d)$
$\quad =acx^2+(ad+bc)x+bd$

▸ $(a+b)^2=(a-b)^2+4ab$
$\quad (a-b)^2=(a+b)^2-4ab$

▸ 다항식의 나눗셈에서는 다음 지수법칙을 이용한다.
$$a^m\div a^n=\begin{cases} a^{m-n} & (m>n) \\ 1 & (m=n) \\ \dfrac{1}{a^{n-m}} & (m<n) \end{cases}$$

정답 및 해설 002쪽

005

다음 중 다항식의 전개가 옳은 것은?

① $(x+2y+3z)^2=x^2+4y^2+9z^2+4xy+12yz+3zx$

② $(x+2y)^3=x^3+6x^2y+6xy^2+8y^3$

③ $(x+2y)(x^2-2xy+4y^2)=x^3+4y^3$

④ $(2x-3y)(4x^2+6xy+9y^2)=8x^3-27y^3$

⑤ $(x+1)(x+2)(x+3)=x^3+6x^2+10x+6$

006

$(x-1)(x+1)(x^2+1)(x^8+x^4+1)$을 전개하면?

① x^6-1 ② x^6+1 ③ $x^{12}-1$

④ $x^{12}+1$ ⑤ $x^{18}-1$

007

$a+b-c=2$, $a^2+b^2+c^2=5$일 때, $ab-bc-ca$의 값은?

① -1 ② $-\dfrac{1}{2}$ ③ 0

④ $\dfrac{1}{2}$ ⑤ 1

008

다항식 x^3+2x^2+3x+4를 x^2-1로 나누었을 때의 몫과 나머지를 각각 $Q(x)$, $R(x)$라 할 때, $Q(1)+R(2)$의 값은?

① 11 ② 13 ③ 15

④ 17 ⑤ 19

009

두 다항식 $A=2x^2-3x+1$, $B=-2x^2+3x-4$에 대하여 $A+3X=2B$를 만족시키는 다항식 X는?

① $2x^2+3x-3$ ② $2x^2-3x+3$

③ $-2x^2+3x-3$ ④ $-2x^2-3x+3$

⑤ $-2x^2-3x-3$

010

★☆ **출제예감** 복잡한 식을 간단히 정리한 후 대입하여 해결하는 문제로 시험에 자주 출제된다.

세 다항식

$$A=x^2+ax-5, \quad B=2x^2+3x+b, \quad C=cx^2-x+6$$

에 대하여 $(2A+3B)+2(B+C)+3(C+A)$의 전개식에서 상수항을 포함한 모든 계수의 합이 10일 때, 세 상수 a, b, c에 대하여 $a+b+c$의 값은?

① -4 ② -2 ③ 0

④ 2 ⑤ 4

011

두 다항식 A, B에 대하여

$$2A+B=3x^2-5xy+2y^2, \quad A+2B=3x^2-4xy-2y^2$$

일 때, 다항식 $A-2B$의 xy의 계수는?

① -2 ② -1 ③ 0

④ 1 ⑤ 2

012

다항식 $(x^{10}+x^9+x^8+\cdots+x+1)^2$의 전개식에서 x^n의 계수를 a_n이라 할 때, $a_1+a_2+a_3$의 값은?

(단, $n=1, 2, \cdots, 20$)

① 6 ② 7 ③ 8

④ 9 ⑤ 10

013

다항식 $(x+a)(x+2a)(x+3a)(x+4a)$의 전개식에서 x^2의 계수가 70일 때, 상수항의 값은? (단, a는 상수이다.)

① 90 ② 96 ③ 112

④ 118 ⑤ 124

014

$x+y+z=5$, $xy+yz+zx=8$, $xyz=4$일 때, $(x+y)^2(y+z)^2(z+x)^2$의 값은?

① 1089 ② 1156 ③ 1225

④ 1296 ⑤ 1369

015

다항식 $(x^n+x+1)^2$의 전개식에서 x^4항이 존재하도록 하는 모든 자연수 n의 값의 합은?

① 5   ② 6   ③ 7
④ 8   ⑤ 9

016 ☆☆ 출제예감   곱셈 공식의 변형을 정확히 이해하고 있는지를 묻는 문제는 자주 출제된다.

두 양수 a, b에 대하여 $a-b=4$, $a^3-b^3=100$일 때, $a+b$의 값은?

① $\sqrt{26}$ ② $3\sqrt{3}$ ③ $2\sqrt{7}$
④ $\sqrt{29}$ ⑤ $\sqrt{30}$

017

$ab=-2$, $(a-1)(a^2+a+1)=(-b-1)(b^2-b+1)$일 때, a^6+b^6의 값은?

① 2   ② 4   ③ 8
④ 16   ⑤ 32

018

$a-b=\sqrt{2}+\sqrt{3}$, $b-c=\sqrt{2}-\sqrt{3}$일 때, $a^2+b^2+c^2-ab-bc-ca$의 값은?

① 9   ② 11   ③ 13
④ 15   ⑤ 17

019

오른쪽 그림과 같이 지름이 $\overline{AB}=5$인 원에 내접하는 삼각형 ABC의 넓이가 5일 때, $\overline{AC}^3+\overline{BC}^3$의 값은?

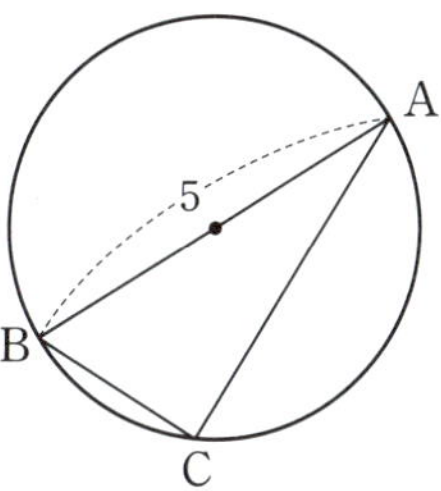

① $36\sqrt{5}$ ② $39\sqrt{5}$
③ $42\sqrt{5}$ ④ $45\sqrt{5}$
⑤ $48\sqrt{5}$

020

다항식 $(x+a)(x+b)(x+1)-10$의 전개식에서 x^2과 x의 계수의 합이 32이고 상수항이 5일 때, 다항식 $(x+a^2)(x+b^2)$의 전개식에서 x의 계수는?

(단, a, b는 상수이다.)

① 31   ② 32   ③ 33
④ 34   ⑤ 35

021

오른쪽 그림과 같은 직육면체
ABCD−EFGH가 다음 조건을
만족시킬 때, $\overline{BG}^2+\overline{GD}^2+\overline{DB}^2$
의 값은?

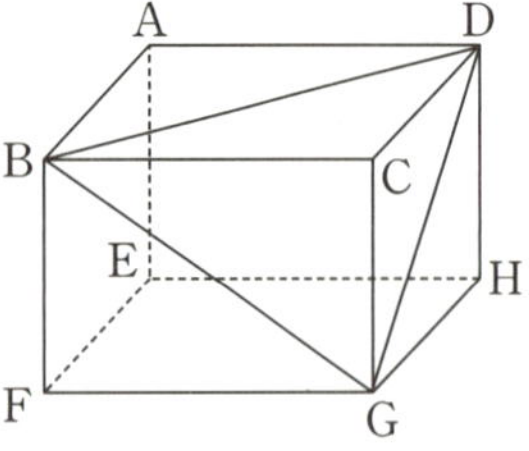

> (가) 직육면체 ABCD−EFGH의 모든 모서리의 길이의
>   합은 32이다.
> (나) 직육면체 ABCD−EFGH의 겉넓이는 38이다.

① 50   ② 52   ③ 54

④ 56   ⑤ 58

022

다항식 $f(x)$를 x^2-2로 나누었을 때의 몫과 나머지가 모두
$2x+4$일 때, $f(x)$를 $x+2$로 나누었을 때의 몫과 나머지를
각각 $Q(x)$, $R(x)$라 하자. $Q(1)+R(2)$의 값은?

① 0   ② 1   ③ 2

④ 3   ⑤ 4

023

두 다항식 $A=x^4+2x^2-2x+1$, $B=x^2-x$에 대하여 다항
식 A를 다항식 B로 나누었을 때의 몫과 나머지를 각각 $Q(x)$,
$R(x)$라 할 때, $Q(x)$를 $R(x)$로 나누었을 때의 나머지는?

① 1   ② 3   ③ 5

④ 7   ⑤ 9

024

다음은 x에 대한 다항식 x^3+ax^2-4x+b를 x에 대한 다항
식 $x+c$로 나누는 과정을 나타낸 것이다. 이때 세 상수 a, b,
c에 대하여 $a+b+c$의 값은?

$$
\begin{array}{r}
x^2-\ x-1 \\
x+c\ \overline{)\ x^3+ax^2-4x+b} \\
x^3+3x^2 \\
\hline
-x^2-4x \\
-x^2-3x \\
\hline
-x+b \\
-x-3 \\
\hline
4
\end{array}
$$

① 2   ② 4   ③ 6

④ 8   ⑤ 10

025

$x^2+x=3$일 때, $x^4+2x^3-x^2-2x-1$의 값은?

① 1   ② 2   ③ 3

④ 4   ⑤ 5

026

다항식 $f(x)$를 $x-2$로 나누었을 때의 몫과 나머지는 각각
$Q(x)$, 3이고, $Q(x)$를 $x-4$로 나누었을 때의 나머지는 10
이다. $f(x)$를 $x-4$로 나누었을 때의 나머지는?

① 21   ② 23   ③ 25

④ 27   ⑤ 29

027

삼각형 ABC의 세 변의 길이 a, b, c가 두 등식

$$(a+b-c)^2+a^2+b^2+c^2+2bc$$
$$=(a-b+c)^2+(-a+b+c)^2,$$
$$a^2=10b^2$$

을 만족시킬 때, 다음 중 삼각형 ABC의 넓이는?

① $\dfrac{\sqrt{3}}{4}b^2$ ② $\dfrac{1}{2}b^2$ ③ $\dfrac{3}{4}b^2$

④ b^2 ⑤ $\dfrac{3}{2}b^2$

028 ★★ 출제예감

주어진 식의 적절한 값을 문자로 치환하여 구하는 값을 문자로 나타내고 간단히 하여 해결하는 문제가 출제될 가능성이 있다.

$A=(11^2+9^2)(11^4+9^4)$에 대하여 $n\times A$가 8자리의 자연수가 되도록 하는 자연수 n의 최솟값은?

① 2   ② 3   ③ 4

④ 5   ⑤ 6

029

두 다항식

$A=x^5+x^4+x^3+x^2+x+1$, $B=x^5+x^4-x^3-x^2-x-1$

에 대하여 다항식 AB를 x^2+x로 나누었을 때의 나머지는?

① $-x-2$ ② $-x-1$ ③ 0

④ $x+1$ ⑤ $x+2$

030

오른쪽 그림과 같이 반지름의 길이가 각각 a, b, c인 세 원이 서로 외접하고 있다. 세 원의 중심을 연결하여 만든 삼각형 ABC의 둘레의 길이가 18이고, 세 원의 넓이의 합이 29π이다. $abc=24$일 때, $(a+b)(b+c)(c+a)$의 값을 구하시오.

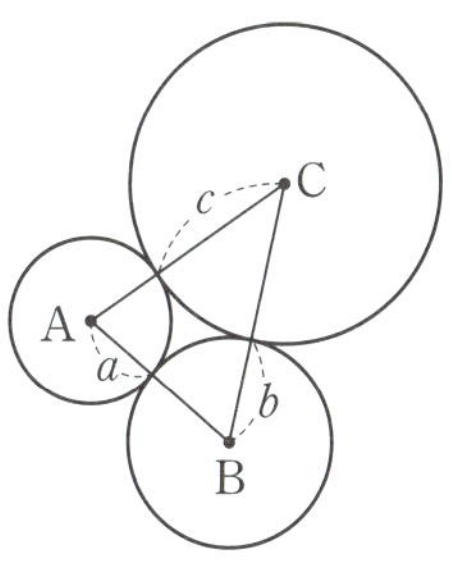

031

$x=\sqrt{2}-1$, $y=\sqrt{2}+1$일 때, $-x^5+x^3+y^5-y^3$의 값을 구하시오.

032

두 다항식 $P(x)=4x^3-3x^2+9$, $Q(x)=x^2+x+1$에 대하여 다항식 $P(x)+5x^2$을 다항식 $Q(x)$로 나누었을 때의 나머지가 $ax+b$일 때, $a+b$의 값을 구하시오.

(단, a, b는 상수이다.)

033 가로 세 칸, 세로 세 칸으로 이루어진 표에 세 다항식 $2x-2$, $2x^2+4x$, $-x^2+x-3$을 그림과 같이 한 칸에 하나씩 써넣었다. 가로, 세로, 대각선으로 배열된 각각의 세 다항식의 합이 $6x^2+12x$와 같도록 나머지 칸에 써넣으려 할 때, (가)의 위치에 알맞은 다항식은 $f(x)$이다. $f(10)$의 값을 구하시오. [3점]

$2x-2$	$2x^2+4x$	
(가)		$-x^2+x-3$

2013년 시행 교육청 3월 고2 A형 24번

Step❶ 왼쪽 가장 위 칸에 알맞은 다항식 구하기

Step❷ (가)에 알맞은 다항식 구하기

Step❸ $f(10)$의 값 구하기

---

034 두 밑변 AD, BC의 길이가 각각 x^2-2x+3, $2x^2+x+6$이고 높이가 4인 사다리꼴 ABCD가 있다. 선분 CD의 중점을 E라 할 때, 사각형 ABED의 넓이는? [3점]

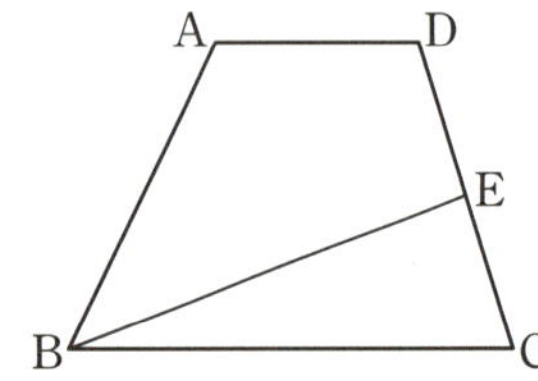

① $3x^2-x+8$　　② $3x^2-x+9$　　③ $4x^2-3x+12$

④ $4x^2-3x+13$　　⑤ $5x^2-3x+14$

2024년 시행 교육청 3월 12번

Step❶ 삼각형 ABD의 넓이 구하기

Step❷ 두 삼각형 BED, BCE의 넓이가 같음을 이용하여 삼각형 BED의 넓이 구하기

Step❸ 사각형 ABED의 넓이 구하기

---

035 $x+y-z=5$, $xy-yz-zx=4$일 때, $x^2+y^2+z^2$의 값은? [3점]

① 15　　② 17　　③ 19　　④ 21　　⑤ 23

2024년 시행 교육청 6월 6번

Step❶ $(x+y-z)^2$을 곱셈 공식을 이용하여 전개하기

Step❷ **Step❶**의 식을 이용하여 $x^2+y^2+z^2$의 값 구하기

---

036 $x-y=3$, $x^3-y^3=18$일 때, x^2+y^2의 값은? [3점]

① 7　　② 8　　③ 9　　④ 10　　⑤ 11

2019년 시행 교육청 6월 12번

Step❶ 곱셈 공식을 이용하여 xy의 값 구하기

Step❷ x^2+y^2의 값 구하기

---

037 다항식 $f(x)$를 x^2+1로 나누었을 때의 나머지가 $x+1$이다. $\{f(x)\}^2$을 x^2+1로 나누었을 때의 나머지가 $R(x)$일 때, $R(3)$의 값은? [3점]

① 6　　② 7　　③ 8　　④ 9　　⑤ 10

2020년 시행 교육청 6월 7번

Step❶ 다항식의 나눗셈에 대한 등식을 세운 후, 이 등식을 이용하여 $\{f(x)\}^2$ 구하기

Step❷ **Step❶**의 식을 이용하여 $R(x)$를 구한 후, $R(3)$의 값 구하기

038 그림과 같이 길이가 $2a$인 선분 AB를 지름으로 하는 반원이 있다. 호 AB 위의 두 점 C, D가 $\overline{AC}=\overline{CD}=a-1$, $\overline{BD}=8$을 만족시킬 때, $a^3-\dfrac{1}{a^3}$의 값은?

(단, a는 $a>4$인 상수이다.) [4점]

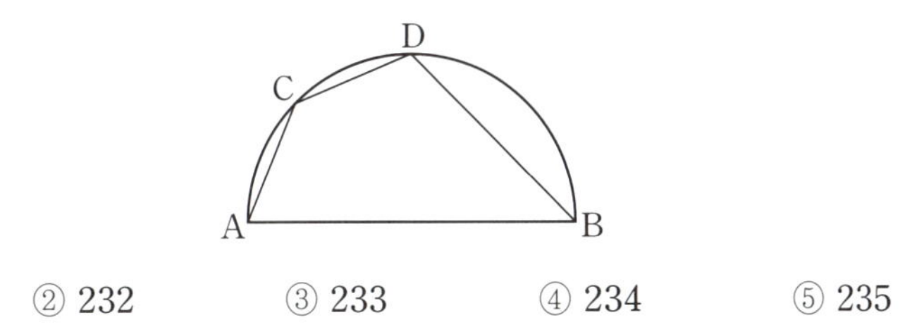

① 231　　② 232　　③ 233　　④ 234　　⑤ 235

039 그림과 같이 직육면체 ABCD−EFGH에서 단면 AFC가 생기도록 사면체 F−ABC를 잘라내었다. 입체도형 ACD−EFGH의 모든 모서리의 길이의 합을 l_1, 겉넓이를 S_1이라 하고, 사면체 F−ABC의 모든 모서리의 길이의 합을 l_2, 겉넓이를 S_2라 하자. $l_1-l_2=28$, $S_1-S_2=61$일 때, $\overline{AC}^2+\overline{CF}^2+\overline{FA}^2$의 값을 구하시오. [4점]

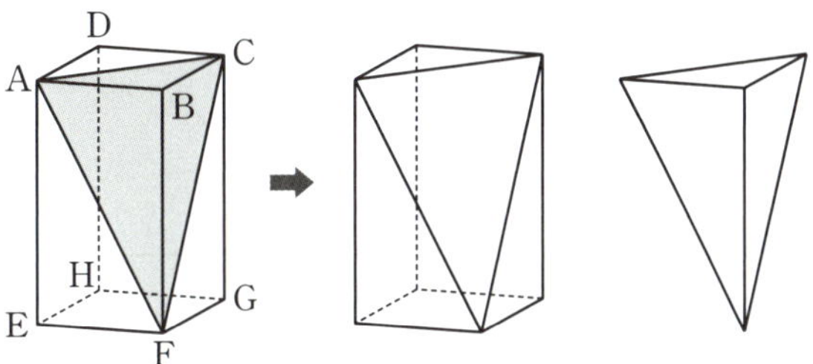

040 그림과 같이 중심이 O, 반지름의 길이가 4이고 중심각의 크기가 90°인 부채꼴 OAB가 있다. 호 AB 위의 점 P에서 두 선분 OA, OB에 내린 수선의 발을 각각 H, I라 하자. 삼각형 PIH에 내접하는 원의 넓이가 $\dfrac{\pi}{4}$일 때, $\overline{PH}^3+\overline{PI}^3$의 값은?

(단, 점 P는 점 A도 아니고 점 B도 아니다.) [4점]

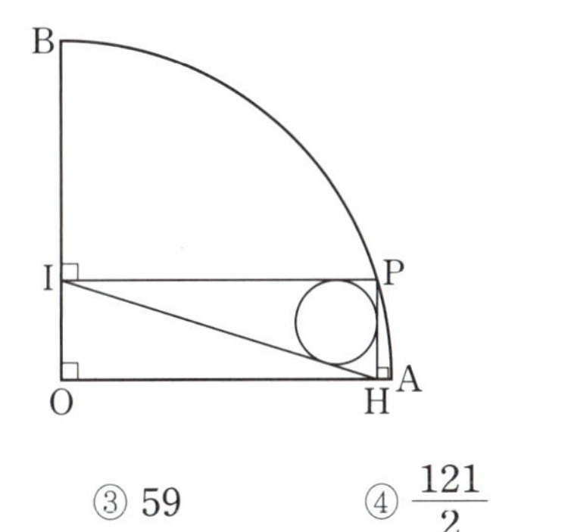

① 56　　② $\dfrac{115}{2}$　　③ 59　　④ $\dfrac{121}{2}$　　⑤ 62

항등식과 나머지정리

1 항등식

어떤 문자를 포함한 등식이 그 문자에 어떠한 값을 대입해도 성립할 때, 이 등식을 그 문자에 대한 항등식이라 한다.

(1) ① $ax+b=0$이 x에 대한 항등식이면 $a=b=0$이다.

　　거꾸로, $a=b=0$이면 이 등식은 x에 대한 항등식이다.

　② $ax+b=a'x+b'$이 x에 대한 항등식이면 $a=a'$, $b=b'$이다.

　　거꾸로, $a=a'$, $b=b'$이면 이 등식은 x에 대한 항등식이다.

(2) ① $ax^2+bx+c=0$이 x에 대한 항등식이면 $a=b=c=0$이다.

　　거꾸로, $a=b=c=0$이면 이 등식은 x에 대한 항등식이다.

　② $ax^2+bx+c=a'x^2+b'x+c'$이 x에 대한 항등식이면 $a=a'$, $b=b'$, $c=c'$이다.

　　거꾸로, $a=a'$, $b=b'$, $c=c'$이면 이 등식은 x에 대한 항등식이다.

2 미정계수법

주어진 항등식에서 미지의 계수와 상수항을 정하는 방법을 미정계수법이라 한다.

(1) 계수비교법 : 항등식의 양변에서 동류항의 계수를 비교하여 계수를 정하는 방법

(2) 수치대입법 : 항등식의 문자에 적당한 수를 대입하여 계수를 정하는 방법

> **Check!**
> - 다음은 모두 x에 대한 항등식을 의미한다.
>   - 모든 x에 대하여 성립하는 등식
>   - 임의의 x에 대하여 성립하는 등식
>   - x의 값에 관계없이 항상 성립하는 등식
>   - 어떤 x의 값에 대하여도 항상 성립하는 등식
>
> - 미정계수를 구할 때는 수치대입법과 계수비교법 중 계산이 간단한 방법을 택한다.

기본 문제

041

다음 등식 중에서 x에 대한 항등식인 것은?

① $x+1=2$

② $(x+1)^2=(x-1)^2$

③ $3x^2-2x-1=0$

④ $(x-1)(2x+2)=6$

⑤ $(x+1)^3-(x-1)^3=2(3x^2+1)$

042

등식

$$(a+b+1)x^2+(b+c+1)x+b=0$$

이 x에 대한 항등식일 때, 세 상수 a, b, c에 대하여 $a+b+c$의 값은?

① -2　　　　② -1　　　　③ 0

④ 1　　　　⑤ 2

043

모든 실수 x, y에 대하여 등식

$$a(x+y)-b(3x-y)=5x+y$$

가 성립할 때, 두 상수 a, b에 대하여 $a-b$의 값을 구하시오.

044

등식

$$(x-1)^3+2(x-1)^2+3(x-1)=x^3+ax^2+bx+c$$

가 x에 대한 항등식일 때, 세 상수 a, b, c에 대하여 abc의 값은?

① 2　　　　② 3　　　　③ 4

④ 5　　　　⑤ 6

3 **나머지정리**

(1) 다항식 $P(x)$를 일차식 $x-\alpha$로 나누었을 때의 나머지를 R라 하면

$$R=P(\alpha)$$

(2) 다항식 $P(x)$를 일차식 $ax+b\,(a\neq0)$로 나누었을 때의 나머지를 R라 하면

$$R=P\left(-\frac{b}{a}\right)$$

4 **인수정리**

다항식 $P(x)$에 대하여

(1) $P(\alpha)=0$이면 $P(x)$는 $x-\alpha$로 나누어떨어진다.

(2) $P(x)$가 $x-\alpha$로 나누어떨어지면 $P(\alpha)=0$이다.

　　이때 $x-\alpha$를 $P(x)$의 인수라 한다.

　[참고] 다항식 $P(x)$가 $P(\alpha)=0$, $P(\beta)=0$이면 $P(x)$는 $(x-\alpha)(x-\beta)$를 인수로 갖는다.

5 **조립제법**

다항식을 일차식으로 나눌 때, 다항식의 계수와 상수항을 이용하여 몫과 나머지를 구하는 방법을 조립제법이라 한다.

　예 조립제법을 이용하여 다항식 x^3-4x^2+x+5를 $x-2$로 나누면 다음과 같다.

$$
\begin{array}{r|rrrr}
2 & 1 & -4 & 1 & 5 \\
  &   & 2 & -4 & -6 \\
\hline
  & 1 & -2 & -3 & \boxed{-1}
\end{array}
$$

$$\therefore\ x^3-4x^2+x+5=(x-2)\underset{\text{몫}}{(x^2-2x-3)}\underset{\text{나머지}}{-1}$$

정답 및 해설 010쪽

045

다항식 $P(x)=16x^4+2x^2+3x+4$를 $x-1$로 나누었을 때의 나머지를 R_1, $2x-1$로 나누었을 때의 나머지를 R_2라 할 때, R_1-R_2의 값은?

① 12　　　　② 14　　　　③ 16

④ 18　　　　⑤ 20

046

다항식 $P(x)$를 $x+2$, $x-2$로 나누었을 때의 나머지가 각각 2, -2이다. $P(x)$를 x^2-4로 나누었을 때의 나머지는?

① $-x-4$　　　② $-x-2$　　　③ $-x$

④ $-x+2$　　　⑤ $-x+4$

047

다항식 $P(x)$에 대하여 다항식 $P(x)+x$가 $x-2$로 나누어떨어진다. 다항식 $P(2x)+k$를 $x-1$로 나누었을 때의 나머지가 2가 되도록 하는 상수 k의 값을 구하시오.

048

다항식 $P(x)=x^4+ax^3-x-2$가 $x-1$을 인수로 가질 때, 다항식 $P(x)$를 $x+3$으로 나누었을 때의 몫과 나머지는?
　　　　　　　　　　　　　　　　（단, a는 상수이다.）

	몫	나머지
①	$x^3-x^2+3x+10$	-28
②	$x^3-x^2+3x+10$	28
③	$x^3-x^2+3x-10$	-28
④	$x^3-x^2+3x-10$	28
⑤	$x^3-x^2+3x-10$	0

049

등식 $(a+b-2)x^2+(ab+3c)x+c-1=0$이 x에 대한 항등식일 때, a^2+b^2의 값은? (단, a, b, c는 상수이다.)

① 9   ② 10   ③ 11

④ 12   ⑤ 13

050

등식 $(2k+1)x-(3k+1)y-5k-2=0$이 k의 값에 관계없이 항상 성립할 때, 두 상수 x, y에 대하여 xy의 값은?

① -1 ② -2 ③ -3

④ -4 ⑤ -5

051

다항식 $2x^3-3x^2+5x+1$을 다항식 $P(x)$로 나누었을 때의 몫이 $2x+1$, 나머지가 $3x-1$일 때, $P(1)\times P(2)$의 값은?

① $\dfrac{6}{5}$ ② $\dfrac{7}{5}$ ③ $\dfrac{8}{5}$

④ $\dfrac{9}{5}$ ⑤ 2

052

다항식 $P(x)$가 모든 실수 x에 대하여 등식
$$P(2x)-2P(x)=3$$
을 만족시킨다. $P(8)=37$일 때, $P(1)$의 값은?

① 2   ② 7   ③ 12

④ 17   ⑤ 22

053 ☆출제예감 수치대입법을 이용하여 미정계수를 구하는 문제는 자주 출제된다.

다항식 $P(x)$에 대하여 등식
$$x(x-1)(x-2)P(x)=x^4+ax^3-ax^2+bx+c$$
가 x에 대한 항등식일 때, 세 상수 a, b, c에 대하여 $a+b+c$의 값은?

① $-\dfrac{9}{2}$ ② -4 ③ $-\dfrac{7}{2}$

④ -3 ⑤ $-\dfrac{5}{2}$

054

다항식 $P(x)=x^2+ax+b$가 모든 실수 x에 대하여 등식
$$P(x)+x^3=xP(x+1)-1$$
을 만족시킬 때, $P(1)$의 값은? (단, a, b는 상수이다.)

① -3 ② -1 ③ 1

④ 3   ⑤ 5

055

다항식 $f(x)$를 $6x-9$로 나누었을 때의 몫과 나머지의 곱은 $3x^2-4$이다. $f(x)$를 $2x-3$으로 나누었을 때의 몫과 나머지의 곱을 $g(x)$라 할 때, $g(x)$를 $2x+1$로 나누었을 때의 나머지는?

① -10 ② $-\dfrac{39}{4}$ ③ $-\dfrac{19}{2}$

④ $-\dfrac{37}{4}$ ⑤ -9

056

삼차식 $P(x)$는 $(x-4)^2$으로 나누었을 때의 몫과 나머지가 $R(x)$로 같고, $x-4$로 나누어떨어진다. $P(5)=10$일 때, $P(6)+R(6)$의 값은?

① 52 ② 54 ③ 56

④ 58 ⑤ 60

057

다항식 $P(x)$를 $(x+1)(x+2)$로 나누었을 때의 나머지가 $2x-5$, $(x-1)(x-2)$로 나누었을 때의 나머지가 2일 때, x^2-x-2로 나누었을 때의 나머지를 $R(x)$라 하자. $P(x)$를 $x-R(x)$로 나누었을 때의 나머지는?

① 1 ② 2 ③ 3

④ 4 ⑤ 5

058

★★출제예감 공통부분을 이용하여 상수 k의 값을 구한 후 나머지정리를 이용하여 해결하는 문제가 출제될 가능성이 있다.

다항식 $P(x)$를 $(x-1)(x-2)$로 나누었을 때의 몫과 나머지가 각각 $Q_1(x)$, $3x$이고, $(x-2)(x-3)$으로 나누었을 때의 몫과 나머지가 각각 $Q_2(x)$, $x+k$이다. 다항식 $12Q_1(x)-4Q_2(x)$를 $x-k$로 나누었을 때의 나머지는?

(단, k는 상수이다.)

① -10 ② -8 ③ -6

④ -4 ⑤ -2

059

모든 계수가 음이 아닌 정수인 사차식 $P(x)$가 다음 조건을 만족시킨다.

> (가) $P(0)=1$
> (나) 모든 실수 x에 대하여 $P(-x)=P(x)$가 성립한다.
> (다) $P(x)$를 $x-1$, $x-2$로 나누었을 때의 나머지의 합은 24이다.

$P(x)$를 $x-3$으로 나누었을 때의 나머지는?

① 61 ② 71 ③ 81

④ 91 ⑤ 101

060

다항식 $P(x)$에 대하여 $(x-3)P(x)-2x^2$을 $P(x)-2x$로 나누었을 때의 몫은 $Q(x)$, 나머지는 $P(x)-8x$이다. $P(x)$를 $Q(x)$로 나누었을 때의 나머지가 17일 때, $P(2)$의 값은? (단, 다항식 $P(x)-2x$는 0이 아니다.)

① 1 ② 2 ③ 3

④ 4 ⑤ 5

061

두 다항식 $f(x)$, $g(x)$에 대하여 $f(x)+2g(x)$를 x^2-4로 나누었을 때의 나머지가 8이고, $2f(x)+g(x)$를 x^2-4로 나누었을 때의 나머지가 7이다. 다항식 $kf(x)-g(-x)$가 $x+2$로 나누어떨어지도록 하는 상수 k의 값은?

① $\dfrac{1}{2}$ ② 1 ③ $\dfrac{3}{2}$

④ 2 ⑤ $\dfrac{5}{2}$

062

다항식 $P(x)$는 $x-3$으로 나누었을 때의 나머지가 2이고, $(x-1)^2$으로 나누어떨어진다. $P(x)$를 $(x-1)^2(x-3)$으로 나누었을 때의 나머지를 $R(x)$라 할 때, $R(x)$는 이차식이다. $R(2)$의 값은?

① $\dfrac{1}{4}$ ② $\dfrac{1}{2}$ ③ 1

④ 2 ⑤ 4

063 ★★ 출제예감

다항식 $f(x)$를 $x-a$, $x-b$, $x-c$로 나누었을 때의 나머지가 모두 k이면 다항식 $f(x)-k$는 $x-a$, $x-b$, $x-c$를 인수로 가짐을 이용하여 해결하는 문제가 출제될 가능성이 있다.

최고차항의 계수가 2인 삼차식 $P(x)$를 $x-1$, $x-2$, $x-3$으로 나누었을 때의 나머지가 모두 2일 때, $\dfrac{1}{2}P(x)$를 $x-4$로 나누었을 때의 나머지는?

① 3 ② 5 ③ 7

④ 9 ⑤ 11

064

삼차식 $P(x)$는 x^2+1을 인수로 갖고, 다항식 $P(x)+2x-1$은 x^2+2를 인수로 갖는다. 다음 중 다항식 $P(x)$의 인수인 것은?

① x ② $x-1$ ③ $x-2$

④ $2x-1$ ⑤ $2x-3$

065

모든 실수 x에 대하여 등식

$$x^5+1 = (x+1)^5+a(x+1)^4+b(x+1)^3+c(x+1)^2+d(x+1)+e$$

가 항상 성립할 때, 상수 a, b, c, d, e에 대하여 $(a+c)(b+d)+e$의 값은?

① -250 ② -225 ③ -200

④ -175 ⑤ -150

066

다항식 x^4+2x^2+ax+b를 $(x+1)^2$으로 나누었을 때의 나머지가 $2(x+1)$이다. 두 상수 a, b에 대하여 ab의 값을 구하시오.

고난도 문제

067

다항식 $f(x)$가 모든 실수 x에 대하여 등식

$$f(x)\{f(x)-1\}=xf(x)$$

를 만족시킬 때, 방정식 $f(x)=0$의 해는?

① -3 ② -1 ③ 1

④ 3 ⑤ 5

068

5^{10}을 4, 6으로 나누었을 때의 나머지를 각각 R_1, R_2라 할 때, R_1+R_2의 값을 구하시오.

069

삼차다항식 $P(x)$와 일차다항식 $Q(x)$가 다음 조건을 만족시킨다.

> (가) 다항식 $P(x)Q(x)$는 $(x^2-5x+3)(x+1)$로 나누어떨어진다.
> (나) 모든 실수 x에 대하여
> $x^3-18x+19-P(x)=\{Q(x)\}^2$이다.

$Q(0)<0$일 때, $P(1)+Q(9)$의 값을 구하시오.

서술형 문제

070

다항식 $P(x)=x^3+ax^2-4x+b$는 x^2-x-2로 나누어떨어진다. 이때의 몫을 $Q(x)$라 할 때, $P(1)\times Q(1)$의 값을 구하시오. (단, a, b는 상수이다.)

071

다항식 $f(x)=x^3-5x^2+ax+b$가 $(x-2)^2$으로 나누어떨어질 때, 다항식 $f(x)$를 $(x-1)^2$으로 나누었을 때의 몫은 $px+q$이다. $p+q$의 값을 구하시오.

(단, a, b, p, q는 상수이다.)

072

두 다항식 x^4+x^2+ax+9, x^4-6x^2+3x+b가 모두 이차식 x^2+3x+1을 인수로 가질 때, $a+b$의 값을 구하시오.

(단, a, b는 상수이다.)

073 다항식 $P(x)$가 모든 실수 x에 대하여 등식
$$x(x+1)(x+2)=(x+1)(x-1)P(x)+ax+b$$
를 만족시킬 때, $P(a-b)$의 값은? (단, a, b는 상수이다.) [3점]

① 1　　② 2　　③ 3　　④ 4　　⑤ 5

2020년 시행 교육청 고2 3월 10번

Step ❶ 주어진 등식의 양변에 적당한 수를 대입하여 두 상수 a, b의 값 구하기

Step ❷ $P(a-b)$의 값 구하기

074 최고차항의 계수가 1인 이차다항식 $P(x)$가 다음 조건을 만족시킬 때, $P(4)$의 값은? [3점]

> (가) $P(x)$를 $x-1$로 나누었을 때의 나머지는 1이다.
> (나) $xP(x)$를 $x-2$로 나누었을 때의 나머지는 2이다.

① 6　　② 7　　③ 8　　④ 9　　⑤ 10

2023년 시행 교육청 6월 11번

Step ❶ $P(x)$가 최고차항의 계수가 1인 이차다항식임을 이용하여 $P(x)$의 식 세우기

Step ❷ 두 조건 (가), (나)를 이용하여 $P(x)$ 구하기

Step ❸ $P(4)$의 값 구하기

075 이차항의 계수가 1인 이차다항식 $f(x)$에 대하여 $f(x)+2$는 $x+2$로 나누어떨어지고, $f(x)-2$는 $x-2$로 나누어떨어질 때, $f(10)$의 값을 구하시오. [3점]

2020년 시행 교육청 6월 25번

Step ❶ $f(x)+2$가 $x+2$로 나누어떨어짐을 이용하여 식 세우기

Step ❷ $f(x)-2$가 $x-2$로 나누어떨어짐을 이용하여 $f(2)$의 값 구하기

Step ❸ Step ❷의 값을 이용하여 $f(x)$의 식을 구한 후, $f(10)$의 값 구하기

076 다항식 $f(x)=x^3-(a+4)x^2+(4a-5)x+5a$에 대하여 $f(a)=f(a+3)=0$을 만족시키는 실수 a의 값의 합은? [3점]

① -4　　② -2　　③ 0　　④ 2　　⑤ 4

2014년 시행 교육청 3월 고2 A형 11번

Step ❶ 조립제법을 이용하여 $f(x)$를 일차식의 곱으로 나타내기

Step ❷ 실수 a의 값의 합 구하기

077 두 다항식 $f(x)$, $g(x)$가 모든 실수 x에 대하여 다음 조건을 만족시킬 때, $g(x)$를 $x-4$로 나눈 나머지는? [4점]

> (가) $g(x)=x^2 f(x)$
> (나) $g(x)+(3x^2+4x)f(x)=x^3+ax^2+2x+b$ (단, a, b는 상수이다.)

① 16 ② 18 ③ 20 ④ 22 ⑤ 24

2020년 시행 교육청 6월 15번

Step ① 조건 (가)를 조건 (나)의 식에 대입하여 식 세우기

Step ② **Step ①**의 식이 항등식임을 이용하여 $f(4)$의 값 구하기

Step ③ 조건 (가)에 $x=4$를 대입하여 $g(4)$의 값 구하기

078 두 이차다항식 $P(x)$, $Q(x)$가 다음 조건을 만족시킨다.

> (가) 모든 실수 x에 대하여 $2P(x)+Q(x)=0$이다.
> (나) $P(x)Q(x)$는 x^2-3x+2로 나누어떨어진다.

$P(0)=-4$일 때, $Q(4)$의 값을 구하시오. [4점]

2019년 시행 교육청 6월 28번

Step ① 조건 (가)를 이용하여 $P(x)Q(x)$를 $P(x)$에 대하여 나타내기

Step ② 조건 (나)를 이용하여 $P(x)Q(x)$의 인수 구하기

Step ③ $P(x)$, $Q(x)$의 식 구하기

Step ④ $Q(4)$의 값 구하기

079 최고차항의 계수가 1인 사차다항식 $f(x)$가 다음 조건을 만족시킬 때, $f(4)$의 값은? [4점]

> (가) $f(x)$를 $x+1$로 나눈 나머지와 $f(x)$를 x^2-3으로 나눈 나머지는 서로 같다.
> (나) $f(x+1)-5$는 x^2+x로 나누어떨어진다.

① -9 ② -8 ③ -7 ④ -6 ⑤ -5

2022년 시행 교육청 9월 20번

Step ① 조건 (가)를 이용하여 세운 나눗셈에 대한 항등식을 이용하여 $f(x)-R$의 인수를 구한 후, $f(x)-R$에 대한 식 세우기

Step ② 조건 (나)를 이용하여 나눗셈에 대한 식 세우기

Step ③ 사차다항식 $f(x)$의 식을 구한 후, $f(4)$의 값 구하기

080 이차다항식 $f(x)$와 일차다항식 $g(x)$에 대하여 $f(x)g(x)$를 $f(x)-2x^2$으로 나누었을 때의 몫은 x^2-3x+3이고 나머지는 $f(x)+xg(x)$이다. $f(-2)$의 값을 구하시오. [4점]

2024년 시행 교육청 6월 28번

Step ① 주어진 조건을 이용하여 세운 나눗셈에 대한 항등식에서 $f(x)$의 최고차항의 계수 구하기

Step ② $f(x)$와 $g(x)$의 식을 구한 후, **Step ①**의 식에 대입하기

Step ③ $f(-2)$의 값 구하기

03 인수분해

1 인수분해

하나의 다항식을 두 개 이상의 다항식의 곱으로 나타내는 것을 인수분해라 한다.

2 인수분해 공식

(1) $a^2+b^2+c^2+2ab+2bc+2ca=(a+b+c)^2$

(2) $a^3+3a^2b+3ab^2+b^3=(a+b)^3$

$\quad a^3-3a^2b+3ab^2-b^3=(a-b)^3$

(3) $a^3+b^3=(a+b)(a^2-ab+b^2)$

$\quad a^3-b^3=(a-b)(a^2+ab+b^2)$

참고 ① 다항식의 인수분해는 다항식을 전개하는 과정과 반대이다.

② 다항식의 인수분해는 일반적으로 계수가 유리수인 범위까지 인수분해한다.

3 공통부분이 있는 다항식의 인수분해

공통부분이 있거나 주어진 식을 변형하여 공통부분을 만들 수 있는 다항식은 공통부분을 다른 문자로 치환한 후 인수분해한다.

Check!

▶ 인수분해 공식 [중등]
- $ma+mb=m(a+b)$
- $a^2+2ab+b^2=(a+b)^2$
  $a^2-2ab+b^2=(a-b)^2$
  $a^2-b^2=(a+b)(a-b)$
- $x^2+(a+b)x+ab$
  $=(x+a)(x+b)$
- $acx^2+(ad+bc)x+bd$
  $=(ax+b)(cx+d)$

기본 문제

081

다음 중 $a^2+4b^2+4c^2+4ab+8bc+4ca$의 인수인 것은?

① $a+2b+c$

② $a+b+2c$

③ $a+2b+2c$

④ $2a+b+2c$

⑤ $2a+2b+c$

082

다음 중 x^6-64의 인수가 <u>아닌</u> 것은?

① $x+2$
② $x-2$
③ x^2+4
④ x^2-2x+4
⑤ x^2+2x+4

083

다음 중 $x^3-x^2+y^2+y^3$의 인수인 것은?

① $x^2-(y+1)x+y$

② $x^2-(y+1)x+y^2$

③ $x^2-(y+1)x-y^2-y$

④ $x^2-(y+1)x+y^2-y$

⑤ $x^2-(y+1)x+y^2+y$

084

$(x+2y-3)(x-2y-3)-5y^2$을 인수분해하면?

① $(x+3y-3)(x-3y-3)$

② $(x+3y-3)(x-3y+3)$

③ $(x+3y+3)(x-3y-3)$

④ $(x-3y-3)^2$

⑤ $(x+3y-3)^2$

4 ax^4+bx^2+c 꼴의 인수분해

(1) $x^2=X$로 치환하여 X에 대한 이차식을 인수분해한다.

(2) (1)의 경우로 인수분해되지 않으면 적당한 이차식을 더하고 빼서 A^2-B^2의 꼴로 변형한 후 인수분해한다.

5 여러 개의 문자를 포함한 다항식의 인수분해

여러 개의 문자를 포함한 다항식의 인수분해는 문자의 차수에 따라 다음과 같이 한다.

(1) 문자의 차수가 다른 경우

차수가 가장 낮은 한 문자에 대하여 내림차순으로 정리한 후 인수분해한다.

(2) 문자의 차수가 같은 경우

어느 한 문자에 대하여 내림차순으로 정리한 후 인수분해한다.

6 인수정리를 이용한 인수분해

삼차 이상의 다항식 $P(x)$의 인수분해는 다음과 같은 순서로 한다.

❶ $P(a)=0$을 만족시키는 a의 값을 찾는다.

❷ 조립제법을 이용하여 $P(x)$를 $x-a$로 나누었을 때의 몫 $Q(x)$를 구한 후, $P(x)=(x-a)Q(x)$의 꼴로 인수분해한다.

❸ 몫 $Q(x)$가 더 이상 인수분해되지 않을 때까지 인수분해한다.

참고 다항식 $P(x)$의 계수가 모두 정수일 때, $P(a)=0$을 만족시키는 a의 값은

$$\pm\frac{(P(x)\text{의 상수항의 약수})}{(P(x)\text{의 최고차항의 계수의 약수})}$$ 중에서 찾을 수 있다.

정답 및 해설 019쪽

085

x^4-7x^2+12를 인수분해하면?

① $(x^2-3)(x+2)(x-2)$

② $(x^2-3)(x^2-x-4)$

③ $(x^2-3)(x^2+x-4)$

④ $(x^2+3)(x+2)(x-2)$

⑤ $(x^2+3)(x^2+x+4)$

086

x^4+x^2+1을 인수분해하면?

① $(x^2+x+1)^2$

② $(x^2+x-1)^2$

③ $(x^2+x+1)(x^2-x-1)$

④ $(x^2+x+1)(x^2-x+1)$

⑤ $(x^2-x+1)(x^2+x-1)$

087

$a^2(b+c)+b^2(c-a)+c^2(b-a)-2abc$를 인수분해하면?

① $(a-b)(b-c)(c-a)$

② $(a-b)(b+c)(c-a)$

③ $(a-b)(b-c)(c+a)$

④ $(a-b)(b+c)(a-c)$

⑤ $(a-b)(b-c)(a-c)$

088

$x^3+ax^2+11x+a$의 세 인수가 $x-1$, $x+b$, $x+c$일 때, 세 상수 a, b, c에 대하여 $a+b+c$의 값은?

① -15　　② -13　　③ -11

④ -9　　⑤ -7

089

다항식 $9x^2-12xy+4y^2-6x+4y+1$을 인수분해하면 $(ax+by+c)^2$일 때, 세 상수 a, b, c에 대하여 abc의 값을 구하시오.

090

a, b, c가 10 이하의 서로 다른 자연수이고
$$\frac{a^3+b^3}{a^3+c^3}=\frac{a+b}{a+c}$$
일 때, $a+b+c$의 최댓값을 구하시오.

091

$(x+10)(x+11)(x+12)(x+13)+k$가 x에 대한 이차식의 완전제곱꼴로 인수분해되기 위한 상수 k의 값은?

① 1   ② 2   ③ 3

④ 4   ⑤ 5

092

$103^3-3^2\times103^2+3^3\times103-3^3$의 값은?

① 10^5 ② 3×10^5 ③ 10^6

④ 3×10^6 ⑤ 10^7

093

$N=\dfrac{20^{15}-1}{20^5-1}$일 때, 자연수 N의 자릿수는 a이고 최고자리의 숫자는 b이다. $a+b$의 값은?

① 12   ② 13   ③ 14

④ 15   ⑤ 16

094 ★출제예감

치환을 이용하여 주어진 식을 인수분해한 후 미지수를 구하는 문제는 자주 출제된다.

$(x-1)^2(x-5)(x+3)+3(x^2-2x+13)$을 인수분해한 것이 $(x+a)(x+b)(x+c)(x+d)$일 때, 네 상수 a, b, c, d에 대하여 $ab+cd$의 최댓값은?

① 6   ② 8   ③ 10

④ 12   ⑤ 14

095

$4x^4-17x^2+4$를 인수분해하면?

① $(2x-1)(2x+1)(x-2)^2$

② $(2x-1)(2x+1)(x+2)^2$

③ $(2x-1)^2(x-2)(x+2)$

④ $(2x+1)^2(x-2)(x+2)$

⑤ $(2x-1)(2x+1)(x-2)(x+2)$

096

$a+b=6$, $a^2+b^2=24$일 때, $a^4+a^2b^2+b^4$의 값은?

① 500   ② 520   ③ 540

④ 560   ⑤ 580

097

다음 중 $x^2+(2z^2-4y)x+4(y-z^2)y+z^4$의 인수인 것은?

① z^2-x-2y ② z^2-x+2y

③ z^2+x+2y ④ z^2+x-2y

⑤ $2z^2+x-2y$

098

☆☆ 출제예감 인수분해 공식을 이용하여 식의 값을 구하는 문제가 출제될 가능성이 있다.

등식 $2x^2+10x+3=(x+a)(2x+b)$를 만족시키는 두 상수 a, b에 대하여 $4a^2-b^2a^2+4ab+b^2$의 값은?

① 77   ② 84   ③ 91

④ 98   ⑤ 105

099

$a+b+c=0$일 때, 다음 중 $2a^2+2b^2+c^2+5ab+3ac+3bc$의 값과 항상 같은 것은?

① ab ② abc ③ a^2

④ b^2 ⑤ c^2

100

$a-b=3$, $b-c=3$일 때, $a^3-2a^2b+ab^2-a^2c-b^2c+2abc$의 값은?

① 45   ② 54   ③ 63

④ 72   ⑤ 81

101

두 자연수 a, b에 대하여 $a^2+4b^2+4ab+7a+14b+12$의 값이 72일 때, $a+2b$의 값은?

① 3 ② 4 ③ 5
④ 6 ⑤ 7

102

삼각형의 세 변의 길이 a, b, c에 대하여 등식
$$b^3+(c-9)b^2+a^2b+a^2(c-9)=0$$
이 성립하고 세 변의 길이의 합이 15일 때, a의 값은?

① 2 ② 3 ③ 4
④ 5 ⑤ 6

103

다항식 x^4+ax^2+b가 $(x-1)(x-2)$로 나누어떨어질 때, 다음 중 다항식 x^4+bx^2+a의 인수인 것은?

(단, a, b는 상수이다.)

① x^2+1 ② x^2+2 ③ x^2+3
④ x^2+4 ⑤ x^2+5

104

다음 중 다항식 $2x^3+7x^2+8x-6$의 인수인 것은?

① x^2+4x+2 ② x^2+4x+3
③ x^2+4x+4 ④ x^2+4x+5
⑤ x^2+4x+6

105

다항식 x^4+ax+b가 $(x-2)^2f(x)$로 인수분해될 때, 두 상수 a, b에 대하여 $a+b$의 값은?

① 8 ② 10 ③ 12
④ 14 ⑤ 16

106 ★★ 출제예감

주어진 식의 적절한 값을 문자로 치환한 후 조립제법을 이용하여 값을 구하는 문제가 출제될 가능성이 있다.

$89^3+13\times89^2+23\times89+11$의 값은?

① 800000 ② 810000 ③ 820000
④ 830000 ⑤ 840000

107

$x+y=5$, $xy=3$일 때,
$$x^5+y^5+x^2y^2(x+y)-x^2(x-1)-y^2(y-1)$$
의 값은?

① 1457 ② 1458 ③ 1459
④ 1460 ⑤ 1461

108

직각삼각형 ABC의 세 변의 길이 a, b, c에 대하여
$$a^3-b^3-a^2b+ab^2-bc^2+ac^2+a-b=0$$
이 성립하고 삼각형 ABC의 넓이가 50이다. $a^2+b^2+c^2$의 값은?

① 300 ② 350 ③ 400
④ 450 ⑤ 500

109

다항식
$$x^3-(3k+5)x^2+(2k^2+11k+4)x-2k^2-8k$$
를 인수분해한 것이 $(x-a)^2(x-b)$ 꼴이 되도록 하는 모든 실수 k의 값의 곱은? (단, a, b는 상수이다.)

① -7 ② -6 ③ -5
④ -4 ⑤ -3

110

삼각형 ABC의 세 변의 길이 a, b, c가 다음 두 등식을 만족시킨다.
$$a^2+b^2+4c^2+2ab-4bc-4ca=0, \quad a^2+ac=b^2+bc$$
삼각형 ABC의 둘레의 길이가 12일 때, 삼각형 ABC의 넓이를 구하시오.

111

두 다항식 A, B에 대하여
$$A+B=2x^2-12x+18, \quad 2A-B=x^2-9$$
일 때, 다항식 $AB+3$은 이차식 P와 두 일차식 Q, R의 곱으로 인수분해된다. 방정식 $P+Q+R=0$의 서로 다른 두 실근의 합을 구하시오.

(단, P, Q, R의 최고차항의 계수는 모두 1이다.)

112

부피가 $x^3+9x^2+23x+15$인 직육면체의 밑면의 가로, 세로의 길이와 높이는 모두 x항의 계수가 1인 일차식이다. 이 직육면체의 겉넓이를 $f(x)$라 할 때, $f(1)$의 값을 구하시오.

(단, $x>-1$)

113 다항식 $(x^2+4)^2-3x(x^2+4)-4x^2$이 $(x+a)^2(x^2+bx+c)$로 인수분해될 때, 세 정수 a, b, c에 대하여 $a+b+c$의 값은? [3점]

① 3   ② 5   ③ 7   ④ 9   ⑤ 11

> **2023년 시행 교육청 11월 10번**
>
> **Step❶** $x^2+4=t$로 치환하여 주어진 다항식을 인수분해하기
>
> **Step❷** $a+b+c$의 값 구하기

114 그림과 같이 세 모서리의 길이가 각각 x, x, $x+3$인 직육면체 모양에 한 모서리의 길이가 1인 정육면체 모양의 구멍이 두 개 있는 나무 블록이 있다. 세 정수 a, b, c에 대하여 이 나무 블록의 부피를 $(x+a)(x^2+bx+c)$로 나타낼 때, $a \times b \times c$의 값은? (단, $x>1$) [3점]

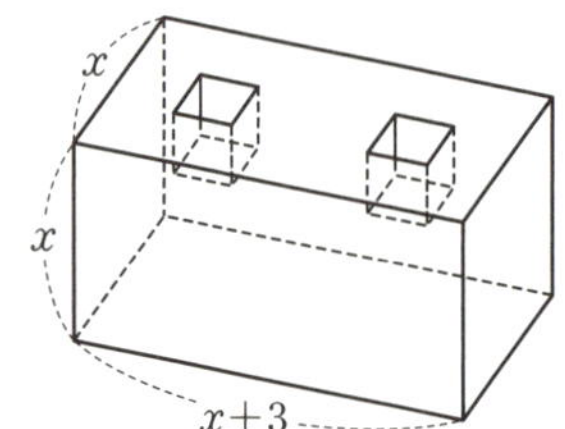

① -5 ② -4 ③ -3 ④ -2 ⑤ -1

> **2020년 시행 교육청 11월 10번**
>
> **Step❶** 나무 블록의 부피를 x에 대한 식으로 나타내기
>
> **Step❷** 인수정리를 이용하여 인수분해하기
>
> **Step❸** $a \times b \times c$의 값 구하기

115 두 자연수 a, b에 대하여
$$a^2b+2ab+a^2+2a+b+1$$
의 값이 245일 때, $a+b$의 값은? [4점]

① 9   ② 10   ③ 11   ④ 12   ⑤ 13

> **2016년 시행 교육청 3월 고2 나형 17번**
>
> **Step❶** b에 대하여 내림차순으로 정리하여 인수분해하기
>
> **Step❷** $a+b$의 값 구하기

116 2018^3-27을 $2018 \times 2021+9$로 나눈 몫은? [4점]

① 2015   ② 2025   ③ 2035   ④ 2045   ⑤ 2055

> **2018년 시행 교육청 6월 15번**
>
> **Step❶** $2018=a$, $3=b$로 치환하여 2018^3-27을 a, b에 대한 식으로 나타내기
>
> **Step❷** a, b에 대한 식을 인수분해하여 $2018 \times 2021+9$로 나눈 몫 구하기

117 두 양수 a, b $(a>b)$에 대하여 그림과 같은 직육면체 P, Q, R, S, T의 부피를 각각 p, q, r, s, t라 하자.

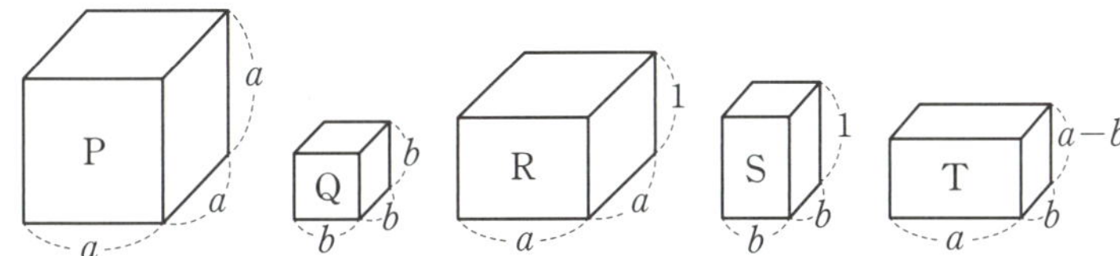

$p=q+r+s+t$일 때, $a-b$의 값은? [4점]

① $\dfrac{2}{3}$　　② $\dfrac{3}{4}$　　③ $\dfrac{4}{5}$　　④ $\dfrac{5}{6}$　　⑤ 1

Step ❶ 직육면체 P, Q, R, S, T의 부피 p, q, r, s, t를 a, b를 사용하여 나타내기

Step ❷ $p=q+r+s+t$를 인수분해하기

Step ❸ $a-b$의 값 구하기

---

118 2 이상의 네 자연수 a, b, c, d에 대하여
$$(14^2+2\times14)^2-18\times(14^2+2\times14)+45=a\times b\times c\times d$$
일 때, $a+b+c+d$의 값은? [4점]

① 56　　② 58　　③ 60　　④ 62　　⑤ 64

Step ❶ $14=t$로 치환하여 주어진 식의 좌변을 t에 대한 식으로 나타내기

Step ❷ Step ❶의 식을 네 다항식의 곱으로 인수분해하기

Step ❸ $a+b+c+d$의 값 구하기

---

119 모든 실수 x에 대하여 두 이차다항식 $P(x)$, $Q(x)$가 다음 조건을 만족시킨다.

> (가) $P(x)+Q(x)=4$
> (나) $\{P(x)\}^3+\{Q(x)\}^3=12x^4+24x^3+12x^2+16$

$P(x)$의 최고차항의 계수가 음수일 때, $P(2)+Q(3)$의 값은? [4점]

① 6　　② 7　　③ 8　　④ 9　　⑤ 10

Step ❶ 조건 (가), (나)에서 곱셈 공식의 변형을 이용하여 $P(x)Q(x)$ 구하기

Step ❷ $P(x)Q(x)$를 인수분해하여 $P(x)$, $Q(x)$를 각각 구하기

Step ❸ $P(2)+Q(3)$의 값 구하기

---

120 그림과 같이 모든 모서리의 길이가 a인 정사각뿔 $\mathrm{O-ABCD}$가 있다. 네 선분 OA, OB, OC, OD 위의 네 점 E, F, G, H를 $\overline{OE}=\overline{OF}=\overline{OG}=\overline{OH}=b$가 되도록 잡는다. 두 정사각뿔 $\mathrm{O-ABCD}$, $\mathrm{O-EFGH}$의 부피의 합이 $2\sqrt{2}$이고 선분 AF의 길이가 2일 때, 사각형 ABFE의 넓이를 S라 하자. $32\times S^2$의 값을 구하시오.

(단, a, b는 $a>b>0$인 상수이다.) [4점]

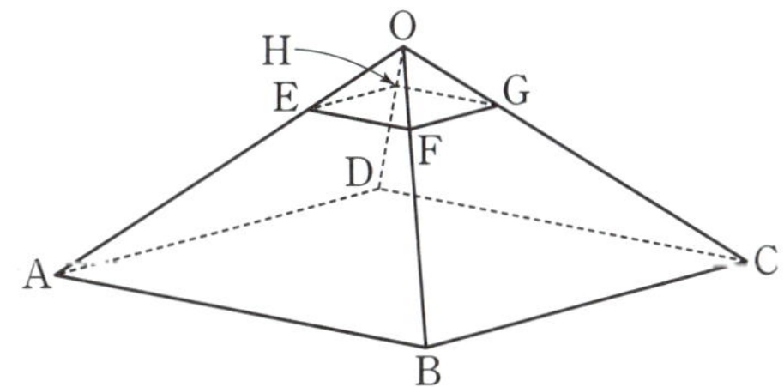

Step ❶ 두 정사각뿔 $\mathrm{O-ABCD}$, $\mathrm{O-EFGH}$의 부피의 합을 a, b에 대한 식으로 나타내기

Step ❷ $\angle\mathrm{FBA}=60°$이고 $\overline{\mathrm{AF}}=2$임을 이용하여 a^2-ab+b^2의 값 구하기

Step ❸ 인수분해 공식과 곱셈 공식의 변형을 이용하여 $a+b$, $a-b$, ab의 값 구하기

Step ❹ 사각형 ABFE가 등변사다리꼴임을 이용하여 S의 값을 구한 후, $32\times S^2$의 값 구하기

뛰어나고 훌륭하게

시작할 필요는 없다.

그러나 훌륭하기 위해서는

시작해야 한다.

- 지그 지글러

II

방정식과 부등식

04 복소수

① 복소수의 뜻

(1) 허수단위: 제곱하여 -1이 되는 실수가 아닌 새로운 수를 기호 i로 나타내고, i를 허수단위라 한다. 허수단위는 제곱하여 -1이 되는 수이므로 $i^2=-1$, 즉 $i=\sqrt{-1}$로 나타내기로 한다.

(2) 복소수: 두 실수 a, b에 대하여 $a+bi$ 꼴로 나타내어지는 수를 복소수라 하고, a를 실수부분, b를 허수부분이라 한다.

> **참고** 복소수 $a+bi$ $\begin{cases} \text{실수 } a \ (b=0) \\ \text{허수 } a+bi \ (b\neq0) \end{cases}$ $\begin{cases} \text{순허수 } bi \ (a=0,\ b\neq0) \\ \text{순허수가 아닌 허수 } a+bi \ (a\neq0,\ b\neq0) \end{cases}$

② 복소수가 서로 같을 조건

a, b, c, d가 실수일 때

(1) $a+bi=c+di$이면 $a=c$, $b=d$이다.

(2) $a=c$, $b=d$이면 $a+bi=c+di$이다.

③ 복소수의 사칙연산

a, b, c, d가 실수일 때

(1) $(a+bi)+(c+di)=(a+c)+(b+d)i$, $(a+bi)-(c+di)=(a-c)+(b-d)i$

(2) $(a+bi)(c+di)=(ac-bd)+(ad+bc)i$

(3) $\dfrac{a+bi}{c+di}=\dfrac{ac+bd}{c^2+d^2}+\dfrac{bc-ad}{c^2+d^2}i$ (단, $c+di\neq0$)

Check!

▸ 순허수의 제곱은 항상 음수이다.

▸ 두 실수 a, b에 대하여
$a+bi=0$이면 $a=0$, $b=0$이고,
$a=0$, $b=0$이면 $a+bi=0$이다.

▸ **허수단위 i의 거듭제곱**
자연수 n에 대하여
$i^{4n-3}=i$, $i^{4n-2}=-1$,
$i^{4n-1}=-i$, $i^{4n}=1$

기본 문제

121

$z=(1+2i)a-b+3-4i$가 양의 실수일 때, 자연수 b의 최댓값은? (단, $i=\sqrt{-1}$이고, a는 실수이다.)

① 1   ② 2   ③ 3

④ 4   ⑤ 5

123

$\dfrac{2+i}{-1-i}+\dfrac{-1+2i}{1-i}$ 를 $a+bi$ 꼴로 나타내면?

(단, $i=\sqrt{-1}$이고, a, b는 실수이다.)

① $-3+i$ ② $-1+i$ ③ i

④ $1+i$ ⑤ $3+i$

122

$x-2yi=y+(x+3)i$를 만족시키는 두 실수 x, y에 대하여 $x+y$의 값은? (단, $i=\sqrt{-1}$)

① -2 ② -1 ③ 0

④ 1   ⑤ 2

124

$1+\dfrac{1}{i}+\dfrac{1}{i^2}+\dfrac{1}{i^3}+\dfrac{1}{i^4}+\dfrac{1}{i^5}$ 을 간단히 하면? (단, $i=\sqrt{-1}$)

① $1-i$ ② $1+i$ ③ 0

④ $-i$ ⑤ i

4 켤레복소수

복소수 $a+bi$ (a, b는 실수)에서 허수부분의 부호를 바꾼 복소수 $a-bi$를 $a+bi$의 켤레복소수라 하고, 기호로 $\overline{a+bi}$와 같이 나타낸다. 즉,

$$\overline{a+bi}=a-bi$$

▶ $\overline{a-bi}=a+bi$

5 켤레복소수의 성질

(1) 복소수 $z=a+bi$ (a, b는 실수)에 대하여

① $z+\bar{z}=2a$ (실수) 　② $z\bar{z}=a^2+b^2$ (실수)

③ $z=\bar{z}$이면 z는 실수,　④ $z=-\bar{z}$이면 z는 순허수 또는 $z=0$

　　z가 실수이면 $z=\bar{z}$

(2) 두 복소수 z_1, z_2에 대하여

① $\overline{(\overline{z_1})}=z_1$　② $\overline{z_1+z_2}=\overline{z_1}+\overline{z_2}$, $\overline{z_1-z_2}=\overline{z_1}-\overline{z_2}$

③ $\overline{z_1z_2}=\overline{z_1}\times\overline{z_2}$　④ $\overline{\left(\dfrac{z_1}{z_2}\right)}=\dfrac{\overline{z_1}}{\overline{z_2}}$ (단, $z_2\neq0$)

▶ • z^2이 양의 실수이면 $a\neq0$, $b=0$
• z^2이 음의 실수이면 $a=0$, $b\neq0$
• z^2이 실수이면 $a=0$ 또는 $b=0$
• z^2이 허수이면 $a\neq0$, $b\neq0$
• z^2이 순허수이면 $ab\neq0$, $|a|=|b|$

6 음수의 제곱근

(1) 음수의 제곱근

　$a>0$일 때

　① $\sqrt{-a}=\sqrt{a}i$

　② $-a$의 제곱근은 $\pm\sqrt{-a}$, 즉 $\pm\sqrt{a}i$

(2) 음수의 제곱근의 성질

　① $a<0$, $b<0$이면 $\sqrt{a}\sqrt{b}=-\sqrt{ab}$

　② $a>0$, $b<0$이면 $\dfrac{\sqrt{a}}{\sqrt{b}}=-\sqrt{\dfrac{a}{b}}$

▶ 0이 아닌 실수 a의 제곱근은
$\pm\sqrt{a}$

▶ ①, ②를 제외한 경우에는
$\sqrt{a}\sqrt{b}=\sqrt{ab}$
$\dfrac{\sqrt{a}}{\sqrt{b}}=\sqrt{\dfrac{a}{b}}$ (단, $b\neq0$)

정답 및 해설 026쪽

125

실수부분이 2인 복소수 z와 그 켤레복소수 $\bar{z}$에 대하여 등식 $i\bar{z}+(1+i)z=2-i$가 성립할 때, $z\bar{z}$의 값은? (단, $i=\sqrt{-1}$)

① 20　② 23　③ 26

④ 29　⑤ 32

126

두 복소수 α, β에 대하여 $\alpha+\beta=1+3i$가 성립할 때, $\overline{\alpha\bar{\alpha}+\bar{\alpha}\beta+\alpha\bar{\beta}+\beta\bar{\beta}}$의 값은?

　(단, $i=\sqrt{-1}$이고, $\bar{\alpha}$, $\bar{\beta}$는 각각 α, β의 켤레복소수이다.)

① 8　② 10　③ 12

④ 14　⑤ 16

127

다음 계산 중 옳은 것은?

① $\sqrt{3}\sqrt{-27}=-9$　② $\sqrt{-3}\sqrt{-27}=9$　③ $\dfrac{\sqrt{-27}}{\sqrt{3}}=-3$

④ $\dfrac{\sqrt{27}}{\sqrt{-3}}=-3$　⑤ $\dfrac{\sqrt{-27}}{\sqrt{-3}}=3$

128

두 정수 a, b에 대하여

$$\sqrt{-5}\sqrt{2-a}=-\sqrt{-5(2-a)},\quad \dfrac{\sqrt{2}}{\sqrt{b-3}}=-\sqrt{\dfrac{2}{b-3}}$$

가 성립할 때, a의 최솟값과 b의 최댓값의 합을 구하시오.

(단, $a\neq2$)

129

복소수 $z=a+bi$에 대하여
$$(3-i+z)^2<0, \quad z^2=c+12i$$
가 성립할 때, $a+b+c$의 값은?

（단, $i=\sqrt{-1}$이고, a, b, c는 실수이다.）

① -6 ② -3 ③ 0
④ 3 ⑤ 6

130 ☆출제예감 복소수가 서로 같을 조건을 이용하여 미지수를 구하는 문제가 자주 출제된다.

두 실수 a, b에 대하여 등식 $(a+bi)^2+2abi=\dfrac{16}{1-i}$이 성립할 때, $a^4+b^4+a^2+b^2$의 값은? （단, $i=\sqrt{-1}$）

① $66+\sqrt{5}$ ② $68+2\sqrt{5}$ ③ $70+3\sqrt{5}$
④ $72+4\sqrt{5}$ ⑤ $74+5\sqrt{5}$

131

복소수 $z=a+bi$에 대하여 $z_1=b+ai$라 하자. $z=\dfrac{\sqrt{3}+i}{2}$일 때, 등식 $2z^5(z_1)^4=p+qi$가 성립한다. 이때 p^2+q^2의 값은?
（단, $i=\sqrt{-1}$이고, a, b, p, q는 실수이다.）

① 4 ② 8 ③ 12
④ 16 ⑤ 20

132

$x=\dfrac{1+i}{2}$, $y=\dfrac{1-i}{2}$일 때, $\dfrac{x^3}{y}+\dfrac{y^3}{x}$의 값은? （단, $i=\sqrt{-1}$）

① $-\dfrac{3}{2}$ ② -1 ③ $-\dfrac{1}{2}$
④ $\dfrac{1}{2}$ ⑤ 1

133

복소수 $z=\dfrac{1-i}{\sqrt{3}i}$에 대하여 $z^n=\left(\dfrac{2}{3}\right)^k$이 되도록 하는 두 자연수 n, k가 있다. $n+k$의 최솟값은? （단, $i=\sqrt{-1}$）

① 6 ② 8 ③ 10
④ 12 ⑤ 14

134

복소수 $z=\dfrac{1+3i}{1+i}$에 대하여 z^4-3z^3+3을 간단히 하면?
（단, $i=\sqrt{-1}$）

① $-10-10i$ ② $-10-9i$ ③ $10-10i$
④ $10-9i$ ⑤ $11-10i$

135

복소수 $z=\dfrac{2a+1-(a-2)i}{1+i}$ 에 대하여 z^2이 양의 실수일 때의 a의 값을 p, z^2이 음의 실수일 때의 a의 값을 q라 할 때, pq의 값은? (단, $i=\sqrt{-1}$이고, a는 실수이다.)

① -1
② $-\dfrac{1}{2}$
③ $\dfrac{1}{2}$

④ 1
⑤ $\dfrac{3}{2}$

136 ★출제예감 복소수의 사칙연산을 이용하여 복소수의 규칙성을 찾아 해결하는 문제가 자주 출제된다.

복소수 $z=\dfrac{1-i}{1+i}$ 에 대하여

$$-z+2z^2-3z^3+4z^4-\cdots+70z^{70}=a+bi$$

일 때, 두 실수 a, b에 대하여 $a+b$의 값은? (단, $i=\sqrt{-1}$)

① -2
② -1
③ 0

④ 1
⑤ 2

137

$\left(\dfrac{1+i}{\sqrt{2}}\right)^n+\left(\dfrac{\sqrt{3}-i}{2}\right)^n=2$를 만족시키는 자연수 n의 최솟값은? (단, $i=\sqrt{-1}$)

① 12
② 15
③ 18

④ 21
⑤ 24

138

그림과 같이 4개의 면에 각각 2, 3, $2i$, $1+i$가 적힌 정사면체 모양의 주사위가 있다. 이 주사위를 n번 던져서 바닥에 닿는 면에 적힌 수들을 모두 곱하였더니 $-16i$가 되었을 때, 자연수 n의 값의 합은? (단, $i=\sqrt{-1}$)

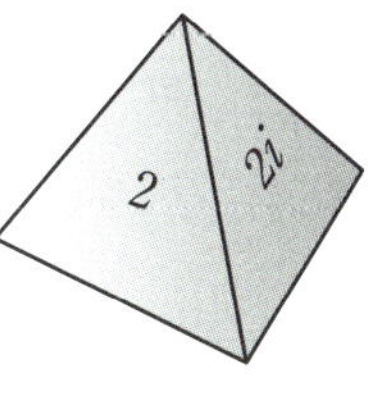

① 18
② 20
③ 22

④ 24
⑤ 26

139

0이 아닌 복소수 z에 대하여 $\dfrac{2z+\overline{z}}{z\overline{z}}=\dfrac{1-i}{1+i}$가 성립할 때, $1+z+z^2+\cdots+z^{100}$의 값은?

(단, $i=\sqrt{-1}$이고, $\overline{z}$는 z의 켤레복소수이다.)

① $-i$
② -1
③ 0

④ 1
⑤ i

140

복소수 $z=\dfrac{1+\sqrt{3}i}{2}$ 에 대하여 $w=\dfrac{3z+1}{3z-1}$일 때, $w\overline{w}$의 값은? (단, $i=\sqrt{-1}$이고, $\overline{w}$는 w의 켤레복소수이다.)

① $\dfrac{5}{7}$
② $\dfrac{9}{7}$
③ $\dfrac{13}{7}$

④ $\dfrac{17}{7}$
⑤ 3

141

$\overline{\dfrac{z}{1+i}} - \overline{z}i = z+i$ 를 만족시키는 복소수 z에 대하여 $z^3 + (\overline{z})^3$ 의 값은? (단, $i=\sqrt{-1}$이고, $\overline{z}$는 z의 켤레복소수이다.)

① $-\dfrac{10}{27}$ 　② $-\dfrac{8}{27}$ 　③ $-\dfrac{2}{9}$

④ $-\dfrac{4}{27}$ 　⑤ $-\dfrac{2}{27}$

142

$2y=x-1$을 만족시키는 두 실수 x, y에 대하여 $x+yi=\dfrac{1}{1+ai}$이다. $\overline{x+yi} \neq x+yi$를 만족시키는 실수 a의 값은? (단, $i=\sqrt{-1}$이고, $\overline{z}$는 z의 켤레복소수이다.)

① 1 　② 2 　③ 3

④ 4 　⑤ 5

143

0이 아닌 모든 복소수 z에 대하여 〈보기〉에서 옳은 것만을 있는 대로 고른 것은? (단, $\overline{z}$는 z의 켤레복소수이다.)

> ─── 〈보기〉 ───
> ㄱ. $(2z+1)(\overline{z}+1)+\overline{z}$는 실수이다.
> ㄴ. $(z^2+z+1)(\overline{z}+1)+\{(\overline{z})^2+\overline{z}+1\}(z+1)$은 실수이다.
> ㄷ. $\dfrac{\overline{z}}{z^2}$가 실수이면 z^6-4z^3은 실수이다.

① ㄱ 　② ㄴ 　③ ㄱ, ㄴ

④ ㄱ, ㄷ 　⑤ ㄱ, ㄴ, ㄷ

144

$|a| \leq 5$, $|b| \leq 5$인 두 정수 a, b에 대하여 $z=a+bi$ $(z \neq 0)$ 라 할 때, $\dfrac{z}{\overline{z}}$의 실수부분이 0이 되게 하는 복소수 z의 개수는? (단, $i=\sqrt{-1}$이고, $\overline{z}$는 z의 켤레복소수이다.)

① 20 　② 21 　③ 22

④ 23 　⑤ 24

145

$\dfrac{\sqrt{-20}}{\sqrt{-5}} - \dfrac{\sqrt{150}}{\sqrt{-6}} + \sqrt{-9}\sqrt{-24} + \sqrt{-18}\sqrt{12} = a+bi$일 때, 두 실수 a, b에 대하여 $a+b$의 값은? (단, $i=\sqrt{-1}$)

① 5 　② 6 　③ 7

④ 8 　⑤ 9

146

a_1, a_2, a_3, $\cdots$, a_{10}은 -1 또는 1의 값을 갖고 $a_1 a_2 a_3 \cdots a_{10} = -1$이다. $k=\dfrac{a_1+a_2+a_3+\cdots+a_{10}}{\sqrt{a_1}\sqrt{a_2}\sqrt{a_3}\cdots\sqrt{a_{10}}}$일 때, 가능한 모든 k의 값의 합은?

① 0 　② $4i$ 　③ $8i$

④ $12i$ 　⑤ $16i$

고난도 문제

147

복소수 z에 대하여 $z^2=-1+i$일 때, $\left(z^3-\dfrac{k}{z}\right)^2<0$이 성립하도록 하는 상수 k의 값은? (단, $i=\sqrt{-1}$)

① $-2-2\sqrt{2}$ ② $-1-2\sqrt{2}$ ③ $-2-\sqrt{2}$

④ $-1-\sqrt{2}$ ⑤ $1-\sqrt{2}$

148

자연수 n에 대하여

$$z=\left\{\left(\frac{1+i}{\sqrt{2}}\right)^n+\left(\frac{1-i}{\sqrt{2}}\right)^n\right\}\left\{\left(\frac{2}{1+\sqrt{3}i}\right)^n+\left(\frac{2}{1-\sqrt{3}i}\right)^n\right\}$$

이라 하자. z의 값이 최대가 되도록 하는 100 이하의 자연수 n의 개수는? (단, $i=\sqrt{-1}$)

① 3   ② 4   ③ 5

④ 6   ⑤ 7

149

0이 아닌 복소수 $z=a+bi$ (a, b는 실수)에 대하여 $|z|=\sqrt{a^2+b^2}$이라 할 때, $\dfrac{|z|}{z}-(1+i)\overline{z}-\left(1+\dfrac{\overline{z}}{z}\right)i=0$을 만족시키는 복소수 z를 α라 하자. 임의의 복소수 z에 대하여 $\alpha z^3+\beta\left(\overline{z}\right)^3$이 실수가 되도록 하는 복소수 β를 $\beta=p+qi$ (p, q는 실수)라 할 때, $4(p^2-q^2)$의 값은?

(단, $i=\sqrt{-1}$이고, $\overline{z}$는 z의 켤레복소수이다.)

① -2 ② -1 ③ 0

④ 1 ⑤ 2

서술형 문제

150 ★출제예강
음수의 제곱근의 성질을 이용하여 미지수의 부호를 결정한 후 해결하는 문제가 자주 출제된다.

등식 $\dfrac{\sqrt{a}}{\sqrt{b}}=-\sqrt{\dfrac{a}{b}}$를 만족시키는 0이 아닌 두 실수 a, b에 대하여 $z=\sqrt{a}+\sqrt{b}$라 하자. $(2+i)z+(1-i)\overline{z}=1+i$일 때, $a+b$의 값을 구하시오.

(단, $i=\sqrt{-1}$이고, $\overline{z}$는 z의 켤레복소수이다.)

151

$x=\dfrac{1-i}{1+i}$에 대하여 $x^{5n}+x^{3n}+x^n=-i$가 성립하도록 하는 100 이하의 자연수 n의 개수를 구하시오. (단, $i=\sqrt{-1}$)

152 ★출제예강
$z=a+bi$라 하고 $z+\overline{z}$, $z\overline{z}$의 값을 이용하여 z를 구한 후 식의 값을 구하는 문제가 자주 출제된다.

허수부분이 양수인 복소수 z에 대하여 $z+\overline{z}=4$, $z\overline{z}=13$일 때, $\dfrac{z}{(\overline{z})^2}-\dfrac{\overline{z}}{z^2}$의 값을 구하시오.

(단, $\overline{z}$는 z의 켤레복소수이다.)

153 5 이하의 두 자연수 m, n에 대하여 복소수 z를 $z=(m-n)+(m+n-4)i$라 하자. z^2이 실수가 되도록 하는 m, n의 모든 순서쌍 (m, n)의 개수는?

(단, $i=\sqrt{-1}$) [4점]

① 5 ② 7 ③ 9 ④ 11 ⑤ 13

154 0이 아닌 실수 a, b, c가 다음 조건을 만족시킨다.

> (가) $\dfrac{\sqrt{b}}{\sqrt{a}}=-\sqrt{\dfrac{b}{a}}$ (나) $|a+b|+|a+c-1|=0$

세 수 a, b, c의 대소 관계로 옳은 것은? [4점]

① $a<b<c$ ② $a<c<b$ ③ $b<a<c$
④ $b<c<a$ ⑤ $c<a<b$

155 실수 a에 대하여 복소수 $z=a+2i$가 $\overline{z}=\dfrac{z^2}{4i}$을 만족시킬 때, a^2의 값을 구하시오.

(단, $i=\sqrt{-1}$이고, $\overline{z}$는 z의 켤레복소수이다.) [4점]

156 다음 조건을 만족시키는 복소수 z가 존재하도록 하는 모든 실수 k의 값의 곱은?

(단, $\overline{z}$는 z의 켤레복소수이다.) [4점]

> (가) $\overline{z}=-z$
> (나) $z^2+(k^2-3k-4)z+(k^2+2k-8)=0$

① -32 ② -16 ③ -8 ④ -4 ⑤ -2

157 복소수 z에 대하여 $z+\overline{z}=-1$, $z\overline{z}=1$일 때, $\dfrac{\overline{z}}{z^5}+\dfrac{(\overline{z})^2}{z^4}+\dfrac{(\overline{z})^3}{z^3}+\dfrac{(\overline{z})^4}{z^2}+\dfrac{(\overline{z})^5}{z}$의 값은? (단, $\overline{z}$는 z의 켤레복소수이다.) [4점]

① 2　　　　② 3　　　　③ 4　　　　④ 5　　　　⑤ 6

2021년 시행 교육청 6월 19번

Step ❶ $z+\overline{z}=-1$, $z\overline{z}=1$을 연립하여 z, $\overline{z}$에 대한 식을 각각 구하기

Step ❷ 주어진 식의 값 구하기

158 복소수 $z=a+bi$ (a, b는 0이 아닌 실수)에 대하여
$$iz=\overline{z}$$
일 때, 〈보기〉에서 옳은 것만을 있는 대로 고른 것은?

(단, $i=\sqrt{-1}$이고, $\overline{z}$는 z의 켤레복소수이다.) [4점]

─────〈보기〉─────

ㄱ. $z+\overline{z}=-2b$　　　　ㄴ. $i\overline{z}=-z$　　　　ㄷ. $\dfrac{\overline{z}}{z}+\dfrac{z}{\overline{z}}=0$

① ㄱ　　　　　　② ㄷ　　　　　　③ ㄱ, ㄴ
④ ㄴ, ㄷ　　　　⑤ ㄱ, ㄴ, ㄷ

2017년 시행 교육청 6월 18번

Step ❶ $iz=\overline{z}$에서 양변을 (실수부분)+(허수부분)i 꼴로 나타내기

Step ❷ 복소수가 서로 같을 조건을 이용하여 a, b 사이의 관계식 구하기

Step ❸ a, b 사이의 관계식과 $iz=\overline{z}$를 변형하여 보기에서 옳은 것 찾기

159 실수 a에 대하여 복소수 z를 $z=a^2-1+(a-1)i$라 하자. z^2이 음의 실수일 때,
$$\left(\dfrac{1-i}{\sqrt{2}}\right)^n=\dfrac{(z-\overline{z})i}{4}$$
가 되도록 하는 100 이하의 자연수 n의 개수는?

(단, $\overline{z}$는 z의 켤레복소수이고, $i=\sqrt{-1}$이다.) [4점]

① 8　　　　② 9　　　　③ 10　　　　④ 11　　　　⑤ 12

2024년 시행 교육청 6월 17번

Step ❶ z^2이 음의 실수이기 위한 조건 구하기

Step ❷ 복소수 z 구하기

Step ❸ $\left(\dfrac{1-i}{\sqrt{2}}\right)^n=\dfrac{(z-\overline{z})i}{4}$가 되도록 하는 자연수 n의 규칙성 찾기

Step ❹ 조건을 만족시키는 100 이하의 자연수 n의 개수 구하기

160 49 이하의 두 자연수 m, n이
$$\left\{\left(\dfrac{1+i}{\sqrt{2}}\right)^m-i^n\right\}^2=4$$
를 만족시킬 때, $m+n$의 최댓값을 구하시오. (단, $i=\sqrt{-1}$) [4점]

2023년 시행 교육청 6월 29번

Step ❶ $\left(\dfrac{1+i}{\sqrt{2}}\right)^m$의 값의 규칙성 찾기

Step ❷ i^n의 값의 규칙성 찾기

Step ❸ $\left\{\left(\dfrac{1+i}{\sqrt{2}}\right)^m-i^n\right\}^2=4$를 만족시키는 m, n의 값 구하기

Step ❹ $m+n$의 최댓값 구하기

05 이차방정식

❶ 이차방정식

x에 대하여 내림차순으로 정리했을 때
$$ax^2+bx+c=0 \ (a\neq0,\ a,\ b,\ c는\ 상수)$$
의 꼴로 나타내어지는 방정식을 x에 대한 이차방정식이라 한다.

❷ 이차방정식의 풀이

(1) 인수분해 이용 : $(ax-b)(cx-d)=0$ 꼴로 변형 ➡ $x=\dfrac{b}{a}$ 또는 $x=\dfrac{d}{c}$

(2) 완전제곱식 이용 : $(x-p)^2=q$ 꼴로 변형 ➡ $x=p\pm\sqrt{q}$

(3) 근의 공식 이용 : $ax^2+bx+c=0$ ➡ $x=\dfrac{-b\pm\sqrt{b^2-4ac}}{2a}$

❸ 이차방정식의 판별식과 근의 판별

(1) 이차방정식의 판별식

계수가 실수인 이차방정식 $ax^2+bx+c=0$에서 b^2-4ac의 값의 부호에 따라 주어진 방정식의 근이 실근인지 허근인지 판별할 수 있으므로 b^2-4ac를 이차방정식 $ax^2+bx+c=0$의 판별식이라 하고, 기호 D로 나타낸다. 즉, $D=b^2-4ac$이다.

(2) 이차방정식의 근의 판별

계수가 실수인 이차방정식 $ax^2+bx+c=0$에서 $D=b^2-4ac$라 하면
① $D>0 \iff$ 서로 다른 두 실근 ② $D=0 \iff$ 중근 ③ $D<0 \iff$ 서로 다른 두 허근

Check!

▸ **이차방정식의 실근과 허근**
계수가 실수인 이차방정식은 복소수의 범위에서 항상 근을 갖는다. 이때 실수인 근을 실근, 허수인 근을 허근이라 한다.

▸ $\sqrt{(x-p)^2}=|x-p|$

▸ $ax^2+2b'x+c=0$인 경우
$$x=\dfrac{-b'\pm\sqrt{b'^2-ac}}{a}$$

▸ $ax^2+2b'x+c=0$인 경우
$$\dfrac{D}{4}=b'^2-ac$$

▸ 기호 '$\iff$'는 좌우 양쪽의 문장 또는 수식이 서로 같은 의미임을 나타낸다.
▸ $D\geq0 \iff$ 실근을 갖는다.

기본 문제

161

이차방정식 $4x^2-16x+15=0$의 두 근을 α, β라 할 때, $\alpha^2-\beta^2$의 값은? (단, $\alpha>\beta$)

① 3 ② $\dfrac{13}{4}$ ③ $\dfrac{7}{2}$

④ $\dfrac{15}{4}$ ⑤ 4

162

이차방정식 $(x+3)^2=11x+6$의 근은?

① $x=\dfrac{-5\pm\sqrt{13}}{4}$ ② $x=\dfrac{-5\pm\sqrt{22}}{4}$

③ $x=\dfrac{-5\pm\sqrt{13}}{2}$ ④ $x=\dfrac{5\pm\sqrt{22}}{4}$

⑤ $x=\dfrac{5\pm\sqrt{13}}{2}$

163

다음 〈보기〉의 이차방정식 중에서 실근을 갖는 것만을 있는 대로 고른 것은?

<보기>
ㄱ. $3x^2-4x+1=0$ ㄴ. $4x^2+4x+1=0$
ㄷ. $x^2-3x+3=0$

① ㄱ ② ㄷ ③ ㄱ, ㄴ

④ ㄴ, ㄷ ⑤ ㄱ, ㄴ, ㄷ

164

이차방정식 $kx^2+kx+1=0$이 중근을 갖도록 하는 실수 k의 값을 구하시오.

4 이차방정식의 근과 계수의 관계

이차방정식 $ax^2+bx+c=0$의 두 근을 α, β라 하면

$$\alpha+\beta=-\frac{b}{a},\ \alpha\beta=\frac{c}{a}$$

> $|\alpha-\beta|=\dfrac{\sqrt{b^2-4ac}}{|a|}$
> (단, α, β는 실수)

5 두 수를 근으로 하는 이차방정식

x^2의 계수가 a이고 두 수 α, β를 근으로 하는 이차방정식은

$$a(x-\alpha)(x-\beta)=0,\ \text{즉}\ a\{x^2-(\alpha+\beta)x+\alpha\beta\}=0$$

> x^2의 계수가 a이고 두 근의 합이 p,
> 두 근의 곱이 q인 이차방정식은
> $$a(x^2-px+q)=0$$

6 이차방정식의 근을 이용한 이차식의 인수분해

이차방정식 $ax^2+bx+c=0$의 두 근을 α, β라 하면 이차식 ax^2+bx+c는 복소수의 범위에서

$$ax^2+bx+c=a(x-\alpha)(x-\beta)$$

와 같이 인수분해된다.

7 이차식의 계수와 이차방정식의 근의 관계

이차방정식 $ax^2+bx+c=0$에 대하여

(1) 계수 a, b, c가 모두 유리수일 때, 한 근이 $p+q\sqrt{m}$이면 다른 한 근은 $p-q\sqrt{m}$이다.
(단, p, q는 유리수, $q\neq0$, $\sqrt{m}$은 무리수이다.)

(2) 계수 a, b, c가 모두 실수일 때, 한 근이 $p+qi$이면 다른 한 근은 $p-qi$이다.
(단, p, q는 실수, $q\neq0$, $i=\sqrt{-1}$이다.)

> $q\neq0$일 때, $p+q\sqrt{m}$과 $p-q\sqrt{m}$,
> $p+qi$와 $p-qi$를 각각 켤레근이라
> 한다.

정답 및 해설 036쪽

165

이차방정식 $3x^2-2x-4=0$의 두 근을 α, β라 할 때, $(\alpha-\beta)^2$의 값은?

① $\dfrac{50}{9}$ ② $\dfrac{17}{3}$ ③ $\dfrac{52}{9}$

④ $\dfrac{53}{9}$ ⑤ 6

166

이차방정식 $3x^2-7x+4=0$의 두 근을 α, β라 할 때, x^2의 계수가 9이고 $\alpha+\beta$, $\alpha\beta$를 두 근으로 하는 이차방정식의 일차항의 계수는 p, 상수항은 q이다. $p+q$의 값은?

① -5 ② -2 ③ 0

④ 2 ⑤ 5

167

이차식 x^2-4x+5를 복소수의 범위에서 인수분해하면?

① $(x-2-i)(x-2+i)$
② $(x-2-i)(x+2-i)$
③ $(x-2-i)(x+2+i)$
④ $(x-2+i)(x+2+i)$
⑤ $(x+2-i)(x+2+i)$

168

이차방정식 $x^2+px+q=0$의 한 근이 $3+\sqrt{11}$일 때, 두 유리수 p, q에 대하여 pq의 값을 구하시오.

169

이차방정식 $\sqrt{2}\,x^2-2x+2\sqrt{3}-3\sqrt{2}=0$의 해는?

① $x=\sqrt{2}$ 또는 $x=\sqrt{2}-\sqrt{3}$

② $x=\sqrt{2}$ 또는 $x=\sqrt{2}+\sqrt{3}$

③ $x=\sqrt{3}$ 또는 $x=\sqrt{2}-\sqrt{3}$

④ $x=\sqrt{3}$ 또는 $x=\sqrt{3}-\sqrt{2}$

⑤ $x=\sqrt{3}$ 또는 $x=\sqrt{2}+\sqrt{3}$

170

★★ 출제예감 절댓값 기호가 포함된 방정식에서 절댓값 기호 안의 식의 값이 0보다 크거나 같을 때와 작을 때로 범위를 나누어 근을 구하는 문제가 자주 출제된다.

방정식 $2x^2+5|x|-2=0$의 두 근의 곱이 $a+b\sqrt{41}$일 때, $4(a+b)$의 값은? (단, a, b는 유리수이다.)

① -22
② -20
③ -18

④ -16
⑤ -14

171

이차방정식 $x^2+kx+1=0$의 두 근이 $1+\sqrt{2}$, α일 때, $k+2\alpha$의 값은? (단, k는 실수이다.)

① -2
② -1
③ 0

④ 1
⑤ 2

172

이차방정식 $kx^2+ax+(k+1)b=0$이 실수 k의 값에 관계없이 항상 -2를 근으로 가질 때, 두 상수 a, b에 대하여 ab의 값은?

① 2
② 4
③ 6

④ 8
⑤ 10

173

이차방정식 $(k+1)x^2+(2k+2)x-2k+7=0$이 중근 α를 가질 때, $k+\alpha$의 값은? (단, k는 실수이다.)

① $\dfrac{1}{2}$
② 1
③ $\dfrac{3}{2}$

④ 2
⑤ $\dfrac{5}{2}$

174

x에 대한 이차방정식 $4x^2-4kx+k^2+k-2=0$이 실근을 갖고, 이차방정식 $x^2+2(k-1)x-k+7=0$이 중근을 가질 때, 실수 k의 값은?

① -2
② -1
③ 0

④ 1
⑤ 2

175

x에 대한 이차식 $x^2+(m+a)x+bm^2+m+c$가 실수 m의 값에 관계없이 항상 완전제곱식이 될 때, 세 실수 a, b, c에 대하여 $a+4b+2c$의 값은?

① 4   ② 5   ③ 6

④ 7   ⑤ 8

176

오른쪽 그림과 같이 세 변의 길이가 a, b, c이고 $\angle C=90°$인 직각삼각형 ABC가 있다. 이차방정식 $ax^2+2cx+b=0$의 근을 판별하면?

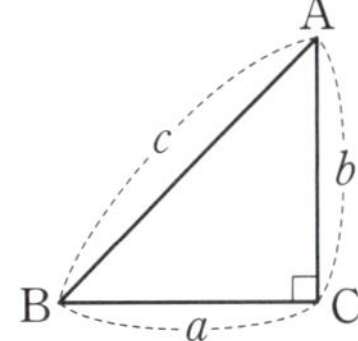

① 중근을 갖는다.
② 양수인 실근을 갖는다.
③ 서로 다른 두 실근을 갖는다.
④ 서로 다른 두 허근을 갖는다.
⑤ 판별할 수 없다.

177

이차방정식 $x^2+2x-4=0$의 두 근을 α, β라 할 때, 다음 중 옳지 <u>않은</u> 것은?

① $\alpha^2\beta+\alpha\beta^2=8$ ② $\dfrac{1}{\alpha}+\dfrac{1}{\beta}=\dfrac{1}{2}$

③ $\alpha^2+\beta^2=12$ ④ $(\alpha-2)(\beta-2)=4$

⑤ $\alpha^3+\beta^3=32$

178

이차방정식 $x^2-4x+8=0$의 두 근을 α, β라 할 때,

$$\dfrac{\beta^2+8}{\alpha^3-3\alpha^2+4}+\dfrac{\alpha^2+8}{\beta^3-3\beta^2+4}$$의 값은?

① $-\dfrac{12}{13}$ ② $-\dfrac{10}{13}$ ③ $-\dfrac{8}{13}$

④ $-\dfrac{6}{13}$ ⑤ $-\dfrac{4}{13}$

179

x에 대한 이차방정식 $x^2-(a+3)x+a^2-8a-12=0$의 두 근이 정수이고 두 근의 차가 11일 때, 상수 a의 값은?

① 2   ② 4   ③ 6

④ 8   ⑤ 10

180

이차방정식 $x^2+(2k-3)x+16=0$의 두 근의 절댓값의 비가 $1:4$가 되도록 하는 모든 실수 k의 값의 합은?

① $\dfrac{3}{2}$ ② 2   ③ $\dfrac{5}{2}$

④ 3   ⑤ $\dfrac{7}{2}$

181

이차방정식 $ax^2+bx+c=0$의 두 근이 -3, 4이고, 이차방정식 $ax^2+dx+e=0$의 두 근이 $-2+\sqrt{13}$, $-2-\sqrt{13}$이다. 이차방정식 $ax^2+dx+c=0$의 두 근 중 음수인 근은?

(단, a, b, c, d, e는 상수이다.)

① -7 ② -6 ③ -5

④ -4 ⑤ -3

182 ★★출제예감

이차방정식의 근과 계수의 관계를 이용하여 두 근의 합과 곱을 구한 후 이를 두 근으로 하는 이차방정식을 구하는 문제가 자주 출제된다.

이차방정식 $x^2+ax+2=0$의 두 근을 α, β라 할 때, α^2, β^2을 두 근으로 하는 이차방정식은 $x^2-12x+b=0$이다. 두 상수 a, b에 대하여 $a+b$의 값은? (단, $a>0$)

① 5 ② 6 ③ 7

④ 8 ⑤ 9

183

다음 그림과 같이 삼각형 ABC의 두 꼭짓점 B, C를 지나는 원 O가 있다. 원 O와 선분 AB의 교점 중 점 B가 아닌 점을 D, 원 O와 선분 AC의 교점 중 점 C가 아닌 점을 E라 할 때, $\overline{AB}=8$, $\overline{AD}=3$, $\overline{CE}=6$이다. $\overline{AC}=\alpha$, $\overline{AE}=\beta$라 할 때, α, $-\beta$를 두 근으로 하는 이차방정식은 $x^2+px+q=0$이다. 두 상수 p, q에 대하여 $p-q$의 값은?

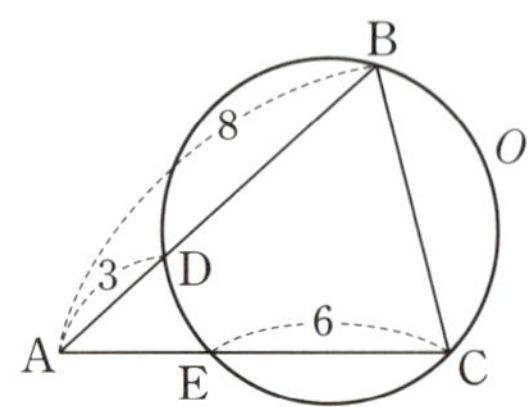

① 17 ② 18 ③ 19

④ 20 ⑤ 21

184

다음 중 복소수의 범위에서 이차식 x^2-2x+3의 인수인 것은?

① $x-1-\sqrt{2}i$ ② $x+1-\sqrt{2}i$ ③ $x-\sqrt{2}i$

④ $x-2-\sqrt{2}i$ ⑤ $x+2-\sqrt{2}i$

185

이차방정식 $f(x)=0$의 두 근이 $2\alpha-1$, $2\beta-1$이고 $\alpha+\beta=6$, $\alpha\beta=2$일 때, 이차방정식 $f\left(\dfrac{x-1}{3}\right)=0$의 두 근의 곱은?

① 4 ② 6 ③ 8

④ 10 ⑤ 12

186

이차방정식 $x^2+ax+b=0$의 한 근이 $\dfrac{1}{\sqrt{3}+2}$일 때, 이차방정식 $ax^2+x+b=0$의 두 근이 α, β이다. $(3\alpha+2)(3\beta+2)$의 값은? (단, a, b는 유리수이다.)

① $\dfrac{11}{4}$ ② 3 ③ $\dfrac{13}{4}$

④ $\dfrac{7}{2}$ ⑤ $\dfrac{15}{4}$

고난도 문제

187

방정식 $|x^2-6x+3|=k$가 서로 다른 네 실근을 갖도록 하는 정수 k의 개수는?

① 3 ② 4 ③ 5
④ 6 ⑤ 7

188

이차식 $f(x)$는 다음 조건을 만족시킨다.

> (가) 최고차항의 계수가 2인 이차방정식 $f(x)=0$의 두 근의 곱은 5이다.
> (나) 이차방정식 $x^2+2x-1=0$의 서로 다른 두 근 α, β에 대하여 $\alpha f(\beta)+\beta f(\alpha)=-10$이다.

$f(-3)$의 값은?

① 28 ② 31 ③ 34
④ 37 ⑤ 40

189

x에 대한 이차방정식 $ax^2+bx+c=0$의 두 근을 α, β라 할 때, 다음 중 x에 대한 이차방정식
$$c(x-2)^2+b(x-2)+a=0$$
의 근인 것은? (단, a, b, c는 상수이다.)

① $\alpha+2$ ② $\beta-2$ ③ $\dfrac{1}{\alpha}-2$
④ $\dfrac{1}{\beta}+2$ ⑤ $\dfrac{\alpha}{\beta}+2$

서술형 문제

190

출제예강 조건을 만족시키는 정수 또는 자연수의 순서쌍의 개수를 구하는 문제가 자주 출제된다.

두 정수 a, b가 $-4\leq a\leq 4$, $0\leq b\leq 4$를 만족시킬 때, 이차방정식 $x^2+ax+b=0$이 허근을 갖도록 하는 순서쌍 $(a,\,b)$의 개수를 구하시오.

191

두 사람 A와 B가 x^2의 계수가 1인 이차방정식을 푸는데 A는 바르게 보고 풀었고, B는 x의 계수와 상수항을 바꿔서 보고 풀었다. A가 얻은 근이 1, α이고, B가 얻은 근이 -4, β일 때, 원래의 이차방정식과 α, β의 값을 각각 구하시오.

192

x에 대한 이차식 $x^2-(2a+3)x+2a^2+5a+1$이 $(x+k)^2$으로 인수분해될 때, 두 실수 a, k에 대하여 $a+k$의 값을 구하시오. (단, $a>0$)

193 이차방정식 $2x^2-2x+1=0$의 한 근을 α라 할 때, $\alpha^4-\alpha^2+\alpha$의 값은? [3점]

① $\dfrac{1}{4}$ ② $\dfrac{5}{16}$ ③ $\dfrac{3}{8}$ ④ $\dfrac{7}{16}$ ⑤ $\dfrac{1}{2}$

> **2020년 시행 교육청 6월 8번**
>
> **Step ❶** α의 값 구하기
>
> **Step ❷** α^2, α^4의 값을 구한 후 $\alpha^4-\alpha^2+\alpha$의 값 구하기

194 x에 대한 이차방정식 $x^2-px+p+19=0$이 서로 다른 두 허근을 갖는다. 한 허근의 허수부분이 2일 때, 양의 실수 p의 값을 구하시오. [3점]

> **2023년 시행 교육청 9월 25번**
>
> **Step ❶** 이차방정식의 서로 다른 두 허근 α, $\overline{\alpha}$ 구하기
>
> **Step ❷** 이차방정식의 근과 계수의 관계를 이용하여 α, $\overline{\alpha}$에 대한 식으로 나타내기
>
> **Step ❸** 양의 실수 p의 값 구하기

195 x에 대한 이차방정식 $x^2-2(k-a)x+k^2-4k+b=0$이 실수 k의 값에 관계없이 항상 중근을 가질 때, 두 상수 a, b에 대하여 $a+b$의 값은? [4점]

① 2   ② 3   ③ 4   ④ 5   ⑤ 6

> **2024년 시행 교육청 9월 14번**
>
> **Step ❶** 이차방정식이 중근을 가질 조건을 이용하여 식 세우기
>
> **Step ❷** 실수 k의 값에 관계없이 성립할 조건을 이용하여 a, b 사이의 관계식 구하기
>
> **Step ❸** $a+b$의 값 구하기

196 x에 대한 이차방정식 $3x^2-5x+k=0$의 두 근을 α, β라 할 때, $(3\alpha-k)(\alpha-1)+(3\beta-k)(\beta-1)=-10$을 만족시키는 실수 k의 값을 구하시오. [4점]

> **2024년 시행 교육청 6월 26번**
>
> **Step ❶** 이차방정식의 근과 계수의 관계를 이용하여 $\alpha+\beta$, $\alpha\beta$의 값 구하기
>
> **Step ❷** 주어진 식을 정리하여 $\alpha+\beta$, $\alpha\beta$로 나타내기
>
> **Step ❸** $\alpha+\beta$, $\alpha\beta$의 값을 대입하여 k의 값 구하기

197 x에 대한 이차방정식 $x^2+2ax-b=0$의 두 근을 α, β라 할 때, $|\alpha-\beta|<12$를 만족시키는 두 자연수 a, b의 모든 순서쌍 (a, b)의 개수를 구하시오. [4점]

198 이차방정식 $x^2-4x+2=0$의 두 실근을 α, β $(\alpha<\beta)$라 하자. 그림과 같이 $\overline{AB}=\alpha$, $\overline{BC}=\beta$인 직각삼각형 ABC에 내접하는 정사각형의 넓이와 둘레의 길이를 두 근으로 하는 x에 대한 이차방정식이 $4x^2+mx+n=0$일 때, 두 상수 m, n에 대하여 $m+n$의 값은? (단, 정사각형의 두 변은 선분 AB와 선분 BC 위에 있다.) [4점]

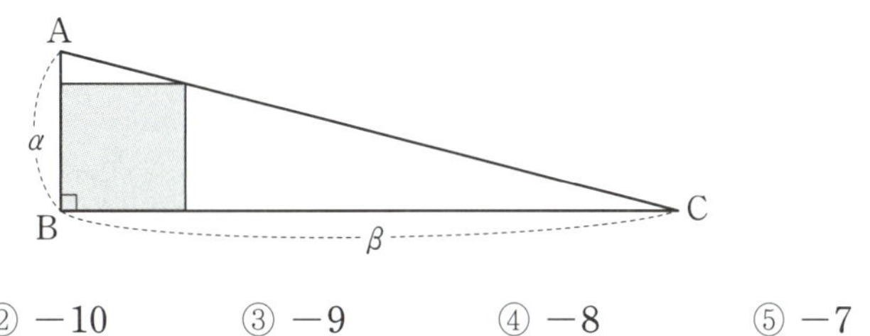

① -11 ② -10 ③ -9 ④ -8 ⑤ -7

199 이차방정식 $x^2+x+1=0$의 두 근 α, β에 대하여 이차함수 $f(x)=x^2+px+q$가 $f(\alpha^2)=-4\alpha$와 $f(\beta^2)=-4\beta$를 만족시킬 때, 두 상수 p, q에 대하여 $p+q$의 값을 구하시오. [4점]

200 모든 실수 x에 대하여 다항식 $P(x)$가
$$\{P(x)+2\}^2=(x-a)(x-2a)+4$$
를 만족시킬 때, 모든 $P(1)$의 값의 합은? (단, a는 실수이다.) [4점]

① -9 ② -8 ③ -7 ④ -6 ⑤ -5

06 이차방정식과 이차함수

1 이차함수의 그래프와 이차방정식의 관계

이차함수 $y=ax^2+bx+c$의 그래프와 x축의 교점의 x좌표는 이차방정식 $ax^2+bx+c=0$
의 실근과 같다.

2 이차함수 $y=ax^2+bx+c$의 그래프와 x축의 위치 관계

이차방정식 $ax^2+bx+c=0$의 판별식을 $D=b^2-4ac$라 하면 D의 값의 부호에 따라 다음
과 같다.

	$ax^2+bx+c=0$의 근	x축과의 위치 관계	$a>0$일 때	$a<0$일 때
$D>0$	서로 다른 두 실근 ($x=\alpha$ 또는 $x=\beta$)	서로 다른 두 점에서 만난다.		
$D=0$	중근 ($x=\alpha$)	한 점에서 만난다. (접한다.)		
$D<0$	서로 다른 두 허근	만나지 않는다.		

3 이차함수의 그래프와 직선의 위치 관계

이차함수 $y=ax^2+bx+c$의 그래프와 직선 $y=mx+n$의
위치 관계는 이차방정식 $ax^2+bx+c=mx+n$, 즉
$ax^2+(b-m)x+c-n=0$의 판별식 D의 값의 부호에 따라
다음과 같다.

(1) $D>0 \iff$ 서로 다른 두 점에서 만난다.
(2) $D=0 \iff$ 한 점에서 만난다. (접한다.)
(3) $D<0 \iff$ 만나지 않는다.

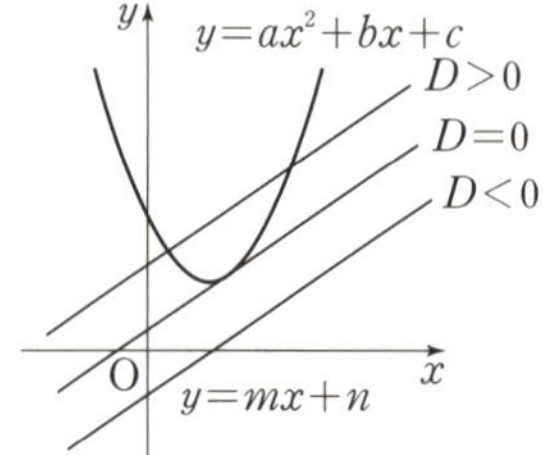

기본 문제

201

이차함수 $y=x^2+ax+b$의 그래프와 x축의 교점의 x좌표가
각각 -2, 5일 때, 두 상수 a, b에 대하여 ab의 값은?

① 24　　　　② 26　　　　③ 28
④ 30　　　　⑤ 32

202

이차함수 $y=x^2-3x-2m+9$의 그래프가 x축과 만나지 않
도록 하는 자연수 m의 개수를 구하시오.

203

이차함수 $y=2x^2+ax+1$의 그래프와 직선 $y=3x+b$의 두
교점의 x좌표의 합이 1, 곱이 -6이다. 두 상수 a, b에 대하
여 $a+b$의 값을 구하시오.

204

이차함수 $y=x^2+2x+k$의 그래프와 직선 $y=4x+l$이 접할
때, 두 상수 k, l에 대하여 $k-l$의 값을 구하시오.

4 **이차함수의 최대·최소**

x의 값의 범위가 실수 전체일 때 이차함수 $f(x)=a(x-p)^2+q$의 최댓값과 최솟값은

(1) $a>0$이면 $x=p$일 때 최솟값은 q, 최댓값은 없다.

(2) $a<0$이면 $x=p$일 때 최댓값은 q, 최솟값은 없다.

▶ **함수의 최댓값과 최솟값**
· 최댓값: 어떤 함수의 모든 함숫값 중에서 가장 큰 값
· 최솟값: 어떤 함수의 모든 함숫값 중에서 가장 작은 값

5 **x의 값의 범위가 제한된 이차함수의 최대·최소**

x의 값의 범위가 $\alpha\leq x\leq\beta$일 때 이차함수 $f(x)=a(x-p)^2+q$의 최댓값과 최솟값은

(1) 꼭짓점의 x좌표 $x=p$가 $\alpha\leq p\leq\beta$인 경우: $f(\alpha)$, $f(p)$, $f(\beta)$ 중 가장 큰 값이 최댓값이고, 가장 작은 값이 최솟값이다.

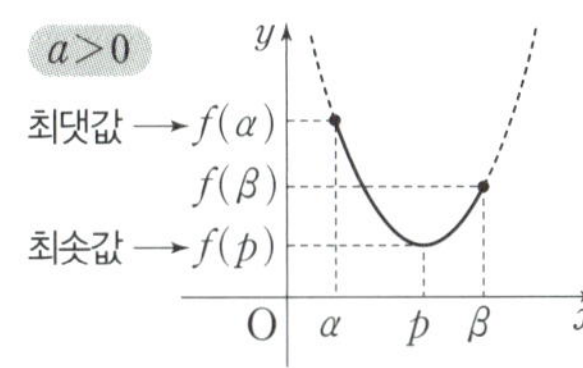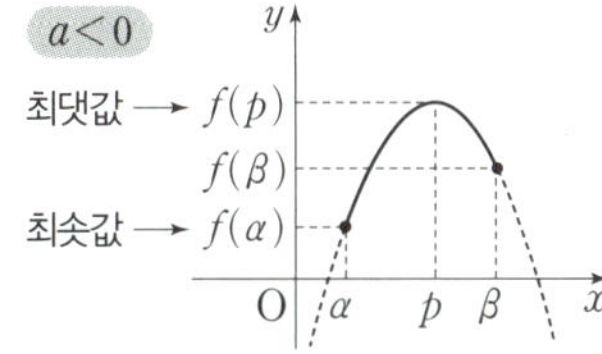

(2) 꼭짓점의 x좌표 $x=p$가 $p<\alpha$ 또는 $p>\beta$인 경우: $f(\alpha)$, $f(\beta)$ 중 큰 값이 최댓값이고, 작은 값이 최솟값이다.

① $p<\alpha$

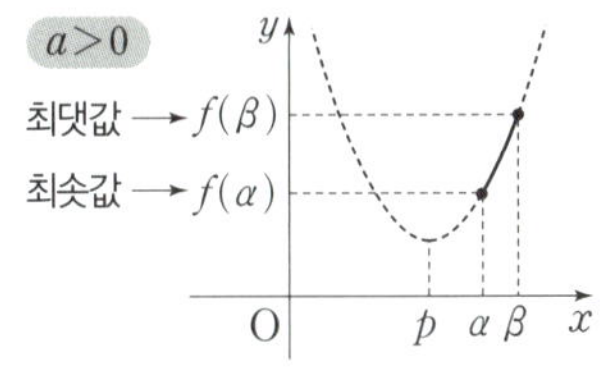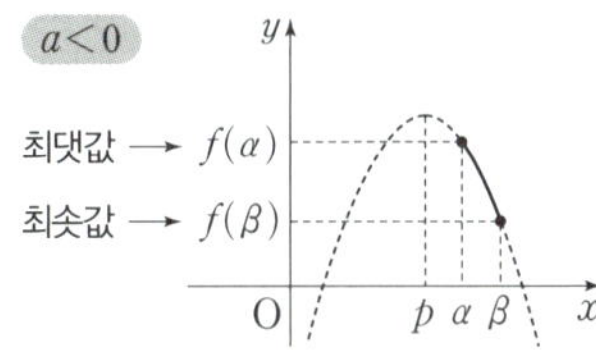

② $p>\beta$

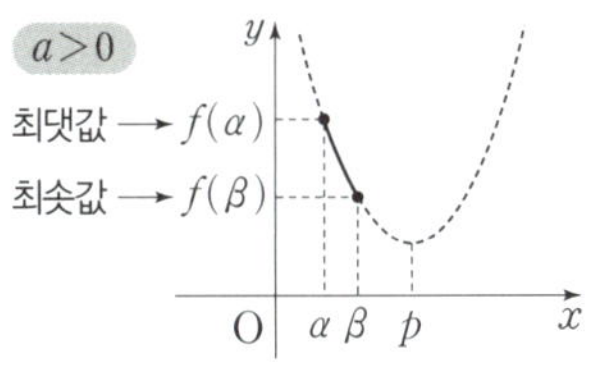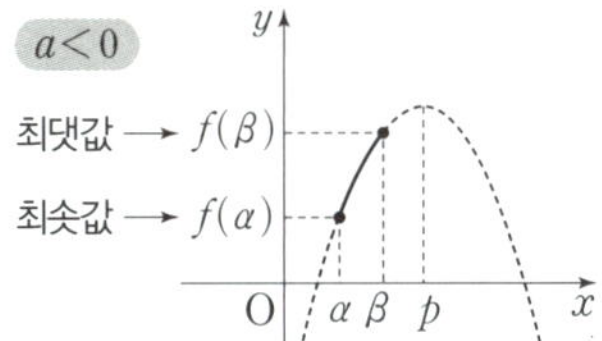

▶ x의 값의 범위가 $\alpha\leq x\leq\beta$와 같이 제한되어 있을 때 이차함수는 최댓값과 최솟값을 모두 갖는다. 또한, 함수식이 같아도 x의 값의 범위가 다르면 최댓값과 최솟값은 다를 수 있다.

▶ 꼭짓점의 x좌표가 제한된 범위에 포함되는지 포함되지 않는지 확인해야 한다.

정답 및 해설 045쪽

205

이차함수 $y=\dfrac{1}{2}x^2+x-\dfrac{5}{2}$의 최솟값을 a, 이차함수 $y=-\dfrac{1}{3}x^2+2x-1$의 최댓값을 b라 할 때, a^2+b^2의 값을 구하시오.

206

$1\leq x\leq 4$에서 이차함수 $f(x)=2x^2-8x+3$의 최댓값을 M, 최솟값을 m이라 할 때, $M+m$의 값을 구하시오.

207

$a\leq x\leq 5$에서 이차함수 $f(x)=x^2-2x+a$의 최솟값이 6일 때, $a+f(a)$의 값을 구하시오. (단, $a>1$)

208

어느 물체를 지면에서 초속 30 m로 똑바로 위로 쏘아 올렸을 때, t초 후 지면으로부터 이 물체의 높이 y m는 $y=-5t^2+30t$라 한다. 이 물체의 지면으로부터의 최고 높이를 구하시오. (단, 물체의 크기는 무시한다.)

209

이차함수 $y=x^2+ax+b$의 그래프는 x축과 두 점 A, B에서 만난다. $\overline{AB}=6$일 때, 이차함수 $y=x^2+ax+b$의 그래프의 꼭짓점의 y좌표는? (단, a, b는 상수이다.)

① -9 ② -7 ③ -5

④ -3 ⑤ -1

210

이차함수 $y=2x^2+4ax-2b^2+21$의 그래프가 x축과 만나지 않을 때, 두 자연수 a, b에 대하여 순서쌍 (a, b)의 개수는?

① 5 ② 6 ③ 7

④ 8 ⑤ 9

211

이차함수 $y=x^2-2ax+5a+6$의 그래프는 x축과 한 점에서 만나고, 이차함수 $y=-x^2+2x-a+3$의 그래프는 x축과 서로 다른 두 점에서 만나도록 하는 상수 a의 값은?

① -4 ② -1 ③ 3

④ 6 ⑤ 9

212

이차함수 $y=x^2-2x+k$의 그래프가 직선 $y=2x+1$과 적어도 한 점에서 만나고, 직선 $y=-x-2$와 만나지 않도록 하는 정수 k의 최댓값을 M, 최솟값을 m이라 할 때, $M+m$의 값은?

① -4 ② -2 ③ 0

④ 2 ⑤ 4

213

이차함수 $y=x^2+\left(\dfrac{m}{2}-4\right)x+3m+5$의 그래프와 직선 $y=\dfrac{m}{2}x+m+7$이 적어도 한 점에서 만나도록 하는 모든 자연수 m의 값의 합은?

① 4 ② 5 ③ 6

④ 7 ⑤ 8

214

이차항의 계수가 1인 이차함수 $y=f(x)$의 그래프가 x축과 두 점 $(\alpha, 0)$, $(\beta, 0)$에서 만나고 직선 $y=g(x)$와 두 점 $(\alpha, 0)$, $(\gamma, 8)$에서 만난다. $\beta=\dfrac{\alpha+\gamma}{2}$이고 $g(0)=-4$일 때, $f(\alpha+\beta-\gamma)$의 값은? (단, $\alpha<\beta<\gamma$)

① 2 ② 4 ③ 6

④ 8 ⑤ 10

215

이차함수 $y=4x^2-4ax+a^2+4$의 그래프와 직선 $y=mx+n$
이 실수 a의 값에 관계없이 접할 때, 두 상수 m, n에 대하여
m^2+n^2의 값은?

① 5   ② 10   ③ 13

④ 16   ⑤ 20

216

그림과 같이 이차함수
$y=f(x)$의 그래프가 x축과
두 점 $(-1, 0)$, $(-4, 0)$
에서 만나고 직선 $y=x$와
제3사분면에서 접한다. 이차
함수 $y=f(x)$의 그래프와

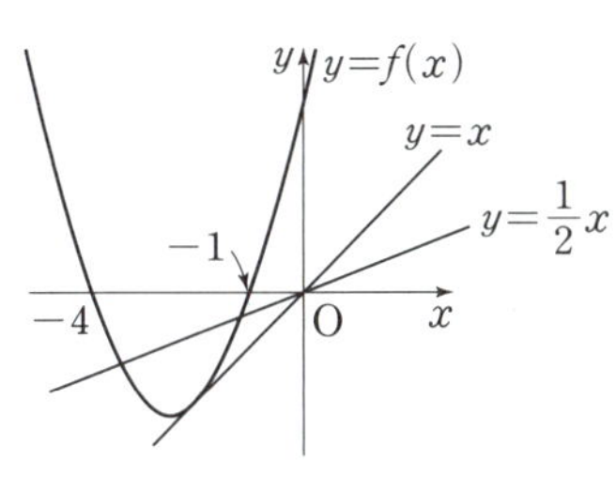

직선 $y=\frac{1}{2}x$가 서로 다른 두 점에서 만날 때, 두 교점의 x좌표
를 각각 α, β라 하자. $\alpha\beta$의 값은?

① 4   ② $\frac{9}{2}$ ③ 5

④ $\frac{11}{2}$ ⑤ 6

217

$-5\leq x\leq 5$에서 이차함수 $y=\frac{1}{2}x^2-4x+2k^2-3k+3$의
최솟값을 m, 이차함수 $y=-2x^2-4x+2k-3$의 최댓값을
M이라 하자. $M+m=0$일 때, 상수 k의 값은? (단, $k>0$)

① 1   ② $\frac{3}{2}$ ③ 2

④ $\frac{5}{2}$ ⑤ 3

218

x^2의 계수가 a이고 최댓값이 6인 이차함수 $f(x)$에 대하여
함수 $y=f(x)$의 그래프가 점 $(1, 4)$를 지난다. 방정식
$f(x)=ax+b$의 두 근의 합이 5일 때, 방정식 $f(x)=0$의
두 실근의 곱은? (단, a, b는 상수이다.)

① 1   ② 2   ③ 3

④ 4   ⑤ 5

219

$0\leq x\leq 6$에서 이차함수 $y=-x^2+2kx-3k$의 최댓값이 18
일 때, 모든 실수 k의 값의 곱은?

① -28 ② -32 ③ -36

④ -40 ⑤ -44

220 ★출제예감

치환을 이용하여 주어진 식을 인수분해한 후 미지수를 구하는 문제가
자주 출제된다.

이차함수 $f(x)$가 다음 조건을 만족시킨다.

> (가) x에 대한 방정식 $f(x)=0$의 두 근은 -1과 5이다.
> (나) $1\leq x\leq 4$에서 이차함수 $f(x)$의 최솟값은 -9이다.

$1\leq x\leq 4$에서 $f(x)$의 최댓값은?

① -1 ② -2 ③ -3

④ -4 ⑤ -5

221

함수 $f(x)=x-2$에 대하여 $-3 \le x \le 3$에서 함수 $f(x) \times f(|x|)$의 최댓값을 M, 최솟값을 m이라 할 때, $M+m$의 값은?

① -2 ② -1 ③ 0
④ 1 ⑤ 2

222

함수 $y=-2(x^2-4x+3)^2-8(x^2-4x)+k-10$의 최댓값이 18일 때, 상수 k의 값은?

① -1 ② -2 ③ -3
④ -4 ⑤ -5

223

$x \ge 0$에서 직선 $y=2x-1$ 위를 움직이는 점 $\mathrm{P}(x, y)$에 대하여 $2x^2+y^2-6x+2y$의 최솟값은?

① $-\dfrac{1}{2}$ ② -1 ③ $-\dfrac{3}{2}$
④ -2 ⑤ $-\dfrac{5}{2}$

224

$0 \le x \le 4$에서 이차함수 $y=-x^2+4x$의 그래프 위를 움직이는 점 $\mathrm{P}(x, y)$에 대하여 $x^2-y^2-4x+3y$의 최댓값과 최솟값의 합은?

① -9 ② -8 ③ -7
④ -6 ⑤ -5

225

오른쪽 그림과 같이 함수 $y=-x^2+3x+10$의 그래프가 x축의 양의 부분과 만나는 점을 A, y축과 만나는 점을 B라 하자. 제1사분면에 있는 그래프 위의 점 $\mathrm{P}(x, y)$에 대하여 사각형 OAPB의 넓이의 최댓값이 M일 때, $8M$의 값을 구하시오.

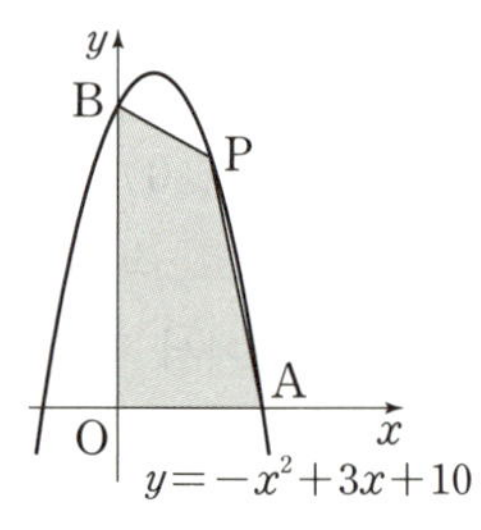

(단, O는 원점이다.)

226 ☆출제예감

다양한 실생활 소재를 이용한 이차함수의 최대·최소의 활용 문제가 자주 출제된다.

두 개의 수도꼭지 A, B를 이용하여 물을 채울 수 있는 물통이 있다. 수도꼭지 A에서 t초 동안 나오는 물의 양은 $3t(30-t)$ L이고, 수도꼭지 B에서 t초 동안 나오는 물의 양은 $t(t+10)$ L라 한다. 빈 물통에 30초 동안 물을 채우는 데 수도꼭지 A만 먼저 사용하고 잠근 후에 수도꼭지 B만 사용한다고 한다. 이때 물통에 채울 수 있는 물의 최대 양은?

(단, 물통은 물이 넘치지 않을 정도로 충분히 크다.)

① 1250 L ② 1300 L ③ 1350 L
④ 1400 L ⑤ 1450 L

227

이차함수 $f(x)=x^2-2(a+2)x+a^2+5a+1$에 대하여 이차함수 $y=f(x)$의 그래프가 x축과 서로 다른 두 점 A, B에서 만난다. 두 점 A, B의 x좌표를 각각 α, β라 하고, $\alpha^2+\beta^2$의 최솟값을 m, 그때의 상수 a의 값을 p라 할 때, m^2-p^2의 값은?

① 86　　　　② 88　　　　③ 90

④ 92　　　　⑤ 94

228

실수 a에 대하여 $a\leq x\leq a+1$에서 이차함수 $y=-x^2+6x$의 최댓값을 $M(a)$, 최솟값을 $m(a)$라 하자. 두 함수 $y=M(a)$, $y=m(a)$의 최댓값의 합을 k라 할 때, $4k$의 값을 구하시오.

229 ★출제예강 도형의 여러 가지 성질을 이용하는 이차함수의 최대·최소의 활용 문제가 자주 출제된다.

길이가 100인 줄을 이용하여 오른쪽 그림과 같이 넓이가 같은 세 개의 직사각형으로 이루어진 큰 직사각형을 만들 때, 큰 직사각형의 넓이의 최댓값은?

(단, 줄의 두께는 무시한다.)

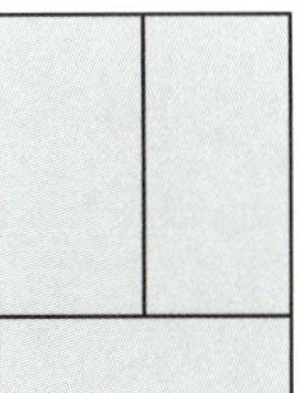

① $\dfrac{125}{3}$　　　　② $\dfrac{125}{2}$

③ $\dfrac{625}{6}$　　　　④ $\dfrac{625}{3}$

⑤ $\dfrac{625}{2}$

230

이차함수 $y=ax^2+bx+6$의 그래프와 직선 $y=-x+4$가 서로 다른 두 점에서 만나고, 이차함수 $y=2x^2-3x$의 그래프가 이 두 교점을 지난다. 두 상수 a, b에 대하여 $a+b$의 값을 구하시오.

231

$1\leq x\leq 2$에서 이차함수 $f(x)=(x-a)^2+b$의 최솟값이 6일 때, 두 상수 a, b에 대하여 $a+b$의 최댓값은?

① $\dfrac{15}{2}$　　　　② $\dfrac{31}{4}$　　　　③ 8

④ $\dfrac{33}{4}$　　　　⑤ $\dfrac{17}{2}$

232

한 변의 길이가 2인 정사각형 ABCD가 있다. 점 P는 점 A를 출발해서 매초 1의 속력으로 선분 AB 위를 움직이고, 점 Q는 점 B를 출발해서 매초 2의 속력으로 선분 BC 위를 움직인다. 그리고 점 R는 점 C

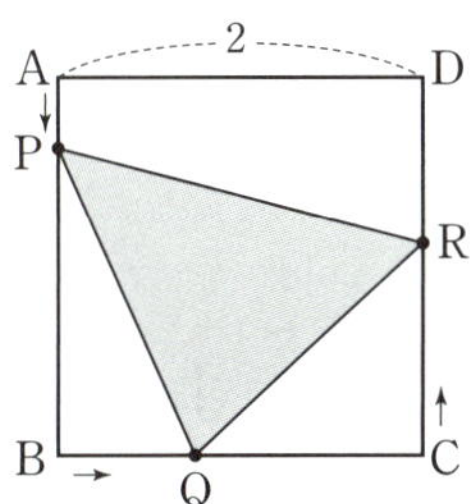

를 출발해서 매초 3의 속력으로 선분 CD 위를 움직일 때, 삼각형 PQR의 넓이의 최솟값을 구하시오. (단, 세 점 P, Q, R는 동시에 각 점 A, B, C를 출발해서 점 R가 점 D에 도착하는 순간 세 점 모두 움직이지 않는다.)

233 이차함수 $y=x^2+5x+9$의 그래프와 직선 $y=x+k$가 만나지 않도록 하는 자연수 k의 개수는? [3점]

① 1   ② 2   ③ 3   ④ 4   ⑤ 5

2023년 시행 교육청 6월 06번

Step❶ 이차함수의 그래프와 직선이 만나지 않는 조건 구하기

Step❷ 자연수 k의 개수 구하기

---

234 $0 \le x \le 2$에서 정의된 이차함수 $f(x)=x^2-2ax+2a^2$의 최솟값이 10일 때, 함수 $f(x)$의 최댓값을 구하시오. (단, a는 양수이다.) [4점]

2021년 시행 교육청 11월 26번

Step❶ 이차함수 $f(x)$의 꼭짓점의 x좌표의 범위 구하기

Step❷ 각 범위에서 a의 값과 함수 $f(x)$의 최댓값 구하기

---

235 두 이차함수 $f(x)=x^2+ax+b$, $g(x)=-x^2+cx+d$에 대하여 그림과 같이 함수 $y=f(x)$의 그래프는 x축에 접하고, 두 함수 $y=f(x)$와 $y=g(x)$의 그래프는 제1사분면과 제2사분면에서 만난다. 〈보기〉에서 옳은 것만을 있는 대로 고른 것은? [4점]

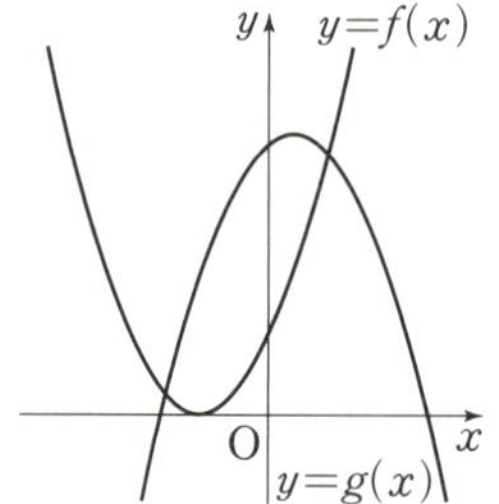

〈보기〉

ㄱ. $a^2-4b=0$
ㄴ. $a^2-4d<0$
ㄷ. $(a-c)^2-8(b-d)>0$

① ㄱ   ② ㄱ, ㄴ   ③ ㄱ, ㄷ   ④ ㄴ, ㄷ   ⑤ ㄱ, ㄴ, ㄷ

2020년 시행 교육청 6월 16번

Step❶ 이차함수 $y=f(x)$의 그래프와 x축이 접하는 조건 구하기

Step❷ 두 이차함수 $f(x)$, $g(x)$의 y절편을 이용하여 대소 관계 구하기

Step❸ 두 이차함수 $y=f(x)$와 $y=g(x)$의 그래프가 서로 다른 두 점에서 만나는 조건 구하기

---

236 그림과 같이 한 변의 길이가 2인 정삼각형 ABC에 대하여 변 BC의 중점을 P라 하고, 선분 AP 위의 점 Q에 대하여 선분 PQ의 길이를 x라 하자. $\overline{AQ}^2+\overline{BQ}^2+\overline{CQ}^2$은 $x=a$에서 최솟값 m을 가진다. $\dfrac{m}{a}$의 값은?

(단, $0<x<\sqrt{3}$이고, a는 실수이다.) [4점]

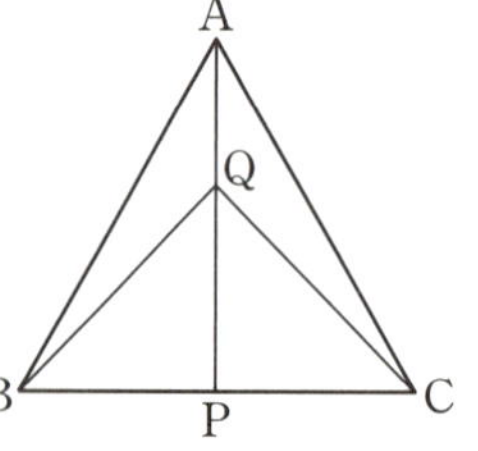

① $3\sqrt{3}$ ② $\dfrac{7}{2}\sqrt{3}$ ③ $4\sqrt{3}$ ④ $\dfrac{9}{2}\sqrt{3}$ ⑤ $5\sqrt{3}$

2022년 시행 교육청 6월 16번

Step❶ $\overline{AQ}$, $\overline{BQ}$, $\overline{CQ}$를 각각 x에 대한 식으로 나타내기

Step❷ $\overline{AQ}^2+\overline{BQ}^2+\overline{CQ}^2$을 정리하여 a, m의 값 구하기

Step❸ $\dfrac{m}{a}$의 값 구하기

237 좌표평면에서 직선 $y=t$가 두 이차함수 $y=\dfrac{1}{2}x^2+3$, $y=-\dfrac{1}{2}x^2+x+5$의 그래프와 만날 때, 만나는 서로 다른 점의 개수가 3인 모든 실수 t의 값의 합을 구하시오. [4점]

2020년 시행 교육청 11월 27번

Step ❶ 이차함수의 그래프와 직선이 서로 다른 세 점에서 만날 조건 구하기

Step ❷ 모든 실수 t의 값의 합 구하기

238 그림과 같이 이차함수 $y=x^2-4x+\dfrac{25}{4}$의 그래프가 직선 $y=ax$ $(a>0)$과 한 점 A에서만 만난다. 이차함수 $y=x^2-4x+\dfrac{25}{4}$의 그래프가 y축과 만나는 점을 B, 점 A에서 x축에 내린 수선의 발을 H라 하고, 선분 OA와 선분 BH가 만나는 점을 C라 하자.
삼각형 BOC의 넓이를 S_1, 삼각형 ACH의 넓이를 S_2라 할 때, $S_1-S_2=\dfrac{q}{p}$이다. $p+q$의 값을 구하시오.

(단, O는 원점이고, p와 q는 서로소인 자연수이다.) [4점]

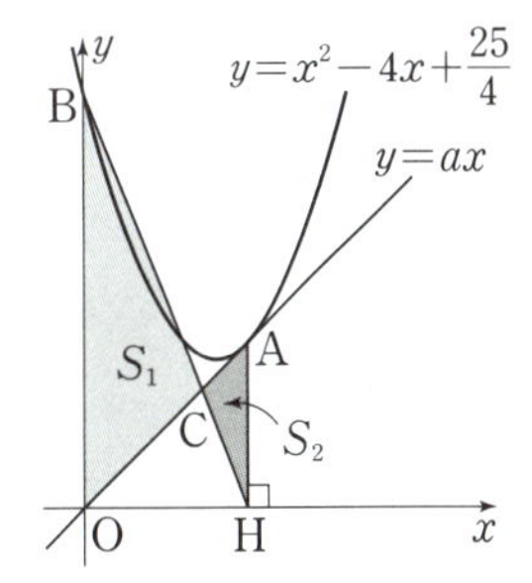

2023년 시행 교육청 6월 28번

Step ❶ 이차함수의 그래프와 직선이 한 점에서 만날 조건을 이용하여 a의 값 구하기

Step ❷ 세 점 A, B, H의 좌표 구하기

Step ❸ $p+q$의 값 구하기

239 두 양수 p, q에 대하여 이차함수 $f(x)=(x-p)^2+q$와 자연수 m이 다음 조건을 만족시킬 때, $f(10)$의 값을 구하시오. [4점]

> (가) $0\le x\le 3$에서 함수 $f(x)$의 최솟값은 m이고 최댓값은 $m+4$이다.
> (나) $0\le x\le 5$에서 함수 $f(x)$의 최솟값은 m이고 최댓값은 $4m$이다.

2024년 시행 교육청 9월 29번

Step ❶ 이차함수 $f(x)$의 그래프의 꼭짓점의 좌표 구하기

Step ❷ p의 값의 범위에 따라 $0\le x\le 3$, $0\le x\le 5$에서 함수 $f(x)$의 최댓값 구하기

Step ❸ $f(10)$의 값 구하기

240 $-2\le x\le 5$에서 정의된 이차함수 $f(x)$가
$$f(0)=f(4),\ f(-1)+|f(4)|=0$$
을 만족시킨다. 함수 $f(x)$의 최솟값이 -19일 때, $f(3)$의 값을 구하시오. [4점]

2019년 시행 교육청 6월 29번

Step ❶ $f(0)=f(4)$, $f(-1)+|f(4)|=0$을 만족시키는 이차함수 $y=f(x)$의 그래프 그리기

Step ❷ 이차함수 $f(x)$의 최솟값을 이용하여 미지수 구하기

Step ❸ $f(3)$의 값 구하기

07 여러 가지 방정식

1 삼차방정식과 사차방정식

다항식 $P(x)$가 x에 대한 삼차식일 때 방정식 $P(x)=0$을 x에 대한 삼차방정식이라 하고, 다항식 $P(x)$가 x에 대한 사차식일 때 방정식 $P(x)=0$을 x에 대한 사차방정식이라 한다.

2 삼차방정식과 사차방정식의 풀이

(1) 다항식 $P(x)$를 인수분해 공식을 이용하거나 공통인수로 묶어서 인수분해한 후 방정식의 근을 구한다.

(2) 다항식 $P(x)$에 대하여 $P(\alpha)=0$이면 인수정리에 의하여 $x-\alpha$는 $P(x)$의 인수이므로 조립제법을 이용하여 $P(x)$를 인수분해한 후 방정식의 근을 구한다.

(3) $x^4+ax^2+b=0\ (a\neq0)$ 꼴의 방정식의 경우 다음과 같이 푼다.

① $x^2=X$로 치환하여 좌변을 인수분해한다.

② 좌변이 인수분해되지 않으면 ax^2을 적당히 분리하여 $A^2-B^2=0$ 꼴로 변형한 후 좌변을 인수분해한다.

3 삼차방정식의 근과 계수의 관계

삼차방정식 $ax^3+bx^2+cx+d=0$의 세 근을 α, β, γ라 하면

$$\alpha+\beta+\gamma=-\frac{b}{a},\ \alpha\beta+\beta\gamma+\gamma\alpha=\frac{c}{a},\ \alpha\beta\gamma=-\frac{d}{a}$$

4 세 수를 근으로 하는 삼차방정식

세 수 α, β, γ를 근으로 하고 x^3의 계수가 a인 삼차방정식은

$$a(x-\alpha)(x-\beta)(x-\gamma)=0 \Rightarrow a\{x^3-(\alpha+\beta+\gamma)x^2+(\alpha\beta+\beta\gamma+\gamma\alpha)x-\alpha\beta\gamma\}=0$$

기본 문제

241

삼차방정식 $x^3-2x^2-9x+18=0$의 세 근을 α, β, γ라 할 때, $\alpha-\beta+\gamma$의 값은? (단, $\alpha<\beta<\gamma$)

① -2 ② -1 ③ 0
④ 1 ⑤ 2

242

방정식 $(x^2-x+1)^2-4(x^2-x+1)-5=0$의 서로 다른 두 허근을 α, β라 할 때, $\alpha\beta$의 값은?

① -2 ② -1 ③ 0
④ 1 ⑤ 2

243

삼차방정식 $x^3-12x^2+ax+b=0$의 세 근을 α, β, γ라 할 때, $\dfrac{\alpha}{3}=\dfrac{\beta}{2}=\gamma$가 성립한다. 두 상수 a, b에 대하여 $a+b$의 값은?

① -5 ② -4 ③ -3
④ -2 ⑤ -1

244

삼차방정식 $x^3+6x^2-3x-2=0$의 세 근을 α, β, γ라 할 때, $\alpha\beta$, $\beta\gamma$, $\gamma\alpha$를 세 근으로 하고 x^3의 계수가 1인 삼차방정식은 $x^3+ax^2+bx+c=0$이다. 세 상수 a, b, c에 대하여 abc의 값을 구하시오.

5 삼차방정식의 켤레근

삼차방정식 $P(x)=0$에서

(1) 다항식 $P(x)$의 계수가 모두 유리수일 때, $p+q\sqrt{m}$이 근이면 $p-q\sqrt{m}$도 근이다.

(단, p, q는 유리수, $q\neq0$, $\sqrt{m}$은 무리수)

(2) 다항식 $P(x)$의 계수가 모두 실수일 때, $p+qi$가 근이면 $p-qi$도 근이다.

(단, p, q는 실수, $q\neq0$, $i=\sqrt{-1}$)

참고 $q\neq0$일 때, $p+q\sqrt{m}$과 $p-q\sqrt{m}$, $p+qi$와 $p-qi$를 각각 켤레근이라 한다.

6 삼차방정식 $x^3=1$의 허근의 성질

삼차방정식 $x^3=1$의 한 허근을 ω, ω의 켤레복소수를 $\overline{\omega}$라 하면

(1) $\omega^3=1$, $\omega^2+\omega+1=0$ (2) $\omega+\overline{\omega}=-1$, $\omega\overline{\omega}=1$ (3) $\omega^2=\overline{\omega}=\dfrac{1}{\omega}$

▸ 삼차방정식 $x^3=-1$의 허근의 성질
삼차방정식 $x^3=-1$의 한 허근을 ω, ω의 켤레복소수를 $\overline{\omega}$라 하면
(1) $\omega^3=-1$, $\omega^2-\omega+1=0$
(2) $\omega+\overline{\omega}=1$, $\omega\overline{\omega}=1$
(3) $\omega^2=-\overline{\omega}=-\dfrac{1}{\omega}$

7 연립이차방정식

(1) 일차방정식과 이차방정식으로 이루어진 연립이차방정식의 풀이

❶ 일차방정식을 한 문자에 대하여 정리한다.

❷ ❶에서 얻은 식을 이차방정식에 대입하여 푼다.

(2) 두 개의 이차방정식으로 이루어진 연립이차방정식의 풀이

❶ 인수분해가 되는 이차방정식을 $AB=0$ (A, B는 일차식) 꼴로 인수분해하여 두 일차방정식 $A=0$, $B=0$을 얻는다.

❷ ❶에서 얻은 두 개의 일차방정식을 다른 이차방정식과 각각 연립하여 푼다.

참고 x, y에 대한 대칭형의 연립이차방정식의 풀이

$x+y=u$, $xy=v$로 치환하여 u, v의 값을 각각 구한다.

이때 x, y는 t에 대한 이차방정식 $t^2-ut+v=0$의 두 근임을 이용한다.

▸ x, y를 서로 바꾸어 대입해도 변하지 않는 식을 x, y에 대한 대칭식이라 한다.

정답 및 해설 053쪽

245

삼차방정식 $x^3-3x^2+ax+b=0$의 한 근이 $1+2i$일 때, 나머지 한 실근을 α라 하자. 두 실수 a, b에 대하여 $\alpha-ab$의 값은?

① 28 ② 30 ③ 32
④ 34 ⑤ 36

246

삼차방정식 $x^3-2x^2-2x-3=0$의 한 허근을 ω라 할 때, $1+\omega+\omega^2+\cdots+\omega^{12}$의 값은?

① -2 ② -1 ③ 0
④ 1 ⑤ 2

247

연립방정식 $\begin{cases} x-y=1 \\ x^2+xy-3y^2=1 \end{cases}$ 을 만족시키는 두 실수 x, y에 대하여 $x+y$의 최댓값을 구하시오.

248

연립방정식 $\begin{cases} 2x^2-3xy+y^2=0 \\ x^2-2xy-3y^2=-16 \end{cases}$ 을 만족시키는 두 정수 x, y에 대하여 x^2+y^2의 값은?

① 2 ② 5 ③ 8
④ 11 ⑤ 14

249

삼차방정식 $x^3+2ax^2+(b-1)x-2a+4=0$의 두 근이 -2, 3일 때, 나머지 한 근은? (단, a, b는 상수이다.)

① -1 　　② 0 　　③ 1

④ 2 　　⑤ 4

250

사차방정식 $x^4-4x^3-17x^2+110x-150=0$의 모든 허근의 합은?

① 6 　　② 7 　　③ 8

④ 9 　　⑤ 10

251

사차방정식 $(x^2-3x)(x^2-3x+5)=-6$의 모든 실근의 곱을 k, 모든 허근의 곱을 l이라 할 때, $k+l$의 값은?

① 3 　　② 4 　　③ 5

④ 6 　　⑤ 7

252

사차방정식 $x^4-14x^2+25=0$의 네 근을 α, β, γ, δ라 할 때, $\dfrac{1}{\alpha^2}+\dfrac{1}{\beta^2}+\dfrac{1}{\gamma^2}+\dfrac{1}{\delta^2}$의 값은?

① $\dfrac{26}{25}$ 　　② $\dfrac{28}{25}$ 　　③ $\dfrac{6}{5}$

④ $\dfrac{32}{25}$ 　　⑤ $\dfrac{34}{25}$

253 ☆☆출제예감

주어진 삼차방정식의 근의 조건을 만족시키는 미지수의 값을 구하는 문제가 자주 출제된다.

삼차방정식 $2x^3-(3k+2)x^2+3k=0$이 중근을 갖도록 하는 실수 k의 최댓값과 최솟값의 합은?

① $-\dfrac{7}{3}$ 　　② -2 　　③ $-\dfrac{5}{3}$

④ $-\dfrac{4}{3}$ 　　⑤ -1

254

삼차방정식 $x^3-7x^2+(k+10)x-2k=0$이 서로 다른 세 실근을 갖도록 하는 자연수 k의 개수는?

① 3 　　② 4 　　③ 5

④ 6 　　⑤ 7

255

x^4의 계수가 1인 사차식 $P(x)$가

$$P(0)=P(2)=P(4)=P(6)=-9$$

를 만족시킬 때, 방정식 $P(x)=0$의 실근의 최댓값을 M, 최솟값을 m이라 하자. $M+m$의 값은?

① 3   ② 6   ③ 9

④ 12   ⑤ 15

256

삼차방정식 $x^3-6x^2+px+q=0$의 서로 다른 세 실근을 α, β, γ라 할 때,

$$\alpha^2+\beta^2+\gamma^2=14, \ \alpha^2\beta\gamma+\alpha\beta^2\gamma+\alpha\beta\gamma^2=36$$

이 성립한다. 두 상수 p, q에 대하여 p^2+q^2의 값은?

① 145   ② 149   ③ 153

④ 157   ⑤ 161

257

세 상수 a, b, c에 대하여 삼차식 $P(x)=x^3+ax^2+bx+c$ 가 다음 조건을 만족시킬 때, $|a-b+c|$의 값은?

> (가) $P(x)$를 $x-1$로 나누었을 때의 나머지는 5이다.
> (나) $P(x)$를 $x-3$으로 나누었을 때의 나머지는 5이다.
> (다) $P(x)$를 $x-4$로 나누었을 때의 나머지는 5이다.

① 32   ② 34   ③ 36

④ 38   ⑤ 40

258

삼차방정식 $ax^3+bx^2+cx-14=0$의 두 근이 2, $3+\sqrt{2}$일 때, 세 유리수 a, b, c에 대하여 abc의 값은?

① -120 ② -128 ③ -136

④ -144 ⑤ -152

259 ☆출제예강 삼차방정식의 허근의 성질을 이용하여 주어진 식의 값을 구하는 문제가 자주 출제된다.

방정식 $x^3+1=0$의 한 허근 ω에 대하여 $z=\dfrac{1+\omega^{22}}{1+\omega^{20}}$일 때, $z\bar{z}$의 값은? (단, $\bar{z}$는 z의 켤레복소수이다.)

① -2 ② -1 ③ 0

④ 1   ⑤ 2

260

방정식 $x^3=-1$의 한 허근을 ω라 할 때, 〈보기〉에서 옳은 것만을 있는 대로 고른 것은? (단, $\bar{\omega}$는 ω의 켤레복소수이다.)

> ──── 〈보기〉 ────
> ㄱ. $\omega^2-\omega+1=0$
> ㄴ. $\omega+\bar{\omega}=-1$
> ㄷ. $\omega+\dfrac{1}{\omega}+\bar{\omega}+\dfrac{1}{\bar{\omega}}=2$

① ㄱ   ② ㄱ, ㄴ   ③ ㄱ, ㄷ

④ ㄴ, ㄷ   ⑤ ㄱ, ㄴ, ㄷ

261

오른쪽 그림과 같이 한 변의 길이가 x cm인 정사각형을 밑면으로 하고 높이가 $2x$ cm인 직육면체 모양의 그릇에 125 cm³의 물을 부었더니 그릇의 위에서부터 5 cm만큼의 빈 공간이 남았다. x의 값은? (단, 그릇의 두께는 고려하지 않는다.)

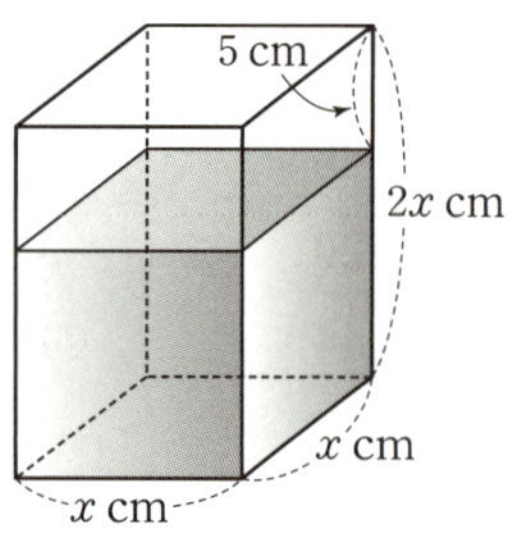

① 5 　　　　② 6 　　　　③ 7

④ 8 　　　　⑤ 9

262

두 연립방정식

$$\begin{cases} x+y=1 \\ x^2+ay=1 \end{cases}, \begin{cases} bx+y=-1 \\ x^2-y^2=3x+1 \end{cases}$$

의 공통인 해가 존재할 때, 두 상수 a, b에 대하여 a^2+b^2의 값은?

① 5 　　　　② 9 　　　　③ 13

④ 17 　　　　⑤ 21

263

연립방정식 $\begin{cases} 2x^2-xy-y^2=0 \\ x^2+xy+y^2=3 \end{cases}$ 을 만족시키는 두 실수 x, y를 좌표평면 위의 점 (x, y)로 나타낼 때, 이 점들을 꼭짓점으로 하는 사각형의 넓이는?

① $\dfrac{11}{2}$ 　　　　② 6 　　　　③ $\dfrac{13}{2}$

④ 7 　　　　⑤ $\dfrac{15}{2}$

264

연립방정식 $\begin{cases} 10x^2+2y^2-4x=0 \\ 2x+y=k \end{cases}$ 의 해가 오직 한 쌍만 존재하도록 하는 정수 k의 값은?

① -3 　　　　② -1 　　　　③ 1

④ 3 　　　　⑤ 5

265

x, y에 대한 연립방정식 $\begin{cases} x+y=2a-1 \\ xy=a^2-3 \end{cases}$ 을 만족시키는 실수 x, y가 존재하지 않도록 하는 정수 a의 최솟값을 구하시오.

266 ☆출제예감 도형에서 주어지는 두 미지수 사이의 관계를 이용하는 연립이차방정식의 활용 문제가 자주 출제된다.

오른쪽 그림과 같이 한 변의 길이가 $2+\sqrt{2}$인 정사각형의 내부에 두 원 C_1, C_2가 서로 외접하고 있다. 두 원 C_1, C_2의 넓이의 합이 $\dfrac{5}{2}\pi$일 때, 두 원의 반지름의 길이를 각각 구하시오.

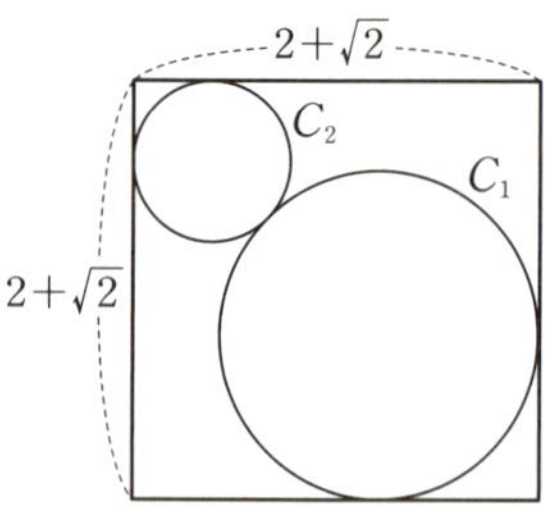

고난도 문제

267

사차방정식
$$x^4+(a-1)x^3+(3a+2)x^2+2(a+2)x=0$$
의 서로 다른 실근의 개수가 3이 되도록 하는 모든 정수 a의 값의 곱을 구하시오.

268 ★★출제예감 삼차방정식의 켤레근, 삼차방정식의 근과 계수의 관계를 함께 이용해야 하는 고난도 문제가 출제될 가능성이 있다.

삼차방정식 $x^3+ax-6=0$의 한 근이 $-1+bi$일 때, 삼차방정식 $x^3+ax+6=0$의 실근을 구하시오.

(단, a, b는 실수이고 $a\neq0$, $b\neq0$이다.)

269

방정식 $x^3=1$의 한 허근을 ω라 할 때, 방정식 $(x+3)^3=8$의 두 허근은 $a\omega+b$, $c\omega+d$이다. $a+b+c+d$의 값은?

(단, a, b, c, d는 실수이다.)

① -2 ② -4 ③ -6

④ -8 ⑤ -10

서술형 문제

270

계수가 실수인 사차방정식 $x^4+ax^3+bx^2+cx+d=0$의 근이 1과 2뿐이다. $x^4+ax^3+bx^2+cx+d$를 다항식 x^2-3x+2로 나누었을 때의 몫을 $Q(x)$라 할 때, 모든 $Q(x)$의 x의 계수의 합을 구하시오.

271

삼차식 $f(x)$가 모든 실수 x에 대하여 $f(2x+1)=8x^3-6x$를 만족시킨다. 삼차방정식 $f(x)=0$의 세 근을 α, β, γ라 할 때, $\dfrac{1}{\alpha}+\dfrac{1}{\beta}+\dfrac{1}{\gamma}$의 값을 구하시오.

272

다음 그림과 같이 가로의 길이가 x, 세로의 길이가 $x+6$인 직사각형 모양의 색종이가 있다. 이 색종이를 한 대각선을 따라 접었을 때, 겹쳐진 부분의 넓이는 $\dfrac{17}{4}$이다. x의 값을 구하시오.

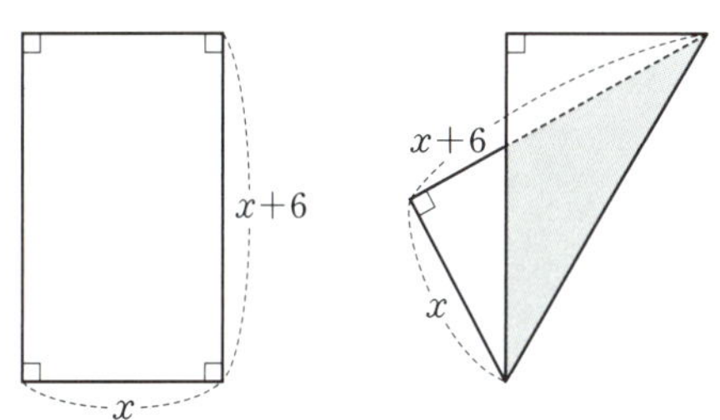

273 삼차방정식 $x^3+(k+1)x^2+(4k-3)x+k+7=0$은 서로 다른 세 실근 1, α, β를 갖는다. $|\alpha-\beta|$의 값은? (단, k는 상수이다.) [3점]

① 5　　② 7　　③ 9　　④ 11　　⑤ 13

2022년 시행 교육청 11월 11번

Step ❶ 주어진 삼차방정식에 $x=1$을 대입하여 상수 k의 값 구하기

Step ❷ 조립제법을 이용하여 주어진 삼차방정식의 좌변을 인수분해하기

Step ❸ 삼차방정식의 나머지 두 근을 구하여 $|\alpha-\beta|$의 값 구하기

---

274 삼차방정식 $x^3+x^2+x-3=0$의 서로 다른 두 허근을 α, β라 할 때, $(\alpha^2+2\alpha+6)(\beta^2+2\beta+8)$의 값은? [3점]

① 11　　② 12　　③ 13　　④ 14　　⑤ 15

2024년 시행 교육청 6월 12번

Step ❶ 조립제법을 이용하여 주어진 삼차방정식의 좌변을 인수분해하기

Step ❷ 삼차방정식의 두 허근을 이용하여 근에 대한 각각의 관계식을 구한 후, $(\alpha^2+2\alpha+6)(\beta^2+2\beta+8)$의 값 구하기

---

275 x, y에 대한 연립방정식 $\begin{cases} 2x+y=1 \\ x^2-ky=-6 \end{cases}$ 이 오직 한 쌍의 해를 갖도록 하는 양수 k의 값은? [3점]

① 1　　② 2　　③ 3　　④ 4　　⑤ 5

2020년 시행 교육청 11월 9번

Step ❶ 일차식을 한 문자에 대하여 정리한 후, 이차식에 대입하기

Step ❷ 연립방정식이 오직 한 쌍의 해를 갖는 경우 이차방정식의 판별식의 부호를 판단하기

Step ❸ 양수 k의 값 구하기

---

276 x에 대한 삼차방정식 $x^3+(k-1)x^2-k=0$의 한 허근을 z라 할 때, $z+\overline{z}=-2$이다. 실수 k의 값은? (단, $\overline{z}$는 z의 켤레복소수이다.) [4점]

① $\dfrac{3}{2}$　　② 2　　③ $\dfrac{5}{2}$　　④ 3　　⑤ $\dfrac{7}{2}$

2020년 시행 교육청 9월 15번

Step ❶ 조립제법을 이용하여 주어진 삼차방정식의 좌변을 인수분해하기

Step ❷ 켤레근의 성질을 이용하여 이차방정식의 근 파악하기

Step ❸ 이차방정식의 근과 계수의 관계를 이용하여 실수 k의 값 구하기

277 사차방정식 $(x^2+kx+2)(x^2+kx+6)+3=0$이 실근과 허근을 모두 갖도록 하는 자연수 k의 값을 구하시오. [4점]

2022년 시행 교육청 11월 26번

Step ❶ 공통부분을 X로 치환한 후 X에 대한 방정식 풀기

Step ❷ 삼차방정식이 실근과 허근을 모두 갖도록 하는 k의 값의 범위를 구한 후, 자연수 k의 값 구하기

278 삼차방정식 $x^3-x^2-kx+k=0$의 세 근을 α, β, γ라 하자. α, β 중 실수는 하나뿐이고 $\alpha^2=-2\beta$일 때, $\beta^2+\gamma^2$의 값은? (단, k는 0이 아닌 실수이다.) [4점]

① -5 　　② -4 　　③ -3 　　④ -2 　　⑤ -1

2022년 시행 교육청 3월 고2 16번

Step ❶ 주어진 삼차방정식의 좌변을 인수분해하기

Step ❷ 주어진 근의 조건을 이용하여 α, β 중 실근의 값 구하기

Step ❸ 실수 k의 값을 구하여 $\beta^2+\gamma^2$의 값 구하기

279 세 실수 a, b, c에 대하여 삼차다항식 $P(x)=x^3+ax^2+bx+c$가 다음 조건을 만족시킨다.

> (가) x에 대한 삼차방정식 $P(x)=0$은 한 실근과 서로 다른 두 허근을 갖고, 서로 다른 두 허근의 곱은 5이다.
> (나) x에 대한 삼차방정식 $P(3x-1)=0$은 한 근 0과 서로 다른 두 허근을 갖고, 서로 다른 두 허근의 합은 2이다.

$a+b+c$의 값은? [4점]

① 3 　　② 4 　　③ 5 　　④ 6 　　⑤ 7

2023년 시행 교육청 9월 18번

Step ❶ 삼차방정식 $P(3x-1)=0$의 세 근을 삼차방정식 $P(x)=0$의 근을 이용하여 나타내기

Step ❷ 삼차방정식의 근과 계수의 관계를 이용하여 삼차방정식 $P(x)=0$의 계수 구하기

Step ❸ $a+b+c$의 값 구하기

280 복소수 $z=\dfrac{-1+\sqrt{3}i}{2}$에 대하여 〈보기〉에서 옳은 것만을 있는 대로 고른 것은? (단, $i=\sqrt{-1}$) [4점]

> ─── 〈보기〉 ───
> ㄱ. $z^3=1$
> ㄴ. $z^4+z^5=-1$
> ㄷ. $z^n+z^{2n}+z^{3n}+z^{4n}+z^{5n}=-1$을 만족시키는 100 이하의 모든 자연수 n의 개수는 66이다.

① ㄱ 　　② ㄴ 　　③ ㄱ, ㄴ 　　④ ㄱ, ㄷ 　　⑤ ㄱ, ㄴ, ㄷ

2021년 시행 교육청 9월 20번

Step ❶ $z=\dfrac{-1+\sqrt{3}i}{2}$를 근으로 갖는 방정식 구하기

Step ❷ 방정식을 변형하여 ㄱ의 참, 거짓을 판별하기

Step ❸ 방정식을 변형하여 ㄴ의 참, 거짓을 판별하기

Step ❹ 방정식을 변형하여 ㄷ의 참, 거짓을 판별하기

08 연립일차부등식

❶ 부등식의 기본 성질

임의의 세 실수 a, b, c에 대하여

(1) $a>b$, $b>c$이면 $a>c$

(2) $a>b$이면 $a+c>b+c$, $a-c>b-c$

(3) $a>b$, $c>0$이면 $ac>bc$, $\dfrac{a}{c}>\dfrac{b}{c}$

(4) $a>b$, $c<0$이면 $ac<bc$, $\dfrac{a}{c}<\dfrac{b}{c}$

Check!

▸ • $ab>0$, $a>b$이면 $\dfrac{1}{a}<\dfrac{1}{b}$

　• $0<b<a$이면 $a^2>b^2$

　• $b<a<0$이면 $a^2<b^2$

▸ 허수에 대해서는 대소 관계를 생각할 수 없으므로 부등식에 포함된 문자는 모두 실수로 생각한다.

❷ 일차부등식의 풀이

(1) 부등식 $ax>b$의 풀이

① $a>0$일 때, $x>\dfrac{b}{a}$　　　　② $a<0$일 때, $x<\dfrac{b}{a}$

③ $a=0$일 때, $\begin{cases} b\geq0\text{이면 해는 없다.} \\ b<0\text{이면 해는 모든 실수이다.} \end{cases}$

(2) 부등식 $ax\leq b$의 풀이

① $a>0$일 때, $x\leq\dfrac{b}{a}$　　　　② $a<0$일 때, $x\geq\dfrac{b}{a}$

③ $a=0$일 때, $\begin{cases} b\geq0\text{이면 해는 모든 실수이다.} \\ b<0\text{이면 해는 없다.} \end{cases}$

기본 문제

281

$a-b>0$일 때, 〈보기〉에서 옳은 것만을 있는 대로 고른 것은?

〈보기〉

ㄱ. $a+1>b+1$

ㄴ. $-a>-b$

ㄷ. $1-2a<1-2b$

---

① ㄱ　　　　② ㄴ　　　　③ ㄱ, ㄴ

④ ㄱ, ㄷ　　　　⑤ ㄴ, ㄷ

282

$1\leq x\leq3$, $-3\leq y\leq2$일 때, $a\leq x-y\leq b$이다. $b-a$의 값은?

① 5　　　　② 6　　　　③ 7

④ 8　　　　⑤ 9

283

부등식 $3x-a<0$을 만족시키는 자연수 x가 5개가 되도록 하는 정수 a의 개수를 구하시오.

284

x에 대한 부등식 $ax>b$에 대하여 〈보기〉에서 옳은 것만을 있는 대로 고른 것은?

〈보기〉

ㄱ. $a\neq0$, $b\neq0$이면 해가 1개이다.

ㄴ. $a=0$, $b=0$이면 해가 없다.

ㄷ. $a=0$, $b<0$이면 해가 무수히 많다.

---

① ㄴ　　　　② ㄷ　　　　③ ㄱ, ㄴ

④ ㄱ, ㄷ　　　　⑤ ㄴ, ㄷ

❸ 연립일차부등식의 풀이

(1) 연립일차부등식은 다음과 같은 순서로 푼다.

　❶ 각각의 일차부등식을 푼다.

　❷ ❶에서 구한 해를 하나의 수직선 위에 나타내어 공통부분을 구한다.

(2) $A<B<C$ 꼴의 부등식은 $\begin{cases} A<B \\ B<C \end{cases}$ 꼴로 고쳐서 푼다.

> **참고** $A<B<C$ 꼴의 부등식은 $\begin{cases} A<B \\ A<C \end{cases}$ 또는 $\begin{cases} A<C \\ B<C \end{cases}$ 꼴로 고치지 않도록 주의한다.

❹ 절댓값 기호를 포함한 일차부등식

(1) $|x|<a$, $|x|\geq a$, $a<|x|<b$ 꼴의 일차부등식의 풀이

　두 양수 a, b에 대하여

　① 부등식 $|x|<a$의 해는 $-a<x<a$

　② 부등식 $|x|\geq a$의 해는 $x\leq -a$ 또는 $x\geq a$

　③ 부등식 $a<|x|<b$의 해는 $-b<x<-a$ 또는 $a<x<b$

(2) $|ax+b|<c$, $|ax+b|>c$ 꼴의 일차부등식의 풀이

　양수 c에 대하여

　① $|ax+b|<c$이면 $-c<ax+b<c$

　② $|ax+b|>c$이면 $ax+b<-c$ 또는 $ax+b>c$

(3) $a<b$일 때, $|x-a|+|x-b|<c$ (c는 양수) 꼴의 일차부등식의 풀이

　x의 값의 범위를 다음과 같이 나누어 푼다.

　(ⅰ) $x<a$　　　　(ⅱ) $a\leq x<b$　　　　(ⅲ) $x\geq b$

▶ 절댓값 기호를 포함한 일차부등식은 다음과 같은 순서로 푼다.
❶ 절댓값 기호 안의 식의 값이 0이 되는 x의 값을 기준으로 x의 값의 범위를 나눈다.
❷ ❶에서 구한 각 범위에 따라 주어진 부등식의 절댓값 기호를 없앤 후 해를 구한다.
❸ ❷에서 구한 해를 합친 x의 값의 범위를 구한다.

정답 및 해설 062쪽

285

연립부등식 $\begin{cases} 3x-11\leq x+1 \\ 4-4x<x+14 \end{cases}$ 를 만족시키는 정수 x의 개수는?

① 7　　　　② 8　　　　③ 9

④ 10　　　⑤ 11

286

부등식 $2x-4\leq 6\leq 3x+12$를 만족시키는 모든 정수 x의 값의 합은?

① 8　　　　② 9　　　　③ 10

④ 11　　　⑤ 12

287

부등식 $|x-5|\geq 2$를 만족시키는 한 자리의 자연수 x의 개수는?

① 3　　　　② 4　　　　③ 5

④ 6　　　　⑤ 7

288

부등식 $|x|+|x+1|\leq 5$의 해가 $\alpha\leq x\leq\beta$일 때, $\beta-\alpha$의 값은?

① 5　　　　② 6　　　　③ 7

④ 8　　　　⑤ 9

289

실수 a, b, c, d에 대하여 $a<b$, $c<d$일 때, 〈보기〉에서 옳은 것만을 있는 대로 고른 것은?

<보기>

ㄱ. $2a+3c<2b+3d$

ㄴ. $\dfrac{a}{cd}<\dfrac{b}{cd}$

ㄷ. $ac<bd$

① ㄱ   ② ㄴ   ③ ㄷ

④ ㄱ, ㄴ   ⑤ ㄱ, ㄷ

290

0이 아닌 세 실수 a, b, c가 $ab<0$, $bc<0$, $b>c$를 만족시킬 때, 다음 중 옳은 것은?

① $a-b<c$ ② $|a-b|<|a|+|b|$

③ $abc<0$ ④ $(a-b)c>0$

⑤ $ab+c>0$

291

x에 대한 부등식 $2x-a>ax-b$의 해가 모든 실수가 되도록 하는 두 자연수 a, b에 대하여 ab의 최솟값은?

① 4   ② 6   ③ 8

④ 10   ⑤ 12

292

부등식 $ax-3a\leq 4x-b$의 해가 $x\leq\dfrac{1}{2}$일 때, 부등식 $ax+4>2b$를 만족시키는 자연수 x의 최솟값은?

(단, a, b는 실수이다.)

① 4   ② 5   ③ 6

④ 7   ⑤ 8

293 ☆☆ 출제예감 미지수를 포함한 연립일차부등식이 해를 갖기 위한 조건을 구하는 문제가 자주 출제된다.

연립부등식 $\begin{cases} 8-x\leq 2a \\ 5x-7<2x+1 \end{cases}$ 이 해를 가질 때, 정수 a의 최솟값은?

① -3 ② -1 ③ 1

④ 3   ⑤ 5

294

연립부등식 $\begin{cases} 5x+6\geq 6x-2a \\ 4x-5\geq 1 \end{cases}$ 을 만족시키는 정수 x가 2, 3, 4일 때, 실수 a의 값의 범위를 구하시오.

295

부등식 $2x-a<3x+3<x+b$의 해가 $2<x<5$일 때, 두 상수 a, b에 대하여 $a+b$의 값은?

① 5　　　　② 6　　　　③ 7
④ 8　　　　⑤ 9

296 ★출제예강 절댓값 기호를 포함한 일차부등식과 해의 관계를 이용하여 미지수를 구하는 문제가 자주 출제된다.

부등식 $|2x-a|<8$의 해가 $-3<x<b$일 때, 두 상수 a, b에 대하여 $a+b$의 값은?

① 6　　　　② 7　　　　③ 8
④ 9　　　　⑤ 10

297

x에 대한 방정식 $(3|a|-12)x+5=0$의 해가 양수가 되도록 하는 정수 a의 개수는?

① 6　　　　② 7　　　　③ 8
④ 9　　　　⑤ 10

298

부등식 $ax-a<bx+a$의 해가 $x>1$일 때, 부등식 $|ax+b|\le b$를 만족시키는 정수 x의 개수는?

(단, a, b는 상수이다.)

① 1　　　　② 2　　　　③ 3
④ 4　　　　⑤ 5

299

부등식 $|2x-3|+|x+2|>10$을 만족시키는 자연수 x의 최솟값은?

① 1　　　　② 2　　　　③ 3
④ 4　　　　⑤ 5

300

부등식 $|3x-6|\le x+k$를 만족시키는 실수 x의 최댓값과 최솟값의 차가 6일 때, 상수 k의 값은?

① 3　　　　② 4　　　　③ 5
④ 6　　　　⑤ 7

고난도 문제

301

부등식 $|3x-9| \leq k-2$를 만족시키는 자연수 x가 5개일 때, 자연수 k의 개수는?

① 1   ② 2   ③ 3

④ 4   ⑤ 5

302 ★★ 출제예감

절댓값 기호를 2개 포함한 부등식의 해에 대한 조건이 주어진 문제가 자주 출제된다.

부등식 $|x-1| + |x-2| < a$의 해가 존재하지 않도록 하는 실수 a의 최댓값은?

① -1 ② 0   ③ 1

④ 2   ⑤ 3

303

두 식품 A, B를 각각 100 g씩 섭취했을 때 얻을 수 있는 열량과 단백질 양은 오른쪽 표와 같다.

식품	열량(kcal)	단백질(g)
A	150	20
B	180	12

두 식품 A, B를 합하여 300 g을 섭취하고 열량은 520 kcal 이하, 단백질은 42 g 이하를 얻으려고 할 때, 식품 A는 최대 몇 g을 섭취해야 하는지 구하시오.

서술형 문제

304

모든 실수 x에 대하여 부등식 $2x-ab < ax-4$가 성립할 때, $a+b$의 값의 범위를 구하시오. (단, a, b는 실수이다.)

305

연립부등식 $\begin{cases} 7-3x \geq -5 \\ 4x-a > 2(x+3) \end{cases}$ 의 해가 없을 때, 실수 a의 값의 범위를 구하시오.

306

어느 인쇄소에서 A4 용지를 100장 이상 복사할 때의 요금은 다음과 같다.

> (가) 100장의 기본요금은 3000원이다.
> (나) 100장을 초과하는 경우, 100장에 1장을 추가할 때마다 장당 15원의 요금이 추가된다.

A4 용지 1장을 복사하는 단가가 18원 이상 20원 이하가 되려면 A4 용지를 몇 장 복사해야 하는지 그 범위를 구하시오.

교육청 기출문제

307 x에 대한 연립부등식 $\begin{cases} x-1>8 \\ 2x-16\leq x+a \end{cases}$ 의 해가 $b<x\leq 28$일 때, 두 상수 a, b에 대하여 $a+b$의 값을 구하시오. [3점]

2022년 시행 교육청 9월 23번

Step ❶ 각 일차부등식의 해 구하기

Step ❷ 주어진 해와 **Step ❶**에서 구한 해를 비교하기

Step ❸ $a+b$의 값 구하기

308 부등식 $|x+1|+|x-2|<5$를 만족시키는 정수 x의 개수를 구하시오. [3점]

2011년 시행 교육청 11월 23번

Step ❶ x의 값의 범위를 나누어 주어진 부등식 풀기

Step ❷ 정수 x의 개수 구하기

309 연립부등식 $\begin{cases} 2x+5\leq 9 \\ |x-3|\leq 7 \end{cases}$ 을 만족시키는 정수 x의 개수를 구하시오. [4점]

2020년 시행 교육청 9월 26번

Step ❶ 각 일차부등식의 해 구하기

Step ❷ **Step ❶**에서 구한 해의 공통부분 구하기

Step ❸ 정수 x의 개수 구하기

310 x에 대한 부등식 $|3x-1|<x+a$의 해가 $-1<x<3$일 때, 양수 a의 값은? [4점]

① 4　　② $\dfrac{17}{4}$　　③ $\dfrac{9}{2}$　　④ $\dfrac{19}{4}$　　⑤ 5

2018년 시행 교육청 11월 14번

Step ❶ 절댓값 기호 안의 식의 값을 0으로 하는 x의 값을 기준으로 범위를 나누어 부등식의 해 구하기

Step ❷ 주어진 해를 이용하여 양수 a의 값 구하기

09 이차부등식과 연립이차부등식

1 이차부등식의 해와 이차함수의 그래프의 관계

이차함수 $f(x)=ax^2+bx+c\ (a>0)$에 대하여 이차방정식 $f(x)=0$의 두 실근을 α, β $(\alpha\leq\beta)$라 하고 이차방정식 $f(x)=0$의 판별식을 $D=b^2-4ac$라 할 때, 이차부등식의 해는 다음과 같다.

	$y=f(x)$의 그래프	$f(x)>0$의 해	$f(x)\geq0$의 해	$f(x)<0$의 해	$f(x)\leq0$의 해
$D>0$		$x<\alpha$ 또는 $x>\beta$	$x\leq\alpha$ 또는 $x\geq\beta$	$\alpha<x<\beta$	$\alpha\leq x\leq\beta$
$D=0$		$x\neq\alpha$인 모든 실수	모든 실수	없다.	$x=\alpha$
$D<0$		모든 실수	모든 실수	없다.	없다.

기본 문제

311

이차부등식 $x^2-x-12\leq0$의 해가 $\alpha\leq x\leq\beta$일 때, $\alpha^2+\beta^2$의 값은?

① 16 ② 20 ③ 25
④ 31 ⑤ 38

312

이차부등식 $3x^2+ax+b<0$의 해가 $-2<x<\dfrac{1}{3}$일 때, 두 상수 a, b에 대하여 ab의 값은?

① -12 ② -10 ③ -8
④ -6 ⑤ -4

313

이차부등식 $ax^2+6x+a>0$이 모든 실수 x에 대하여 성립하도록 하는 정수 a의 최솟값은?

① 1 ② 2 ③ 3
④ 4 ⑤ 5

314

이차부등식 $-x^2+2(n-4)x+6(n-4)>0$의 해가 존재하지 않도록 하는 정수 n의 개수는?

① 7 ② 8 ③ 9
④ 10 ⑤ 11

2 이차부등식이 항상 성립할 조건

이차방정식 $ax^2+bx+c=0$의 판별식을 $D=b^2-4ac$라 할 때, 모든 실수 x에 대하여 주어진 이차부등식이 항상 성립할 조건은 다음과 같다.

(1) $ax^2+bx+c>0$ ➡ $a>0$, $D<0$
(2) $ax^2+bx+c\geq0$ ➡ $a>0$, $D\leq0$
(3) $ax^2+bx+c<0$ ➡ $a<0$, $D<0$
(4) $ax^2+bx+c\leq0$ ➡ $a<0$, $D\leq0$

3 연립이차부등식

(1) 연립이차부등식

　연립부등식에서 차수가 가장 높은 부등식이 이차부등식일 때, 이 연립부등식을 연립이차부등식이라 한다.

(2) 연립이차부등식의 풀이

　① 연립이차부등식은 각 부등식의 해를 각각 구한 후 공통인 해를 구한다.

　② 부등식 $f(x)<g(x)<h(x)$의 해는 연립부등식 $\begin{cases} f(x)<g(x) \\ g(x)<h(x) \end{cases}$의 해와 같다.

정답 및 해설 068쪽

315

부등식 $x^2-4<0<x^2-2x-3$의 해가 $\alpha<x<\beta$일 때, $\beta-\alpha$의 값은?

① $\dfrac{1}{2}$　　　② 1　　　③ $\dfrac{3}{2}$

④ 2　　　⑤ $\dfrac{5}{2}$

316

$\dfrac{n}{2}$이 연립부등식 $\begin{cases} 4x^2-4x+1>0 \\ 2x^2-7x-4<0 \end{cases}$의 해가 되도록 하는 정수 n의 개수는?

① 4　　　② 5　　　③ 6

④ 7　　　⑤ 8

317

연립부등식 $\begin{cases} x^2+x-6\geq0 \\ (x-1)(x-a)<0 \end{cases}$을 만족시키는 정수 x가 3개가 되도록 하는 실수 a의 값의 범위가 $p<a\leq q$이다. $p+q$의 값은? (단, $a>1$)

① 6　　　② 7　　　③ 8

④ 9　　　⑤ 10

318

x에 대한 이차방정식 $x^2+2kx+2k^2-4=0$이 서로 다른 두 실근을 갖도록 하는 정수 k의 개수는?

① 1　　　② 2　　　③ 3

④ 4　　　⑤ 5

319

이차부등식 $x^2+ax-3\geq0$의 해가 $x\leq b$ 또는 $x\geq1$일 때, 두 상수 a, b에 대하여 $a-b$의 값은? (단, $b<1$)

① 1 ② 2 ③ 3
④ 4 ⑤ 5

320

부등식 $x^2+|x|-12\leq0$의 해가 $\alpha\leq x\leq\beta$일 때, $\beta-\alpha$의 값은?

① 2 ② 4 ③ 6
④ 8 ⑤ 10

321

부등식 $|2x-3|+3x+3>x^2$을 만족시키는 정수 x의 개수는?

① 2 ② 3 ③ 4
④ 5 ⑤ 6

322

이차부등식 $x^2+ax+3<0$의 정수인 해가 2뿐일 때, 실수 a의 값의 범위를 구하시오.

323 ★★ 출제예감
부등식 $f(x)<0$과 부등식 $f(ax+b)<0$의 관계를 이용하여 주어진 부등식의 해를 구하는 문제가 출제될 가능성이 있다.

x^2의 계수가 1인 이차함수 $f(x)$가 있다. 이차부등식 $f(x)<0$의 해가 $-3<x<6$일 때, 부등식 $f(3x+1)<8(x^2+1)$의 해는 $\alpha<x<\beta$이다. $\alpha+\beta$의 값은?

① 1 ② 2 ③ 3
④ 4 ⑤ 5

324

x에 대한 이차부등식 $x^2+(k-2)x+k^2<0$의 해가 존재하도록 하는 실수 k의 값의 범위는?

① $-2\leq k\leq\dfrac{2}{3}$ ② $-2<k<\dfrac{2}{3}$

③ $-\dfrac{2}{3}\leq k\leq2$ ④ $-\dfrac{2}{3}<k<2$

⑤ $\dfrac{2}{3}<k<2$

325

이차함수 $f(x)=x^2-2kx-2k^2+k$에 대하여 함수 $f(x)$의 최솟값이 -4 이상이 되도록 하는 실수 k의 값의 범위를 구하시오.

326

부등식 $(k-2)x^2+2(k-2)x+16-k\geq0$이 모든 실수 x에 대하여 성립하도록 하는 모든 정수 k의 값의 합은?

① 40   ② 42   ③ 44
④ 46   ⑤ 48

327 ☆☆출제예강 이차부등식이 항상 성립할 조건 또는 해가 없을 조건을 묻는 문제가 자주 출제된다.

x에 대한 이차부등식 $(k^2-2k-3)x^2+2kx-2\geq0$의 해가 존재하지 않도록 하는 모든 정수 k의 값의 합은?

① -1 ② 1   ③ 3
④ 5   ⑤ 7

328

$x<-6$ 또는 $x>12$에서 이차부등식 $x^2+2ax-3a^2>0$이 항상 성립하도록 하는 정수 a의 최댓값을 M, 최솟값을 m이라 하자. $M-m$의 값은?

① 3   ② 4   ③ 5
④ 6   ⑤ 7

329

연립부등식 $\begin{cases} |x|\geq2 \\ x^2-6x<0 \end{cases}$ 을 만족시키는 모든 정수 x의 값의 합은?

① 11   ② 12   ③ 13
④ 14   ⑤ 15

330

연립부등식 $\begin{cases} x^2+2x-3\leq0 \\ x^2+|x|-6\leq0 \end{cases}$ 의 해가 $\alpha\leq x\leq\beta$일 때, $\alpha+\beta$의 값은?

① -2 ② -1 ③ 0
④ 1   ⑤ 2

331

연립부등식 $\begin{cases} x^2-4x\leq 0 \\ x^2+4x-12\geq 0 \end{cases}$ 의 해가 이차부등식

$ax^2+bx-16\geq 0$의 해와 같을 때, 두 상수 a, b에 대하여 $a+b$의 값은?

① -10 ② -5 ③ 0
④ 5 ⑤ 10

332

연립부등식 $\begin{cases} x^2+x-6>0 \\ x^2+(a-3)x-3a\leq 0 \end{cases}$ 의 해가 $2<x\leq 3$이 되

도록 하는 모든 정수 a의 개수는?

① 3 ② 4 ③ 5
④ 6 ⑤ 7

333

부등식 $x^2+x+a<2x^2+x-3\leq 3x^2+bx-9$의 해가 $x<-2$ 또는 $x\geq 6$일 때, 두 상수 a, b에 대하여 $a+b$의 값은?

① -3 ② -2 ③ -1
④ 0 ⑤ 1

334

둘레의 길이가 32 cm인 직사각형 모양의 액자를 만들려고 한다. 이 액자의 넓이가 48 cm^2 이상이 되도록 할 때, 가로의 길이의 최댓값을 구하시오.

(단, 가로의 길이는 세로의 길이보다 길거나 같다.)

335 ★출제예감 이차방정식이 실근을 갖거나 갖지 않을 조건을 만족시키는 정수의 개수를 구하는 문제가 자주 출제된다.

이차방정식 $x^2-2x+k=0$이 서로 다른 두 실근을 갖고, 이차방정식 $x^2-2kx+25=0$이 실근을 갖지 않도록 하는 정수 k의 개수는?

① 4 ② 5 ③ 6
④ 7 ⑤ 8

336

x에 대한 방정식 $(6-k)x^2+2kx+3=0$이 실근을 가질 때, 실수 k의 값의 범위를 구하시오.

고난도 문제

337 ☆출제예감 연립부등식의 정수인 해가 유한개일 조건을 묻는 문제가 자주 출제된다.

연립부등식 $\begin{cases} x^2+x-12<0 \\ x^2-(a+1)x+a<0 \end{cases}$ 을 만족시키는 정수 x가
오직 한 개뿐일 때, 실수 a의 값의 범위를 구하시오.

338

연립부등식 $\begin{cases} x^2-6x-16\le0 \\ x^2+ax+b\le0 \end{cases}$ 의 해가 $2\le x\le8$이고, 연립
부등식 $\begin{cases} x^2-15x+54<0 \\ x^2+ax+b<0 \end{cases}$ 의 해가 $6<x<7$일 때, 두 상수
a, b에 대하여 $a+b$의 값을 구하시오.

339

x에 대한 이차방정식 $2x^2-2kx+k(k-1)=0$의 두 실근을
α, β라 할 때, $(\alpha-\beta)^2$의 최댓값을 M, 최솟값을 m이라 하
자. $M+m$의 값은? (단, k는 상수이다.)

① $\dfrac{3}{4}$ ② 1 ③ $\dfrac{5}{4}$

④ $\dfrac{3}{2}$ ⑤ $\dfrac{7}{4}$

서술형 문제

340

이차부등식 $x^2+3x+a<0$의 해가 $-5<x<b$일 때, 이차
부등식 $x^2+(b+1)x+a>0$의 해는 $x<p$ 또는 $x>q$이다.
$p+q$의 값을 구하시오.

341

연립부등식 $\begin{cases} x^2-2x-8\le0 \\ (x-a)(x-a+4)\le0 \end{cases}$ 의 해가 존재하지 않을
때, 실수 a의 값의 범위를 구하시오.

342

한 모서리의 길이가 a인 정육면체에서 밑면의 가로의 길이를
3만큼 늘이고, 밑면의 세로의 길이를 2만큼 줄여서 새로운
직육면체를 만들려고 한다. 이 직육면체의 부피가 처음 정육
면체의 부피보다 작아지도록 하는 자연수 a의 최댓값을 구하
시오.

343 x에 대한 이차부등식 $x^2+8x+(a-6)<0$이 해를 갖지 않도록 하는 실수 a의 최솟값을 구하시오. [3점]

2021년 시행 교육청 6월 24번

Step❶ x에 대한 이차부등식이 해를 갖지 않도록 하는 조건 구하기

Step❷ 실수 a의 최솟값 구하기

344 $3\leq x\leq 5$인 실수 x에 대하여 부등식 $x^2-4x-4k+3\leq 0$이 항상 성립하도록 하는 상수 k의 최솟값은? [3점]

① 1 　　② 2 　　③ 3 　　④ 4 　　⑤ 5

2015년 시행 교육청 6월 12번

Step❶ 이차함수 $f(x)=x^2-4x-4k+3$의 그래프 그리기

Step❷ 주어진 범위에서 $f(x)\leq 0$일 조건 구하기

Step❸ 상수 k의 최솟값 구하기

345 그림과 같이 $\overline{AC}=\overline{BC}=12$인 직각이등변삼각형 ABC가 있다. 빗변 AB 위의 점 P에서 변 BC와 변 AC에 내린 수선의 발을 각각 Q, R라 할 때, 직사각형 PQCR의 넓이는 두 삼각형 APR와 PBQ의 각각의 넓이보다 크다. $\overline{QC}=a$일 때, 모든 자연수 a의 값의 합을 구하시오. [4점]

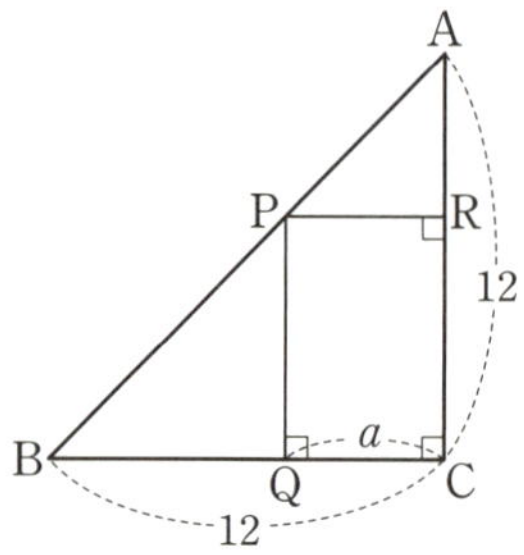

2011년 시행 교육청 11월 26번

Step❶ 직사각형 PQCR의 넓이와 두 삼각형 APR, PBQ의 넓이를 a에 대한 식으로 나타내기

Step❷ 주어진 조건을 이용하여 연립부등식 세우기

Step❸ 모든 자연수 a의 값의 합 구하기

346 x에 대한 연립부등식 $\begin{cases} x^2+3x-10<0 \\ ax\geq a^2 \end{cases}$ 을 만족시키는 정수 x의 개수가 4가 되도록 하는 정수 a의 값은? [4점]

① -2 　　② -1 　　③ 0 　　④ 1 　　⑤ 2

2023년 시행 교육청 3월 고2 14번

Step❶ a의 값의 범위에 따라 경우를 나누어 연립부등식의 해 구하기

Step❷ 조건을 만족시키는 정수 a의 값 구하기

347 x에 대한 연립부등식 $\begin{cases} x^2-11x+24<0 \\ x^2-2kx+k^2-9>0 \end{cases}$ 의 해가 $\alpha<x<\beta$일 때, $\beta-\alpha=2$를 만족시키는 모든 실수 k의 값의 합을 구하시오. [4점]

2024년 시행 교육청 6월 27번

Step ❶ 두 이차부등식의 해 각각 구하기

Step ❷ k의 값의 범위에 따라 경우를 나누어 k의 값 구하기

Step ❸ 모든 실수 k의 값의 합 구하기

348 x에 대한 연립부등식 $\begin{cases} x^2-(a^2-3)x-3a^2<0 \\ x^2+(a-9)x-9a>0 \end{cases}$ 을 만족시키는 정수 x가 존재하지 않기 위한 실수 a의 최댓값을 M이라 하자. M^2의 값을 구하시오. (단, $a>2$) [4점]

2022년 시행 교육청 6월 28번

Step ❶ 두 이차부등식의 해 각각 구하기

Step ❷ 주어진 연립부등식의 정수해가 존재하지 않도록 수직선 위에 나타내기

Step ❸ 실수 a의 최댓값 M을 구하여 M^2의 값 구하기

349 최고차항의 계수가 각각 $\dfrac{1}{2}$, 2인 두 이차함수 $y=f(x)$, $y=g(x)$가 다음 조건을 만족시킨다.

> (가) 두 함수 $y=f(x)$와 $y=g(x)$의 그래프는 직선 $x=p$를 축으로 한다.
> (나) 부등식 $f(x)\geq g(x)$의 해는 $-1\leq x\leq 5$이다.

$p\times\{f(2)-g(2)\}$의 값을 구하시오. (단, p는 상수이다.) [4점]

2014년 시행 교육청 11월 29번

Step ❶ 부등식 $f(x)\geq g(x)$를 p에 대한 식으로 나타내기

Step ❷ $f(2)-g(2)$의 값 구하기

Step ❸ $p\times\{f(2)-g(2)\}$의 값 구하기

350 x에 대한 이차부등식
$$(2x-a^2+2a)(2x-3a)\leq 0$$
의 해가 $\alpha\leq x\leq\beta$이다. 두 실수 α, β가 다음 조건을 만족시킬 때, 모든 실수 a의 값의 합을 구하시오. [4점]

> (가) $\beta-\alpha$는 자연수이다.
> (나) $\alpha\leq x\leq\beta$를 만족하는 정수 x의 개수는 3이다.

2019년 시행 교육청 6월 30번

Step ❶ $\beta-\alpha$는 자연수이고 $\alpha\leq x\leq\beta$를 만족시키는 정수 x의 개수가 3일 조건 구하기

Step ❷ 이차부등식의 해에 따라 조건을 만족시키는 실수 a의 값 구하기

Step ❸ 모든 실수 a의 값의 합 구하기

사람들은 시간이 모든 것을

바꾸어 준다고 말하지만

실제로는 당신 자신이

모든 것을 바꾸어야 한다.

- 앤디 워홀

III

경우의 수

10 경우의 수와 순열

1 경우의 수

(1) **합의 법칙**: 두 사건 A, B가 동시에 일어나지 않을 때, 사건 A와 사건 B가 일어나는 경우의 수가 각각 m, n이면 사건 A 또는 사건 B가 일어나는 경우의 수는

$$m+n$$

참고 ① 합의 법칙은 어느 두 사건도 동시에 일어나지 않는 세 개 이상의 사건에 대해서도 성립한다.
② '또는', '이거나' 등의 표현이 쓰이면 합의 법칙을 이용한다.

(2) **곱의 법칙**: 사건 A가 일어나는 경우의 수가 m이고, 그 각각에 대하여 사건 B가 일어나는 경우의 수가 n일 때, 두 사건 A, B가 동시에 일어나는 경우의 수는

$$m \times n$$

참고 ① 곱의 법칙은 동시에 일어나는 세 개 이상의 사건에 대해서도 성립한다.
② '이고', '그리고', '동시에', '잇달아' 등의 표현이 쓰이면 곱의 법칙을 이용한다.

Check!
▸ 두 사건 A, B가 일어나는 경우의 수가 각각 m, n이고, 두 사건 A, B가 동시에 일어나는 경우의 수가 l이면 사건 A 또는 사건 B가 일어나는 경우의 수는
$$m+n-l$$

기본 문제

351

서로 다른 두 주사위 A, B를 동시에 던질 때, 나온 두 눈의 수의 합이 5의 배수인 경우의 수는?

① 6　　　② 7　　　③ 8
④ 9　　　⑤ 10

352

부등식 $x+2y \leq 6$을 만족시키는 두 자연수 x, y의 순서쌍 (x, y)의 개수는?

① 4　　　② 6　　　③ 8
④ 10　　　⑤ 12

353

다항식 $(a+b+c)(s-t)+(p+q)(v+w)$를 전개할 때 생기는 항의 개수는?

① 8　　　② 9　　　③ 10
④ 11　　　⑤ 12

354

세 지점 A, B, C를 연결하는 도로가 다음 그림과 같을 때, 지점 A에서 지점 C로 가는 경우의 수는?

(단, 한 번 지나간 지점은 다시 지나지 않는다.)

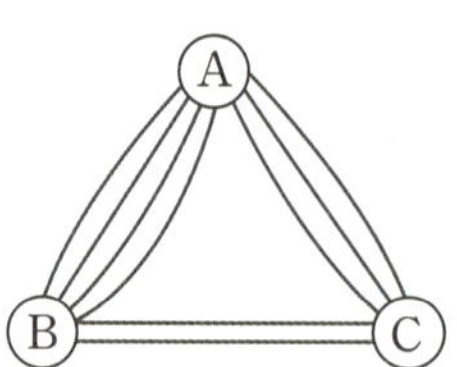

① 8　　　② 9　　　③ 10
④ 11　　　⑤ 12

(1) 순열: 서로 나른 n개에서 $r\,(0<r\leq n)$개를 택하여 일렬로 배열하는 것을 n개에서 r개를 택하는 순열이라 하고, 이 순열의 수를 기호로 $_n\mathrm{P}_r$와 같이 나타낸다.

(2) 순열의 수

$$\text{①}\ _n\mathrm{P}_r=\underbrace{n(n-1)(n-2)\cdots\{n-(r-1)\}}_{r개}$$

$$=\frac{n!}{(n-r)!}\ (단,\ 0\leq r\leq n)$$

$$\text{②}\ _n\mathrm{P}_n=n!,\ _n\mathrm{P}_0=1,\ 0!=1$$

참고 n의 계승

서로 다른 n개에서 n개를 모두 택하는 순열의 수는

$$_n\mathrm{P}_n=n(n-1)(n-2)\times\cdots\times3\times2\times1$$

이와 같이 1부터 n까지의 자연수를 차례로 곱한 것을 n의 계승이라 하고, 기호로 $n!$과 같이 나타낸다. 즉,

$$n!=n(n-1)(n-2)\times\cdots\times3\times2\times1$$

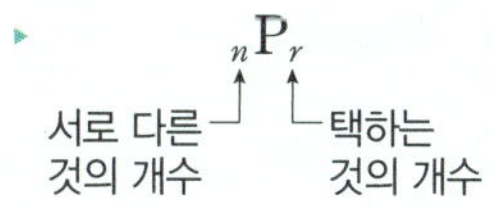

$$_n\mathrm{P}_r$$

서로 다른 것의 개수 ⎿ 택하는 것의 개수

▸ $n!$은 'n팩토리얼'이라고 읽는다.

정답 및 해설 076쪽

355

$2\times_{n+1}\mathrm{P}_2-_n\mathrm{P}_2=18$을 만족시키는 자연수 n의 값은?

① 2   ② 3   ③ 4

④ 5   ⑤ 6

356

영표, 상백, 민수를 포함한 6명을 일렬로 세울 때, 영표, 상백, 민수를 모두 이웃하게 세우는 방법의 수는?

① 112   ② 144   ③ 168

④ 182   ⑤ 202

357

지환이와 해민이를 포함한 7명의 학생을 일렬로 세울 때, 지환이와 해민이가 양 끝에 서는 방법의 수는?

① 180   ② 200   ③ 220

④ 240   ⑤ 260

358

다섯 개의 숫자 0, 1, 2, 3, 4 중에서 서로 다른 3개의 숫자를 택하여 만들 수 있는 세 자리의 자연수의 개수는?

① 36   ② 40   ③ 44

④ 48   ⑤ 52

359 ★★ 출제예감

한 개의 주사위를 두 번 던져서 나오는 눈의 수를 차례로 x, y라 할 때, xy의 약수의 개수가 2 이하가 되도록 하는 순서쌍 (x, y)의 개수는?

① 3 ② 4 ③ 5
④ 6 ⑤ 7

360

$2^3 \times 3^a \times 11^2$의 약수의 개수가 72일 때, 자연수 a의 값을 구하시오.

361

네 지점 A, B, C, D를 연결하는 도로가 오른쪽 그림과 같을 때, 지점 A에서 지점 C로 가는 경우의 수는? (단, 한 번 지나간 지점은 다시 지나지 않는다.)

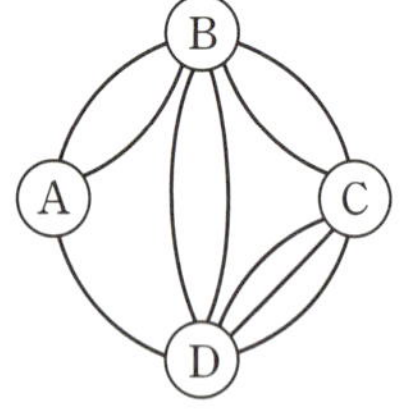

① 20 ② 21
③ 22 ④ 23
⑤ 24

362

오른쪽 그림과 같은 4개의 영역 A, B, C, D를 서로 다른 4가지 색으로 칠하려고 한다. 같은 색을 중복하여 사용해도 좋으나 인접한 영역은 서로 다른 색으로 칠할 때, 칠하는 방법의 수는?

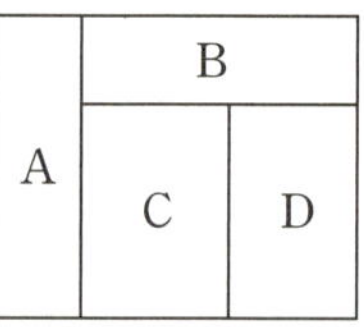

① 12 ② 24 ③ 36
④ 48 ⑤ 60

363

네 학생 A, B, C, D가 각각 작성한 답안지를 네 명이 한 개씩 채점하려 한다. 자기가 쓴 답안은 채점하지 않는다고 할 때, 채점하는 경우의 수는?

① 9 ② 11 ③ 12
④ 14 ⑤ 16

364

7개의 문자 a, b, c, d, e, f, g를 일렬로 나열할 때, a와 b 사이에 2개의 문자를 나열하는 방법의 수는?

① 900 ② 960 ③ 1020
④ 1080 ⑤ 1140

365

동주를 포함한 학생 6명과 선생님 2명이 놀이동산에서 오른쪽 그림과 같은 8인승 놀이기구를 타려고 한다. 동주의 양옆에 두 명의 선생님이 탑승해야 한다고 할 때, 8명이 놀이기구에 탑승하는 경우의 수는?

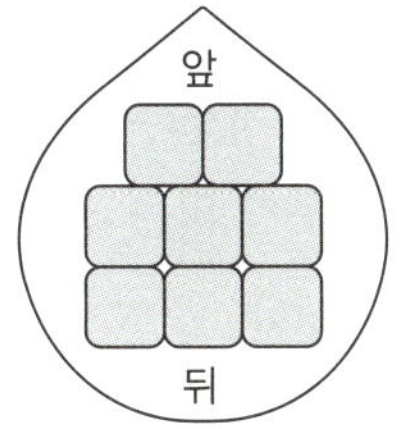

① 480　　　　② 510　　　　③ 540
④ 570　　　　⑤ 600

366

megastudy에 있는 9개의 문자를 일렬로 나열할 때, 모음끼리 이웃하는 경우의 수는?

① $4 \times 7!$　　　　② $5 \times 7!$　　　　③ $6 \times 7!$
④ $7 \times 7!$　　　　⑤ $8 \times 7!$

367

여학생 5명, 남학생 4명 중에서 여학생과 남학생을 각각 2명씩 뽑아 남학생, 여학생, 여학생, 남학생의 순서로 세우는 경우의 수는?

① 90　　　　② 160　　　　③ 180
④ 210　　　　⑤ 240

368

1부터 5까지의 숫자가 각각 하나씩 적힌 5장의 숫자 카드와 3개의 문자 a, b, c가 각각 하나씩 적힌 3장의 문자 카드가 있다. 이 8장의 카드를 일렬로 나열할 때, 짝수 번째 자리에는 숫자 카드를 놓는 방법의 수는?

① 2800　　　　② 2840　　　　③ 2880
④ 2920　　　　⑤ 2960

369

책장에 서로 다른 종류의 만화책 2권과 서로 다른 종류의 소설책 10권을 일렬로 배열하여 정리하려고 한다. 만화책은 이웃하지 않고, 소설책은 서로 이웃한 책의 수가 짝수가 되도록 책을 정리하는 경우의 수는?

(단, 소설책끼리는 항상 서로 이웃한다.)

① $25 \times 9!$　　　　② $27 \times 9!$　　　　③ $20 \times 10!$
④ $30 \times 10!$　　　　⑤ $42 \times 10!$

370

6명의 학생 A, B, C, D, E, F를 일렬로 세울 때, A, E 중에서 적어도 한 명이 양쪽 끝에 오도록 세우는 방법의 수는?

① 408　　　　② 416　　　　③ 424
④ 432　　　　⑤ 440

371

5개의 문자 a, b, c, d, e를 일렬로 나열할 때, a, b, c 중에서 적어도 2개가 이웃하도록 나열하는 방법의 수는?

① 108   ② 110   ③ 116
④ 121   ⑤ 128

372

7개의 숫자 1, 2, 3, $\cdots$, 7에서 서로 다른 2개의 숫자를 택하여 두 자리의 자연수를 만들 때, 각 자리의 숫자의 합이 짝수가 되는 자연수의 개수는?

① 16   ② 17   ③ 18
④ 19   ⑤ 20

373

다음 조건을 만족시키는 세 자리의 자연수의 개수는?

> (가) 각 자리의 숫자의 합은 15이다.
> (나) 각 자리의 숫자는 서로 다른 홀수이다.

① 12   ② 18   ③ 26
④ 32   ⑤ 40

374

7개의 숫자 1, 2, 3, 4, 5, 6, 7을 한 번씩만 사용하여 일곱 자리의 자연수를 만들 때, 최고 자리 수와 일의 자리 수의 곱이 홀수가 되는 자연수의 개수는?

① 480   ② 830   ③ 960
④ 1220   ⑤ 1440

375 ★★ 출제예감

주어진 수를 이용하여 2의 배수, 3의 배수 등 조건을 만족시키는 자연수의 개수를 구하는 문제가 자주 출제된다.

5개의 숫자 0, 1, 2, 3, 4에서 서로 다른 4개의 숫자를 택하여 네 자리의 자연수를 만들 때, 3의 배수의 개수는?

① 30   ② 36   ③ 42
④ 48   ⑤ 54

376

5개의 숫자 0, 1, 2, 3, 4를 한 번씩만 사용하여 만들 수 있는 다섯 자리의 자연수를 작은 것부터 순서대로 나열할 때, 63번째에 오는 수는?

① 23401   ② 24031   ③ 30412
④ 31420   ⑤ 32104

377

오른쪽 그림과 같은 5개의 영역 A, B, C, D, E를 서로 다른 5가지 색으로 칠하려고 한다. 같은 색을 중복하여 사용해도 좋으나 인접한 영역은 서로 다른 색으로 칠할 때, 칠하는 방법의 수는?

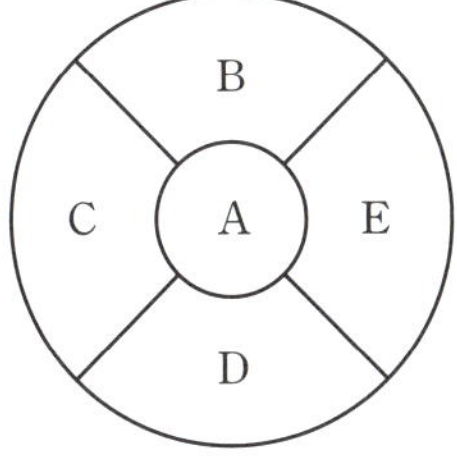

① 410   ② 420   ③ 430
④ 440   ⑤ 450

378

건우는 안동, 경주, 부산 세 지역을 도는 6박 7일의 여행을 가려고 한다. 각 지역에서 적어도 1박을 하고, 한 번 갔던 지역은 다시 가지 않는다. 이때 건우가 계획할 수 있는 여행 일정의 수는?

① 20   ② 30   ③ 40
④ 50   ⑤ 60

379

1층부터 12층까지 운행하는 승강기가 있다. 1층에서 승강기에 탑승한 4명의 사람이 다음 규칙을 만족시키면서 12층까지 1회 운행하는 동안 모두 내리는 경우의 수를 구하시오.

(가) 1층에서 내리는 사람은 없고, 2층은 운행하지 않는다.
(나) 각 층에서 1명씩만 내리며 서로 연속한 층에서 내리지 않는다.

380

어느 푸드코트에는 한식 코너에 4종류, 중식 코너에 3종류, 일식 코너에 5종류의 요리와 음료 3종류가 있다. 이 푸드코트에서 요리 2종류와 음료 1종류를 주문하려고 할 때, 주문할 수 있는 방법의 수를 구하시오. (단, 같은 코너의 요리는 1종류만 주문하고, 주문하는 순서는 구별하지 않는다.)

381

남자 4명과 여자 3명으로 구성된 자전거 동호회 회원들이 자전거 도로를 따라 일렬로 달리려고 한다. 남자 회원이 맨 앞과 맨 뒤에서 달리는 경우의 수를 a, 남자 회원과 여자 회원이 교대로 달리는 경우의 수를 b라 할 때, $\dfrac{a}{b}$의 값을 구하시오.

382

어느 학교의 체육대회에서 이어달리기 대표로 선발된 민재를 포함한 남학생 3명, 수빈이를 포함한 여학생 2명, 선생님 1명이 달리는 순서를 정하려고 한다. 다음 조건을 만족시키도록 달리는 순서를 정하는 방법의 수를 구하시오.

(단, 한 사람이 두 번 이상 달릴 수 없다.)

(가) 선생님은 맨 처음에 달린다.
(나) 민재와 수빈이는 연속하여 달린다.
(다) 선생님 바로 뒤에 민재가 달리지 않는다.

383 그림과 같이 한 줄에 3개씩 모두 6개의 좌석이 있는 케이블카가 있다. 두 학생 A, B를 포함한 5명의 학생이 이 케이블카에 탑승하여 A, B는 같은 줄의 좌석에 앉고 나머지 세 명은 맞은편 줄의 좌석에 앉는 경우의 수는? [3점]

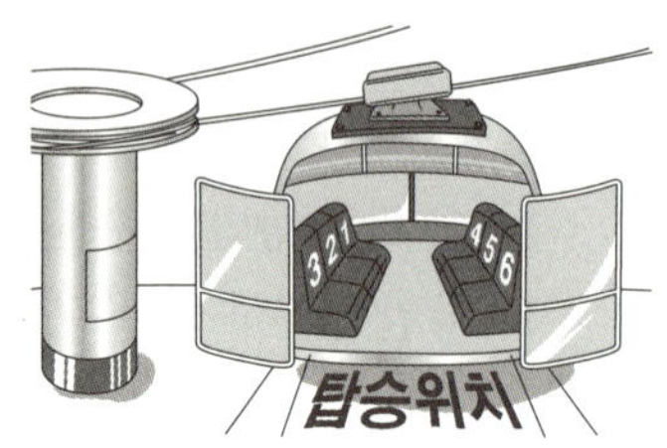

① 48 ② 54 ③ 60 ④ 66 ⑤ 72

2019년 시행 교육청 3월 고2 가형 10번

Step ❶ 두 학생 A, B가 앉는 경우의 수 구하기

Step ❷ 나머지 3명의 학생이 앉는 경우의 수 구하기

Step ❸ 전체 경우의 수 구하기

---

384 숫자 1, 2, 3, 4, 5가 하나씩 적혀 있는 5장의 카드가 있다. 이 5장의 카드를 모두 일렬로 나열할 때, 짝수가 적혀 있는 카드끼리 서로 이웃하지 않도록 나열하는 경우의 수는? [3점]

① 24 ② 36 ③ 48 ④ 60 ⑤ 72

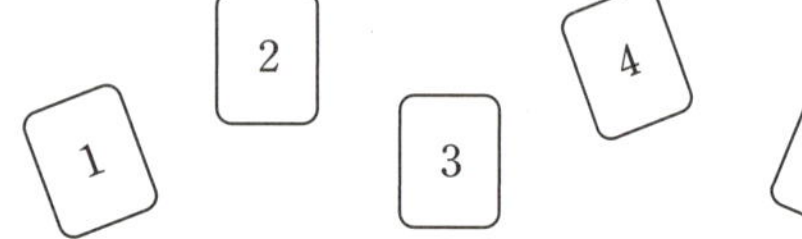

2022년 시행 교육청 3월 고2 7번

Step ❶ 홀수가 적혀 있는 카드를 나열하는 경우의 수 구하기

Step ❷ 짝수가 적혀 있는 카드를 주어진 조건에 맞게 나열하는 경우의 수 구하기

Step ❸ 짝수가 적혀 있는 카드가 이웃하지 않도록 나열하는 경우의 수 구하기

---

385 장미 8송이, 카네이션 6송이, 백합 8송이가 있다. 이 중 1송이를 골라 꽃병 A에 꽂고, 이 꽃과는 다른 종류의 꽃들 중 꽃병 B에 꽂을 꽃 9송이를 고르는 경우의 수를 구하시오. (단, 같은 종류의 꽃은 서로 구분하지 않는다.) [4점]

2016년 시행 교육청 10월 고3 가형 26번

Step ❶ 꽃병 A에 장미 1송이, 카네이션 1송이, 백합 1송이를 꽂는 경우로 나누어 경우의 수 구하기

Step ❷ 주어진 조건을 만족시키는 경우의 수 구하기

---

386 그림과 같이 크기가 같은 6개의 정사각형에 1부터 6까지의 자연수가 하나씩 적혀 있다.
서로 다른 4가지 색의 일부 또는 전부를 사용하여 다음 조건을 만족시키도록 6개의 정사각형에 색을 칠하는 경우의 수는? (단, 한 정사각형에 한 가지 색만을 칠한다.) [4점]

1	2	3
4	5	6

(가) 1이 적힌 정사각형과 6이 적힌 정사각형에는 같은 색을 칠한다.
(나) 변을 공유하는 두 정사각형에는 서로 다른 색을 칠한다.

① 72 ② 84 ③ 96 ④ 108 ⑤ 120

2020년 시행 교육청 3월 고2 17번

Step ❶ 조건 (가)를 만족시키도록 1, 6이 적힌 정사각형에 색을 칠하는 경우의 수 구하기

Step ❷ 조건 (나)를 만족시키도록 2, 3, 4, 5가 적힌 정사각형에 색을 칠하는 경우의 수 구하기

Step ❸ 주어진 두 조건을 만족시키도록 색을 칠하는 경우의 수 구하기

387 숫자 1, 2, 3을 전부 또는 일부를 사용하여 같은 숫자가 이웃하지 않도록 다섯 자리 자연수를 만든다. 이때 만의 자리 숫자와 일의 자리 숫자가 같은 경우의 수를 구하시오. [4점]

Step ❶ 주어진 조건에 맞는 다섯 자리 자연수 알아보기

Step ❷ 수형도를 그려 경우의 수 구하기

388 A, B, C, D, E 5명이 3인용 소파에 3명, 2인용 소파에 2명으로 나누어 앉으려고 한다. 이때 A와 B가 같은 소파에 이웃하여 앉는 방법의 수를 구하시오. [4점]

Step ❶ A, B가 2인용 또는 3인용 소파에 앉는 경우로 나누어 방법의 수 구하기

Step ❷ 주어진 조건을 만족시키는 방법의 수 구하기

389 그림과 같이 둥근 의자 3개와 사각 의자 3개가 교대로 나열되어 있다.

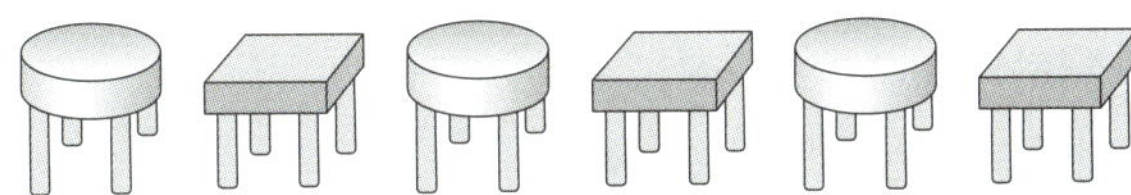

1학년 학생 2명, 2학년 학생 2명, 3학년 학생 2명이 다음 조건을 만족시키도록 이 6개의 의자에 모두 앉는 경우의 수는? [4점]

> (가) 2학년 학생은 사각 의자에만 앉는다.
> (나) 같은 학년 학생은 서로 이웃하여 앉지 않는다.

① 64　　　② 72　　　③ 80　　　④ 88　　　⑤ 96

Step ❶ 조건 (가)를 만족시키도록 경우 나누기

Step ❷ 각각의 경우에서 조건 (나)를 만족시키는 경우의 수 구하기

Step ❸ 주어진 조건을 만족시키는 경우의 수 구하기

390 어느 관광지에서 7명의 관광객 A, B, C, D, E, F, G가 마차를 타려고 한다. 그림과 같이 이 마차에는 4개의 2인용 의자가 있고, 마부는 가장 앞에 있는 2인용 의자의 오른쪽 좌석에 앉는다. 7명의 관광객이 다음 조건을 만족시키도록 비어 있는 7개의 좌석에 앉는 경우의 수를 구하시오. [4점]

> (가) A와 B는 같은 2인용 의자에 이웃하여 앉는다.
> (나) C와 D는 같은 2인용 의자에 이웃하여 앉지 않는다.

Step ❶ A, B가 앉는 경우의 수 구하기

Step ❷ C, D가 앉는 경우의 수 구하기

Step ❸ 주어진 조건을 만족시키는 경우의 수 구하기

11

조합

1 조합

(1) 조합: 서로 다른 n개에서 순서를 생각하지 않고 r $(0<r\leq n)$개를 택하는 것을 n개에서 r개를 택하는 조합이라 하고, 이 조합의 수를 기호로 $_n\mathrm{C}_r$와 같이 나타낸다.

(2) 조합의 수

① $_n\mathrm{C}_r=\dfrac{_n\mathrm{P}_r}{r!}=\dfrac{n!}{r!(n-r)!}$ (단, $0\leq r\leq n$)

② $_n\mathrm{C}_n=1$, $_n\mathrm{C}_0=1$

③ $_n\mathrm{C}_r={_n\mathrm{C}_{n-r}}$ (단, $0\leq r\leq n$)

④ $_n\mathrm{C}_r={_{n-1}\mathrm{C}_{r-1}}+{_{n-1}\mathrm{C}_r}$ (단, $1\leq r<n$)

2 특정한 조건이 있는 조합의 수

서로 다른 n개에서 순서를 생각하지 않고 r개를 택할 때,

(1) 특정한 k $(k<n)$개를 제외하고 r개를 택하는 경우의 수 ➡ $_{n-k}\mathrm{C}_r$

(2) 특정한 k $(k<n)$개를 반드시 포함하고 r개를 택하는 경우의 수 ➡ $_{n-k}\mathrm{C}_{r-k}$

(3) $a_1<a_2<a_3<\cdots<a_r$로 순서가 정해져 있는 r개를 택하는 경우의 수 ➡ $_n\mathrm{C}_r$

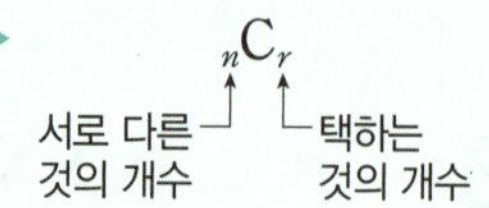

'적어도'의 조건이 있는 조합의 수
(사건 A가 적어도 한 번 일어나는 경우의 수)
= (모든 경우의 수)
− (사건 A가 일어나지 않는 경우의 수)

기본 문제

391

다음 등식을 만족시키는 자연수 n의 값은?

$$2(_{n+1}\mathrm{C}_3-{_n\mathrm{C}_2})=n-1$$

① 3 　　② 4 　　③ 5
④ 6 　　⑤ 7

392

어느 피구 대회에 8개 팀이 참가하였다. 각 팀이 다른 모든 팀과 한 번씩 경기한다고 할 때, 총 경기 수는?

① 16 　　② 20 　　③ 24
④ 28 　　⑤ 32

393

남학생 4명, 여학생 5명으로 이루어진 스터디 회원 9명 중에서 3명의 대표를 뽑을 때, 남학생 2명과 여학생 1명을 뽑는 방법의 수는?

① 18 　　② 24 　　③ 30
④ 36 　　⑤ 42

394

각 자리의 숫자가 1부터 9까지의 자연수로 이루어진 세 자리의 자연수를 만들려고 한다. 백의 자리, 십의 자리, 일의 자리 숫자를 각각 a, b, c라 할 때, $a<b<c$를 만족시키는 세 자리의 자연수의 개수는?

① 52 　　② 60 　　③ 68
④ 76 　　⑤ 84

3 **도형에 대한 조합의 수**

(1) 직선의 개수

서로 다른 n개의 점으로 만들 수 있는 직선의 개수 ➡ $_nC_2$

(단, 어느 세 점도 일직선 위에 있지 않다.)

(2) 삼각형의 개수

서로 다른 n개의 점 중에서 세 점을 꼭짓점으로 하는 삼각형의 개수 ➡ $_nC_3$

(단, 어느 세 점도 일직선 위에 있지 않다.)

(3) 평행사변형의 개수

m개의 평행선과 n개의 평행선이 만날 때 생기는 평행사변형의 개수 ➡ $_mC_2 \times _nC_2$

4 **묶음으로 나누기**

(1) 서로 다른 n개를 p개, q개, r개 $(p+q+r=n)$의 세 묶음으로 나누는 방법의 수는

① p, q, r가 모두 다른 수일 때 ➡ $_nC_p \times _{n-p}C_q \times _rC_r$

② p, q, r 중 어느 두 수가 같을 때 ➡ $_nC_p \times _{n-p}C_q \times _rC_r \times \dfrac{1}{2!}$

③ p, q, r가 모두 같은 수일 때 ➡ $_nC_p \times _{n-p}C_q \times _rC_r \times \dfrac{1}{3!}$

참고 ②, ③에서 묶음을 구별할 수 없으므로 (같은 개수를 갖는 묶음의 수)!로 나누어 준다.

(2) n묶음으로 나누어 n명에게 나누어 주는 방법의 수

➡ (n묶음으로 나누는 방법의 수) $\times n!$

▸ 서로 다른 n개에서 a개를 택하고, 나머지에서 b개를 택하는 방법의 수
➡ $_nC_a \times _{n-a}C_b$ (단, $a+b \leq n$)

정답 및 해설 084쪽

395

오른쪽 그림과 같이 원 위에 점 6개가 있다. 이 중 두 점을 연결하여 만들 수 있는 직선의 개수와 세 점을 연결하여 만들 수 있는 삼각형의 개수의 합은?

① 20　　② 25　　③ 30

④ 35　　⑤ 40

396

8명의 학생을 4명씩 두 조로 나누는 방법의 수는?

① 35　　② 45　　③ 55

④ 65　　⑤ 75

397

9명의 학생들이 청소 구역을 정하려고 한다. 쓸기 4명, 닦기 3명, 창문 청소 2명을 정하는 방법의 수는?

① 1260　　② 1400　　③ 1540

④ 1680　　⑤ 1820

398

서로 다른 6자루의 연필을 세 필통 A, B, C에 2자루씩 나누어 담는 방법의 수는?

① 80　　② 85　　③ 90

④ 95　　⑤ 100

399

크기가 서로 다른 상자 8개가 일렬로 놓여 있다. 서로 같은 공 4개를 상자에 넣는 경우의 수는?

(단, 각 상자에는 공을 2개 이상 넣지 않는다.)

① 38   ② 46   ③ 54
④ 62   ⑤ 70

400

다음은 어느 모임의 회원 20명의 혈액형을 조사하여 나타낸 표이다.

(단위: 명)

혈액형	A	B	AB	O	합계
회원 수	7	4	3	6	20

이 모임의 회원 중에서 3명을 택할 때, 3명 모두 혈액형이 같은 경우의 수는?

① 52   ② 60   ③ 68
④ 75   ⑤ 83

401

수지는 다음 규칙에 따라 월요일부터 금요일까지 5일 동안 하루에 한 가지씩 취미활동 계획을 세우려고 한다.

> (가) 5일 중 3일은 피아노를 친다.
> (나) 피아노를 치지 않는 이틀 중 하루는 수영, 조깅 중 한 가지를 하고, 남은 하루는 요리, 독서, 영화감상 중 한 가지를 한다.

수지가 세울 수 있는 계획의 가짓수는?

① 120   ② 130   ③ 140
④ 150   ⑤ 160

402

 서로 구별되지 않는 소재에 대하여 풀이 과정에서 서로 구별되는 대상으로 바뀌는 조합 문제가 출제될 가능성이 있다.

서로 구별되지 않는 같은 모양의 두 마네킹과 서로 다른 모자 3개, 서로 다른 상의 5벌, 서로 다른 하의 4벌이 있다. 두 마네킹에 각각 모자, 상의, 하의를 한 개씩 착용시키는 방법의 수는?

① 720   ② 800   ③ 880
④ 960   ⑤ 1040

403

상자 안에 흰 공, 검은 공을 포함하여 서로 다른 색의 공이 12개 들어 있다. 이 중에서 7개의 공을 꺼낼 때, 흰 공과 검은 공이 모두 나오는 경우의 수는?

① 252   ② 260   ③ 268
④ 276   ⑤ 284

404

세훈이를 포함하여 몇 명의 친구들이 모여 있다. 이 중에서 선도부원 4명을 선발할 때, 세훈이가 포함되는 경우의 수는 20이다. 세훈이를 포함하여 모여 있는 친구들의 수는?

① 5   ② 6   ③ 7
④ 8   ⑤ 9

405

A, B를 포함한 10명 중에서 4명을 뽑을 때, A, B 중 적어도 한 명을 포함시키는 방법의 수는?

① 130 ② 140 ③ 150
④ 160 ⑤ 170

406

콜라 4잔과 우유 3잔을 남자 3명, 여자 4명이 각각 한 잔씩 나누어 마실 때, 적어도 남자 2명이 콜라를 마시는 경우의 수는?

① 13 ② 16 ③ 19
④ 22 ⑤ 25

407

학생회 임원 1학년 8명과 2학년 7명 중에서 1학년 3명, 2학년 2명을 뽑아 다음 주 월요일부터 금요일까지의 청소 당번을 정하는 방법의 수는?

(단, 쉬는 날은 없고, 청소 당번은 하루에 한 명이다.)

① $14 \times 6!$ ② $14 \times 7!$ ③ $28 \times 6!$
④ $28 \times 7!$ ⑤ $49 \times 7!$

408

6개 학교의 학생이 각각 3명씩 18명이 있다. 이 중에서 추첨을 하여 3명의 학생에게 경품으로 컴퓨터, 자전거, 학용품을 주는 경우의 수는? (단, 같은 학교 학생은 컴퓨터, 자전거, 학용품 중 하나만 받을 수 있다.)

① 2080 ② 2650 ③ 3240
④ 3820 ⑤ 4260

409

사각형 ABCD에서 선분 AB 위의 두 점과 선분 CD 위의 두 점을 연결하는 2개의 선분을 그리고, 선분 AD 위의 5개의 점과 선분 BC 위의 5개의 점을 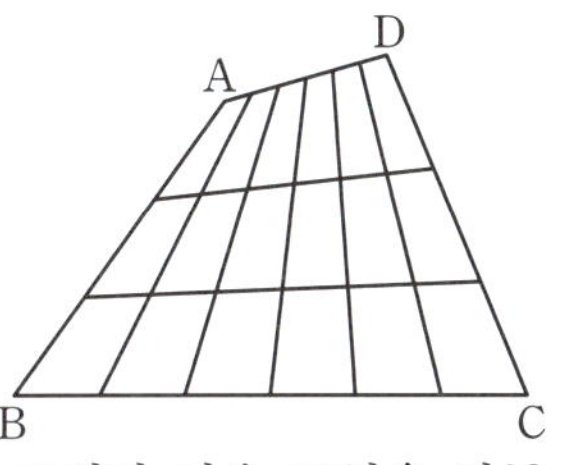 연결하는 5개의 선분을 그려 위의 그림과 같은 도형을 만들었다. 이 도형의 선들로 만들 수 있는 사각형의 개수는?

① 114 ② 120 ③ 126
④ 132 ⑤ 138

410 ★★출제예강

오른쪽 그림과 같이 좌표평면 위에 점 12개가 있다. 이 중 두 점을 연결하여 만들 수 있는 직선의 개수는? 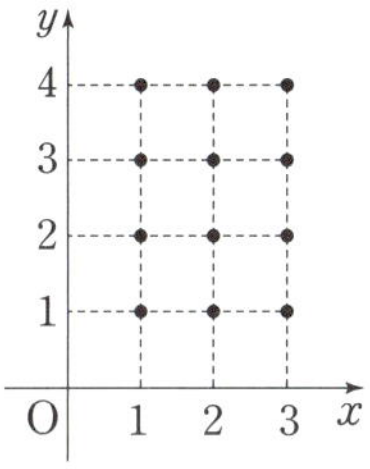

① 30 ② 35
③ 40 ④ 45
⑤ 50

411

5개의 숫자 1, 3, 5, 7, 9를 사용하여 다섯 자리 비밀번호를 만들려고 한다. 숫자 7을 두 번 사용하여 만들 수 있는 비밀번호의 개수는?

(단, 숫자 7을 제외한 숫자는 한 번씩만 사용한다.)

① 160　　　　② 200　　　　③ 240
④ 280　　　　⑤ 320

412

1부터 7까지의 자연수 중에서 서로 다른 4개의 수를 택하여 네 자리의 자연수를 만들 때, 1은 반드시 포함하고 7은 포함하지 않는 자연수의 개수는?

① 180　　　　② 240　　　　③ 300
④ 360　　　　⑤ 420

413

서로 다른 10가지 맛의 아이스크림을 파는 가게에서 초콜릿, 바나나, 딸기, 멜론의 4가지 맛을 포함한 서로 다른 7가지 맛의 아이스크림을 택하여 똑같은 세 개의 컵에 빈 컵이 없이 나누어 담으려고 한다. 초콜릿, 바나나, 딸기, 멜론의 4가지 맛 아이스크림은 같은 컵에 담는 방법의 수는? (단, 같은 맛의 아이스크림은 한 컵에 담고, 담는 순서는 구별하지 않는다.)

① 90　　　　② 100　　　　③ 110
④ 120　　　　⑤ 130

414

수련회에 참가한 남학생 5명과 여학생 7명을 남학생 2명, 남학생 3명, 여학생 3명, 여학생 4명으로 나누어 각각 1, 2, 3, 4호실에 배정하는 경우의 수는?

① 3600　　　　② 4800　　　　③ 6200
④ 7500　　　　⑤ 8400

415

★★ 출제예감　차량의 정원, 좌석 수 등이 주어지고 이를 이용하여 조를 나누어 해결하는 문제가 출제될 가능성이 있다.

6명의 학생이 정원이 4명인 서로 다른 2대의 레일바이크에 나누어 타려고 한다. 2대의 레일바이크에 6명이 모두 나누어 타는 방법의 수는?

(단, 레일바이크의 좌석에 앉는 순서는 생각하지 않는다.)

① 25　　　　② 50　　　　③ 75
④ 100　　　　⑤ 125

416

교내 체육대회의 축구 종목에 참가한 7개 팀이 다음 그림과 같은 토너먼트 방식으로 경기를 치르고자 한다. 대진표를 만드는 방법의 수는?

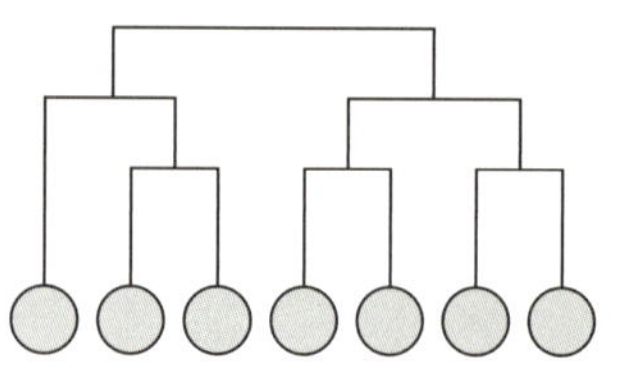

① 95　　　　② 135　　　　③ 225
④ 315　　　　⑤ 435

417

좌표평면 위의 점 (a, b)에 대하여 $0 \le 3b < 12 - a^2$을 만족시키는 임의의 서로 다른 두 점을 택할 때, 두 점의 y좌표가 같은 경우의 수는? (단, a, b는 정수이다.)

① 40 　　　　② 44 　　　　③ 48
④ 52 　　　　⑤ 56

418

1부터 7까지의 자연수가 각각 하나씩 적혀 있는 7개의 공과 7개의 상자가 있다. 다음 조건을 만족시키도록 상자에 공을 모두 넣는 방법의 수는?

> (가) 공에 적힌 수와 상자에 적힌 수가 같은 공은 4개이다.
> (나) 공에 적힌 수와 상자에 적힌 수가 다른 공은 3개이다.
> (다) 한 상자에는 한 개의 공만 넣을 수 있다.

① 40 　　　　② 50 　　　　③ 60
④ 70 　　　　⑤ 80

419

댄스 경연대회 참가자 10명은 3명, 3명, 4명의 세 팀으로 나누어 세 트레이너 A, B, C에게 임의로 배정된 후 트레이너들의 지도 아래 다음과 같은 규칙으로 경연에 참여하게 된다.

> (가) 각 팀에서 경연 순서 1, 2, 3번을 정한다.
> (나) 4명으로 구성된 팀은 1명, 1명, 2명으로 나누어 경연 순서 1, 2, 3번을 정한다.
> (다) 각 팀에서 같은 순서에 있는 참가자들끼리 댄스 배틀을 진행한다.

댄스 경연대회 참가자 전원이 댄스 배틀에 참가할 때, 댄스 배틀을 하는 경우의 수가 $2^a \times 3^b \times 5^c \times 7^d$이다. $a + b + c + d$의 값을 구하시오. (단, a, b, c, d는 자연수이다.)

420

상욱이는 서로 다른 색연필 6자루와 똑같은 연필 5자루를 가지고 있다. 이 중에서 4자루를 택하여 연경이에게 주는 방법의 수를 구하시오.

421

8명의 학교 전담 경찰관을 각 조가 2명 이상이 되도록 3개 조로 나누어 세 지역 A, B, C에 배치하는 방법의 수를 구하시오.

422

$d < c < b < a < 10$인 자연수 a, b, c, d에 대하여 천의 자리의 수, 백의 자리의 수, 십의 자리의 수, 일의 자리의 수가 각각 a, b, c, d인 네 자리의 자연수 중 6000보다 크고 8500보다 작은 모든 자연수의 개수를 구하시오.

423 9개의 숫자 0, 0, 0, 1, 1, 1, 1, 1, 1을 0끼리는 어느 것도 이웃하지 않도록 일렬로 나열하여 만들 수 있는 아홉 자리의 자연수의 개수는? [3점]

① 12 ② 14 ③ 16 ④ 18 ⑤ 20

2019년 시행 교육청 3월 고2 가형 8번

Step ❶ 아홉 자리의 자연수가 될 조건 알기

Step ❷ 0을 이웃하지 않게 나열하여 만들 수 있는 아홉 자리의 자연수의 개수 구하기

424 1부터 8까지의 자연수가 각각 하나씩 적혀 있는 8장의 카드 중에서 동시에 5장의 카드를 선택하려고 한다. 선택한 카드에 적혀 있는 수의 합이 짝수인 경우의 수는? [4점]

① 24 ② 28 ③ 32 ④ 36 ⑤ 40

2016년 시행 교육청 3월 고3 가형 17번

Step ❶ 카드에 적혀 있는 수의 합이 짝수인 경우 파악하기

Step ❷ 주어진 조건을 만족시키는 경우의 수 구하기

425 그림과 같이 9개의 칸으로 나누어진 정사각형의 각 칸에 1부터 9까지의 자연수가 적혀 있다. 이 9개의 숫자 중 다음 조건을 만족시키도록 2개의 숫자를 선택하려고 한다.

1	2	3
4	5	6
7	8	9

> (가) 선택한 2개의 숫자는 서로 다른 가로줄에 있다.
> (나) 선택한 2개의 숫자는 서로 다른 세로줄에 있다.

예를 들어, 숫자 1과 5를 선택하는 것은 조건을 만족시키지만, 숫자 3과 9를 선택하는 것은 조건을 만족시키지 않는다. 조건을 만족시키도록 2개의 숫자를 선택하는 경우의 수는? [4점]

① 9 ② 12 ③ 15 ④ 18 ⑤ 21

2019년 시행 교육청 3월 고2 가형 14번

Step ❶ 3개의 가로줄 중 2개의 가로줄을 선택하는 경우의 수 구하기

Step ❷ 선택한 2개의 가로줄에서 2개의 숫자를 선택하는 경우의 수 구하기

Step ❸ 주어진 조건을 만족시키는 경우의 수 구하기

426 서로 다른 네 종류의 인형이 각각 2개씩 있다. 이 8개의 인형 중에서 5개를 선택하는 경우의 수를 구하시오. (단, 같은 종류의 인형끼리는 서로 구별하지 않는다.) [4점]

2023년 시행 교육청 3월 고2 27번

Step ❶ 선택해야 하는 인형의 종류 파악하기

Step ❷ 각 종류에 대하여 5개의 인형을 선택하는 경우의 수 구하기

Step ❸ 주어진 조건을 만족시키는 경우의 수 구하기

427 그림과 같이 한 개의 정삼각형과 세 개의 정사각형으로 이루어진 도형이 있다. 숫자 1, 2, 3, 4, 5, 6 중에서 중복을 허락하여 네 개를 택해 네 개의 정다각형 내부에 하나씩 적을 때, 다음 조건을 만족시키는 경우의 수를 구하시오. [4점]

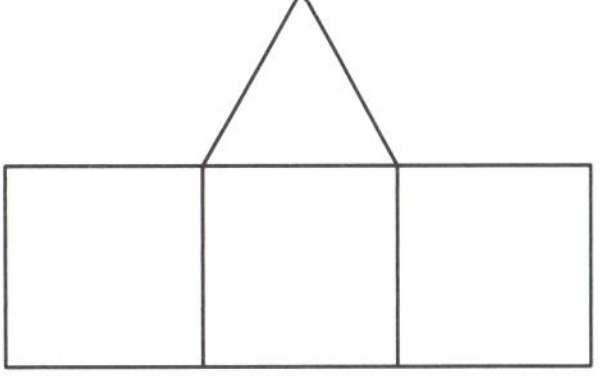

> (가) 세 개의 정사각형에 적혀 있는 수는 모두 정삼각형에 적혀 있는 수보다 작다.
> (나) 변을 공유하는 두 정사각형에 적혀 있는 수는 서로 다르다.

2022년 시행 교육청 3월 고2 28번

Step ❶ 도형에 적힌 수를 a, b, c, d라 하고 조건을 a, b, c, d로 나타내기

Step ❷ $b=d$인 경우와 $b \neq d$인 경우로 나누어 각 경우의 수 구하기

Step ❸ 주어진 조건을 만족시키는 경우의 수 구하기

---

428 다음 조건을 만족시키도록 서로 다른 5개의 바구니에 빨간색 공 3개와 파란색 공 6개를 모두 넣는 경우의 수를 구하시오. (단, 같은 색의 공은 서로 구별하지 않는다.) [4점]

> (가) 각 바구니에 공은 1개 이상, 3개 이하로 넣는다.
> (나) 빨간색 공은 한 바구니에 2개 이상 넣을 수 없다.

2016년 시행 교육청 10월 고3 나형 28번

Step ❶ 빨간색 공을 서로 다른 5개의 바구니에 넣는 경우의 수 구하기

Step ❷ 파란색 공을 서로 다른 5개의 바구니에 넣는 경우의 수 구하기

Step ❸ 주어진 조건을 만족시키는 경우의 수 구하기

---

429 서로 다른 종류의 꽃 4송이와 같은 종류의 초콜릿 2개를 5명의 학생에게 남김없이 나누어 주려고 한다. 아무것도 받지 못하는 학생이 없도록 꽃과 초콜릿을 나누어 주는 경우의 수를 구하시오. [4점]

2020년 시행 교육청 3월 고2 29번

Step ❶ 1명의 학생에게 나누어 주어야 하는 꽃과 초콜릿의 개수 파악하기

Step ❷ 각 경우에 대하여 5명의 학생에게 나누어 주는 경우의 수 구하기

Step ❸ 주어진 조건을 만족시키는 경우의 수 구하기

---

430 그림과 같이 한 변의 길이가 1인 정사각형 8개로 이루어진 도로망이 있다. 이 도로망을 따라 A 지점에서 출발하여 B 지점에 도착할 때, 가로 방향으로 이동한 길이의 합이 4이고 전체 이동한 길이가 12인 경우의 수를 구하시오. (단, 한 번 지나간 도로는 다시 지나지 않는다.) [4점]

2019년 시행 교육청 4월 고3 나형 28번

Step ❶ 세로 방향으로 이동한 길이의 합 구하기

Step ❷ 길이가 2인 세로 방향의 도로망을 4번 지나는 경우의 수 구하기

Step ❸ 길이가 2인 세로 방향의 도로망을 3번 지나는 경우의 수 구하기

Step ❹ 주어진 조건을 만족시키는 경우의 수 구하기

작은 성공부터 시작하라.

성공에 익숙해지면

무슨 목표이든 할 수 있다는

자신감이 생긴다.

- 데일 카네기

IV

행렬

12 행렬과 그 연산

1 행렬의 뜻

(1) **행렬**: 수나 문자를 직사각형 모양으로 배열하여 괄호 ( )로 묶은 것

  ① **행**: 행렬의 가로줄   ② **열**: 행렬의 세로줄

(2) $m \times n$ **행렬**: m개의 행과 n개의 열로 이루어진 행렬

(3) **정사각행렬**: 행의 개수와 열의 개수가 같은 행렬

(4) **행렬의 성분**: 행렬을 이루는 각각의 수나 문자

(5) (i, j) **성분**: 행렬 A의 제i행과 제j열이 만나는 위치에 있는 성분을 행렬 A의 (i, j) 성분이라 하고, 기호로 a_{ij}와 같이 나타낸다.

2 서로 같은 행렬

두 행렬 A, B가 서로 같은 꼴이고 대응하는 성분이 각각 같을 때, 행렬 A와 B는 서로 같다고 하며, 기호로 $A=B$로 나타낸다.

참고 두 행렬 A, B가 서로 같지 않을 때, 기호로 $A \neq B$로 나타낸다.

3 행렬의 덧셈과 뺄셈

(1) **행렬의 덧셈과 뺄셈**: 두 행렬 $A = \begin{pmatrix} a_{11} & a_{12} \\ a_{21} & a_{22} \end{pmatrix}$, $B = \begin{pmatrix} b_{11} & b_{12} \\ b_{21} & b_{22} \end{pmatrix}$에 대하여

  ① $A+B = \begin{pmatrix} a_{11}+b_{11} & a_{12}+b_{12} \\ a_{21}+b_{21} & a_{22}+b_{22} \end{pmatrix}$ ② $A-B = \begin{pmatrix} a_{11}-b_{11} & a_{12}-b_{12} \\ a_{21}-b_{21} & a_{22}-b_{22} \end{pmatrix}$

참고 행렬의 덧셈과 뺄셈은 두 행렬이 같은 꼴일 때만 정의된다.

(2) **영행렬**: 모든 성분이 0인 행렬을 영행렬이라 하고, 기호로 O로 나타낸다.

▶ $n \times n$ 행렬을 n차정사각행렬이라 한다.

▶ 두 행렬 $A = \begin{pmatrix} a_{11} & a_{12} \\ a_{21} & a_{22} \end{pmatrix}$, $B = \begin{pmatrix} b_{11} & b_{12} \\ b_{21} & b_{22} \end{pmatrix}$에 대하여 $A=B$이면
$a_{11}=b_{11}$, $a_{12}=b_{12}$
$a_{21}=b_{21}$, $a_{22}=b_{22}$

▶ **행렬의 덧셈에 대한 성질**
같은 꼴의 세 행렬 A, B, C에 대하여
- 교환법칙: $A+B=B+A$
- 결합법칙: $(A+B)+C$ $=A+(B+C)$

▶ 두 행렬 A, O가 같은 꼴일 때
- $A+O=O+A=A$
- $A+(-A)=(-A)+A=O$

기본 문제

431

행렬 A의 (i, j) 성분 a_{ij}가 $a_{ij}=i+2j-2$일 때, 행렬 A의 모든 성분의 합은? (단, $i=1, 2$, $j=1, 2, 3$)

① 17   ② 18   ③ 19
④ 20   ⑤ 21

432

오른쪽 그림은 두 도시 1, 2 사이의 일방통행의 길을 화살표로 나타낸 것이다. 행렬 A의 (i, j) 성분 a_{ij}를 i도시에서 j도시로 직접 가는 길의 개수로 정의할 때, 행렬 A를 구하시오.

                (단, $i, j=1, 2$)

433

등식 $\begin{pmatrix} x-2 & -4 \\ 7 & z+w \end{pmatrix} = \begin{pmatrix} -3 & x-y \\ w+3 & 5 \end{pmatrix}$가 성립하도록 하는 실수 x, y, z, w에 대하여 $x+y+z-w$의 값은?

① -5 ② -4 ③ -3
④ -2 ⑤ -1

434

두 행렬 $A = \begin{pmatrix} -2 & 1 \\ 1 & 6 \end{pmatrix}$, $B = \begin{pmatrix} 1 & -2 \\ 3 & 4 \end{pmatrix}$에 대하여 행렬 $A+B$의 $(1, 2)$ 성분을 m, 행렬 $A-B$의 $(2, 1)$ 성분을 n이라 할 때, $m+n$의 값을 구하시오.

4 행렬의 실수배

임의의 실수 k에 대하여 행렬 A의 각 성분에 k를 곱한 수를 성분으로 하는 행렬을 행렬 A의 k배라 하고, 기호로 kA로 나타낸다.

$$A=\begin{pmatrix} a_{11} & a_{12} \\ a_{21} & a_{22} \end{pmatrix}\text{일 때, } kA=\begin{pmatrix} ka_{11} & ka_{12} \\ ka_{21} & ka_{22} \end{pmatrix}$$

5 행렬의 곱셈

(1) **행렬의 곱셈**: 두 행렬 A, B의 곱 AB의 (i, j) 성분은 행렬 A의 제i행과 행렬 B의 제j열의 성분을 차례대로 곱하여 더한 것이다.

➡ 두 행렬 $A=\begin{pmatrix} a_{11} & a_{12} \\ a_{21} & a_{22} \end{pmatrix}$, $B=\begin{pmatrix} b_{11} & b_{12} \\ b_{21} & b_{22} \end{pmatrix}$에 대하여

$$AB=\begin{pmatrix} a_{11}b_{11}+a_{12}b_{21} & a_{11}b_{12}+a_{12}b_{22} \\ a_{21}b_{11}+a_{22}b_{21} & a_{21}b_{12}+a_{22}b_{22} \end{pmatrix}$$

(2) **행렬의 거듭제곱**: 정사각행렬 A와 두 자연수 m, n에 대하여

① $A^2=AA$, $A^3=A^2A$, $\cdots$, $A^n=A^{n-1}A$ $(n=2, 3, 4, \cdots)$

② $A^{m+n}=A^mA^n$ ③ $(A^m)^n=A^{mn}$

6 행렬의 곱셈에 대한 성질

(1) **행렬의 곱셈에 대한 성질**: 합과 곱을 할 수 있는 세 행렬 A, B, C에 대하여

① 일반적으로 곱셈에 대한 교환법칙이 성립하지 않는다. 즉, $AB \neq BA$

② 결합법칙: $(AB)C=A(BC)$

③ 분배법칙: $A(B+C)=AB+AC$, $(A+B)C=AC+BC$

④ $k(AB)=(kA)B=A(kB)$ (단, k는 실수)

(2) **단위행렬**: 왼쪽 위에서 오른쪽 아래로 내려가는 대각선 위의 성분이 모두 1이고 그 외의 성분은 모두 0인 정사각행렬을 단위행렬이라 하며, 기호로 E로 나타낸다.

정답 및 해설 092쪽

435

두 행렬 $A=\begin{pmatrix} 3 & 1 \\ 1 & 4 \end{pmatrix}$, $B=\begin{pmatrix} 1 & 0 \\ -3 & 3 \end{pmatrix}$을 이용하여 행렬 $\begin{pmatrix} 7 & 3 \\ 9 & 6 \end{pmatrix}$을 $xA+yB$의 꼴로 나타낼 때, 두 실수 x, y에 대하여 $x+y$의 값을 구하시오.

436

세 행렬 $A=(0\ 1)$, $B=\begin{pmatrix} 4 \\ 5 \end{pmatrix}$, $C=\begin{pmatrix} -1 & 2 \\ 0 & 1 \end{pmatrix}$에 대하여 다음 중 그 곱을 정의할 수 없는 것은?

① AB ② AC ③ BA

④ CA ⑤ CB

437

행렬 $A=\begin{pmatrix} 2 & -1 \\ 1 & 0 \end{pmatrix}$에 대하여 행렬 A^{50}의 모든 성분의 합을 구하시오.

438

두 행렬 A, B에 대하여

$$A+B=\begin{pmatrix} 5 & 2 \\ 0 & -1 \end{pmatrix}, \quad AB+BA=\begin{pmatrix} 0 & 4 \\ 6 & 0 \end{pmatrix}$$

가 성립할 때, 행렬 A^2+B^2은?

① $\begin{pmatrix} -6 & 1 \\ 25 & -6 \end{pmatrix}$ ② $\begin{pmatrix} 25 & 1 \\ -6 & 4 \end{pmatrix}$ ③ $\begin{pmatrix} 25 & 10 \\ 0 & -1 \end{pmatrix}$

④ $\begin{pmatrix} -6 & 4 \\ 25 & 1 \end{pmatrix}$ ⑤ $\begin{pmatrix} 25 & 4 \\ -6 & 1 \end{pmatrix}$

439

행렬 A의 (i, j) 성분 a_{ij}가

$$a_{ij}=\begin{cases} i+j+3 & (i>j) \\ ij+1 & (i=j) \\ i+j-2 & (i<j) \end{cases} \quad (i=1, 2, j=1, 2, 3)$$

일 때, 행렬 A의 모든 성분의 합은?

① 13   ② 15   ③ 17

④ 19   ⑤ 21

440

두 실수 x, y에 대하여 등식

$$\begin{pmatrix} x+y & -1 \\ -2 & 2 \end{pmatrix}=\begin{pmatrix} 5 & -1 \\ xy & 2 \end{pmatrix}$$

가 성립할 때, x^3+y^3의 값을 구하시오.

441

두 행렬 A, B에 대하여

$$3A+2B=\begin{pmatrix} 2 & 7 \\ -3 & 4 \end{pmatrix}, \quad 2A-B=\begin{pmatrix} -1 & 14 \\ -2 & -2 \end{pmatrix}$$

일 때, 행렬 $A+B$의 모든 성분의 합을 구하시오.

442

두 행렬 $A=\begin{pmatrix} 2 & 1 \\ 1 & 2 \end{pmatrix}$, $B=\begin{pmatrix} 1 & -3 \\ -2 & 1 \end{pmatrix}$에 대하여

$3X-B=3(A+2X)+5B$를 만족시키는 행렬 X는?

① $\begin{pmatrix} -5 & 4 \\ 4 & 3 \end{pmatrix}$ ② $\begin{pmatrix} -4 & 5 \\ 3 & -4 \end{pmatrix}$ ③ $\begin{pmatrix} -1 & 5 \\ 2 & 4 \end{pmatrix}$

④ $\begin{pmatrix} 1 & 4 \\ 3 & 1 \end{pmatrix}$ ⑤ $\begin{pmatrix} 3 & -2 \\ -1 & 3 \end{pmatrix}$

443

어느 관광지의 1지점과 2지점 사이에는 다음 그림과 같이 a, b, c, d, e, f, g의 관광 코스가 있다. i지점($i=1, 2$)에서 j지점($j=1, 2$)으로 가는 관광 코스의 수를 (i, j) 성분으로 하는 행렬을 A라 하면 $A=\begin{pmatrix} 0 & 4 \\ 2 & 1 \end{pmatrix}$이다.

이때 i지점에서 출발하여 두 코스를 이어서 관광하고 j지점에서 관광을 마치는 방법의 수를 (i, j) 성분으로 하는 행렬을 구하시오.

(단, 같은 코스를 두 번 관광하는 경우도 포함한다.)

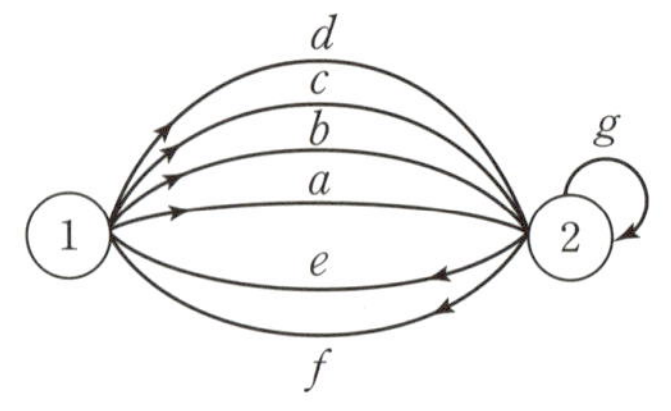

444

이차방정식 $x^2-x-7=0$의 두 근을 α, β라 하자. 행렬 $A=\begin{pmatrix} \alpha & 1 \\ 1 & \beta \end{pmatrix}$라 할 때, 행렬 A^2-2A의 모든 성분의 합을 구하시오.

445 ☆ 출제예강

일반적으로는 두 행렬 A, B에 대하여 $AB=BA$가 성립하지 않음을 이용하는 문제가 출제될 수 있다.

두 이차정사각행렬 A, B에 대하여

$$A+2B=\begin{pmatrix} 3 & 2 \\ -4 & 1 \end{pmatrix}, \quad A-2B=\begin{pmatrix} -1 & 2 \\ 4 & -3 \end{pmatrix}$$

일 때, 행렬 A^2-4B^2의 모든 성분의 합을 구하시오.

446

행렬 $A=\begin{pmatrix} 0 & 0 \\ 1 & -1 \end{pmatrix}$에 대하여 다음 조건을 만족시키는 이차

정사각행렬 M의 개수를 구하시오.

> (가) $AM=MA$
> (나) 행렬 M의 모든 성분의 합은 6이다.
> (다) 행렬 M의 모든 성분은 음이 아닌 정수이다.

447

두 항공사 P_1, P_2에서 두 지역 X_1, X_2로 운항하는 노선을 조사하여 행렬 A의 (i, j) 성분 a_{ij} $(i=1, 2, j=1, 2)$를 다음과 같이 정의하였다.

> (가) P_i항공사에서 X_j지역으로 운항하는 노선이 있는 경우
> $a_{ij}=1$
> (나) P_i항공사에서 X_j지역으로 운항하는 노선이 없는 경우
> $a_{ij}=0$

행렬 $A^2=\begin{pmatrix} 1 & 0 \\ 2 & 1 \end{pmatrix}$일 때, 옳은 것만을 〈보기〉에서 있는 대로 고른 것은?

> ───── 〈보기〉 ─────
> ㄱ. P_1항공사는 X_1지역으로 운항하는 노선이 있다.
> ㄴ. P_2항공사는 X_1, X_2 두 지역으로 운항하는 노선이 모두 있다.
> ㄷ. X_2지역으로 운항하는 노선은 P_1, P_2 두 항공사에 모두 있다.

① ㄱ   ② ㄴ   ③ ㄱ, ㄴ
④ ㄴ, ㄷ   ⑤ ㄱ, ㄴ, ㄷ

448 ★★ 출제예감   특수한 행렬의 거듭제곱을 이용하는 문제가 출제될 수 있다.

행렬 $A=\begin{pmatrix} 1 & 2 \\ -1 & -1 \end{pmatrix}$에 대하여 $A^n=A$를 만족시키는 두 자리의 자연수 n의 최댓값을 구하시오.

449

행렬 $A=\begin{pmatrix} a & 0 \\ 0 & 1 \end{pmatrix}$에 대하여 $A^9=\begin{pmatrix} 512 & b \\ c & d \end{pmatrix}$일 때,

$a+b+c+d$의 값을 구하시오.

(단, a, b, c, d는 실수이다.)

450

이차정사각행렬 A에 대하여 $A\begin{pmatrix} a \\ b \end{pmatrix}=\begin{pmatrix} 2 \\ 1 \end{pmatrix}$, $A\begin{pmatrix} c \\ d \end{pmatrix}=\begin{pmatrix} 1 \\ -2 \end{pmatrix}$

가 성립할 때, 다음 중 $A\begin{pmatrix} 2a+5c \\ 2b+5d \end{pmatrix}$와 같은 행렬은?

① $\begin{pmatrix} 10 \\ -5 \end{pmatrix}$ ② $\begin{pmatrix} 10 \\ -2 \end{pmatrix}$ ③ $\begin{pmatrix} 10 \\ 2 \end{pmatrix}$

④ $\begin{pmatrix} 9 \\ -8 \end{pmatrix}$ ⑤ $\begin{pmatrix} 9 \\ 2 \end{pmatrix}$

451

이차정사각행렬 A가 $A\begin{pmatrix} 2 \\ 1 \end{pmatrix}=\begin{pmatrix} 3 \\ -2 \end{pmatrix}$, $A\begin{pmatrix} 1 \\ 2 \end{pmatrix}=\begin{pmatrix} -1 \\ 1 \end{pmatrix}$을 만족

시킬 때, $A\begin{pmatrix} 4 \\ 5 \end{pmatrix}$와 같은 행렬은?

① $\begin{pmatrix} -2 \\ 1 \end{pmatrix}$ ② $\begin{pmatrix} -1 \\ 1 \end{pmatrix}$ ③ $\begin{pmatrix} 1 \\ 0 \end{pmatrix}$

④ $\begin{pmatrix} 1 \\ 2 \end{pmatrix}$ ⑤ $\begin{pmatrix} 2 \\ -1 \end{pmatrix}$

452

두 이차정사각행렬 A, B에 대하여 〈보기〉에서 옳은 것만을 있는 대로 고른 것은? (단, E는 단위행렬이다.)

> ───── 〈보기〉 ─────
> ㄱ. $(A+B)(A-B)=A^2-B^2$
> ㄴ. $(A+E)^2=A^2+2A+E$
> ㄷ. $A^3B-AB^3=AB(A^2-B^2)$

① ㄴ   ② ㄷ   ③ ㄱ, ㄴ
④ ㄴ, ㄷ   ⑤ ㄱ, ㄴ, ㄷ

고난도 문제

453

두 이차정사각행렬 A, B가 $A+B=O$, $AB=3E$를 만족시킬 때, 다음 등식이 성립하도록 하는 상수 k의 값은?

(단, E는 단위행렬이고 O는 영행렬이다.)

$$(A+B)+(A^2+B^2)+\cdots+(A^{10}+B^{10})=kE$$

① -366　　② -120　　③ 124

④ 360　　⑤ 582

454

다음은 지난해에 어느 회사에서 생산한 두 제품 ㉮와 ㉯의 제품 한 개당 제조원가와 판매 가격 및 그해 판매량을 나타낸 표이다.

가격 ＼ 제품명	㉮	㉯
제조원가	a_{11}	a_{12}
판매 가격	a_{21}	a_{22}

제품명 ＼ 판매량	상반기	하반기
㉮	b_{11}	b_{12}
㉯	b_{21}	b_{22}

위의 표를 각각 행렬 $A=\begin{pmatrix} a_{11} & a_{12} \\ a_{21} & a_{22} \end{pmatrix}$, $B=\begin{pmatrix} b_{11} & b_{12} \\ b_{21} & b_{22} \end{pmatrix}$로 나타낼 때, $AB=\begin{pmatrix} a & b \\ c & d \end{pmatrix}$라 하자. 제품 한 개당 판매 이익금을 판매 가격에서 제조원가를 뺀 값으로 정의할 때, 〈보기〉에서 옳은 것만을 있는 대로 고른 것은?

― 〈보기〉 ―

ㄱ. $a+b$는 지난해 1년 동안 판매된 두 제품 ㉮, ㉯의 제조원가 총액이다.

ㄴ. $c+d$는 지난해 상반기에 판매된 두 제품 ㉮, ㉯의 판매 총액이다.

ㄷ. $c-a$는 지난해 상반기에 판매된 두 제품 ㉮, ㉯의 판매 이익금 총액이다.

① ㄱ　　② ㄱ, ㄴ　　③ ㄱ, ㄷ

④ ㄴ, ㄷ　　⑤ ㄱ, ㄴ, ㄷ

455

이차정사각행렬 A에 대하여 〈보기〉에서 옳은 것만을 있는 대로 고른 것은? (단, E는 단위행렬이고 O는 영행렬이다.)

― 〈보기〉 ―

ㄱ. $A^2=O$이면 $A=O$이다.

ㄴ. $A^2-A+E=O$이면 $A^6=E$이다.

ㄷ. $A^2=E$이면 $A=E$ 또는 $A=-E$이다.

① ㄴ　　② ㄷ　　③ ㄱ, ㄴ

④ ㄱ, ㄷ　　⑤ ㄴ, ㄷ

서술형 문제

456

두 행렬 $A=\begin{pmatrix} 2 & -2 \\ 3 & 0 \end{pmatrix}$, $B=\begin{pmatrix} a & -2 \\ 3 & 3 \end{pmatrix}$에 대하여 $(A+B)(A-B)=A^2-B^2$이 성립할 때, 실수 a의 값을 구하시오.

457

두 행렬 $A=\begin{pmatrix} 1 & 0 \\ 0 & 2 \end{pmatrix}$, $B=\begin{pmatrix} 3 & 0 \\ 0 & 1 \end{pmatrix}$에 대하여 행렬 A^n+B^n의 모든 성분의 합이 37이 되도록 하는 자연수 n의 값을 구하시오.

458

이차정사각행렬 A에 대하여 $A^2-A+E=O$, $A\begin{pmatrix} 1 \\ 1 \end{pmatrix}=\begin{pmatrix} 1 \\ 0 \end{pmatrix}$

이 성립할 때, 행렬 $A\begin{pmatrix} 1 \\ 0 \end{pmatrix}$의 모든 성분의 합을 구하시오.

(단, E는 단위행렬이고, O는 영행렬이다.)

459 이차정사각행렬 A의 (i, j) 성분 a_{ij}를 이차함수 $y=x^2-2(i+j)x+9$의 그래프와 x축이 만나는 점의 개수로 정의할 때, 행렬 A는? [3점]

① $\begin{pmatrix} 0 & 1 \\ 1 & 1 \end{pmatrix}$ ② $\begin{pmatrix} 0 & 1 \\ 1 & 2 \end{pmatrix}$ ③ $\begin{pmatrix} 0 & 2 \\ 2 & 1 \end{pmatrix}$ ④ $\begin{pmatrix} 1 & 0 \\ 0 & 2 \end{pmatrix}$ ⑤ $\begin{pmatrix} 1 & 1 \\ 2 & 0 \end{pmatrix}$

2011년 시행 교육청 고2 9월 나형 4번

Step ❶ 이차방정식 $x^2-2(i+j)x+9=0$의 판별식을 D라 하고, 식 세우기

Step ❷ **Step ❶**의 식을 이용하여 정사각행렬 A 구하기

460 두 행렬 $A=\begin{pmatrix} 1 & 0 \\ 2 & 1 \end{pmatrix}$, $B=\begin{pmatrix} 3 & p \\ q & 3 \end{pmatrix}$가 $AB=3E$를 만족시킬 때, 두 상수 p, q에 대하여 p^2+q^2의 값을 구하시오. (단, E는 단위행렬이다.) [3점]

2013년 시행 교육청 고2 9월 A형 24번

Step ❶ 두 행렬의 곱 AB 구하기

Step ❷ $AB=3E$를 만족시키는 두 상수 p, q를 구한 후, p^2+q^2의 값 구하기

461 어느 식품회사의 숙성창고 출입문은 다음 규칙에 따라 생성되는 번호 $\boxed{a}\boxed{b}\boxed{c}\boxed{d}$에 의해 작동된다.

> (가) 출입문 번호 $\boxed{a}\boxed{b}\boxed{c}\boxed{d}$는 다음 날 $\begin{pmatrix} 1 & 0 \\ 2 & 1 \end{pmatrix}\begin{pmatrix} a & b \\ c & d \end{pmatrix}=\begin{pmatrix} a' & b' \\ c' & d' \end{pmatrix}$에 의해 얻어지는 새로운 수 a', b', c', d'의 각각의 일의 자리 숫자로 구성된 $\boxed{p}\boxed{q}\boxed{r}\boxed{s}$로 자동으로 바뀐다.
>
> (나) 출입문 번호는 (가)에 따라 매일 한 번씩 바뀐다.
>
> (다) 처음 설정한 번호가 $\boxed{a}\boxed{b}\boxed{c}\boxed{d}$일 때, 바뀐 번호가 다시 $\boxed{a}\boxed{b}\boxed{c}\boxed{d}$가 되는 날 숙성창고 출입문이 처음으로 열린다.

예를 들어, 어느 날 번호가 $\boxed{3}\boxed{8}\boxed{2}\boxed{4}$이면 $\begin{pmatrix} 1 & 0 \\ 2 & 1 \end{pmatrix}\begin{pmatrix} 3 & 8 \\ 2 & 4 \end{pmatrix}=\begin{pmatrix} 3 & 8 \\ 8 & 20 \end{pmatrix}$이므로 다음 날 번호는 $\boxed{3}\boxed{8}\boxed{8}\boxed{0}$으로 자동으로 바뀐다. 수요일에 처음 설정한 번호가 $\boxed{1}\boxed{1}\boxed{2}\boxed{5}$일 때, 숙성창고 출입문이 처음으로 열리는 요일은? [3점]

① 월요일 ② 화요일 ③ 수요일 ④ 목요일 ⑤ 금요일

2010년 시행 교육청 고2 6월 나형 8번

Step ❶ 주어진 식을 이용하여 목요일, 금요일의 번호를 구하고 번호가 바뀌는 규칙 찾기

Step ❷ 숙성창고 출입문이 처음으로 열리는 요일 찾기

462 두 이차정사각행렬 $A_n=\begin{pmatrix} a & b \\ c & d \end{pmatrix}$, $B=\begin{pmatrix} 0 & 1 \\ -1 & 0 \end{pmatrix}$에 대하여

$$A_{n+1}=A_n B \ (n=1, 2, 3, \cdots)$$

으로 정의하자. 행렬 $A_1=\begin{pmatrix} 1 & 2 \\ 3 & 4 \end{pmatrix}$일 때, 행렬 A_{100}의 $(1, 1)$ 성분과 $(2, 2)$ 성분의 합은? [3점]

① -5 ② -3 ③ -1 ④ 1 ⑤ 3

2009년 시행 교육청 고2 11월 나형 10번

Step ❶ 주어진 식에 따라 A_2, A_3, A_4, $\cdots$을 구해 보고 규칙 찾기

Step ❷ 행렬 A_{100}의 $(1, 1)$ 성분과 $(2, 2)$ 성분의 합 구하기

463 표는 2013학년도 수시 모집에서 어느 대학 A학과와 B학과의 선발 인원수와 경쟁률을 나타낸 것이다.

<선발 인원수>

	A학과	B학과
일반 전형	30	40
특별 전형	10	20

<경쟁률>

	일반 전형	특별 전형
A학과	5.1	21.4
B학과	10.7	11.5

경쟁률은 $\dfrac{(지원자\ 수)}{(선발\ 인원수)}$의 값이고, 일반 전형과 특별 전형에 동시에 지원할 수 없으며, A학과와 B학과에 동시에 지원할 수 없다고 한다. 2013학년도 수시 모집에서 이 대학 A, B 두 학과의 일반 전형 지원자 수의 합을 m, B학과의 일반 전형과 특별 전형 지원자 수의 합을 n이라 하자. 두 행렬 $P=\begin{pmatrix} 30 & 40 \\ 10 & 20 \end{pmatrix}$, $Q=\begin{pmatrix} 5.1 & 21.4 \\ 10.7 & 11.5 \end{pmatrix}$에 대하여 $m+n$의 값과 같은 것은? [3점]

① 행렬 PQ의 $(1, 1)$ 성분과 $(2, 2)$ 성분의 합
② 행렬 PQ의 $(1, 1)$ 성분과 행렬 QP의 $(1, 1)$ 성분의 합
③ 행렬 PQ의 $(1, 1)$ 성분과 행렬 QP의 $(2, 2)$ 성분의 합
④ 행렬 PQ의 $(2, 2)$ 성분과 행렬 QP의 $(1, 1)$ 성분의 합
⑤ 행렬 PQ의 $(2, 2)$ 성분과 행렬 QP의 $(2, 2)$ 성분의 합

2013년 시행 교육청 고2 6월 A형 9번

Step ❶ A, B 두 학과의 일반 전형 지원자 수의 합, B학과의 일반 전형과 특별 전형 지원자 수의 합을 구하는 식을 찾아보기

Step ❷ 두 행렬의 곱 PQ와 QP를 각각 구하여 해당되는 성분의 합을 찾아보기

464 두 이차정사각행렬 A, B에 대하여 행렬 A의 (i, j) 성분 a_{ij}와 행렬 B의 (i, j) 성분 b_{ij}가 각각 $a_{ij}=a_{ji}$, $b_{ij}=-b_{ji}$를 만족한다. $A+B=\begin{pmatrix} 8 & 15 \\ -1 & 7 \end{pmatrix}$일 때, $a_{21}+a_{22}$의 값을 구하시오. [4점]

2010년 시행 교육청 고2 9월 나형 26번

Step ❶ $a_{ij}=a_{ji}$, $b_{ij}=-b_{ji}$임을 이용하여 $A+B$를 성분 a_{ij}, b_{ij}로 나타내기

Step ❷ $a_{21}+a_{22}$의 값 구하기

465 두 행렬 $A=\begin{pmatrix} a & -1 \\ 1 & b \end{pmatrix}$, $B=\begin{pmatrix} -1 & -1 \\ 0 & -2 \end{pmatrix}$에 대하여 $AB+A=O$를 만족시킬 때, $A+A^2+A^3+\cdots+A^{2010}=\begin{pmatrix} p & q \\ r & s \end{pmatrix}$이다. $p^2+q^2+r^2+s^2$의 값을 구하시오.

(단, O는 영행렬이다.) [4점]

2010년 시행 교육청 고2 6월 나형 28번

Step ❶ $AB+A=O$를 만족시키는 행렬 A 구하기

Step ❷ 행렬 A의 거듭제곱의 규칙을 찾고, p, q, r, s의 값 구하기

Step ❸ $p^2+q^2+r^2+s^2$의 값 구하기

466 이차정사각행렬 $X=\begin{pmatrix} a & b \\ c & d \end{pmatrix}$에 대하여 $D(X)=ad-bc$라 하자. 이차정사각행렬 $A=\begin{pmatrix} 1 & 1 \\ 0 & p \end{pmatrix}$에 대하여 $D(A^2)=D(5A)$를 만족시키는 모든 상수 p의 합을 구하시오.

[4점]

2007학년도 수능 나형 30번

Step ❶ A^2, $5A$를 각각 p를 이용하여 나타내기

Step ❷ $D(A^2)=D(5A)$를 만족시키는 모든 상수 p의 합 구하기

메가스터디 N제
2022 개정 교육과정
2025년 고1부터 적용
공통수학1 466제
정답 및 해설
내신·학평 완벽 대비 1등급 필수 문제집
메가스터디 BOOKS

메가스터디 N제

공통수학1 466제

정답 및 해설

정답 및 해설

I. 다항식

01 다항식의 연산

001 ②	**002** ④	**003** ⑤	**004** ④
005 ④	**006** ③	**007** ②	**008** ④

001　다항식의 덧셈과 뺄셈

$(A-B)-(B-C)+(C+A)$
$=A-B-B+C+C+A$
$=2(A-B+C)$
이고
$A-B+C$
$=(2x^2+5x-3)-(x^2-4x+1)+(-3x^2-4x-1)$
$=2x^2+5x-3-x^2+4x-1-3x^2-4x-1$
$=(2-1-3)x^2+(5+4-4)x+(-3-1-1)$
$=-2x^2+5x-5$
이므로
$(A-B)-(B-C)+(C+A)$
$=2(A-B+C)$
$=2(-2x^2+5x-5)$
$=-4x^2+10x-10$

002　다항식의 덧셈과 뺄셈

$A+B=2x^2-3x-4$　　……　㉠
$A-B=6x^2+5x+2$　　……　㉡
㉠+㉡을 하면
$2A=(2+6)x^2+(-3+5)x+(-4+2)$
　　$=8x^2+2x-2$
$\therefore A=4x^2+x-1$
㉠에서
$B=(2x^2-3x-4)-A$
　$=(2x^2-3x-4)-(4x^2+x-1)$
　$=(2-4)x^2+(-3-1)x+(-4+1)$
　$=-2x^2-4x-3$
따라서 두 다항식 A, B의 상수항은 각각 -1, -3이므로 구하는 값은
$(-1)\times(-3)=3$

003　다항식의 곱셈

주어진 다항식의 전개식에서 x^3항은
$x^2\times(-x)+ax\times x^2=(a-1)x^3$
이므로 x^3의 계수는
$a-1$
또한, 주어진 다항식의 전개식에서 x항은
$ax\times1+b\times(-x)=(a-b)x$
이므로 x의 계수는
$a-b$
이때 x^3의 계수와 x의 계수의 합이 10이므로
$(a-1)+(a-b)=10$에서
$2a-b=11$

004　다항식의 곱셈

$x^2+x=X$라 하면
$(x^2+x+1)(x^2+x-3)$
$=(X+1)(X-3)$
$=X^2-2X-3$
$=(x^2+x)^2-2(x^2+x)-3$
$=(x^4+2x^3+x^2)-(2x^2+2x)-3$
$=x^4+2x^3+(1-2)x^2-2x-3$
$=x^4+2x^3-x^2-2x-3$

> **⊕ 플러스 강의**
>
> **공통부분이 있는 식의 전개**
> (1) 공통부분이 보이는 꼴
> 　➡ 공통부분을 한 문자로 치환한 후 전개
> (2) (일차식)×(일차식)×(일차식)×(일차식) 꼴
> 　➡ 두 일차식의 상수항의 합이 같아지도록 두 개씩 짝 지어 전개

005　곱셈 공식

① $(x+2y+3z)^2$
　$=x^2+(2y)^2+(3z)^2+2\times x\times2y+2\times2y\times3z+2\times3z\times x$
　$=x^2+4y^2+9z^2+4xy+12yz+6zx$
② $(x+2y)^3$
　$=x^3+3\times x^2\times2y+3\times x\times(2y)^2+(2y)^3$
　$=x^3+6x^2y+12xy^2+8y^3$
③ $(x+2y)(x^2-2xy+4y^2)$
　$=(x+2y)\{x^2-x\times2y+(2y)^2\}$
　$=x^3+(2y)^3=x^3+8y^3$
④ $(2x-3y)(4x^2+6xy+9y^2)$
　$=(2x-3y)\{(2x)^2+2x\times3y+(3y)^2\}$
　$=(2x)^3-(3y)^3=8x^3-27y^3$
⑤ $(x+1)(x+2)(x+3)$
　$=x^3+(1+2+3)x^2+(1\times2+2\times3+3\times1)x+1\times2\times3$
　$=x^3+6x^2+11x+6$
따라서 옳은 것은 ④이다.

006 곱셈 공식

$(x-1)(x+1)(x^2+1)(x^8+x^4+1)$
$=\{(x-1)(x+1)\}(x^2+1)(x^8+x^4+1)$
$=(x^2-1)(x^2+1)(x^8+x^4+1)$
$=\{(x^2-1)(x^2+1)\}(x^8+x^4+1)$
$=(x^4-1)(x^8+x^4+1)$
$=(x^4-1)\{(x^4)^2+x^4+1\}$
$=(x^4)^3-1^3=x^{12}-1$

007 곱셈 공식의 변형

$(a+b-c)^2$
$=a^2+b^2+(-c)^2+2ab+2b\times(-c)+2\times(-c)\times a$
$=a^2+b^2+c^2+2ab-2bc-2ca$
이고 $a+b-c=2$, $a^2+b^2+c^2=5$이므로
$2^2=5+2ab-2bc-2ca$
$2(ab-bc-ca)=-1$
$\therefore ab-bc-ca=-\dfrac{1}{2}$

008 다항식의 나눗셈

$$
\begin{array}{r}
x+2 \\
x^2-1\ \overline{\smash{)}\ x^3+2x^2+3x+4} \\
\underline{x^3\qquad\ -\ x} \\
2x^2+4x+4 \\
\underline{2x^2\qquad\ -2} \\
4x+6
\end{array}
$$

$\therefore x^3+2x^2+3x+4=(x^2-1)(x+2)+4x+6$
따라서 $Q(x)=x+2$, $R(x)=4x+6$이므로
$Q(1)=1+2=3$, $R(2)=8+6=14$
$\therefore Q(1)+R(2)=3+14=17$

본문 008~011쪽

실전 문제

009 ③	010 ①	011 ③	012 ④
013 ②	014 ④	015 ⑤	016 ③
017 ④	018 ①	019 ④	020 ④
021 ②	022 ①	023 ②	024 ③
025 ②	026 ②	027 ⑤	028 ②
029 ②	030 210	031 68	032 9

009 다항식의 덧셈과 뺄셈

$A+3X=2B$에서
$3X=-A+2B$

$\therefore X=\dfrac{1}{3}(-A+2B)$
$\qquad =\dfrac{1}{3}\{-(2x^2-3x+1)+2(-2x^2+3x-4)\}$
$\qquad =\dfrac{1}{3}(-2x^2+3x-1-4x^2+6x-8)$
$\qquad =\dfrac{1}{3}(-6x^2+9x-9)$
$\qquad =-2x^2+3x-3$

010 다항식의 덧셈과 뺄셈

$(2A+3B)+2(B+C)+3(C+A)$
$=2A+3B+2B+2C+3C+3A$
$=5A+5B+5C$
$=5(x^2+ax-5)+5(2x^2+3x+b)+5(cx^2-x+6)$
$=5(1+2+c)x^2+5(a+3-1)x+5(-5+b+6)$
$=5(c+3)x^2+5(a+2)x+5(b+1)$
이고 이 전개식에서 상수항을 포함한 모든 계수의 합이 10이므로
$5(c+3)+5(a+2)+5(b+1)=10$
$c+3+a+2+b+1=2$
$\therefore a+b+c=-4$

✎ 다른 풀이

$x=1$일 때
$A=a-4$, $B=b+5$, $C=c+5$
$\therefore (2A+3B)+2(B+C)+3(C+A)$
$\quad =5A+5B+5C$
$\quad =5(a-4)+5(b+5)+5(c+5)$
$\quad =5a+5b+5c+30$
이때 이 전개식에서 상수항을 포함한 모든 계수의 합이 10이므로
$5a+5b+5c+30=10$
$5a+5b+5c=-20$
$\therefore a+b+c=-4$

011 다항식의 덧셈과 뺄셈

$2A+B=3x^2-5xy+2y^2$ $\quad\cdots\cdots$ ㉠
$A+2B=3x^2-4xy-2y^2$ $\quad\cdots\cdots$ ㉡
$2\times$㉠$-$㉡을 하면
$3A=(6x^2-10xy+4y^2)-(3x^2-4xy-2y^2)$
$\qquad =3x^2-6xy+6y^2$
$\therefore A=x^2-2xy+2y^2$
이 식을 ㉠에 대입하면
$2(x^2-2xy+2y^2)+B=3x^2-5xy+2y^2$
$\therefore B=3x^2-5xy+2y^2-2(x^2-2xy+2y^2)$
$\qquad =x^2-xy-2y^2$
$\therefore A-2B=(x^2-2xy+2y^2)-2(x^2-xy-2y^2)$
$\qquad\quad =-x^2+6y^2$
따라서 다항식 $A-2B$의 xy의 계수는 0이다.

012 다항식의 곱셈

$(x^{10}+x^9+x^8+\cdots+x+1)^2$
$=(x^{10}+x^9+x^8+\cdots+x+1)(x^{10}+x^9+x^8+\cdots+x+1)$
이므로 이 다항식의 전개식에서 x, x^2, x^3의 계수는 다항식
$(x^3+x^2+x+1)^2$의 전개식에서 x, x^2, x^3의 계수와 서로 같다.
이때
$(x^3+x^2+x+1)^2$
$=(x^3+x^2+x+1)(x^3+x^2+x+1)$
$=(x^6+x^5+x^4+x^3)+(x^5+x^4+x^3+x^2)$
$\qquad\qquad\quad +(x^4+x^3+x^2+x)+(x^3+x^2+x+1)$
$=x^6+2x^5+3x^4+4x^3+3x^2+2x+1$
이므로
$a_1=2$, $a_2=3$, $a_3=4$
$\therefore a_1+a_2+a_3=2+3+4=9$

013 다항식의 곱셈

$(x+a)(x+2a)(x+3a)(x+4a)$
$=\{(x+a)(x+4a)\}\{(x+2a)(x+3a)\}$
$=(x^2+5ax+4a^2)(x^2+5ax+6a^2)$
이때 $x^2+5ax=X$라 하면
(주어진 식)$=(X+4a^2)(X+6a^2)$
$\qquad\qquad\quad =X^2+10a^2X+24a^4$
$\qquad\qquad\quad =(x^2+5ax)^2+10a^2(x^2+5ax)+24a^4$
$\qquad\qquad\quad =x^4+10ax^3+25a^2x^2+10a^2x^2+50a^3x+24a^4$
$\qquad\qquad\quad =x^4+10ax^3+35a^2x^2+50a^3x+24a^4$
이때 x^2의 계수가 70이므로
$35a^2=70$, $a^2=2$
따라서 상수항의 값은
$24a^4=24\times(a^2)^2$
$\qquad\quad =24\times2^2=96$

014 곱셈 공식

$x+y+z=5$에서
$x+y=5-z$, $y+z=5-x$, $z+x=5-y$이므로
$(x+y)(y+z)(z+x)$
$=(5-z)(5-x)(5-y)$
$=5^3-5^2(x+y+z)+5(xy+yz+zx)-xyz$
$=125-25\times5+5\times8-4$
$=36$
$\therefore (x+y)^2(y+z)^2(z+x)^2=\{(x+y)(y+z)(z+x)\}^2$
$\qquad\qquad\qquad\qquad\qquad\qquad =36^2=1296$

015 곱셈 공식

$(x^n+x+1)^2$
$=(x^n)^2+x^2+1+2\times x^n\times x+2\times x\times1+2\times1\times x^n$
$=x^{2n}+x^2+1+2x^{n+1}+2x^n+2x$

앞의 다항식에서 x^4항이 존재하려면
$2n=4$ 또는 $n+1=4$ 또는 $n=4$
즉, $n=2$ 또는 $n=3$ 또는 $n=4$이어야 한다.
따라서 모든 자연수 n의 값의 합은
$2+3+4=9$

016 곱셈 공식의 변형

$a-b=4$, $a^3-b^3=100$이므로
$a^3-b^3=(a-b)^3+3ab(a-b)$에서
$100=4^3+3ab\times4$
$12ab=100-64$, $12ab=36$
$\therefore ab=3$
$\therefore (a+b)^2=(a-b)^2+4ab$
$\qquad\qquad\quad =4^2+4\times3=28$
$\therefore a+b=2\sqrt{7}\ (\because a>0,\ b>0)$

017 곱셈 공식의 변형

$(a-1)(a^2+a+1)=(-b-1)(b^2-b+1)$에서
$(a-1)(a^2+a+1)=-(b+1)(b^2-b+1)$
$a^3-1=-(b^3+1)$
$\therefore a^3+b^3=0$
$\therefore a^6+b^6=(a^3+b^3)^2-2a^3b^3$
$\qquad\qquad\quad =(a^3+b^3)^2-2(ab)^3$
$\qquad\qquad\quad =0-2\times(-2)^3=16$

018 곱셈 공식의 변형

$a-b=\sqrt{2}+\sqrt{3}$ ······ ㉠
$b-c=\sqrt{2}-\sqrt{3}$ ······ ㉡
㉠+㉡을 하면
$a-c=2\sqrt{2}$에서 $c-a=-2\sqrt{2}$
$\therefore a^2+b^2+c^2-ab-bc-ca$
$\quad =\dfrac{1}{2}\{(a-b)^2+(b-c)^2+(c-a)^2\}$
$\quad =\dfrac{1}{2}\{(\sqrt{2}+\sqrt{3})^2+(\sqrt{2}-\sqrt{3})^2+(-2\sqrt{2})^2\}$
$\quad =\dfrac{1}{2}\times\{(5+2\sqrt{6})+(5-2\sqrt{6})+8\}$
$\quad =9$

⊕ 플러스 강의

$a^2+b^2+c^2-ab-bc-ca=\dfrac{1}{2}\{(a-b)^2+(b-c)^2+(c-a)^2\}$은 다음
과 같이 유도할 수 있다.
$a^2+b^2+c^2-ab-bc-ca$
$=\dfrac{1}{2}(2a^2+2b^2+2c^2-2ab-2bc-2ca)$
$=\dfrac{1}{2}\{(a^2-2ab+b^2)+(b^2-2bc+c^2)+(c^2-2ca+a^2)\}$
$=\dfrac{1}{2}\{(a-b)^2+(b-c)^2+(c-a)^2\}$

019 곱셈 공식의 변형

원의 지름인 선분 AB를 빗변으로 하는 삼각형 ABC는 직각삼각형이므로 두 선분 BC, AC의 길이를 각각 a, b라 하면 피타고라스 정리에 의하여
$$a^2+b^2=5^2=25$$
직각삼각형 ABC의 넓이가 5이므로
$$(\text{삼각형 ABC의 넓이})=\frac{1}{2}\times a\times b=5$$
$$\therefore ab=10$$
$(a+b)^2=a^2+b^2+2ab$에서
$$(a+b)^2=25+2\times10=45$$
$$\therefore a+b=\sqrt{45}=3\sqrt{5}\ (\because a>0,\ b>0)$$
$$\therefore \overline{\text{AC}}^3+\overline{\text{BC}}^3=b^3+a^3=a^3+b^3$$
$$=(a+b)^3-3ab(a+b)$$
$$=(3\sqrt{5})^3-3\times10\times3\sqrt{5}$$
$$=45\sqrt{5}$$

020 곱셈 공식의 변형

$$(x+a)(x+b)(x+1)-10$$
$$=x^3+(a+b+1)x^2+(ab+a+b)x+ab-10$$
이 전개식에서 x^2과 x의 계수의 합이 32이므로
$$(a+b+1)+(ab+a+b)=32$$
$$\therefore ab+2(a+b)=31 \qquad \cdots\cdots \text{㉠}$$
또한, 상수항이 5이므로
$$ab-10=5 \qquad \therefore ab=15 \qquad \cdots\cdots \text{㉡}$$
㉡을 ㉠에 대입하면
$$15+2(a+b)=31$$
$$\therefore a+b=8$$
이때 다항식 $(x+a^2)(x+b^2)=x^2+(a^2+b^2)x+a^2b^2$에서 x의 계수는 a^2+b^2이므로
$$a^2+b^2=(a+b)^2-2ab$$
$$=8^2-2\times15=34$$

021 곱셈 공식의 변형

조건 (가)에서 직육면체 ABCD−EFGH의 모든 모서리의 길이의 합이 32이므로
$$4(a+b+c)=32$$
$$\therefore a+b+c=8 \qquad \cdots\cdots \text{㉠}$$

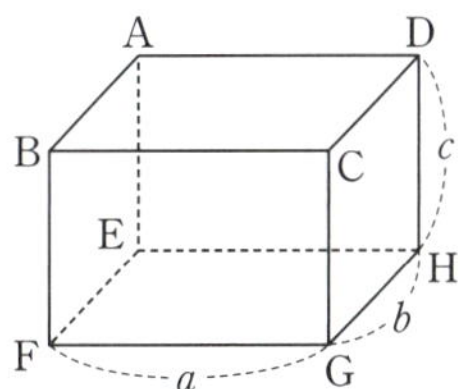

또한, 조건 (나)에서 직육면체 ABCD−EFGH의 겉넓이가 38이므로
$$2(ab+bc+ca)=38$$
$$\therefore ab+bc+ca=19 \qquad \cdots\cdots \text{㉡}$$
이때 피타고라스 정리에 의하여
$$\overline{\text{BG}}^2+\overline{\text{GD}}^2+\overline{\text{DB}}^2=(a^2+c^2)+(b^2+c^2)+(a^2+b^2)$$
$$=2(a^2+b^2+c^2)$$

㉠, ㉡에 의하여
$$a^2+b^2+c^2=(a+b+c)^2-2(ab+bc+ca)$$
$$=8^2-2\times19=26$$
$$\therefore \overline{\text{BG}}^2+\overline{\text{GD}}^2+\overline{\text{DB}}^2=2\times26=52$$

022 다항식의 나눗셈

다항식 $f(x)$를 x^2-2로 나누었을 때의 몫과 나머지가 모두 $2x+4$이므로
$$f(x)=(x^2-2)(2x+4)+2x+4$$
$$=2x^3+4x^2-4x-8+2x+4$$
$$=2x^3+4x^2-2x-4$$
이 다항식 $f(x)$를 $x+2$로 나누면 다음과 같다.

$$
\begin{array}{r}
2x^2-2 \\
x+2\ \overline{\smash{)}\ 2x^3+4x^2-2x-4} \\
\underline{2x^3+4x^2} \\
-2x-4 \\
\underline{-2x-4} \\
0
\end{array}
$$

$$\therefore f(x)=(x+2)(2x^2-2)$$
따라서 $Q(x)=2x^2-2$, $R(x)=0$이므로
$$Q(1)+R(2)=2-2+0=0$$

023 다항식의 나눗셈

다항식 A를 다항식 B로 나누면 다음과 같다.

$$
\begin{array}{r}
x^2+x\ +3 \\
x^2-x\ \overline{\smash{)}\ x^4+2x^2-2x+1} \\
\underline{x^4-x^3} \\
x^3+2x^2 \\
\underline{x^3-\ x^2} \\
3x^2-2x \\
\underline{3x^2-3x} \\
x+1
\end{array}
$$

$$\therefore x^4+2x^2-2x+1=(x^2-x)(x^2+x+3)+x+1$$
$Q(x)=x^2+x+3$, $R(x)=x+1$이므로 $Q(x)$를 $R(x)$로 나누면 다음과 같다.

$$
\begin{array}{r}
x \\
x+1\ \overline{\smash{)}\ x^2+x+3} \\
\underline{x^2+x} \\
3
\end{array}
$$

$$\therefore x^2+x+3=(x+1)x+3$$
따라서 구하는 나머지는 3이다.

024 다항식의 나눗셈

주어진 다항식의 나눗셈에서
$$(x+c)x^2=x^3+3x^2$$이므로
$$x^3+cx^2=x^3+3x^2 \qquad \therefore c=3$$
$$ax^2-3x^2=-x^2$$이므로
$$(a-3)x^2=-x^2 \qquad \therefore a=2$$

$b-(-3)=4$이므로 $b=1$

$\therefore a+b+c=2+1+3=6$

플러스 강의

주어진 나눗셈을 완성하면 다음과 같다.

$$
\begin{array}{r}
x^2-\ x-1 \\
x+3\ \overline{)\ x^3+2x^2-4x+1} \\
\underline{x^3+3x^2\quad\quad} \\
-x^2-4x \\
\underline{-x^2-3x\quad} \\
-x+1 \\
\underline{-x-3} \\
4
\end{array}
$$

025 다항식의 나눗셈

$x^2+x=3$에서 $x^2+x-3=0$

다항식 $x^4+2x^3-x^2-2x-1$을 x^2+x-3으로 나누면 다음과 같다.

$$
\begin{array}{r}
x^2+\ x+1 \\
x^2+x-3\ \overline{)\ x^4+2x^3-\ x^2-2x-1} \\
\underline{x^4+\ x^3-3x^2\quad\quad\quad} \\
x^3+2x^2-2x \\
\underline{x^3+\ x^2-3x\quad} \\
x^2+\ x-1 \\
\underline{x^2+\ x-3} \\
2
\end{array}
$$

$\therefore x^4+2x^3-x^2-2x-1=(x^2+x-3)(x^2+x+1)+2$

이때 $x^2+x-3=0$이므로

$x^4+2x^3-x^2-2x-1=0\times(x^2+x+1)+2=2$

026 다항식의 나눗셈

다항식 $f(x)$를 $x-2$로 나누었을 때의 몫과 나머지가 각각 $Q(x)$, 3이므로

$f(x)=(x-2)Q(x)+3 \quad\cdots\cdots \ \bigcirc$

또한, $Q(x)$를 $x-4$로 나누었을 때의 몫을 $P(x)$라 하면 나머지가 10이므로

$Q(x)=(x-4)P(x)+10 \quad\cdots\cdots \ \bigcirc$

$\bigcirc$을 $\bigcirc$에 대입하면

$$
\begin{aligned}
f(x)&=(x-2)\{(x-4)P(x)+10\}+3 \\
&=(x-2)(x-4)P(x)+10(x-2)+3 \\
&=(x-4)(x-2)P(x)+10(x-4)+23 \\
&=(x-4)\{(x-2)P(x)+10\}+23
\end{aligned}
$$

따라서 $f(x)$를 $x-4$로 나누었을 때의 나머지는 23이다.

027 곱셈 공식

Step ❶ b, c의 관계 구하기

$(a+b-c)^2+a^2+b^2+c^2+2bc=(a-b+c)^2+(-a+b+c)^2$

에서

$(a^2+b^2+c^2+2ab-2bc-2ca)+a^2+b^2+c^2+2bc$

$=(a^2+b^2+c^2-2ab-2bc+2ca)$
$\qquad\qquad\qquad +(a^2+b^2+c^2-2ab+2bc-2ca)$

$2a^2+2b^2+2c^2+2ab-2ca=2a^2+2b^2+2c^2-4ab$

$\therefore ac=3ab$

이때 $a>0$이므로 $c=3b$

Step ❷ a, b, c의 관계를 구하여 삼각형 ABC의 모양 알아내기

$a^2=10b^2$에서

$a^2=b^2+(3b)^2=b^2+c^2$

이므로 삼각형 ABC는 빗변의 길이가 a이고 다른 두 변의 길이가 b, c인 직각삼각형이다.

Step ❸ 삼각형 ABC의 넓이 구하기

삼각형 ABC의 넓이는

$\dfrac{1}{2}\times b\times c=\dfrac{1}{2}\times b\times 3b=\dfrac{3}{2}b^2$

028 곱셈 공식의 변형

Step ❶ $10=x$로 치환하여 11^2+9^2, 11^4+9^4을 x를 사용하여 나타내기

$10=x$라 하면 $11=x+1$, $9=x-1$이므로

$$
\begin{aligned}
11^2+9^2&=(x+1)^2+(x-1)^2 \\
&=2(x^2+1)
\end{aligned}
$$

$$
\begin{aligned}
11^4+9^4&=(11^2+9^2)^2-2\times 11^2\times 9^2 \\
&=\{2(x^2+1)\}^2-2(x+1)^2(x-1)^2 \\
&=\{2(x^2+1)\}^2-2(x^2-1)^2 \\
&=(4x^4+8x^2+4)-(2x^4-4x^2+2) \\
&=2x^4+12x^2+2 \\
&=2(x^4+6x^2+1)
\end{aligned}
$$

Step ❷ A의 자릿수 구하기

$$
\begin{aligned}
A&=(11^2+9^2)(11^4+9^4) \\
&=2(x^2+1)\times 2(x^4+6x^2+1) \\
&=4(x^2+1)(x^4+6x^2+1) \\
&=4(x^6+7x^4+7x^2+1) \\
&=4x^6+28x^4+28x^2+4 \\
&=4\times 10^6+28\times 10^4+28\times 10^2+4 \\
&=4000000+280000+2800+4=4282804
\end{aligned}
$$

이므로 A는 7자리의 자연수이다.

Step ❸ 자연수 n의 최솟값 구하기

n이 3 이상의 자연수일 때, $n\times A$가 8자리의 자연수가 되므로 구하는 자연수 n의 최솟값은 3이다.

029 다항식의 나눗셈

Step ❶ 두 다항식 A, B를 각각 x^2+x로 나누었을 때의 몫과 나머지 구하기

두 다항식 $A=x^5+x^4+x^3+x^2+x+1$,

$B=x^5+x^4-x^3-x^2-x-1$을 x^2+x로 나누면 다음과 같다.

$A=(x^2+x)(x^3+x)+x+1$
$B=(x^2+x)(x^3-x)-x-1$
$x^3+x=P(x)$, $x^3-x=Q(x)$라 하면
$A=(x^2+x)P(x)+x+1$, $B=(x^2+x)Q(x)-x-1$

Step ❷ 다항식 AB를 x^2+x로 나누었을 때의 나머지 구하기

AB
$=\{(x^2+x)P(x)+x+1\}\{(x^2+x)Q(x)-x-1\}$
$=(x^2+x)\{(x^2+x)P(x)Q(x)-(x+1)P(x)+(x+1)Q(x)\}$
$\qquad\qquad\qquad\qquad\qquad\qquad\qquad -(x+1)^2$
$=(x^2+x)\{(x^2+x)P(x)Q(x)-(x+1)P(x)+(x+1)Q(x)\}$
$\qquad\qquad\qquad\qquad\qquad\qquad\qquad -(x^2+x)-x-1$
$=(x^2+x)\{(x^2+x)P(x)Q(x)-(x+1)P(x)+(x+1)Q(x)-1\}$
$\qquad\qquad\qquad\qquad\qquad\qquad\qquad\qquad\qquad -x-1$

따라서 다항식 AB를 x^2+x로 나누었을 때의 나머지는 $-x-1$
이다.

030 곱셈 공식의 변형

삼각형 ABC의 둘레의 길이가 18이므로
$2(a+b+c)=18$
$\therefore a+b+c=9$ $\qquad\cdots\cdots$ ㉠
세 원의 넓이의 합이 29π이므로
$\pi a^2+\pi b^2+\pi c^2=29\pi$
$\therefore a^2+b^2+c^2=29$ $\qquad\cdots\cdots$ ㉡ $\qquad\cdots$ ❶
$(a+b+c)^2=a^2+b^2+c^2+2(ab+bc+ca)$에서
$ab+bc+ca=\dfrac{1}{2}\{(a+b+c)^2-(a^2+b^2+c^2)\}$
$\qquad\qquad\quad =\dfrac{1}{2}\times(9^2-29)=26$ $\qquad\cdots$ ❷

$a+b+c=9$에서
$a+b=9-c$, $b+c=9-a$, $c+a=9-b$이므로
$(a+b)(b+c)(c+a)$
$=(9-c)(9-a)(9-b)$
$=9^3-9^2(a+b+c)+9(ab+bc+ca)-abc$
$=9^3-9^2\times9+9\times26-24$
$=729-729+234-24=210$ $\qquad\cdots$ ❸

채점 기준	배점 비율
❶ $a+b+c$, $a^2+b^2+c^2$의 값 구하기	30%
❷ $ab+bc+ca$의 값 구하기	30%
❸ $(a+b)(b+c)(c+a)$의 값 구하기	40%

031 곱셈 공식의 변형

$x-y=(\sqrt{2}-1)-(\sqrt{2}+1)=-2$
$xy=(\sqrt{2}-1)(\sqrt{2}+1)=2-1=1$ $\qquad\cdots$ ❶
이때
$x^2+y^2=(x-y)^2+2xy=(-2)^2+2\times1=6$
$x^3-y^3=(x-y)^3+3xy(x-y)=(-2)^3+3\times1\times(-2)=-14$

$x^5-y^5=(x^2+y^2)(x^3-y^3)+x^2y^3-x^3y^2$
$\qquad\quad =(x^2+y^2)(x^3-y^3)-(xy)^2(x-y)$
$\qquad\quad =6\times(-14)-1^2\times(-2)=-82$ $\qquad\cdots$ ❷
$\therefore -x^5+x^3+y^5-y^3=(x^3-y^3)-(x^5-y^5)$
$\qquad\qquad\qquad\qquad\qquad =-14-(-82)=68$ $\qquad\cdots$ ❸

채점 기준	배점 비율
❶ $x-y$, xy의 값 구하기	30%
❷ x^3-y^3, x^5-y^5의 값 구하기	60%
❸ $-x^5+x^3+y^5-y^3$의 값 구하기	10%

032 다항식의 나눗셈

$P(x)+5x^2=(4x^3-3x^2+9)+5x^2=4x^3+2x^2+9$ $\qquad\cdots$ ❶
다항식 $P(x)+5x^2$을 $Q(x)$로 나누면 다음과 같다.

$$\begin{array}{r}
4x-2 \\
x^2+x+1\overline{)\,4x^3+2x^2\quad\ +9} \\
\underline{4x^3+4x^2+4x\quad} \\
-2x^2-4x+9 \\
\underline{-2x^2-2x-2} \\
-2x+11
\end{array}$$

따라서 다항식 $P(x)+5x^2$을 $Q(x)$로 나누었을 때의 나머지가
$-2x+11$이므로 $\qquad\cdots$ ❷
$a=-2$, $b=11$
$\therefore a+b=(-2)+11=9$ $\qquad\cdots$ ❸

채점 기준	배점 비율
❶ 다항식 $P(x)+5x^2$ 구하기	30%
❷ 다항식 $P(x)+5x^2$을 $Q(x)$로 나누었을 때의 나머지 구하기	50%
❸ $a+b$의 값 구하기	20%

033 129	034 ③	035 ②	036 ①
037 ①	038 ④	039 148	040 ②

033 다항식의 덧셈과 뺄셈

정답률	74%

(나)		
$2x-2$	$2x^2+4x$	
(가)		$-x^2+x-3$

위의 그림과 같이 (나)의 위치에 알맞은 다항식을 $g(x)$라 하면 대
각선 방향(↘)의 세 다항식의 합은
$g(x)+(2x^2+4x)+(-x^2+x-3)=6x^2+12x$

$$\therefore g(x)=6x^2+12x-(2x^2+4x)-(-x^2+x-3)$$
$$=6x^2+12x-2x^2-4x+x^2-x+3$$
$$=5x^2+7x+3$$

한편,
$$g(x)+(2x-2)+f(x)=6x^2+12x$$
에서 $(5x^2+7x+3)+(2x-2)+f(x)=6x^2+12x$
$$\therefore f(x)=6x^2+12x-(5x^2+7x+3)-(2x-2)$$
$$=6x^2+12x-5x^2-7x-3-2x+2$$
$$=x^2+3x-1$$
$$\therefore f(10)=10^2+3\times10-1$$
$$=100+30-1=129$$

034 다항식의 덧셈과 뺄셈

선택률	①	②	③	④	⑤
	3%	12%	75%	7%	3%

사각형 ABED의 넓이는 두 삼각형 ABD, BED의 넓이의 합과 같다.

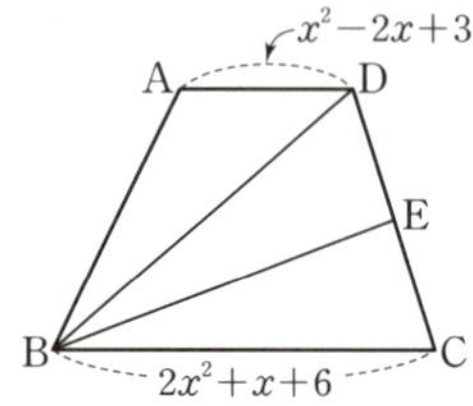

삼각형 ABD에서 밑변을 선분 AD라 하면 높이가 4이므로
$$\triangle ABD=\frac{1}{2}\times\overline{AD}\times4$$
$$=\frac{1}{2}\times(x^2-2x+3)\times4$$
$$=2x^2-4x+6 \quad\cdots\cdots\ \text{㉠}$$
이때 $\overline{DE}=\overline{CE}$이므로 두 삼각형 BED, BCE의 넓이는 같다.
즉,
$$\triangle BCD=\triangle BED+\triangle BCE=2\times\triangle BED$$
이므로
$$\triangle BED=\frac{1}{2}\times\triangle BCD$$
삼각형 BCD에서 밑변을 선분 BC라 하면 높이가 4이므로
$$\triangle BCD=\frac{1}{2}\times\overline{BC}\times4$$
$$=\frac{1}{2}\times(2x^2+x+6)\times4$$
$$=4x^2+2x+12$$
$$\therefore\ \triangle BED=\frac{1}{2}\times\triangle BCD$$
$$=\frac{1}{2}\times(4x^2+2x+12)$$
$$=2x^2+x+6 \quad\cdots\cdots\ \text{㉡}$$
㉠, ㉡에서
$$\square ABED=\triangle ABD+\triangle BED$$
$$=(2x^2-4x+6)+(2x^2+x+6)$$
$$=4x^2-3x+12$$

035 곱셈 공식

선택률	①	②	③	④	⑤
	2%	89%	2%	5%	2%

$$(x+y-z)^2$$
$$=x^2+y^2+(-z)^2+2\times x\times y+2\times y\times(-z)+2\times(-z)\times x$$
$$=x^2+y^2+z^2+2(xy-yz-zx)$$
에서 $x+y-z=5$, $xy-yz-zx=4$이므로
$$5^2=x^2+y^2+z^2+2\times4$$
$$\therefore\ x^2+y^2+z^2=25-8=17$$

036 곱셈 공식의 변형

선택률	①	②	③	④	⑤
	76%	3%	6%	4%	9%

$x-y=3$, $x^3-y^3=18$이므로
$(x-y)^3=x^3-y^3-3xy(x-y)$에서
$$3^3=18-3xy\times3 \qquad \therefore\ xy=-1$$
$$\therefore\ x^2+y^2=(x-y)^2+2xy$$
$$=3^2+2\times(-1)=7$$

037 다항식의 나눗셈

선택률	①	②	③	④	⑤
	52%	7%	13%	13%	12%

다항식 $f(x)$를 x^2+1로 나누었을 때의 몫을 $Q(x)$라 하면 나머지가 $x+1$이므로
$$f(x)=(x^2+1)Q(x)+x+1$$
이라 할 수 있다.
이때 $(x^2+1)Q(x)=A$, $x+1=B$라 하면
$$\{f(x)\}^2$$
$$=(A+B)^2$$
$$=A^2+2AB+B^2$$
$$=(x^2+1)^2\{Q(x)\}^2+2(x^2+1)(x+1)Q(x)+(x+1)^2$$
$$=(x^2+1)^2\{Q(x)\}^2+2(x^2+1)(x+1)Q(x)+(x^2+2x+1)$$
$$=(x^2+1)[(x^2+1)\{Q(x)\}^2+2(x+1)Q(x)+1]+2x$$
따라서 $R(x)=2x$이므로
$$R(3)=2\times3=6$$

038 곱셈 공식의 변형

선택률	①	②	③	④	⑤
	12%	20%	13%	46%	9%

다음 그림과 같이 선분 AB의 중점을 O, 선분 AD와 선분 OC가 만나는 점을 M이라 하자.

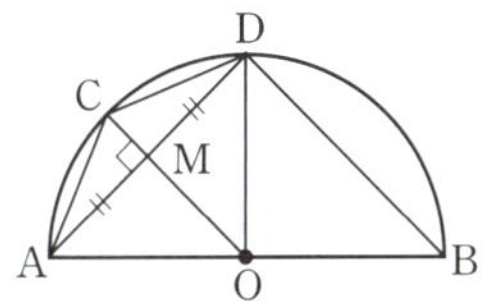

$\triangle \text{AOC} \equiv \triangle \text{DOC}$ (SSS 합동)이므로

$\angle \text{ACO} = \angle \text{DCO}$

즉, 선분 CM은 $\angle \text{ACD}$의 이등분선이고 삼각형 ACD는

$\overline{\text{AC}} = \overline{\text{CD}}$인 이등변삼각형이므로

$\overline{\text{AM}} = \overline{\text{DM}}$, $\angle \text{AMC} = 90°$

또한, $\angle \text{ADB}$는 반원에 대한 원주각이므로

$\angle \text{ADB} = 90°$

$\therefore \triangle \text{AMO} \infty \triangle \text{ADB}$ (AA 닮음)

이때 $\overline{\text{BD}} = 8$이므로 $\overline{\text{OM}} = 4$이고

$\overline{\text{CM}} = \overline{\text{OC}} - \overline{\text{OM}} = a - 4$

직각삼각형 AMC에서 $\overline{\text{AM}}^2 = \overline{\text{AC}}^2 - \overline{\text{CM}}^2$

직각삼각형 AMO에서 $\overline{\text{AM}}^2 = \overline{\text{AO}}^2 - \overline{\text{OM}}^2$

이므로

$\overline{\text{AC}}^2 - \overline{\text{CM}}^2 = \overline{\text{AO}}^2 - \overline{\text{OM}}^2$

$\therefore (a-1)^2 - (a-4)^2 = a^2 - 4^2$

위의 식을 정리하면

$a^2 - 6a - 1 = 0$

$a > 4$이므로 위의 식의 양변을 a로 나누면

$a - \dfrac{1}{a} = 6$

$\therefore a^3 - \dfrac{1}{a^3} = \left(a - \dfrac{1}{a}\right)^3 + 3\left(a - \dfrac{1}{a}\right)$

$= 6^3 + 3 \times 6 = 234$

039 곱셈 공식의 변형

정답률	31%

$\overline{\text{AB}} = x$, $\overline{\text{AD}} = y$, $\overline{\text{AE}} = z$라 하면

$l_1 = 3x + 3y + 3z + \overline{\text{AC}} + \overline{\text{CF}} + \overline{\text{FA}}$,

$l_2 = x + y + z + \overline{\text{AC}} + \overline{\text{CF}} + \overline{\text{FA}}$

이므로

$l_1 - l_2 = 2x + 2y + 2z = 28$

$\therefore x + y + z = 14$

$S_1 = xy + yz + zx + \dfrac{1}{2}xy + \dfrac{1}{2}yz + \dfrac{1}{2}zx + \triangle \text{AFC}$,

$S_2 = \dfrac{1}{2}xy + \dfrac{1}{2}yz + \dfrac{1}{2}zx + \triangle \text{AFC}$

이므로

$S_1 - S_2 = xy + yz + zx = 61$

$\therefore \overline{\text{AC}}^2 + \overline{\text{CF}}^2 + \overline{\text{FA}}^2$

$= (x^2 + y^2) + (y^2 + z^2) + (z^2 + x^2)$

$= 2(x^2 + y^2 + z^2)$

$= 2\{(x+y+z)^2 - 2(xy+yz+zx)\}$

$= 2 \times (14^2 - 2 \times 61) = 148$

040 곱셈 공식의 변형

선택률	①	②	③	④	⑤
	12%	43%	10%	24%	11%

호 AB 위의 점 P에서 두 선분 OA, OB에 내린 수선의 발이 각각 H, I이므로 $\overline{\text{PI}} /\!/ \overline{\text{HO}}$, $\overline{\text{PH}} /\!/ \overline{\text{IO}}$에서 사각형 OHPI는 직사각형이다.

즉, $\angle \text{HPI} = 90°$이고 $\overline{\text{IH}} = \overline{\text{PO}} = 4$이다.

$\overline{\text{PH}} = x$, $\overline{\text{PI}} = y$라 하면 직각삼각형 PIH에서

$\overline{\text{PH}}^2 + \overline{\text{PI}}^2 = \overline{\text{IH}}^2$이므로

$x^2 + y^2 = 16$ ...... ㉠

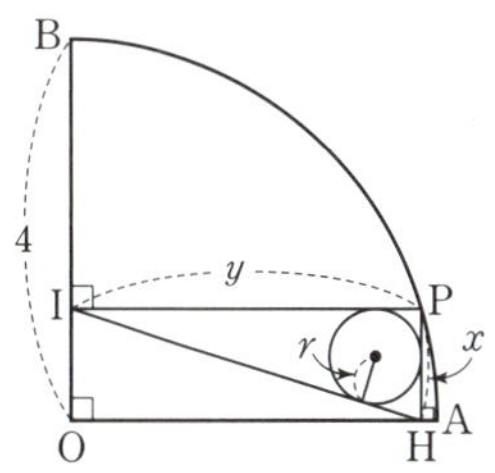

직각삼각형 PIH의 내접원의 반지름의 길이를 r라 하면

$\pi r^2 = \dfrac{\pi}{4}$에서 $r = \dfrac{1}{2}$ $(\because r > 0)$

직각삼각형 PIH의 넓이에서

$\dfrac{1}{2} \times \overline{\text{PH}} \times \overline{\text{PI}} = \dfrac{1}{2} \times r \times (\overline{\text{PH}} + \overline{\text{PI}} + \overline{\text{IH}})$

$\dfrac{1}{2}xy = \dfrac{1}{2} \times \dfrac{1}{2} \times (x + y + 4)$

$xy = \dfrac{1}{2}(x + y + 4)$

$\therefore x + y = 2(xy - 2)$ ...... ㉡

$x^2 + y^2 = (x+y)^2 - 2xy$에서

$16 = \{2(xy-2)\}^2 - 2xy$ $(\because ㉠, ㉡)$

$16 = 4(x^2y^2 - 4xy + 4) - 2xy$

$4x^2y^2 - 18xy = 0$

$\therefore xy(2xy - 9) = 0$

이때 $xy \neq 0$이므로 $xy = \dfrac{9}{2}$

$xy = \dfrac{9}{2}$를 ㉡에 대입하면

$x + y = 2 \times \left(\dfrac{9}{2} - 2\right) = 5$

$\therefore \overline{\text{PH}}^3 + \overline{\text{PI}}^3 = x^3 + y^3$

$= (x+y)^3 - 3xy(x+y)$

$= 5^3 - 3 \times \dfrac{9}{2} \times 5$

$= \dfrac{115}{2}$

02 항등식과 나머지정리

기본 문제

본문 014~015쪽

041 ⑤	042 ①	043 3	044 ③
045 ④	046 ③	047 4	048 ④

041 항등식

① $x+1=2$에서 $x=1$

② $(x+1)^2=(x-1)^2$에서 $x^2+2x+1=x^2-2x+1$

$\therefore x=0$

③ $3x^2-2x-1=0$에서 $(3x+1)(x-1)=0$

$\therefore x=-\dfrac{1}{3}$ 또는 $x=1$

④ $(x-1)(2x+2)=6$에서 $2(x-1)(x+1)=6$

$x^2-1=3$, $x^2=4$

$\therefore x=-2$ 또는 $x=2$

⑤ $(x+1)^3-(x-1)^3=2(3x^2+1)$의 좌변을 전개하여 정리하면

$(x^3+3x^2+3x+1)-(x^3-3x^2+3x-1)=6x^2+2$

$=2(3x^2+1)$

이므로 x의 값에 관계없이 등식이 항상 성립한다.

따라서 x에 대한 항등식인 것은 ⑤이다.

042 항등식

등식 $(a+b+1)x^2+(b+c+1)x+b=0$이 x에 대한 항등식이므로

$a+b+1=0$, $b+c+1=0$, $b=0$

이 세 식을 연립하여 풀면

$a=-1$, $b=0$, $c=-1$

$\therefore a+b+c=(-1)+0+(-1)=-2$

043 미정계수법

등식의 좌변을 정리하면

$a(x+y)-b(3x-y)=(a-3b)x+(a+b)y$

주어진 등식이 x, y에 대한 항등식이므로

$a-3b=5$, $a+b=1$

이 두 식을 연립하여 풀면

$a=2$, $b=-1$

$\therefore a-b=2-(-1)=3$

044 미정계수법

주어진 등식의 양변에 $x=0$을 대입하면

$-1+2-3=c$ $\quad \therefore c=-2$

주어진 등식의 양변에 $x=1$을 대입하면

$0=1+a+b+c$ $\quad \therefore a+b=1$ $\quad\quad$ …… ㉠

주어진 등식의 양변에 $x=2$를 대입하면

$1+2+3=8+4a+2b+c$ $\quad \therefore 4a+2b=0$ $\quad\quad$ …… ㉡

㉠, ㉡을 연립하여 풀면

$a=-1$, $b=2$

$\therefore abc=(-1)\times 2\times(-2)=4$

✎ 다른 풀이

$(x-1)^3+2(x-1)^2+3(x-1)$

$=(x^3-3x^2+3x-1)+2(x^2-2x+1)+3(x-1)$

$=x^3-3x^2+3x-1+2x^2-4x+2+3x-3$

$=x^3-x^2+2x-2=x^3+ax^2+bx+c$

$\therefore a=-1$, $b=2$, $c=-2$

$\therefore abc=(-1)\times 2\times(-2)=4$

045 나머지정리

다항식 $P(x)=16x^4+2x^2+3x+4$를 $x-1$로 나누었을 때의 나머지는 $P(1)$이므로

$P(1)=16+2+3+4=25$ $\quad \therefore R_1=25$

다항식 $P(x)=16x^4+2x^2+3x+4$를 $2x-1$로 나누었을 때의 나머지는 $P\left(\dfrac{1}{2}\right)$이므로

$P\left(\dfrac{1}{2}\right)=1+\dfrac{1}{2}+\dfrac{3}{2}+4=7$ $\quad \therefore R_2=7$

$\therefore R_1-R_2=25-7=18$

046 나머지정리

다항식 $P(x)$를 $x+2$, $x-2$로 나누었을 때의 나머지가 각각 2, -2이므로

$P(-2)=2$, $P(2)=-2$

$P(x)$를 x^2-4로 나누었을 때의 몫과 나머지를 각각 $Q(x)$, $ax+b$ (a, b는 상수)라 하면

$P(x)=(x^2-4)Q(x)+ax+b$

$=(x+2)(x-2)Q(x)+ax+b$

이 등식이 x에 대한 항등식이므로 양변에 $x=-2$, $x=2$를 각각 대입하면

$P(-2)=-2a+b$, $P(2)=2a+b$

$\therefore -2a+b=2$, $2a+b=-2$

이 두 식을 연립하여 풀면

$a=-1$, $b=0$

따라서 $P(x)$를 x^2-4로 나누었을 때의 나머지는 $-x$이다.

047 인수정리

다항식 $P(x)+x$가 $x-2$로 나누어떨어지므로

$P(2)+2=0$ $\quad \therefore P(2)=-2$

이때 다항식 $P(2x)+k$를 $x-1$로 나누었을 때의 몫을 $Q(x)$라 하면 나머지가 2이므로
$P(2x)+k=(x-1)Q(x)+2$
이 등식이 x에 대한 항등식이므로 $x=1$을 대입하면
$P(2)+k=2$
$\therefore k=-P(2)+2$
$\quad\ =-(-2)+2=4$

048 조립제법

다항식 $P(x)=x^4+ax^3-x-2$가 $x-1$을 인수로 가지므로
$P(1)=1+a-1-2=a-2=0$
$\therefore a=2$
조립제법을 이용하여 다항식 $P(x)=x^4+2x^3-x-2$를 $x+3$으로 나누면 다음과 같다.

$$
\begin{array}{r|rrrrr}
-3 & 1 & 2 & 0 & -1 & -2 \\
   &   & -3 & 3 & -9 & 30 \\
\hline
   & 1 & -1 & 3 & -10 & \boxed{28} \\
\end{array}
$$

$\therefore P(x)=(x+3)(x^3-x^2+3x-10)+28$
따라서 다항식 $P(x)$를 $x+3$으로 나누었을 때의 몫은
$x^3-x^2+3x-10$이고, 나머지는 28이다.

049 ②	050 ①	051 ⑤	052 ①
053 ①	054 ②	055 ②	056 ⑤
057 ②	058 ②	059 ④	060 ①
061 ③	062 ②	063 ③	064 ④
065 ②	066 70	067 ②	068 2
069 12	070 −18	071 −2	072 26

049 항등식

등식 $(a+b-2)x^2+(ab+3c)x+c-1=0$이 x에 대한 항등식이므로
$a+b-2=0$　　$\therefore a+b=2$
$ab+3c=0$　　$\therefore ab=-3c$
$c-1=0$　　$\therefore c=1$
따라서 $a+b=2$, $ab=-3$이므로
$a^2+b^2=(a+b)^2-2ab$
$\qquad\quad=2^2-2\times(-3)=10$

050 항등식

등식 $(2k+1)x-(3k+1)y-5k-2=0$을 k에 대하여 정리하면

$2kx+x-3ky-y-5k-2=0$
$(2x-3y-5)k+x-y-2=0$
이 등식은 k에 대한 항등식이므로
$2x-3y-5=0$, $x-y-2=0$
이 두 식을 연립하여 풀면
$x=1$, $y=-1$
$\therefore xy=1\times(-1)=-1$

051 항등식

다항식 $2x^3-3x^2+5x+1$을 $P(x)$로 나누었을 때의 몫이 $2x+1$, 나머지가 $3x-1$이므로
$2x^3-3x^2+5x+1=P(x)(2x+1)+3x-1$　　······ ㉠
이 등식이 x에 대한 항등식이므로
㉠의 양변에 $x=1$을 대입하면
$2-3+5+1=P(1)\times3+3-1$　　$\therefore P(1)=1$
㉠의 양변에 $x=2$를 대입하면
$16-12+10+1=P(2)\times5+6-1$　　$\therefore P(2)=2$
$\therefore P(1)\times P(2)=1\times2=2$

052 항등식

등식 $P(2x)-2P(x)=3$에서
$2P(x)=P(2x)-3$
$\therefore P(x)=\dfrac{P(2x)-3}{2}$　　······ ㉠
이 등식이 모든 실수 x에 대하여 성립하므로
㉠의 양변에 $x=4$를 대입하면
$P(4)=\dfrac{P(8)-3}{2}=\dfrac{37-3}{2}=17$
㉠의 양변에 $x=2$를 대입하면
$P(2)=\dfrac{P(4)-3}{2}=\dfrac{17-3}{2}=7$
㉠의 양변에 $x=1$을 대입하면
$P(1)=\dfrac{P(2)-3}{2}=\dfrac{7-3}{2}=2$

053 미정계수법

등식 $x(x-1)(x-2)P(x)=x^4+ax^3-ax^2+bx+c$가 x에 대한 항등식이므로
주어진 등식의 양변에 $x=0$을 대입하면
$0=c$
주어진 등식의 양변에 $x=1$을 대입하면
$0=1+a-a+b+c$, $b+c+1=0$
$\therefore b=-1$
주어진 등식의 양변에 $x=2$를 대입하면
$0=16+8a-4a+2b+c$, $4a+2b+c+16=0$
$4a+14=0\ (\because b=-1)$

$$\therefore a=-\frac{7}{2}$$
$$\therefore a+b+c=\left(-\frac{7}{2}\right)+(-1)+0=-\frac{9}{2}$$

054 미정계수법

다항식 $P(x)=x^2+ax+b$가 모든 실수 x에 대하여 등식
$$P(x)+x^3=xP(x+1)-1$$
을 만족시키므로 이 등식의 양변에 $x=0$을 대입하면
$$P(0)+0=0-1$$
$$\therefore P(0)=-1 \qquad \cdots\cdots ㉠$$
$x=-1$을 대입하면
$$P(-1)-1=-P(0)-1$$
$$\therefore P(-1)=-P(0)=1 \qquad \cdots\cdots ㉡$$
$P(x)=x^2+ax+b$이므로 ㉠, ㉡에서
$$P(0)=b=-1,\ P(-1)=1-a+b=1$$
$$\therefore a=-1,\ b=-1$$
따라서 $P(x)=x^2-x-1$이므로
$$P(1)=1-1-1=-1$$

055 나머지정리

다항식 $f(x)$를 $6x-9$로 나누었을 때의 몫과 나머지를 각각 $Q(x)$, R라 하면
$$f(x)=(6x-9)Q(x)+R \qquad \cdots\cdots ㉠$$
이고, 몫과 나머지의 곱이 $3x^2-4$이므로
$$Q(x)\times R=3x^2-4$$
㉠에서
$$f(x)=(2x-3)\times 3Q(x)+R$$
즉, $f(x)$를 $2x-3$으로 나누었을 때의 몫은 $3Q(x)$, 나머지는 R
이므로 몫과 나머지의 곱 $g(x)$는
$$g(x)=3Q(x)\times R=3(3x^2-4)$$
따라서 $g(x)$를 $2x+1$로 나누었을 때의 나머지는
$$g\left(-\frac{1}{2}\right)=3\times\left(3\times\frac{1}{4}-4\right)=-\frac{39}{4}$$

056 나머지정리

삼차식 $P(x)$는 $(x-4)^2$으로 나누었을 때의 몫과 나머지가 $R(x)$
로 같고 $R(x)$는 일차식이므로
$R(x)=ax+b\ (a\neq 0,\ a,\ b는 상수)$라 하면
$$P(x)=(x-4)^2R(x)+R(x)$$
$$\qquad =(x-4)^2(ax+b)+ax+b \qquad \cdots\cdots ㉠$$
한편, $P(x)$가 $x-4$로 나누어떨어지므로 $P(4)=0$이다.
즉, $P(4)=4a+b$에서 $4a+b=0$이므로
$$b=-4a \qquad\qquad \cdots\cdots ㉡$$
㉡을 ㉠에 대입하면

$$P(x)=(x-4)^2(ax-4a)+ax-4a$$
$$\qquad =a(x-4)^3+a(x-4)$$
한편, $P(5)=10$이므로
$$P(5)=a+a에서 2a=10 \qquad \therefore a=5$$
$$\therefore b=-4a=-20$$
따라서 $P(x)=5(x-4)^3+5(x-4)$, $R(x)=5x-20$이므로
$$P(6)+R(6)=(5\times 8+5\times 2)+(30-20)=60$$

057 나머지정리

다항식 $P(x)$를 $(x+1)(x+2)$로 나누었을 때의 나머지가 $2x-5$
이므로
$$P(-1)=2\times(-1)-5=-7$$
$$P(-2)=2\times(-2)-5=-9$$
또한, $P(x)$를 $(x-1)(x-2)$로 나누었을 때의 나머지가 2이므로
$$P(1)=P(2)=2$$
한편, $P(x)$를 x^2-x-2, 즉 $(x+1)(x-2)$로 나누었을 때의
몫을 $Q(x)$, 나머지 $R(x)$를 $ax+b\ (a,\ b는 상수)$라 하면
$$P(x)=(x+1)(x-2)Q(x)+ax+b \qquad \cdots\cdots ㉠$$
이 등식이 x에 대한 항등식이므로
㉠의 양변에 $x=-1$을 대입하면
$$P(-1)=-a+b=-7 \qquad\qquad \cdots\cdots ㉡$$
㉠의 양변에 $x=2$를 대입하면
$$P(2)=2a+b=2 \qquad\qquad \cdots\cdots ㉢$$
㉡, ㉢을 연립하여 풀면
$$a=3,\ b=-4$$
$$\therefore R(x)=3x-4$$
이때
$$x-R(x)=x-(3x-4)=-2(x-2)$$
따라서 $P(x)$를 $-2(x-2)$로 나누었을 때의 나머지는
$$P(2)=2$$

058 나머지정리

다항식 $P(x)$를 $(x-1)(x-2)$로 나누었을 때의 몫과 나머지가
각각 $Q_1(x)$, $3x$이므로
$$P(x)=(x-1)(x-2)Q_1(x)+3x \qquad \cdots\cdots ㉠$$
$P(x)$를 $(x-2)(x-3)$으로 나누었을 때의 몫과 나머지가 각각
$Q_2(x)$, $x+k$이므로
$$P(x)=(x-2)(x-3)Q_2(x)+x+k \qquad \cdots\cdots ㉡$$
㉠에 $x=2$를 대입하면 $P(2)=6$
㉡에 $x=2$를 대입하면 $P(2)=2+k$
이므로
$$6=2+k \qquad \therefore k=4$$
또한, ㉠에 $x=4$를 대입하면
$$P(4)=3\times 2\times Q_1(4)+12=6Q_1(4)+12$$

⊙에 $x=4$를 대입하면
$P(4)=2\times1\times Q_2(4)+4+4=2Q_2(4)+8$이므로
$6Q_1(4)+12=2Q_2(4)+8$
$3Q_1(4)-Q_2(4)=-2$
따라서 다항식 $12Q_1(x)-4Q_2(x)$를 $x-k$, 즉 $x-4$로 나누었을
때의 나머지는
$$12Q_1(4)-4Q_2(4)=4\{3Q_1(4)-Q_2(4)\}$$
$$=4\times(-2)=-8$$

059 나머지정리

조건 (나)에서 사차식 $P(x)$가 모든 실수 x에 대하여
$P(-x)=P(x)$이므로
$P(x)=ax^4+bx^3+cx^2+dx+e$
$$(a,\ b,\ c,\ d,\ e\text{는 음이 아닌 정수},\ a\neq0)$$
라 하면
$a(-x)^4+b(-x)^3+c(-x)^2+d\times(-x)+e$
$=ax^4+bx^3+cx^2+dx+e$
$bx^3+dx=0$
이 등식이 x에 대한 항등식이므로
$b=d=0$
또한, 조건 (가)에서 $P(0)=1$이므로 $e=1$
조건 (다)에서 $P(x)=ax^4+cx^2+1$을 $x-1$, $x-2$로 나누었을 때
의 각각의 나머지 $P(1)$, $P(2)$의 합이 24이므로
$P(1)+P(2)=24$
$(a+c+1)+(16a+4c+1)=24$
$17a+5c=22$
이때 a, c가 음이 아닌 정수이고 $a\neq0$이므로 $a=1$, $c=1$이다.
따라서 $P(x)=x^4+x^2+1$을 $x-3$으로 나누었을 때의 나머지는
$P(3)=81+9+1=91$

060 나머지정리

$(x-3)P(x)-2x^2$을 $P(x)-2x$로 나누었을 때의 나머지가
$P(x)-8x$이므로 나머지 $P(x)-8x$의 차수는 $P(x)-2x$의 차
수보다 낮아야 한다.
다항식 $P(x)$가 일차식이 아니면 $P(x)-2x$의 차수와 $P(x)-8x$
의 차수는 같아지므로 $P(x)$는 일차식이다.
$P(x)-8x$의 차수가 $P(x)-2x$의 차수보다 낮으려면 $P(x)-8x$
는 상수이어야 하므로
$P(x)=8x+b$ (b는 상수)라 할 수 있다.
이때
$(x-3)P(x)-2x^2=\{P(x)-2x\}Q(x)+P(x)-8x$
에서
$\{P(x)-2x\}Q(x)=(x-3)P(x)-2x^2-\{P(x)-8x\}$
$$=xP(x)-3P(x)-2x^2-P(x)+8x$$
$$=(x-4)P(x)-2x(x-4)$$
$$=\{P(x)-2x\}(x-4)$$

이므로
$Q(x)=x-4$
$P(x)$를 $Q(x)$, 즉 $x-4$로 나누었을 때의 나머지가 17이므로
$P(4)=32+b=17$
$\therefore b=-15$
따라서 $P(x)=8x-15$이므로
$P(2)=16-15=1$

061 나머지정리

$f(x)+2g(x)$를 x^2-4로 나누었을 때의 나머지가 8이므로 몫을
$Q_1(x)$라 하면
$f(x)+2g(x)=(x^2-4)Q_1(x)+8$
$$=(x+2)(x-2)Q_1(x)+8 \quad\cdots\cdots ㉠$$
㉠의 양변에 $x=-2$, $x=2$를 각각 대입하면
$f(-2)+2g(-2)=8 \quad\cdots\cdots ㉡$
$f(2)+2g(2)=8 \quad\cdots\cdots ㉢$
또한, $2f(x)+g(x)$를 x^2-4로 나누었을 때의 나머지가 7이므로
몫을 $Q_2(x)$라 하면
$2f(x)+g(x)=(x^2-4)Q_2(x)+7$
$$=(x+2)(x-2)Q_2(x)+7 \quad\cdots\cdots ㉣$$
㉣의 양변에 $x=-2$, $x=2$를 각각 대입하면
$2f(-2)+g(-2)=7 \quad\cdots\cdots ㉤$
$2f(2)+g(2)=7 \quad\cdots\cdots ㉥$
㉡, ㉤을 연립하여 풀면
$f(-2)=2$, $g(-2)=3$
㉢, ㉥을 연립하여 풀면
$f(2)=2$, $g(2)=3$
따라서 다항식 $kf(x)-g(-x)$가 $x+2$로 나누어떨어지므로
$kf(-2)-g(2)=0$에서
$2k-3=0$
$$\therefore k=\frac{3}{2}$$

062 인수정리

다항식 $P(x)$를 $(x-1)^2(x-3)$으로 나누었을 때의 몫을 $Q(x)$,
나머지를 $R(x)$라 하면
$P(x)=(x-1)^2(x-3)Q(x)+R(x) \quad\cdots\cdots ㉠$
$P(x)$가 $(x-1)^2$으로 나누어떨어지므로 ㉠에서 $R(x)$는 $(x-1)^2$
으로 나누어떨어진다.
이때 $R(x)$는 이차식이므로
$R(x)=a(x-1)^2$ (a는 0이 아닌 상수)
$\therefore P(x)=(x-1)^2(x-3)Q(x)+a(x-1)^2$
한편, $P(x)$를 $x-3$으로 나누었을 때의 나머지가 2이므로
$P(3)=a(3-1)^2$
$$=4a=2$$
$$\therefore a=\frac{1}{2}$$

따라서 $R(x)=\dfrac{1}{2}(x-1)^2$이므로

$R(2)=\dfrac{1}{2}\times 1^2=\dfrac{1}{2}$

063 인수정리

삼차식 $P(x)$의 최고차항의 계수가 2이고 $P(x)$를 $x-1$, $x-2$, $x-3$으로 나누었을 때의 나머지가 모두 2이므로 다항식 $P(x)-2$는 최고차항의 계수가 2이고 $x-1$, $x-2$, $x-3$을 인수로 갖는 삼차식이다. 즉,

$P(x)-2=2(x-1)(x-2)(x-3)$

$P(x)=2(x-1)(x-2)(x-3)+2$

$\therefore \dfrac{1}{2}P(x)=(x-1)(x-2)(x-3)+1$

따라서 $\dfrac{1}{2}P(x)$를 $x-4$로 나누었을 때의 나머지는

$\dfrac{1}{2}P(4)=3\times 2\times 1+1=7$

064 인수정리

삼차다항식 $P(x)+2x-1$이 x^2+2를 인수로 가지므로

$P(x)+2x-1=(x^2+2)(ax+b)$ (a, b는 상수, $a\neq 0$)

라 하면

$P(x)=\{(x^2+1)+1\}(ax+b)-2x+1$

$\qquad=(x^2+1)(ax+b)+ax+b-2x+1$

$\qquad=(x^2+1)(ax+b)+(a-2)x+b+1$

이때 $P(x)$가 x^2+1로 나누어떨어지므로

$(a-2)x+b+1=0$

이 등식이 x에 대한 항등식이므로

$a-2=0$, $b+1=0$ $\quad\therefore a=2$, $b=-1$

따라서 $P(x)=(x^2+1)(2x-1)$이므로 다항식 $P(x)$의 인수인 것은 $2x-1$이다.

065 조립제법

조립제법을 이용하여 x^5+1을 $x+1$로 나누면 다음과 같다.

$$
\begin{array}{r|rrrrrr}
-1 & 1 & 0 & 0 & 0 & 0 & 1 \\
   &   & -1 & 1 & -1 & 1 & -1 \\
\hline
-1 & 1 & -1 & 1 & -1 & 1 & 0 \\
   &   & -1 & 2 & -3 & 4 &   \\
\hline
-1 & 1 & -2 & 3 & -4 & 5 &   \\
   &   & -1 & 3 & -6 &   &   \\
\hline
-1 & 1 & -3 & 6 & -10 & &   \\
   &   & -1 & 4 &   &   &   \\
\hline
-1 & 1 & -4 & 10 &   &   &   \\
   &   & -1 &   &   &   &   \\
\hline
   & 1 & -5 &   &   &   &   \\
\end{array}
$$

$\therefore x^5+1$

$\quad=(x+1)(x^4-x^3+x^2-x+1)$

$\quad=(x+1)\{(x+1)(x^3-2x^2+3x-4)+5\}$

$\quad=(x+1)^2\{(x+1)(x^2-3x+6)-10\}+5(x+1)$

$\quad=(x+1)^3\{(x+1)(x-4)+10\}-10(x+1)^2+5(x+1)$

$\quad=(x+1)^4\{(x+1)-5\}+10(x+1)^3-10(x+1)^2+5(x+1)$

$\quad=(x+1)^5-5(x+1)^4+10(x+1)^3-10(x+1)^2+5(x+1)$

따라서 $a=-5$, $b=10$, $c=-10$, $d=5$, $e=0$이므로

$(a+c)(b+d)+e=(-15)\times 15+0=-225$

✏ 다른 풀이

주어진 등식

x^5+1

$=(x+1)^5+a(x+1)^4+b(x+1)^3+c(x+1)^2+d(x+1)+e$

의 양변에 $x=-1$을 대입하면 $0=e$

주어진 등식의 양변에 $x=0$을 대입하면

$1=1+a+b+c+d+e$

$\therefore a+b+c+d=0$ $\qquad$ ……… ㉠

주어진 등식의 양변에 $x=-2$를 대입하면

$-32+1=-1+a-b+c-d+e$

$\therefore a-b+c-d=-30$ $\qquad$ ……… ㉡

㉠+㉡을 하면 $2(a+c)=-30$ $\quad\therefore a+c=-15$

㉠-㉡을 하면 $2(b+d)=30$ $\quad\therefore b+d=15$

$\therefore (a+c)(b+d)+e=(-15)\times 15+0=-225$

066 조립제법

조립제법을 이용하여 다항식 x^4+2x^2+ax+b를 $(x+1)^2$으로 나누면 다음과 같다.

$$
\begin{array}{r|rrrrr}
-1 & 1 & 0 & 2 & a & b \\
   &   & -1 & 1 & -3 & -a+3 \\
\hline
-1 & 1 & -1 & 3 & a-3 & b-a+3 \\
   &   & -1 & 2 & -5 &   \\
\hline
   & 1 & -2 & 5 & a-8 &   \\
\end{array}
$$

$\therefore x^4+2x^2+ax+b$

$\quad=(x+1)\{(x+1)(x^2-2x+5)+(a-8)\}+b-a+3$

$\quad=(x+1)^2(x^2-2x+5)+(a-8)(x+1)+b-a+3$

$\qquad\qquad\qquad\qquad\qquad\qquad$ ……… ㉠

또한, 다항식 x^4+2x^2+ax+b를 $(x+1)^2$으로 나누었을 때의 몫을 $Q(x)$라 하면 나머지가 $2(x+1)$이므로

$x^4+2x^2+ax+b=(x+1)^2 Q(x)+2(x+1)$

$\qquad\qquad\qquad=(x+1)\{(x+1)Q(x)+2\}$

즉, 다항식 x^4+2x^2+ax+b가 $x+1$로 나누어떨어지므로 ㉠에서

$b-a+3=0$ $\quad\therefore b=a-3$ $\qquad$ ……… ㉡

또한, 다항식 x^4+2x^2+ax+b를 $(x+1)^2$으로 나누었을 때의 나머지가 $2(x+1)$이므로 ㉠에서

$a-8=2$ $\quad\therefore a=10$

$a=10$을 ㉡에 대입하면 $b=10-3=7$

$\therefore ab=10\times 7=70$

067 항등식

Step ❶ 다항식 $f(x)$의 차수 구하기

등식 $f(x)\{f(x)-1\}=xf(x)$에서 $f(x)$를 n차다항식이라 하면
$f(x)\{f(x)-1\}$은 $2n$차다항식이고, $xf(x)$는 $(n+1)$차다항식
이므로
$2n=n+1$ $\therefore n=1$
즉, $f(x)$는 1차다항식이다.

Step ❷ 다항식 $f(x)$ 구하기

$f(x)=ax+b$ $(a\neq0,\ a,\ b$는 상수$)$라 하면 주어진 등식은
$(ax+b)\{(ax+b)-1\}=x(ax+b)$
$(ax+b)^2-(ax+b)-x(ax+b)=0$
$a^2x^2+2abx+b^2-ax-b-ax^2-bx=0$
$a(a-1)x^2+(2ab-a-b)x+b^2-b=0$
이 등식이 x에 대한 항등식이므로
$a(a-1)=0,\ 2ab-a-b=0,\ b^2-b=0$
이때 $a\neq0$이므로
$a=1,\ b=1$
$\therefore f(x)=x+1$

Step ❸ 방정식 $f(x)=0$의 해 구하기

방정식 $f(x)=0$의 해는
$x+1=0$ $\therefore x=-1$

068 나머지정리

Step ❶ $4=x$로 치환한 후 R_1의 값 구하기

$5^{10}=(4+1)^{10}$이므로 $4=x$라 하면
$5^{10}=(x+1)^{10}$
다항식 $(x+1)^{10}$을 x로 나누었을 때의 몫과 나머지를 각각 $Q(x)$,
R라 하면
$(x+1)^{10}=xQ(x)+R$ $\cdots\cdots$ ㉠
㉠의 양변에 $x=0$을 대입하면 $R=1$이므로
$(x+1)^{10}=xQ(x)+1$
이 등식의 양변에 $x=4$를 대입하면
$5^{10}=4Q(4)+1$
즉, 5^{10}을 4로 나누었을 때의 나머지는 $R_1=1$

Step ❷ $6=y$로 치환한 후 R_2의 값 구하기

$5^{10}=(6-1)^{10}$이므로 $6=y$라 하면
$5^{10}=(y-1)^{10}$
다항식 $(y-1)^{10}$을 y로 나누었을 때의 몫과 나머지를 각각 $Q'(y)$,
R'이라 하면
$(y-1)^{10}=yQ'(y)+R'$ $\cdots\cdots$ ㉡
㉡의 양변에 $y=0$을 대입하면 $R'=1$이므로
$(y-1)^{10}=yQ'(y)+1$
이 등식의 양변에 $y=6$을 대입하면
$5^{10}=6Q'(6)+1$
즉, 5^{10}을 6으로 나누었을 때의 나머지는 $R_2=1$
$\therefore R_1+R_2=1+1=2$

069 인수정리

Step ❶ $P(x)$와 $Q(x)$ 중 하나는 $x+1$을 인수로 가짐을 알기

조건 (가)에서 $P(-1)=0$ 또는 $Q(-1)=0$이어야 하므로
$P(-1)=0$인 경우와 $Q(-1)=0$인 경우로 나누어 생각할 수 있다.

Step ❷ $P(-1)=0$인 경우, $P(x)$, $Q(x)$를 각각 구하기

(i) $P(-1)=0$인 경우

　조건 (나)에서 주어진 식의 우변이 이차식이므로
　좌변인 $x^3-18x+19-P(x)$도 이차식이어야 한다.
　즉, $P(x)$는 최고차항의 계수가 1인 삼차식이다.
　이때 $P(x)$가 x^2-5x+3과 $x+1$을 인수로 가지므로
　$P(x)=(x^2-5x+3)(x+1)=x^3-4x^2-2x+3$
　$x^3-18x+19-P(x)=x^3-18x+19-(x^3-4x^2-2x+3)$
　$\qquad\qquad\qquad\qquad=4x^2-16x+16$
　$\qquad\qquad\qquad\qquad=(2x-4)^2$
　$\{Q(x)\}^2=(2x-4)^2$이므로
　$Q(x)=-(2x-4)$ 또는 $Q(x)=2x-4$
　$Q(0)<0$이므로 $Q(x)=2x-4$

Step ❸ $Q(-1)=0$인 경우, $P(x)$, $Q(x)$를 각각 구하기

(ii) $Q(-1)=0$인 경우

　$Q(x)=a(x+1)$ $(a\neq0)$이라 하면 조건 (나)에서
　$P(x)=x^3-18x+19-\{Q(x)\}^2$
　$\qquad=x^3-18x+19-\{a(x+1)\}^2$
　$\qquad=x^3-a^2x^2-(2a^2+18)x+19-a^2$

조건 (가)에 의하여 $P(x)$가 x^2-5x+3으로 나누어떨어져야
하므로 다음 나눗셈에서 나머지가 0이어야 한다.

$$
\begin{array}{r}
x+(-a^2+5)\\
x^2-5x+3\ \overline{)\ x^3-a^2x^2-(2a^2+18)x+19-a^2}\\
\underline{x^3-5x^2+3x}\\
(-a^2+5)x^2-(2a^2+21)x+19-a^2\\
\underline{(-a^2+5)x^2-5(-a^2+5)x+3(-a^2+5)}\\
(-7a^2+4)x+2a^2+4
\end{array}
$$

그런데 $(-7a^2+4)x+2a^2+4=0$을 만족시키는 0이 아닌 실
수 a는 존재하지 않는다.

(i), (ii)에서
$P(x)=x^3-4x^2-2x+3,\ Q(x)=2x-4$
$\therefore P(1)+Q(9)=(1-4-2+3)+(18-4)=12$

070 항등식

다항식 $P(x)=x^3+ax^2-4x+b$는 x^2-x-2, 즉
$(x+1)(x-2)$로 나누어떨어지고 몫은 $Q(x)$이므로
$x^3+ax^2-4x+b=(x+1)(x-2)Q(x)$　　　$\cdots$ ❶
이 등식의 양변에 $x=-1$, $x=2$를 각각 대입하면
$-1+a+4+b=0,\ 8+4a-8+b=0$
$\therefore a+b=-3,\ 4a+b=0$
이 두 식을 연립하여 풀면
$a=1,\ b=-4$
$\therefore P(x)=x^3+x^2-4x-4$　　　　　　　　$\cdots$ ❷

다항식 $P(x)$를 x^2-x-2로 나누면 다음과 같다.

$$
\begin{array}{r}
x+2 \\
x^2-x-2\,\overline{)\,x^3+\ x^2-4x-4} \\
\underline{x^3-\ x^2-2x} \\
2x^2-2x-4 \\
\underline{2x^2-2x-4} \\
0
\end{array}
$$

따라서 $P(x)=(x^2-x-2)(x+2)$이므로

$Q(x)=x+2$ ⋯ ❸

$\therefore P(1)\times Q(1)=(-2)\times3\times3=-18$ ⋯ ❹

✔ 다른 풀이

조립제법을 이용하여 다항식 $P(x)=x^3+x^2-4x-4$를
x^2-x-2, 즉 $(x+1)(x-2)$로 나누면 다음과 같다.

$$
\begin{array}{r|rrrr}
-1 & 1 & 1 & -4 & -4 \\
 & & -1 & 0 & 4 \\
\hline
2 & 1 & 0 & -4 & 0 \\
 & & 2 & 4 & \\
\hline
 & 1 & 2 & 0 &
\end{array}
$$

따라서 $P(x)=(x+1)(x-2)(x+2)$이므로 $Q(x)=x+2$

채점 기준	배점 비율
❶ 주어진 조건을 이용하여 나눗셈에 대한 항등식 세우기	20%
❷ $P(x)$ 구하기	40%
❸ $Q(x)$ 구하기	30%
❹ $P(1)\times Q(1)$의 값 구하기	10%

071 인수정리

조립제법을 이용하여 다항식 $f(x)=x^3-5x^2+ax+b$를 $(x-2)^2$으로 나누면 다음과 같다.

$$
\begin{array}{r|rrrr}
2 & 1 & -5 & a & b \\
 & & 2 & -6 & 2a-12 \\
\hline
2 & 1 & -3 & a-6 & 2a+b-12 \\
 & & 2 & -2 & \\
\hline
 & 1 & -1 & a-8 &
\end{array}
$$

이때 $f(x)$는 $(x-2)^2$으로 나누어떨어지므로

$2a+b-12=0,\ a-8=0$ $\therefore a=8,\ b=-4$ ⋯ ❶

조립제법을 이용하여 다항식 $f(x)=x^3-5x^2+8x-4$를 $(x-1)^2$으로 나누면 다음과 같다.

$$
\begin{array}{r|rrrr}
1 & 1 & -5 & 8 & -4 \\
 & & 1 & -4 & 4 \\
\hline
1 & 1 & -4 & 4 & 0 \\
 & & 1 & -3 & \\
\hline
 & 1 & -3 & 1 &
\end{array}
$$

$\therefore f(x)=(x-1)(x^2-4x+4)$
$\qquad\quad=(x-1)\{(x-1)(x-3)+1\}$
$\qquad\quad=(x-1)^2(x-3)+x-1$

즉, $f(x)$를 $(x-1)^2$으로 나누었을 때의 몫은 $x-3$이다. ⋯ ❷

따라서 $p=1,\ q=-3$이므로

$p+q=1+(-3)=-2$ ⋯ ❸

채점 기준	배점 비율
❶ a, b의 값 구하기	40%
❷ $f(x)$를 $(x-1)^2$으로 나누었을 때의 몫 구하기	40%
❸ $p+q$의 값 구하기	20%

072 인수정리

$f(x)=x^4+x^2+ax+9,\ g(x)=x^4-6x^2+3x+b$라 하면
두 다항식 $f(x),\ g(x)$가 모두 이차식 x^2+3x+1을 인수로 가지
므로 $f(x),\ g(x)$는 x^2+3x+1로 나누어떨어진다.

이때 두 다항식 $f(x),\ g(x)$를 x^2+3x+1로 나누었을 때의 몫을
각각 $Q(x),\ Q'(x)$라 하면

$f(x)=(x^2+3x+1)Q(x)$ ⋯⋯ ㉠
$g(x)=(x^2+3x+1)Q'(x)$ ⋯⋯ ㉡

㉠$-$㉡을 하면

$f(x)-g(x)=(x^2+3x+1)\{Q(x)-Q'(x)\}$ ⋯⋯ ㉢

이므로 $f(x)-g(x)$도 x^2+3x+1을 인수로 갖는다. ⋯ ❶

$f(x)-g(x)=(x^4+x^2+ax+9)-(x^4-6x^2+3x+b)$
$\qquad\qquad\quad=7x^2+(a-3)x+9-b$

이므로 이를 ㉢에 대입하면

$7x^2+(a-3)x+9-b=(x^2+3x+1)\{Q(x)-Q'(x)\}$

이고, 이 등식은 x에 대한 항등식이다. ⋯ ❷

x^2의 계수가 같으려면 $Q(x)-Q'(x)=7$이어야 하므로

$7x^2+(a-3)x+9-b=7(x^2+3x+1)=7x^2+21x+7$

이고 $a-3=21,\ 9-b=7$

따라서 $a=24,\ b=2$이므로

$a+b=24+2=26$ ⋯ ❸

채점 기준	배점 비율
❶ $f(x)-g(x)$가 x^2+3x+1을 인수로 가짐을 확인하기	40%
❷ $f(x)-g(x)$를 계산하여 x에 대한 항등식 구하기	30%
❸ $a+b$의 값 구하기	30%

교육청 기출문제 본문 020~021쪽

073 ③	**074** ②	**075** 106	**076** ②
077 ⑤	**078** 24	**079** ③	**080** 20

073 항등식

선택률	①	②	③	④	⑤
	6%	6%	79%	4%	2%

주어진 등식의 양변에 $x=-1$을 대입하면

$0=-a+b$ $\therefore a-b=0$ ⋯⋯ ㉠

주어진 등식의 양변에 $x=1$을 대입하면
$1\times2\times3=a+b$ $\therefore a+b=6$ …… ㉡
㉠, ㉡을 연립하여 풀면
$a=3$, $b=3$
즉, $x(x+1)(x+2)=(x+1)(x-1)P(x)+3x+3$이므로
이 등식의 양변에 $x=0$을 대입하면
$0=-P(0)+3$ $\therefore P(0)=3$
$\therefore P(a-b)=P(0)=3$

074 나머지정리

선택률	①	②	③	④	⑤
	6%	74%	7%	5%	6%

$P(x)$가 최고차항의 계수가 1인 이차다항식이므로
$P(x)=x^2+ax+b$ $(a,\ b$는 상수)라 하면
조건 (가)에서 $P(1)=1$이므로
$P(1)=1+a+b=1$ $\therefore a+b=0$ …… ㉠
또한, $Q(x)=xP(x)$라 하면
조건 (나)에서 $Q(2)=2$, 즉 $2P(2)=2$이므로
$P(2)=1$에서
$P(2)=4+2a+b=1$ $\therefore 2a+b=-3$ …… ㉡
㉠, ㉡을 연립하여 풀면
$a=-3$, $b=3$
따라서 $P(x)=x^2-3x+3$이므로
$P(4)=16-12+3=7$

075 인수정리

정답률	54%

$f(x)+2$가 $x+2$를 인수로 가지고, $f(x)$가 이차항의 계수가 1인
이차다항식이므로
$f(x)+2=(x+2)(x+k)$ $(k$는 상수)   …… ㉠
라 하자.
또한, $f(x)-2$는 $x-2$로 나누어떨어지므로
$f(2)-2=0$ $\therefore f(2)=2$
㉠의 양변에 $x=2$를 대입하면
$f(2)+2=4(2+k)$에서 $2+2=8+4k$
$4k=-4$ $\therefore k=-1$
따라서 $f(x)=(x+2)(x-1)-2$이므로
$f(10)=12\times9-2=106$

076 조립제법

선택률	①	②	③	④	⑤
	6%	59%	12%	14%	7%

$f(a)=f(a+3)=0$이므로 $x-a$와 $x-(a+3)$은 다항식 $f(x)$의
인수이다.

즉, $f(x)$를 조립제법을 이용하여 나누면 다음과 같다.

$$\begin{array}{c|cccc} a & 1 & -a-4 & 4a-5 & 5a \\ & & a & -4a & -5a \\ \hline & 1 & -4 & -5 & \boxed{0} \end{array}$$

$\therefore f(x)=(x-a)(x^2-4x-5)=(x-a)(x+1)(x-5)$
즉, $a+3=-1$ 또는 $a+3=5$
$\therefore a=-4$ 또는 $a=2$
따라서 실수 a의 값의 합은
$(-4)+2=-2$

077 나머지정리

선택률	①	②	③	④	⑤
	11%	10%	12%	15%	51%

$g(x)=x^2f(x)$이므로 조건 (나)의 식에 대입하면
$x^2f(x)+(3x^2+4x)f(x)=x^3+ax^2+2x+b$에서
$(4x^2+4x)f(x)=x^3+ax^2+2x+b$
$\therefore 4x(x+1)f(x)=x^3+ax^2+2x+b$ …… ㉠
㉠의 양변에 $x=0$을 대입하면
$b=0$
㉠의 양변에 $x=-1$을 대입하면
$0=-1+a-2+b$, $a+b=3$
$\therefore a=3$
즉, $4x(x+1)f(x)=x^3+3x^2+2x$이므로
이 등식의 양변에 $x=4$를 대입하면
$16\times5\times f(4)=64+48+8$ $\therefore f(4)=\dfrac{3}{2}$
따라서 $g(x)$를 $x-4$로 나눈 나머지는
$g(4)=16\times f(4)=16\times\dfrac{3}{2}=24$

078 인수정리

정답률	34%

조건 (가)에서 $2P(x)+Q(x)=0$이므로
$Q(x)=-2P(x)$
$\therefore P(x)Q(x)=-2\{P(x)\}^2$
조건 (나)에서 $P(x)Q(x)$는 x^2-3x+2로 나누어떨어지므로
이때의 몫을 $f(x)$라 하면
$P(x)Q(x)=(x^2-3x+2)f(x)$
$-2\{P(x)\}^2=(x-1)(x-2)f(x)$
$\{P(x)\}^2=(x-1)(x-2)\left\{-\dfrac{1}{2}f(x)\right\}$
이차다항식 $P(x)$에 대하여 $\{P(x)\}^2$이 $x-1$, $x-2$를 인수로
가지므로 $P(x)$도 $x-1$, $x-2$를 인수로 갖는다.
$P(x)=a(x-1)(x-2)$ $(a\neq0)$라 하면
$P(0)=-4$이므로
$2a=-4$, $a=-2$
$\therefore P(x)=-2(x-1)(x-2)$

따라서 $Q(x)=-2P(x)$이므로
$Q(x)=4(x-1)(x-2)$
$\therefore Q(4)=4\times3\times2=24$

079 인수정리

선택률	①	②	③	④	⑤
	9%	14%	46%	15%	16%

조건 (가)에서 $f(x)$를 $x+1$로 나눈 몫을 $Q_1(x)$, 나머지를 R라 하면
$f(x)=(x+1)Q_1(x)+R$ ······ ㉠
또한, $f(x)$를 x^2-3으로 나눈 몫을 $Q_2(x)$라 하면 이때의 나머지도 R이므로
$f(x)=(x^2-3)Q_2(x)+R$ ······ ㉡
㉠에서 $f(x)-R=(x+1)Q_1(x)$이고
㉡에서 $f(x)-R=(x^2-3)Q_2(x)$이므로
$f(x)-R$는 $x+1$, x^2-3을 인수로 갖는다.
이때 $f(x)$가 최고차항의 계수가 1인 사차다항식이므로
$f(x)-R=(x+1)(x^2-3)(x+a)$ (a는 상수) ······ ㉢
라 하자.
조건 (나)에서 $f(x+1)-5$는 x^2+x로 나누어떨어지므로 이때의 몫을 $Q_3(x)$라 하면
$f(x+1)-5=(x^2+x)Q_3(x)$
$\qquad\qquad=x(x+1)Q_3(x)$ ······ ㉣
㉣의 양변에 $x=-1$을 대입하면
$f(0)-5=0$ $\quad\therefore f(0)=5$
㉣의 양변에 $x=0$을 대입하면
$f(1)-5=0$ $\quad\therefore f(1)=5$
㉢의 양변에 $x=0$을 대입하면
$f(0)-R=-3a$
$\therefore f(0)=-3a+R$
㉢의 양변에 $x=1$을 대입하면
$f(1)-R=-4-4a$
$\therefore f(1)=-4-4a+R$
즉, $-3a+R=5$, $-4-4a+R=5$
이 두 식을 연립하여 풀면
$a=-4$, $R=-7$
따라서 $f(x)=(x+1)(x^2-3)(x-4)-7$이므로
$f(4)=5\times13\times0-7=-7$

080 항등식

정답률	30%

$f(x)g(x)$를 $f(x)-2x^2$으로 나누었을 때의 몫은 x^2-3x+3이고 나머지는 $f(x)+xg(x)$이므로
$f(x)g(x)=\{f(x)-2x^2\}(x^2-3x+3)+f(x)+xg(x)$
$\qquad\qquad\qquad\qquad\qquad\qquad\qquad$ ······ ㉠

이때 ㉠의 좌변이 삼차다항식이므로 우변도 삼차다항식이어야 한다.
즉, $f(x)-2x^2$이 일차식이어야 하므로
$f(x)=2x^2+ax+b$ ($a\neq0$, a, b는 상수)
라 하자.
또한, $f(x)g(x)$를 나누는 식 $f(x)-2x^2$이 일차식이므로 나머지
$f(x)+xg(x)$는 상수이다.
$f(x)+xg(x)=2x^2+ax+b+xg(x)$에서
$2x^2+ax+b+xg(x)$가 상수이려면 $g(x)=-2x-a$이어야 한다.
㉠의 식의 양변에 $f(x)=2x^2+ax+b$, $g(x)=-2x-a$를 대입하면
$(2x^2+ax+b)(-2x-a)=(ax+b)(x^2-3x+3)+b$에서
$-4x^3-4ax^2-(a^2+2b)x-ab$
$=ax^3+(-3a+b)x^2+3(a-b)x+4b$
이 식은 x에 대한 항등식이므로
$-4=a$, $-4a=-3a+b$, $-(a^2+2b)=3(a-b)$, $-ab=4b$
$\therefore a=-4$, $b=4$
따라서 $f(x)=2x^2-4x+4$이므로
$f(-2)=8+8+4=20$

03 인수분해

기본 문제

본문 022~023쪽

081 ③	082 ③	083 ⑤	084 ①
085 ①	086 ④	087 ④	088 ③

081 인수분해 공식

$a^2+4b^2+4c^2+4ab+8bc+4ca$
$=a^2+(2b)^2+(2c)^2+2\times a\times 2b+2\times 2b\times 2c+2\times 2c\times a$
$=(a+2b+2c)^2$
이므로 주어진 식의 인수인 것은 $a+2b+2c$이다.

082 인수분해 공식

$x^6-64=x^6-2^6=(x^3+2^3)(x^3-2^3)$
$\qquad\qquad =(x+2)(x^2-2x+4)(x-2)(x^2+2x+4)$
따라서 $x+2$, x^2-2x+4, $x-2$, x^2+2x+4는 x^6-64의 인수
이므로 인수가 아닌 것은 ③이다.

083 인수분해 공식

$x^3-x^2+y^2+y^3=(x^3+y^3)-(x^2-y^2)$
$\qquad\qquad =(x+y)(x^2-xy+y^2)-(x+y)(x-y)$
$\qquad\qquad =(x+y)\{(x^2-xy+y^2)-(x-y)\}$
$\qquad\qquad =(x+y)\{x^2-(y+1)x+y^2+y\}$
이므로 주어진 식의 인수인 것은 $x^2-(y+1)x+y^2+y$이다.

084 공통부분이 있는 다항식의 인수분해

$(x+2y-3)(x-2y-3)-5y^2$에서 $x-3=t$라 하면
$(x+2y-3)(x-2y-3)-5y^2$
$=(x-3+2y)(x-3-2y)-5y^2$
$=(t+2y)(t-2y)-5y^2=(t^2-4y^2)-5y^2$
$=t^2-9y^2=(t+3y)(t-3y)$
$=(x-3+3y)(x-3-3y)$
$=(x+3y-3)(x-3y-3)$

085 ax^4+bx^2+c 꼴의 인수분해

x^4-7x^2+12에서 $x^2=t$라 하면
$x^4-7x^2+12=(x^2)^2-7x^2+12=t^2-7t+12$
$\qquad\qquad =(t-3)(t-4)=(x^2-3)(x^2-4)$
$\qquad\qquad =(x^2-3)(x+2)(x-2)$

086 ax^4+bx^2+c 꼴의 인수분해

$x^4+x^2+1=(x^4+2x^2+1)-x^2=(x^2+1)^2-x^2$
$\qquad\qquad =\{(x^2+1)+x\}\{(x^2+1)-x\}$
$\qquad\qquad =(x^2+x+1)(x^2-x+1)$

087 여러 개의 문자를 포함한 다항식의 인수분해

$a^2(b+c)+b^2(c-a)+c^2(b-a)-2abc$를 a에 대하여 내림차순
으로 정리하면
$a^2(b+c)+b^2(c-a)+c^2(b-a)-2abc$
$=a^2b+a^2c+b^2c-ab^2+bc^2-ac^2-2abc$
$=(b+c)a^2-(b^2+2bc+c^2)a+bc(b+c)$
$=(b+c)a^2-(b+c)^2a+bc(b+c)$
$=(b+c)\{a^2-(b+c)a+bc\}$
$=(b+c)\{(a-b)(a-c)\}$
$=(a-b)(b+c)(a-c)$

088 인수정리를 이용한 인수분해

$P(x)=x^3+ax^2+11x+a$라 하면 $x-1$이 $P(x)$의 인수이므로
$P(1)=0$
즉, $P(1)=1+a+11+a=0$이므로 $a=-6$
조립제법을 이용하여 $P(x)=x^3-6x^2+11x-6$을 $x-1$로 나누
면 다음과 같다.

1	1	-6	11	-6
		1	-5	6
	1	-5	6	0

$\therefore P(x)=(x-1)(x^2-5x+6)=(x-1)(x-2)(x-3)$
따라서 $b=-2$, $c=-3$ 또는 $b=-3$, $c=-2$이므로
$a+b+c=(-6)+(-2)+(-3)=-11$

실전 문제

본문 024~027쪽

089 6	090 20	091 ①	092 ③
093 ④	094 ⑤	095 ⑤	096 ③
097 ④	098 ③	099 ①	100 ②
101 ③	102 ⑤	103 ⑤	104 ⑤
105 ⑤	106 ②	107 ③	108 ③
109 ②	110 $4\sqrt{3}$	111 4	112 88

089 인수분해 공식

$9x^2-12xy+4y^2-6x+4y+1$
$=9x^2+4y^2+1-12xy+4y-6x$
$=(3x)^2+(-2y)^2+(-1)^2+2\times 3x\times(-2y)$
$\qquad\qquad +2\times(-2y)\times(-1)+2\times(-1)\times 3x$
$=(3x-2y-1)^2$

따라서 $a=3$, $b=-2$, $c=-1$이므로
$abc=3\times(-2)\times(-1)=6$

090 인수분해 공식

등식의 좌변의 분모와 분자를 각각 인수분해하면
$$\frac{a^3+b^3}{a^3+c^3}=\frac{(a+b)(a^2-ab+b^2)}{(a+c)(a^2-ac+c^2)}$$
이고 $a+b\neq0$, $a+c\neq0$이므로 $\dfrac{a^2-ab+b^2}{a^2-ac+c^2}=1$이어야 한다.
$a^2-ab+b^2=a^2-ac+c^2$
$b^2-c^2-ab+ac=0$
$(b+c)(b-c)-a(b-c)=0$
$(b+c-a)(b-c)=0$
$\therefore b+c-a=0$ 또는 $b-c=0$
이때 $b\neq c$이므로 $a=b+c$
즉, $a+b+c=a+a=2a$이므로 a의 값이 최대일 때 $a+b+c$의 값도 최대이다.
따라서 $a=10$일 때 $a+b+c$의 최댓값은 20이다.

091 공통부분이 있는 다항식의 인수분해

$(x+10)(x+11)(x+12)(x+13)+k$
$=\{(x+10)(x+13)\}\{(x+11)(x+12)\}+k$
$=(x^2+23x+130)(x^2+23x+132)+k$
이때 $x^2+23x+130=t$라 하면
$\begin{aligned}(주어진 식)&=t(t+2)+k\\&=t^2+2t+k\\&=(t+1)^2+k-1\\&=(x^2+23x+131)^2+k-1\end{aligned}$
이므로 이차식의 완전제곱꼴로 인수분해되려면 $k=1$이어야 한다.

> **⊕ 플러스 강의**
>
> (일차식)×(일차식)×(일차식)×(일차식)+(상수) 꼴의 인수분해
> 두 일차식의 상수항의 합이 같아지도록 두 개씩 짝 지어 전개한 후 공통부분을 한 문자로 치환하여 인수분해한다.
> 위의 문제에서 $10+13=23$, $11+12=23$이므로 $(x+10)$과 $(x+13)$, $(x+11)$과 $(x+12)$를 짝 지어 전개하였다.

092 공통부분이 있는 다항식의 인수분해

$103=a$, $-3=b$라 하면
$\begin{aligned}&103^3-3^2\times103^2+3^3\times103-3^3\\&=a^3+3\times a^2\times b+3\times a\times b^2+b^3\\&=(a+b)^3\\&=\{103+(-3)\}^3\\&=100^3=(10^2)^3=10^6\end{aligned}$

093 공통부분이 있는 다항식의 인수분해

$N=\dfrac{20^{15}-1}{20^5-1}$에서 $20^5=t$라 하면 $20^{15}=(20^5)^3=t^3$이므로
$\begin{aligned}N&=\frac{20^{15}-1}{20^5-1}=\frac{t^3-1}{t-1}\\&=\frac{(t-1)(t^2+t+1)}{t-1}\\&=t^2+t+1\\&=(20^5)^2+20^5+1\\&=20^{10}+20^5+1\end{aligned}$
이때
$\begin{aligned}20^{10}&=(2\times10)^{10}\\&=2^{10}\times10^{10}\\&=1024\times10^{10}\\&=1.024\times10^{13}\end{aligned}$
이므로 자연수 N의 자릿수는 14이고 최고자리의 숫자는 1이다.
따라서 $a=14$, $b=1$이므로
$a+b=14+1=15$

094 공통부분이 있는 다항식의 인수분해

$(x-1)^2(x-5)(x+3)+3(x^2-2x+13)$
$=(x^2-2x+1)(x^2-2x-15)+3(x^2-2x+13)$
에서 $x^2-2x=t$라 하면
$\begin{aligned}&(주어진 식)\\&=(x^2-2x+1)(x^2-2x-15)+3(x^2-2x+13)\\&=(t+1)(t-15)+3(t+13)\\&=t^2-11t+24\\&=(t-3)(t-8)\\&=(x^2-2x-3)(x^2-2x-8)\\&=(x+1)(x-3)(x+2)(x-4)\\&=(x+a)(x+b)(x+c)(x+d)\end{aligned}$
그러므로 a, b, c, d의 값은 각각 1, 2, -3, -4 중 하나이다.
이때 $ab+cd$의 값이 최대이려면 두 수 a, b의 부호가 같고, 두 수 c, d의 부호가 같을 때이므로 $ab+cd$의 최댓값은
$1\times2+(-3)\times(-4)=14$

095 ax^4+bx^2+c 꼴의 인수분해

$4x^4-17x^2+4$에서 $x^2=t$라 하면
$\begin{aligned}4x^4-17x^2+4&=4(x^2)^2-17x^2+4\\&=4t^2-17t+4\\&=(4t-1)(t-4)\\&=(4x^2-1)(x^2-4)\\&=(2x-1)(2x+1)(x-2)(x+2)\end{aligned}$

096 ax^4+bx^2+c 꼴의 인수분해

$(a+b)^2=a^2+b^2+2ab$에서

$a+b=6$, $a^2+b^2=24$이므로
$6^2=24+2ab$ $\quad\therefore ab=6$
한편, $a^4+a^2b^2+b^4$에서 $a^2=A$, $b^2=B$라 하면
$$a^4+a^2b^2+b^4=(a^2)^2+a^2b^2+(b^2)^2$$
$$=A^2+AB+B^2$$
$$=A^2+2AB+B^2-AB$$
$$=(A+B)^2-AB$$
$$=(a^2+b^2)^2-a^2b^2$$
$$=\{(a^2+b^2)+ab\}\{(a^2+b^2)-ab\}$$
$$=(24+6)\times(24-6)=540$$

097 여러 개의 문자를 포함한 다항식의 인수분해

$$x^2+(2z^2-4y)x+4(y-z^2)y+z^4$$
$$=x^2+2z^2x-4xy+4y^2-4yz^2+z^4$$
$$=z^4+2(x-2y)z^2+x^2-4xy+4y^2$$
$$=z^4+2(x-2y)z^2+(x-2y)^2$$
$$=\{z^2+(x-2y)\}^2$$
$$=(z^2+x-2y)^2$$

✏ **다른 풀이**

$$x^2+(2z^2-4y)x+4(y-z^2)y+z^4$$
$$=x^2+4y^2+z^4-4xy-4yz^2+2z^2x$$
$$=x^2+(-2y)^2+(z^2)^2+2\times x\times(-2y)+2\times(-2y)\times z^2$$
$$\qquad\qquad\qquad\qquad\qquad\qquad+2\times z^2\times x$$
$$=(x-2y+z^2)^2$$

098 여러 개의 문자를 포함한 다항식의 인수분해

$$2x^2+10x+3=(x+a)(2x+b)$$
$$=2x^2+(2a+b)x+ab$$
에서 $2a+b=10$, $ab=3$
$\therefore 4a^2-b^2a^2+4ab+b^2=(4-b^2)a^2+4ab+b^2$
$$=(2+b)(2-b)a^2+4ab+b^2$$
$$=\{(2+b)a+b\}\{(2-b)a+b\}$$
$$=(2a+b+ab)(2a+b-ab)$$
$$=(10+3)\times(10-3)$$
$$=13\times7=91$$

099 여러 개의 문자를 포함한 다항식의 인수분해

$2a^2+2b^2+c^2+5ab+3ac+3bc$를 a에 대하여 내림차순으로 정리하면
$$2a^2+2b^2+c^2+5ab+3ac+3bc$$
$$=2a^2+(5b+3c)a+2b^2+3bc+c^2$$
$$=2a^2+(5b+3c)a+(b+c)(2b+c)$$
$$=(2a+b+c)(a+2b+c)$$
$$=\{(a+b+c)+a\}\{(a+b+c)+b\}$$
$$=(0+a)(0+b)$$
$$=ab$$

100 여러 개의 문자를 포함한 다항식의 인수분해

$a^3-2a^2b+ab^2-a^2c-b^2c+2abc$를 c에 대하여 내림차순으로 정리하면
$$a^3-2a^2b+ab^2-a^2c-b^2c+2abc$$
$$=-(a^2-2ab+b^2)c+a^3-2a^2b+ab^2$$
$$=-(a^2-2ab+b^2)c+(a^2-2ab+b^2)a$$
$$=-(a-b)^2c+(a-b)^2a$$
$$=(a-b)^2(a-c)$$
이때 $a-b=3$, $b-c=3$에서 두 식을 변끼리 더하면
$a-c=6$이므로
(주어진 식)$=(a-b)^2(a-c)=3^2\times6=54$

101 여러 개의 문자를 포함한 다항식의 인수분해

$a^2+4b^2+4ab+7a+14b+12$를 a에 대하여 내림차순으로 정리하면
$$a^2+4b^2+4ab+7a+14b+12$$
$$=a^2+(4b+7)a+4b^2+14b+12$$
$$=a^2+(4b+7)a+(2b+4)(2b+3)$$
$$=(a+2b+4)(a+2b+3)=72$$
이때 a, b가 모두 자연수이므로 $a+2b+4$, $a+2b+3$도 모두 자연수이고, 두 식의 값의 차가 1이므로
$a+2b+4=9$, $a+2b+3=8$
$\therefore a+2b=5$

✏ **다른 풀이**

$$a^2+4b^2+4ab+7a+14b+12$$
$$=(a^2+4ab+4b^2)+7(a+2b)+12$$
$$=(a+2b)^2+7(a+2b)+12=72$$
에서 $a+2b=t$라 하면
$$(a+2b)^2+7(a+2b)+12=t^2+7t+12=72$$
$t^2+7t-60=0$, $(t-5)(t+12)=0$
$\therefore t=5$ 또는 $t=-12$
이때 a, b가 모두 자연수이므로 t도 자연수이다.
$\therefore a+2b=5$

102 여러 개의 문자를 포함한 다항식의 인수분해

$b^3+(c-9)b^2+a^2b+a^2(c-9)=0$의 좌변을 c에 대하여 내림차순으로 정리하면
$$b^3+b^2c-9b^2+a^2b+a^2c-9a^2$$
$$=(a^2+b^2)c-9a^2-9b^2+a^2b+b^3$$
$$=(a^2+b^2)c-9(a^2+b^2)+b(a^2+b^2)$$
$$=(a^2+b^2)(b+c-9)$$
이때 a, b는 삼각형의 변의 길이이므로 $a>0$, $b>0$이다.
즉, $(a^2+b^2)(b+c-9)=0$에서 $a^2+b^2>0$이므로
$b+c-9=0$ $\quad\therefore b+c=9$
따라서 세 변의 길이 a, b, c의 합이 15이므로
$a+b+c=15$에서
$a=15-(b+c)=15-9=6$

103 인수정리를 이용한 인수분해

다항식 x^4+ax^2+b가 $(x-1)(x-2)$로 나누어떨어지므로
$P(x)=x^4+ax^2+b$라 하면 $P(1)=P(2)=0$이다.
$P(1)=1+a+b=0$ $\therefore a+b=-1$ …… ㉠
$P(2)=16+4a+b=0$ $\therefore 4a+b=-16$ …… ㉡
㉠, ㉡을 연립하여 풀면
$a=-5,\ b=4$
x^4+bx^2+a, 즉 x^4+4x^2-5에서 $x^2=t$라 하면
x^4+4x^2-5
$=(x^2)^2+4x^2-5$
$=t^2+4t-5$
$=(t+5)(t-1)$
$=(x^2+5)(x^2-1)$
$=(x^2+5)(x+1)(x-1)$
따라서 x^4+bx^2+a의 인수인 것은 ⑤이다.

104 인수정리를 이용한 인수분해

$P(x)=2x^3+7x^2+8x-6$이라 하면
$P\left(\dfrac{1}{2}\right)=\dfrac{1}{4}+\dfrac{7}{4}+4-6=0$

즉, 다항식 $P(x)$는 $x-\dfrac{1}{2}$을 인수로 갖는다.

조립제법을 이용하여 $P(x)$를 $x-\dfrac{1}{2}$로 나누면 다음과 같다.

$$
\begin{array}{c|rrrr}
\frac{1}{2} & 2 & 7 & 8 & -6 \\
 & & 1 & 4 & 6 \\
\hline
 & 2 & 8 & 12 & 0
\end{array}
$$

$\therefore P(x)=\left(x-\dfrac{1}{2}\right)(2x^2+8x+12)$
$\qquad\quad =(2x-1)(x^2+4x+6)$
따라서 $P(x)$의 인수인 것은 ⑤이다.

105 인수정리를 이용한 인수분해

다항식 x^4+ax+b가 $x-2$를 인수로 가지므로
$g(x)=x^4+ax+b$라 하면 $g(2)=0$이다. 즉,
$g(2)=16+2a+b=0$ $\therefore b=-2a-16$
$\therefore g(x)=x^4+ax-2a-16$
조립제법을 이용하여 $g(x)$를 $x-2$로 나누면 다음과 같다.

$$
\begin{array}{c|rrrrr}
2 & 1 & 0 & 0 & a & -2a-16 \\
 & & 2 & 4 & 8 & 2a+16 \\
\hline
 & 1 & 2 & 4 & a+8 & 0
\end{array}
$$

$\therefore g(x)=(x-2)(x^3+2x^2+4x+a+8)$
이때 $g(x)$가 $(x-2)^2$을 인수로 가지므로
다항식 $x^3+2x^2+4x+a+8$도 $x-2$를 인수로 갖는다.
즉, $h(x)=x^3+2x^2+4x+a+8$이라 하면 $h(2)=0$이므로
$h(2)=8+8+8+a+8=0$ $\therefore a=-32$

$\therefore b=-2\times(-32)-16=48$
$\therefore a+b=(-32)+48=16$

106 인수정리를 이용한 인수분해

$89=x$라 하면
$89^3+13\times89^2+23\times89+11=x^3+13x^2+23x+11$
$P(x)=x^3+13x^2+23x+11$이라 하면
$P(-1)=(-1)+13-23+11=0$
즉, 다항식 $P(x)$는 $x+1$을 인수로 갖는다.
조립제법을 이용하여 $P(x)$를 $x+1$로 나누면 다음과 같다.

$$
\begin{array}{c|rrrr}
-1 & 1 & 13 & 23 & 11 \\
 & & -1 & -12 & -11 \\
\hline
 & 1 & 12 & 11 & 0
\end{array}
$$

$\therefore P(x)=(x+1)(x^2+12x+11)$
$\qquad\quad =(x+1)^2(x+11)$
따라서 $P(x)$에 $x=89$를 대입하면
$P(89)=(89+1)^2(89+11)$
$\qquad\quad =8100\times100=810000$

107 인수분해 공식

Step ❶ 주어진 식 간단히 하기
$x^5+y^5+x^2y^2(x+y)-x^2(x-1)-y^2(y-1)$
$=x^5+y^5+x^3y^2+x^2y^3-x^3+x^2-y^3+y^2$
$=(x^5+y^2x^3)+(x^2y^3+y^5)-(x^3+y^3)+(x^2+y^2)$
$=(x^2+y^2)x^3+(x^2+y^2)y^3-(x^3+y^3)+(x^2+y^2)$
$=(x^2+y^2)(x^3+y^3)-(x^3+y^3)+(x^2+y^2)$

Step ❷ x^2+y^2, x^3+y^3의 값 구하기
$x^2+y^2=(x+y)^2-2xy$
$\qquad\quad =5^2-2\times3=19$
$x^3+y^3=(x+y)(x^2-xy+y^2)$
$\qquad\quad =5\times(19-3)=80$

Step ❸ 주어진 식의 값 구하기
$x^5+y^5+x^2y^2(x+y)-x^2(x-1)-y^2(y-1)$
$=(x^2+y^2)(x^3+y^3)-(x^3+y^3)+(x^2+y^2)$
$=19\times80-80+19=1459$

108 여러 개의 문자를 포함한 다항식의 인수분해

Step ❶ c에 대하여 내림차순으로 정리한 후 인수분해하기
주어진 식의 좌변을 c에 대하여 내림차순으로 정리하면
$a^3-b^3-a^2b+ab^2-bc^2+ac^2+a-b$
$=(a-b)c^2+a^3-b^3-a^2b+ab^2+a-b$
$=(a-b)c^2+(a-b)(a^2+ab+b^2)-ab(a-b)+(a-b)$
$=(a-b)(c^2+a^2+ab+b^2-ab+1)$
$=(a-b)(a^2+b^2+c^2+1)$

Step ❷ 직각이등변삼각형임을 알아내기

$(a-b)(a^2+b^2+c^2+1)=0$에서

$a^2+b^2+c^2+1>1$이므로

$a-b=0$ $\therefore a=b$

즉, 직각삼각형 ABC는 $a=b$이고 빗변의 길이가 c인 직각이등변삼각형이다.

Step ❸ $a^2+b^2+c^2$의 값 구하기

직각이등변삼각형 ABC의 넓이가 50이므로

$\dfrac{1}{2}ab=50$ $\therefore ab=100$

이때 $a=b$이므로

$a=b=10$

$c=\sqrt{a^2+b^2}=\sqrt{10^2+10^2}=10\sqrt{2}$

$\therefore a^2+b^2+c^2=10^2+10^2+(10\sqrt{2})^2=400$

109 인수정리를 이용한 인수분해

Step ❶ 인수정리와 조립제법을 이용하여 다항식 인수분해하기

$P(x)=x^3-(3k+5)x^2+(2k^2+11k+4)x-2k^2-8k$라 하면

$P(1)=1-(3k+5)+(2k^2+11k+4)-2k^2-8k=0$

즉, 다항식 $P(x)$는 $x-1$을 인수로 갖는다.

조립제법을 이용하여 $P(x)$를 $x-1$로 나누면 다음과 같다.

$$
\begin{array}{r|rrrr}
1 & 1 & -(3k+5) & 2k^2+11k+4 & -2k^2-8k \\
  &   & 1 & -3k-4 & 2k^2+8k \\
\hline
  & 1 & -3k-4 & 2k^2+8k & 0
\end{array}
$$

$\therefore P(x)=(x-1)\{x^2-(3k+4)x+2k^2+8k\}$
$\qquad\quad =(x-1)\{x^2-(3k+4)x+2k(k+4)\}$
$\qquad\quad =(x-1)(x-2k)(x-k-4)$

Step ❷ 실수 k의 값 구하기

$P(x)$를 인수분해한 것이 $(x-a)^2(x-b)$ 꼴이려면

$1=2k$ 또는 $1=k+4$ 또는 $2k=k+4$

즉, $k=\dfrac{1}{2}$ 또는 $k=-3$ 또는 $k=4$이어야 한다.

Step ❸ 모든 실수 k의 값의 곱 구하기

따라서 모든 실수 k의 값의 곱은

$\dfrac{1}{2}\times(-3)\times4=-6$

110 인수분해 공식

$a^2+b^2+4c^2+2ab-4bc-4ca=0$에서

$a^2+b^2+(-2c)^2+2ab+2\times b\times(-2c)+2\times(-2c)\times a=0$

$(a+b-2c)^2=0$

이때 $(a+b-2c)^2\geq0$이므로

$a+b-2c=0$

$\therefore a+b=2c$ $\cdots\cdots$ ㉠

$a^2+ac=b^2+bc$에서

$a^2-b^2+ac-bc=0$

$(a+b)(a-b)+c(a-b)=0$

$\therefore (a+b+c)(a-b)=0$

이때 $a+b+c>0$이므로

$a-b=0$

$\therefore a=b$ $\cdots\cdots$ ㉡   … ❶

㉡을 ㉠에 대입하면

$a=b=c$

이므로 삼각형 ABC는 한 변의 길이가 a인 정삼각형이다.

이때 삼각형 ABC의 둘레의 길이가 12이므로

$3a=12$ $\therefore a=4$ … ❷

따라서 삼각형 ABC의 넓이는

$\dfrac{\sqrt{3}}{4}a^2=\dfrac{\sqrt{3}}{4}\times4^2=4\sqrt{3}$ … ❸

채점 기준	배점 비율
❶ 주어진 두 등식을 이용하여 a, b, c 사이의 관계식 구하기	40%
❷ a, b, c의 값 구하기	40%
❸ 삼각형 ABC의 넓이 구하기	20%

111 공통부분이 있는 다항식의 인수분해

$A+B=2x^2-12x+18$ $\cdots\cdots$ ㉠

$2A-B=x^2-9$ $\cdots\cdots$ ㉡

㉠+㉡을 하면

$3A=3x^2-12x+9$

$\therefore A=x^2-4x+3$ $\cdots\cdots$ ㉢

㉢을 ㉠에 대입하면

$B=-A+2x^2-12x+18$
$\quad =-(x^2-4x+3)+2x^2-12x+18$
$\quad =x^2-8x+15$ … ❶

$AB+3=(x^2-4x+3)(x^2-8x+15)+3$
$\qquad\quad =(x-1)(x-3)(x-3)(x-5)+3$
$\qquad\quad =\{(x-1)(x-5)\}\{(x-3)(x-3)\}+3$
$\qquad\quad =(x^2-6x+5)(x^2-6x+9)+3$

이때 $x^2-6x+5=t$라 하면

$AB+3=t(t+4)+3$
$\qquad\quad =t^2+4t+3$
$\qquad\quad =(t+1)(t+3)$
$\qquad\quad =\{(x^2-6x+5)+1\}\{(x^2-6x+5)+3\}$
$\qquad\quad =(x^2-6x+6)(x^2-6x+8)$
$\qquad\quad =(x^2-6x+6)(x-2)(x-4)$ … ❷

이때 $P=x^2-6x+6$, $Q=x-2$, $R=x-4$

또는 $P=x^2-6x+6$, $Q=x-4$, $R=x-2$이므로

$P+Q+R=(x^2-6x+6)+(x-4)+(x-2)$
$\qquad\qquad\ =x^2-4x$
$\qquad\qquad\ =x(x-4)$

방정식 $P+Q+R=0$, 즉 $x(x-4)=0$에서

$x=0$ 또는 $x=4$

따라서 방정식 $P+Q+R=0$의 서로 다른 두 실근의 합은 4이다.
　　　　　　　　　　　　　　　　　　　　　　… ❸

채점 기준	배점 비율
❶ 두 다항식 A, B 구하기	30%
❷ 다항식 $AB+3$ 인수분해하기	40%
❸ 방정식 $P+Q+R=0$의 서로 다른 두 실근의 합 구하기	30%

112　인수정리를 이용한 인수분해

$g(x)=x^3+9x^2+23x+15$라 하면
$g(-1)=-1+9-23+15=0$
즉, 다항식 $g(x)$는 $x+1$을 인수로 갖는다.　… ❶
조립제법을 이용하여 $g(x)$를 $x+1$로 나누면 다음과 같다.

$$
\begin{array}{r|rrrr}
-1 & 1 & 9 & 23 & 15 \\
   &   & -1 & -8 & -15 \\
\hline
   & 1 & 8 & 15 & 0
\end{array}
$$

$g(x)=(x+1)(x^2+8x+15)=(x+1)(x+3)(x+5)$
따라서 직육면체의 가로, 세로의 길이와 높이는 $x+1$, $x+3$,
$x+5$ 중 하나이다.　　　　　　　　　　　　… ❷
이 직육면체의 겉넓이 $f(x)$는
$f(x)=2\{(x+1)(x+3)+(x+3)(x+5)+(x+5)(x+1)\}$
　　　$=6x^2+36x+46$
이므로 $f(1)=6+36+46=88$　　　　　　　… ❸

채점 기준	배점 비율
❶ 부피의 식의 인수 알아내기	30%
❷ 직육면체의 가로, 세로의 길이와 높이 구하기	40%
❸ $f(1)$의 값 구하기	30%

▼ 교육청 기출문제

본문 028~029쪽

113 ①	114 ②	115 ②	116 ①
117 ⑤	118 ③	119 ⑤	120 126

113　공통부분이 있는 다항식의 인수분해

선택률	①	②	③	④	⑤
	79%	4%	7%	5%	3%

$x^2+4=t$라 하면
$(x^2+4)^2-3x(x^2+4)-4x^2=t^2-3tx-4x^2$
　　　　　　　　　　　　　$=(t+x)(t-4x)$
　　　　　　　　　　　　　$=(x^2+4+x)(x^2+4-4x)$
　　　　　　　　　　　　　$=(x-2)^2(x^2+x+4)$
따라서 $a=-2$, $b=1$, $c=4$이므로
$a+b+c=(-2)+1+4=3$

114　인수정리를 이용한 인수분해

선택률	①	②	③	④	⑤
	2%	81%	5%	6%	3%

나무 블록의 부피는 세 모서리의 길이가 각각 x, x, $x+3$인 직육
면체의 부피에서 한 모서리의 길이가 1인 2개의 정육면체의 부피
를 뺀 것과 같으므로
$x\times x\times(x+3)-2\times1^3=x^3+3x^2-2$
이때 $P(x)=x^3+3x^2-2$라 하면
$P(-1)=(-1)+3-2=0$
즉, 다항식 $P(x)$는 $x+1$을 인수로 갖는다.
조립제법을 이용하여 $P(x)$를 $x+1$로 나누면 다음과 같다.

$$
\begin{array}{r|rrrr}
-1 & 1 & 3 & 0 & -2 \\
   &   & -1 & -2 & 2 \\
\hline
   & 1 & 2 & -2 & 0
\end{array}
$$

$\therefore\ P(x)=(x+1)(x^2+2x-2)$
따라서 $a=1$, $b=2$, $c=-2$이므로
$a\times b\times c=1\times2\times(-2)=-4$

115　여러 개의 문자를 포함한 다항식의 인수분해

선택률	①	②	③	④	⑤
	4%	68%	9%	13%	4%

$a^2b+2ab+a^2+2a+b+1$을 b에 대하여 내림차순으로 정리하면
$a^2b+2ab+a^2+2a+b+1=(a^2+2a+1)b+(a^2+2a+1)$
　　　　　　　　　　　　　　$=(a+1)^2b+(a+1)^2$
　　　　　　　　　　　　　　$=(a+1)^2(b+1)$
이때 $245=5\times7^2$이고 a, b가 모두 자연수이므로
$a+1=7$, $b+1=5$
따라서 $a=6$, $b=4$이므로
$a+b=6+4=10$

116　공통부분이 있는 다항식의 인수분해

선택률	①	②	③	④	⑤
	78%	5%	5%	6%	3%

$a=2018$, $b=3$이라 하면
$2018^3-27=a^3-b^3$
　　　　　　$=(a-b)(a^2+ab+b^2)$
　　　　　　$=(a-b)\{a(a+b)+b^2\}$
　　　　　　$=(2018-3)\{2018\times(2018+3)+3^2\}$
　　　　　　$=2015\times(2018\times2021+9)$
따라서 2018^3-27을 $2018\times2021+9$로 나눈 몫은 2015이다.

선택률	①	②	③	④	⑤
	6%	8%	11%	7%	64%

직육면체 P, Q, R, S, T의 부피가 각각 p, q, r, s, t이므로
$p=a^3$, $q=b^3$, $r=a^2$, $s=b^2$, $t=ab(a-b)$
$p=q+r+s+t$이므로
$a^3=b^3+a^2+b^2+ab(a-b)$
$a^3-b^3-a^2-b^2-ab(a-b)=0$
$(a-b)(a^2+ab+b^2)-(a^2+b^2)-ab(a-b)=0$
$(a-b)(a^2+b^2)-(a^2+b^2)=0$
$(a^2+b^2)(a-b-1)=0$
이때 $a^2+b^2>0$ $(\because a>0,\ b>0)$이므로
$a-b-1=0$
$\therefore a-b=1$

✎ 다른 풀이

$a^3-b^3-a^2-b^2-ab(a-b)=0$에서 좌변을 a에 대하여 내림차순으로 정리하면
$a^3-b^3-a^2-b^2-ab(a-b)=a^3-(b+1)a^2+b^2a-b^3-b^2$
$\qquad\qquad\qquad\qquad\qquad=a^3-(b+1)a^2+b^2a-b^2(b+1)$
$P(x)=x^3-(b+1)x^2+b^2x-b^2(b+1)$이라 하면
$P(b+1)=(b+1)^3-(b+1)(b+1)^2+b^2(b+1)-b^2(b+1)$
$\qquad\quad=0$
즉, 다항식 $P(x)$는 $x-b-1$을 인수로 갖는다.
조립제법을 이용하여 $P(x)$를 $x-b-1$로 나누면 다음과 같다.

$$
\begin{array}{r|cccc}
b+1 & 1 & -b-1 & b^2 & -b^2(b+1) \\
& & b+1 & 0 & b^2(b+1) \\
\hline
& 1 & 0 & b^2 & 0
\end{array}
$$

$\therefore P(x)=(x-b-1)(x^2+b^2)$
이 식에 $x=a$를 대입하면
$P(a)=(a-b-1)(a^2+b^2)$
$(a-b-1)(a^2+b^2)=0$에서 $a^2+b^2>0$ $(\because a>0,\ b>0)$이므로
$a-b-1=0$ $\quad\therefore a-b=1$

선택률	①	②	③	④	⑤
	4%	7%	73%	8%	5%

$14=t$라 하면
$(14^2+2\times14)^2-18\times(14^2+2\times14)+45$
$=(t^2+2t)^2-18(t^2+2t)+45$
이때 $t^2+2t=X$라 하면
(주어진 식)$=X^2-18X+45$
$\qquad\qquad\quad=(X-3)(X-15)$
$\qquad\qquad\quad=(t^2+2t-3)(t^2+2t-15)$
$\qquad\qquad\quad=\{(t+3)(t-1)\}\{(t+5)(t-3)\}$
$\qquad\qquad\quad=(14+3)\times(14-1)\times(14+5)\times(14-3)$
$\qquad\qquad\quad=17\times13\times19\times11$

따라서 a, b, c, d의 값은 각각 11, 13, 17, 19 중 하나이다.
$\therefore a+b+c+d=11+13+17+19=60$

선택률	①	②	③	④	⑤
	12%	11%	15%	22%	36%

조건 (가)에서 $P(x)+Q(x)=4$이므로
$\{P(x)\}^3+\{Q(x)\}^3$
$=\{P(x)+Q(x)\}^3-3P(x)Q(x)\{P(x)+Q(x)\}$
$=4^3-3P(x)Q(x)\times4$
$=64-12P(x)Q(x)$
조건 (나)에서 $\{P(x)\}^3+\{Q(x)\}^3=12x^4+24x^3+12x^2+16$이므로
$12x^4+24x^3+12x^2+16=64-12P(x)Q(x)$
이때 $P(x)Q(x)=-x^4-2x^3-x^2+4$에서
$P(1)Q(1)=-1-2-1+4=0$
$P(-2)Q(-2)=-16+16-4+4=0$
즉, 다항식 $P(x)Q(x)$는 $x-1$, $x+2$를 인수로 갖는다.
조립제법을 이용하여 $P(x)Q(x)$를 $(x-1)(x-2)$로 나누면 다음과 같다.

$$
\begin{array}{r|cccccc}
1 & -1 & -2 & -1 & 0 & 4 \\
& & -1 & -3 & -4 & -4 \\
\hline
-2 & -1 & -3 & -4 & -4 & 0 \\
& & 2 & 2 & 4 & \\
\hline
& -1 & -1 & -2 & 0 &
\end{array}
$$

$\therefore P(x)Q(x)=-(x-1)(x+2)(x^2+x+2)$
$\qquad\qquad\quad=-(x^2+x-2)(x^2+x+2)$
따라서 $P(x)+Q(x)=4$이고, $P(x)$의 최고차항의 계수는 음수이므로
$P(x)=-x^2-x+2$, $Q(x)=x^2+x+2$
$\therefore P(2)+Q(3)=(-4-2+2)+(9+3+2)$
$\qquad\qquad\qquad=(-4)+14=10$

정답률	8%

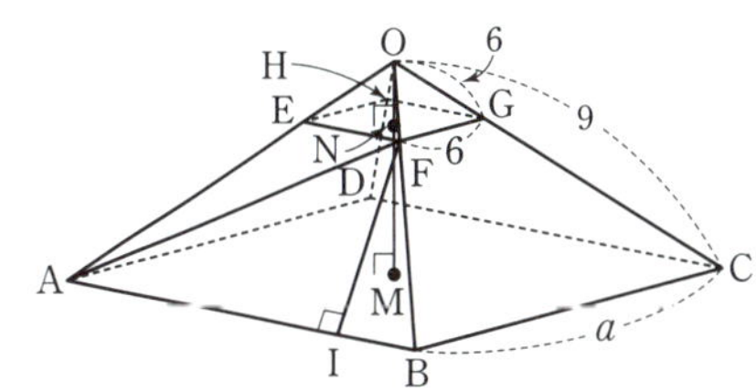

정사각뿔 O−ABCD의 점 O에서 정사각형 ABCD에 내린 수선의 발을 M이라 하면
$$\overline{OM}=\sqrt{a^2-\left(\frac{\sqrt2}{2}a\right)^2}=\frac{\sqrt2}{2}a$$

이므로 정사각뿔 O−ABCD의 부피는

$$\frac{1}{3} \times a^2 \times \frac{\sqrt{2}}{2}a = \frac{\sqrt{2}}{6}a^3$$

정사각뿔 O−EFGH의 점 O에서 정사각형 EFGH에 내린 수선의 발을 N이라 하면

$$\overline{ON} = \sqrt{b^2 - \left(\frac{\sqrt{2}}{2}b\right)^2} = \frac{\sqrt{2}}{2}b$$

이므로 정사각뿔 O−EFGH의 부피는

$$\frac{1}{3} \times b^2 \times \frac{\sqrt{2}}{2}b = \frac{\sqrt{2}}{6}b^3$$

두 정사각뿔 O−ABCD, O−EFGH의 부피의 합이 $2\sqrt{2}$이므로

$$\frac{\sqrt{2}}{6}a^3 + \frac{\sqrt{2}}{6}b^3 = 2\sqrt{2}$$

$$\therefore\ a^3 + b^3 = 12$$

점 F에서 선분 AB에 내린 수선의 발을 I라 하면 삼각형 BFI는 $\angle FIB = 90°$이고 $\angle FBI = 60°$인 직각삼각형이므로

$$\overline{FI} = \overline{FB} \times \sin 60° = \frac{\sqrt{3}}{2} \times \overline{FB} = \frac{\sqrt{3}}{2}(a-b)$$

$$\overline{BI} = \overline{FB} \times \cos 60° = \frac{1}{2} \times \overline{FB} = \frac{1}{2}(a-b)$$

$$\therefore\ \overline{AI} = \overline{AB} - \overline{BI} = a - \frac{1}{2}(a-b) = \frac{1}{2}(a+b)$$

이때 직각삼각형 FAI에서 피타고라스 정리에 의하여

$$\overline{AF}^2 = \overline{FI}^2 + \overline{AI}^2$$

$$= \left\{\frac{\sqrt{3}}{2}(a-b)\right\}^2 + \left\{\frac{1}{2}(a+b)\right\}^2$$

$$= \frac{3}{4}(a^2 - 2ab + b^2) + \frac{1}{4}(a^2 + 2ab + b^2)$$

$$= a^2 - ab + b^2 = 4$$

이때 $a^3 + b^3 = (a+b)(a^2 - ab + b^2)$에서

$$(a+b) \times 4 = 12 \qquad \therefore\ a+b = 3$$

또한, $a^2 - ab + b^2 = (a+b)^2 - 3ab$에서

$$3^2 - 3ab = 4 \qquad \therefore\ ab = \frac{5}{3}$$

즉, $(a-b)^2 = (a+b)^2 - 4ab = 3^2 - 4 \times \frac{5}{3} = \frac{7}{3}$이므로

$$a - b = \frac{\sqrt{21}}{3}\ (\because\ a > b)$$

따라서 사각형 ABFE의 넓이 S는

$$S = \frac{1}{2}(\overline{AB} + \overline{EF}) \times \overline{FI}$$

$$= \frac{1}{2}(a+b) \times \frac{\sqrt{3}}{2}(a-b)$$

$$= \frac{1}{2} \times 3 \times \frac{\sqrt{3}}{2} \times \frac{\sqrt{21}}{3}$$

$$= \frac{3\sqrt{7}}{4}$$

이므로

$$32 \times S^2 = 32 \times \frac{63}{16} = 126$$

II. 방정식과 부등식

04 복소수

기본 문제

본문 032~033쪽

| 121 | ④ | 122 | ① | 123 | ① | 124 | ① |
| 125 | ④ | 126 | ② | 127 | ⑤ | 128 | 5 |

121 복소수의 뜻

$z = (1+2i)a - b + 3 - 4i = a - b + 3 + (2a-4)i$

가 양의 실수이므로

$a - b + 3 > 0,\ 2a - 4 = 0 \qquad \therefore\ a = 2,\ b < 5$

따라서 구하는 자연수 b의 최댓값은 4이다.

122 복소수가 서로 같을 조건

복소수가 서로 같을 조건에 의하여

$x = y,\ -2y = x + 3$

이 두 식을 연립하여 풀면 $x = -1,\ y = -1$

$\therefore\ x + y = (-1) + (-1) = -2$

123 복소수의 사칙연산

$$\frac{2+i}{-1-i} + \frac{-1+2i}{1-i} = \frac{(2+i)(-1+i)}{(-1-i)(-1+i)} + \frac{(-1+2i)(1+i)}{(1-i)(1+i)}$$

$$= \frac{-2+2i-i-1}{(-1)^2 - i^2} + \frac{-1-i+2i-2}{1^2 - i^2}$$

$$= \frac{-3+i}{2} + \frac{-3+i}{2} = -3 + i$$

124 복소수의 거듭제곱

$i^2 = -1,\ i^3 = -i,\ i^4 = 1,\ i^5 = i$이므로

$$1 + \frac{1}{i} + \frac{1}{i^2} + \frac{1}{i^3} + \frac{1}{i^4} + \frac{1}{i^5} = 1 + \frac{1}{i} + \frac{1}{-1} + \frac{1}{-i} + \frac{1}{1} + \frac{1}{i}$$

$$= 1 + \frac{1}{i} = 1 + \frac{i}{i^2} = 1 - i$$

125 켤레복소수

$z = 2 + bi$ (b는 실수)라 하면 $\bar{z} = 2 - bi$이므로

$i\bar{z} + (1+i)z = 2 - i$에서

$i(2-bi) + (1+i)(2+bi) = 2 - i$

$2i + b + 2 + bi + 2i - b = 2 - i$

$\therefore\ 2 + (4+b)i = 2 - i$

복소수가 서로 같을 조건에 의하여

$4 + b = -1 \qquad \therefore\ b = -5$

따라서 $z = 2 - 5i$이므로

$z\bar{z} = (2-5i)(2+5i) = 4 + 25 = 29$

126 켤레복소수의 성질

$$\overline{\alpha\bar{\alpha}+\bar{\alpha}\beta+\alpha\bar{\beta}+\beta\bar{\beta}}=\bar{\alpha}\alpha+\alpha\bar{\beta}+\bar{\alpha}\beta+\beta\bar{\beta}$$
$$=(\alpha+\beta)(\bar{\alpha}+\bar{\beta})$$
$$=(\alpha+\beta)\overline{(\alpha+\beta)}$$
$$=(1+3i)(1-3i)$$
$$=1+9=10$$

127 음수의 제곱근

① $\sqrt{3}\sqrt{-27}=\sqrt{3}\sqrt{27}i=\sqrt{81}i=9i$

② $\sqrt{-3}\sqrt{-27}=\sqrt{3}i\sqrt{27}i=\sqrt{81}i^2=-9$

③ $\dfrac{\sqrt{-27}}{\sqrt{3}}=\dfrac{\sqrt{27}i}{\sqrt{3}}=\sqrt{9}i=3i$

④ $\dfrac{\sqrt{27}}{\sqrt{-3}}=\dfrac{\sqrt{27}}{\sqrt{3}i}=\dfrac{\sqrt{9}}{i}=\dfrac{3i}{i^2}=-3i$

⑤ $\dfrac{\sqrt{-27}}{\sqrt{-3}}=\dfrac{\sqrt{27}i}{\sqrt{3}i}=\sqrt{9}=3$

따라서 옳은 것은 ⑤이다.

128 음수의 제곱근

$\sqrt{-5}\sqrt{2-a}=-\sqrt{-5(2-a)}$에서

$-5<0,\ 2-a<0$ $\quad\therefore\ a>2$

$\dfrac{\sqrt{2}}{\sqrt{b-3}}=-\sqrt{\dfrac{2}{b-3}}$에서

$2>0,\ b-3<0$ $\quad\therefore\ b<3$

따라서 정수 a의 최솟값은 3, 정수 b의 최댓값은 2이므로 구하는 합은 $3+2=5$

> **플러스 강의**
>
> **음수의 제곱근의 성질**
> 두 실수 a, b에 대하여
> (1) $\sqrt{a}\sqrt{b}=-\sqrt{ab}$이면
> $\qquad a<0,\ b<0$ 또는 $a=0$ 또는 $b=0$
> (2) $\dfrac{\sqrt{a}}{\sqrt{b}}=-\sqrt{\dfrac{a}{b}}$이면
> $\qquad a>0,\ b<0$ 또는 $a=0,\ b\neq 0$

129 ③	**130** ④	**131** ①	**132** ②
133 ④	**134** ②	**135** ①	**136** ②
137 ⑤	**138** ③	**139** ④	**140** ③
141 ①	**142** ②	**143** ⑤	**144** ①
145 ③	**146** ①	**147** ①	**148** ②
149 ①	**150** 0	**151** 25	**152** $\dfrac{18}{169}i$

129 복소수의 뜻

$(3-i+z)^2<0$에서
$$3-i+z=3-i+a+bi$$
$$=(3+a)+(-1+b)i$$
는 순허수이므로 $3+a=0,\ -1+b\neq 0$
$a=-3,\ b\neq 1$
$\therefore\ z=-3+bi$
$z^2=c+12i$에서
$$(-3+bi)^2=c+12i$$
$$9-b^2-6bi=c+12i$$
복소수가 서로 같을 조건에 의하여
$9-b^2=c,\ -6b=12$
$\therefore\ b=-2,\ c=5$
$\therefore\ a+b+c=(-3)+(-2)+5=0$

130 복소수가 서로 같을 조건

$(a+bi)^2+2abi=\dfrac{16}{1-i}$에서

$$a^2+2abi-b^2+2abi=\dfrac{16(1+i)}{(1-i)(1+i)}$$
$$a^2-b^2+4abi=8+8i$$
복소수가 서로 같을 조건에 의하여
$a^2-b^2=8,\ ab=2$
이때
$$a^4+b^4=(a^2-b^2)^2+2a^2b^2$$
$$=64+2\times 4=72$$
$$a^2+b^2=\sqrt{(a^2+b^2)^2}=\sqrt{(a^2-b^2)^2+4a^2b^2}$$
$$=\sqrt{64+4\times 4}=4\sqrt{5}$$
$\therefore\ a^4+b^4+a^2+b^2=72+4\sqrt{5}$

> **플러스 강의**
>
> **곱셈 공식의 변형**: 두 실수 a, b에 대하여
> $$a^2+b^2=(a+b)^2-2ab=(a-b)^2+2ab$$
> $$=\sqrt{(a^2+b^2)^2}=\sqrt{(a^2-b^2)^2+4a^2b^2}$$

131 복소수의 사칙연산

$z=\dfrac{\sqrt{3}+i}{2}=\dfrac{\sqrt{3}}{2}+\dfrac{1}{2}i$일 때, $z_1=\dfrac{1}{2}+\dfrac{\sqrt{3}}{2}i$

이때
$$zz_1=\left(\dfrac{\sqrt{3}}{2}+\dfrac{1}{2}i\right)\left(\dfrac{1}{2}+\dfrac{\sqrt{3}}{2}i\right)$$
$$=\dfrac{\sqrt{3}}{4}+\dfrac{3}{4}i+\dfrac{1}{4}i-\dfrac{\sqrt{3}}{4}=i$$
$\therefore\ 2z^5(z_1)^4=2z(zz_1)^4=2zi^4$
$$=2z=\sqrt{3}+i$$
따라서 $p=\sqrt{3},\ q=1$이므로
$p^2+q^2=(\sqrt{3})^2+1^2=4$

132 복소수의 사칙연산

$$x+y=\frac{1+i}{2}+\frac{1-i}{2}=1$$

$$xy=\frac{1+i}{2}\times\frac{1-i}{2}=\frac{1+1}{4}=\frac{1}{2}$$

$$\therefore \frac{x^3}{y}+\frac{y^3}{x}=\frac{x^4+y^4}{xy}=\frac{(x^2+y^2)^2-2x^2y^2}{xy}$$

$$=\frac{\{(x+y)^2-2xy\}^2-2(xy)^2}{xy}$$

$$=\frac{\left(1-2\times\frac{1}{2}\right)^2-2\times\frac{1}{4}}{\frac{1}{2}}=-1$$

133 복소수의 사칙연산

$z=\dfrac{1-i}{\sqrt{3}i}$에서

$$z^2=\frac{1-i}{\sqrt{3}i}\times\frac{1-i}{\sqrt{3}i}=\frac{-2i}{-3}=\frac{2}{3}i$$

$$z^3=z^2\times z=\frac{2}{3}i\times\frac{1-i}{\sqrt{3}i}=\frac{2}{3}\times\frac{1-i}{\sqrt{3}}=\frac{2-2i}{3\sqrt{3}}$$

$$z^4=z^2\times z^2=\frac{2}{3}i\times\frac{2}{3}i=-\frac{4}{9}$$

$$\vdots$$

$$z^8=z^4\times z^4=\left(-\frac{4}{9}\right)\times\left(-\frac{4}{9}\right)=\frac{16}{81}=\left(\frac{2}{3}\right)^4$$

$$\vdots$$

따라서 $z^n=\left(\dfrac{2}{3}\right)^k$이 되도록 하는 n의 최솟값은 8, k의 최솟값은 4이므로 $n+k$의 최솟값은

$$8+4=12$$

134 복소수의 사칙연산

$$z=\frac{1+3i}{1+i}=\frac{(1+3i)(1-i)}{(1+i)(1-i)}$$

$$=\frac{4+2i}{2}=2+i$$

$$\therefore z-2=i \quad \cdots\cdots \text{㉠}$$

㉠의 양변을 제곱하면

$$z^2-4z+4=-1 \quad \therefore z^2-4z+5=0$$

z^4-3z^3+3을 z^2-4z+5로 나누면

$$\begin{array}{r}
z^2+\ z-1 \\
z^2-4z+5\ \overline{)\ z^4-3z^3\quad\quad +3} \\
\underline{z^4-4z^3+5z^2} \\
z^3-5z^2 \\
\underline{z^3-4z^2+5z} \\
-z^2-5z+3 \\
\underline{-z^2+4z-5} \\
-9z+8
\end{array}$$

이므로 몫은 z^2+z-1이고 나머지는 $-9z+8$이다.

$$\therefore z^4-3z^3+3=(z^2-4z+5)(z^2+z-1)-9z+8$$

$$=-9z+8$$

$$=-9(2+i)+8$$

$$=-10-9i$$

$z=2+i$에서

$$z^2=(2+i)^2=3+4i$$

$$z^3=(2+i)^2\times(2+i)=(3+4i)(2+i)$$

$$=6+3i+8i-4=2+11i$$

$$z^4=z^2\times z^2=(3+4i)(3+4i)$$

$$=9+12i+12i-16=-7+24i$$

$$\therefore z^4-3z^3+3=(-7+24i)-3(2+11i)+3$$

$$=(-7-6+3)+(24-33)i$$

$$=-10-9i$$

135 복소수의 사칙연산

$$z=\frac{2a+1-(a-2)i}{1+i}$$

$$=\frac{\{2a+1-(a-2)i\}(1-i)}{(1+i)(1-i)}$$

$$=\frac{2a+1-(2a+1)i-(a-2)i-(a-2)}{1+1}$$

$$=\frac{a+3}{2}+\frac{-3a+1}{2}i$$

z^2이 양의 실수가 되기 위해서는

$$\frac{a+3}{2}\neq0, \frac{-3a+1}{2}=0$$

즉, $a\neq-3$, $a=\dfrac{1}{3}$이어야 하므로

$$p=\frac{1}{3}$$

z^2이 음의 실수가 되기 위해서는

$$\frac{a+3}{2}=0, \frac{-3a+1}{2}\neq0$$

즉, $a=-3$, $a\neq\dfrac{1}{3}$이어야 하므로

$$q=-3$$

$$\therefore pq=\frac{1}{3}\times(-3)=-1$$

➕ 플러스 강의

복소수가 실수 또는 순허수가 되는 조건

(1) 복소수 $a+bi$ (a, b는 실수)에 대하여

① $a+bi$가 실수이면 ➡ $b=0$

② $a+bi$가 순허수이면 ➡ $a=0$, $b\neq0$

(2) 복소수 $z=a+bi$ (a, b는 실수)에 대하여

① z^2이 양의 실수이면 ➡ z는 0이 아닌 실수

    ➡ $a\neq0$, $b=0$

② z^2이 음의 실수이면 ➡ z는 순허수

    ➡ $a=0$, $b\neq0$

136 복소수의 거듭제곱

$$z=\frac{1-i}{1+i}=\frac{(1-i)^2}{(1+i)(1-i)}=\frac{-2i}{2}=-i$$

자연수 k에 대하여

$$(-i)^{4k-3}=-i, (-i)^{4k-2}=-1, (-i)^{4k-1}=i, (-i)^{4k}=1$$

이므로

$$-z+2z^2-3z^3+4z^4-\cdots+70z^{70}$$
$$=-(-i)+2(-i)^2-3(-i)^3+4(-i)^4-\cdots$$
$$\qquad\qquad\qquad\qquad -69(-i)^{69}+70(-i)^{70}$$
$$=(i-2-3i+4)+(5i-6-7i+8)+\cdots$$
$$\qquad\qquad +(65i-66-67i+68)+(69i-70)$$
$$=(2-2i)+(2-2i)+\cdots+(2-2i)+(69i-70)$$
$$=17(2-2i)+(69i-70)$$
$$=(34-70)+(-34+69)i$$
$$=-36+35i$$
따라서 $a=-36$, $b=35$이므로
$$a+b=(-36)+35=-1$$

137 복소수의 거듭제곱

$z_1=\dfrac{1+i}{\sqrt{2}}$라 하면

$z_1{}^2=\left(\dfrac{1+i}{\sqrt{2}}\right)^2=\dfrac{2i}{2}=i$

$z_1{}^4=(z_1{}^2)^2=i^2=-1$

$z_1{}^8=(z_1{}^4)^2=(-1)^2=1$

$z_2=\dfrac{\sqrt{3}-i}{2}$라 하면

$z_2{}^2=\left(\dfrac{\sqrt{3}-i}{2}\right)^2=\dfrac{2-2\sqrt{3}i}{4}=\dfrac{1-\sqrt{3}i}{2}$

$z_2{}^3=z_2{}^2\times z_2==\dfrac{1-\sqrt{3}i}{2}\times\dfrac{\sqrt{3}-i}{2}=-i$

$z_2{}^6=(z_2{}^3)^2=(-i)^2=-1$

$z_2{}^9=z_2{}^3\times z_2{}^6=(-i)\times(-1)=i$

$z_2{}^{12}=(z_2{}^6)^2=(-1)^2=1$

$\left(\dfrac{1+i}{\sqrt{2}}\right)^n+\left(\dfrac{\sqrt{3}-i}{2}\right)^n=2$가 성립하기 위해서는

$\left(\dfrac{1+i}{\sqrt{2}}\right)^n=1$, $\left(\dfrac{\sqrt{3}-i}{2}\right)^n=1$이어야 한다.

따라서 자연수 n의 최솟값은 8과 12의 최소공배수인 24이다.

138 복소수의 거듭제곱

주사위를 던져서 3이 적어도 한 번 나오면 $-16i$가 나올 수 없다.

즉, 바닥에 닿는 면에 적힌 수는 2, $2i$, $1+i$만 나올 수 있다.

$(1+i)^2=1+2i+i^2=2i$이므로

$(1+i)^4=(2i)^2=-4$

$(1+i)^6=(2i)^3=-8i$

$(1+i)^8=(2i)^4=16$

이때 $2^4=16$이므로 주사위를 최소 4번 이상 던져야 한다.

(ⅰ) 주사위를 4번 던지는 경우

　　2가 1회, $2i$가 3회 나오면

　　$2\times(2i)^3=2\times(-8i)=-16i$

(ⅱ) 주사위를 5번 던지는 경우

　　2가 1회, $2i$가 2회, $1+i$가 2회 나오면

　　$2\times(2i)^2\times(1+i)^2=2\times(-4)\times(2i)=-16i$

(ⅲ) 주사위를 6번 던지는 경우

　　2가 1회, $2i$가 1회, $1+i$가 4회 나오면

　　$2\times2i\times(1+i)^4=2\times2i\times(-4)=-16i$

(ⅳ) 주사위를 7번 던지는 경우

　　2가 1회, $1+i$가 6회 나오면

　　$2\times(1+i)^6=2\times(-8i)=-16i$

(ⅰ)~(ⅳ)에서 구하는 n의 값의 합은

$4+5+6+7=22$

139 켤레복소수

$z=a+bi$ (a, b는 실수)라 하면 $\bar{z}=a-bi$

$\dfrac{2z+\bar{z}}{z\bar{z}}=\dfrac{1-i}{1+i}$에서

$\dfrac{2(a+bi)+a-bi}{(a+bi)(a-bi)}=\dfrac{(1-i)^2}{(1+i)(1-i)}$

$\dfrac{3a}{a^2+b^2}+\dfrac{b}{a^2+b^2}i=-i$

복소수가 서로 같을 조건에 의하여

$\dfrac{3a}{a^2+b^2}=0$, $\dfrac{b}{a^2+b^2}=-1$

이때 $a^2+b^2\neq0$이므로

$a=0$, $b=-1$

따라서 $z=-i$이므로

$1+z+z^2+\cdots+z^{100}$

$=1+(-i)+(-i)^2+\cdots+(-i)^{100}$

$=(1-i-1+i)+(1-i-1+i)+\cdots+(1-i-1+i)+1$

$=0\times25+1=1$

140 켤레복소수의 성질

$\overline{w}=\overline{\left(\dfrac{3z+1}{3z-1}\right)}=\dfrac{3\bar{z}+1}{3\bar{z}-1}$이므로

$w\overline{w}=\dfrac{3z+1}{3z-1}\times\dfrac{3\bar{z}+1}{3\bar{z}-1}=\dfrac{9z\bar{z}+3(z+\bar{z})+1}{9z\bar{z}-3(z+\bar{z})+1}$　　　…… ㉠

이때

$z+\bar{z}=\dfrac{1+\sqrt{3}i}{2}+\dfrac{1-\sqrt{3}i}{2}=\dfrac{2}{2}=1$　　　…… ㉡

$z\bar{z}=\dfrac{1+\sqrt{3}i}{2}\times\dfrac{1-\sqrt{3}i}{2}=\dfrac{1+3}{4}=1$　　　…… ㉢

이므로 ㉡, ㉢을 ㉠에 대입하면

$w\overline{w}=\dfrac{9+3+1}{9-3+1}=\dfrac{13}{7}$

✎ 다른 풀이

$w=\dfrac{3z+1}{3z-1}=\dfrac{3\times\dfrac{1+\sqrt{3}i}{2}+1}{3\times\dfrac{1+\sqrt{3}i}{2}-1}=\dfrac{\dfrac{5+3\sqrt{3}i}{2}}{\dfrac{1+3\sqrt{3}i}{2}}$

$\quad=\dfrac{5+3\sqrt{3}i}{1+3\sqrt{3}i}=\dfrac{(5+3\sqrt{3}i)(1-3\sqrt{3}i)}{(1+3\sqrt{3}i)(1-3\sqrt{3}i)}$

$\quad=\dfrac{5-15\sqrt{3}i+3\sqrt{3}i+27}{1+27}=\dfrac{8-3\sqrt{3}i}{7}$

$\therefore\ w\overline{w}=\dfrac{8-3\sqrt{3}i}{7}\times\dfrac{8+3\sqrt{3}i}{7}=\dfrac{64+27}{49}=\dfrac{13}{7}$

141 켤레복소수의 성질

$\overline{\dfrac{\overline{z}}{1+i}-\overline{z}i}=z+i$에서 $\dfrac{\overline{z}}{1-i}+zi=z+i$

$\dfrac{\overline{z}}{1-i}=(1-i)z+i$

$\overline{z}=(1-i)^2z+(1-i)i$

$\therefore \overline{z}=-2iz+1+i$ $\cdots\cdots$ ㉠

$z=a+bi$ (a, b는 실수)라 하면 $\overline{z}=a-bi$이므로

㉠에서

$a-bi=-2i(a+bi)+1+i$

$\qquad=1+2b+(1-2a)i$

복소수가 서로 같을 조건에 의하여

$a=1+2b, \ -b=1-2a$

이 두 식을 연립하여 풀면

$a=\dfrac{1}{3}, \ b=-\dfrac{1}{3}$

따라서 $z=\dfrac{1}{3}-\dfrac{1}{3}i$, $\overline{z}=\dfrac{1}{3}+\dfrac{1}{3}i$이므로

$z+\overline{z}=\dfrac{2}{3}$, $z\overline{z}=\dfrac{2}{9}$

$\therefore z^3+(\overline{z})^3=(z+\overline{z})^3-3z\overline{z}(z+\overline{z})$

$\qquad\qquad=\left(\dfrac{2}{3}\right)^3-3\times\dfrac{2}{9}\times\dfrac{2}{3}=-\dfrac{4}{27}$

142 켤레복소수의 성질

$x+yi=\dfrac{1}{1+ai}$에서

$\dfrac{1}{1+ai}=\dfrac{1-ai}{(1+ai)(1-ai)}=\dfrac{1-ai}{1+a^2}$이므로

$x+yi=\dfrac{1}{1+a^2}+\dfrac{-a}{1+a^2}i$

복소수가 서로 같을 조건에 의하여

$x=\dfrac{1}{1+a^2}, \ y=\dfrac{-a}{1+a^2}$

두 실수 x, y가 $2y=x-1$을 만족시키므로

$\dfrac{-2a}{1+a^2}=\dfrac{1}{1+a^2}-1$

$\dfrac{2a+1}{1+a^2}=1$

$2a+1=1+a^2, \ a^2-2a=0$

$a(a-2)=0$

$\therefore a=0$ 또는 $a=2$

(ⅰ) $a=0$이면 $x+yi=1$이므로 $\overline{x+yi}=1=x+yi$가 되어 주어진 조건을 만족시키지 않는다.

(ⅱ) $a=2$이면 $x+yi=\dfrac{1}{5}-\dfrac{2}{5}i$이므로 $\overline{x+yi}=\dfrac{1}{5}+\dfrac{2}{5}i\neq x+yi$

　가 되어 주어진 조건을 만족시킨다.

(ⅰ), (ⅱ)에서 $a=2$

143 켤레복소수의 성질

복소수 z와 그 켤레복소수 $\overline{z}$에 대하여 $z+\overline{z}$, $z\overline{z}$는 실수이다.

ㄱ. $(2z+1)(\overline{z}+1)+\overline{z}=2z\overline{z}+2z+\overline{z}+1+\overline{z}$

$\qquad\qquad\qquad\qquad\qquad=2z\overline{z}+2(z+\overline{z})+1$

　이므로 실수이다. (참)

ㄴ. $(z^2+z+1)(\overline{z}+1)+\{(\overline{z})^2+\overline{z}+1\}(z+1)$

$\quad=(z^2+z+1)(\overline{z}+1)+\overline{(z^2+z+1)(\overline{z}+1)}$

　이므로 실수이다. (참)

ㄷ. $\dfrac{\overline{z}}{z^2}$가 실수이므로 $\dfrac{\overline{z}}{z^2}=\overline{\left(\dfrac{\overline{z}}{z^2}\right)}$에서

$\qquad\dfrac{\overline{z}}{z^2}=\dfrac{z}{(\overline{z})^2}$ $\qquad\therefore z^3=(\overline{z})^3$ $\cdots\cdots$ ㉠

$\qquad\therefore z^6-4z^3=z^6-4z^3+4-4=(z^3-2)(z^3-2)-4$

$\qquad\qquad\qquad=(z^3-2)\{(\overline{z})^3-2\}-4 \ (\because ㉠)$

$\qquad\qquad\qquad=(z^3-2)\overline{(z^3-2)}-4$

　즉, z^6-4z^3은 실수이다. (참)

따라서 옳은 것은 ㄱ, ㄴ, ㄷ이다.

✎ 다른 풀이

ㄷ. $z=a+bi$ (a, b는 실수)라 하고 $\dfrac{\overline{z}}{z^2}$에 대입하면

$\dfrac{\overline{z}}{z^2}=\dfrac{a-bi}{(a+bi)^2}=\dfrac{a-bi}{a^2-b^2+2abi}$

$\qquad=\dfrac{(a-bi)(a^2-b^2-2abi)}{(a^2-b^2+2abi)(a^2-b^2-2abi)}$

$\qquad=\dfrac{a^3-3ab^2+(-3a^2b+b^3)i}{(a^2-b^2)^2+4a^2b^2}$

가 실수이므로 $-3a^2b+b^3=0$

$b(-3a^2+b^2)=0$ $\qquad\therefore b=0$ 또는 $b=\pm\sqrt{3}a$

(ⅰ) $b=0$이면 $z=a$는 실수이므로 $z^6-4z^3=a^6-4a^3$도 실수이다.

(ⅱ) $b=\pm\sqrt{3}a$이면 $z=a(1\pm\sqrt{3}i)$

$\qquad z^2=-2a^2(1\mp\sqrt{3}i)$, $z^3=zz^2=-8a^3$, $z^6=64a^6$

$\qquad$즉, $z^6-4z^3=64a^6+32a^3$은 실수이다.

(ⅰ), (ⅱ)에서 z^6-4z^3은 실수이다. (참)

144 켤레복소수의 성질

$\dfrac{z}{\overline{z}}=\dfrac{a+bi}{a-bi}=\dfrac{(a+bi)^2}{(a-bi)(a+bi)}$

$\quad=\dfrac{a^2-b^2+2abi}{a^2+b^2}=\dfrac{a^2-b^2}{a^2+b^2}+\dfrac{2ab}{a^2+b^2}i$

이므로 $\dfrac{z}{\overline{z}}$의 실수부분이 0이 되려면 $a^2-b^2=0$이어야 한다.

$\therefore a=b$ 또는 $a=-b$

이때 $|a|\leq 5$, $|b|\leq 5$인 두 정수 a, b에 대하여

(ⅰ) $a=b$일 때

　복소수 $z=a+bi=a+ai$는

　$-5-5i$, $-4-4i$, $\cdots$, $-1-i$, $1+i$, $2+2i$, $\cdots$, $5+5i$의

　10개

(ⅱ) $a=-b$일 때

　복소수 $z=a+bi=a-ai$는

　$5-5i$, $4-4i$, $\cdots$, $1-i$, $-1+i$, $-2+2i$, $\cdots$, $-5+5i$의

　10개

(i), (ii)에서 구하는 복소수 z의 개수는

$10+10=20$

145　음수의 제곱근

$$\frac{\sqrt{-20}}{\sqrt{-5}}=\frac{\sqrt{20}i}{\sqrt{5}i}=\frac{\sqrt{20}}{\sqrt{5}}=\sqrt{\frac{20}{5}}=\sqrt{4}=2$$

$$\frac{\sqrt{150}}{\sqrt{-6}}=\frac{\sqrt{150}}{\sqrt{6}i}=\frac{\sqrt{150}i}{-\sqrt{6}}=-\sqrt{\frac{150}{6}}i=-\sqrt{25}i=-5i$$

$$\sqrt{-9}\sqrt{-24}=\sqrt{9}i\times\sqrt{24}i=-\sqrt{9\times24}=-6\sqrt{6}$$

$$\sqrt{-18}\sqrt{12}=\sqrt{18}i\times\sqrt{12}=\sqrt{18\times12}i=6\sqrt{6}i$$

이므로

$$\frac{\sqrt{-20}}{\sqrt{-5}}-\frac{\sqrt{150}}{\sqrt{-6}}+\sqrt{-9}\sqrt{-24}+\sqrt{-18}\sqrt{12}$$

$$=2+5i-6\sqrt{6}+6\sqrt{6}i=2-6\sqrt{6}+(5+6\sqrt{6})i$$

따라서 $a=2-6\sqrt{6}$, $b=5+6\sqrt{6}$이므로

$$a+b=(2-6\sqrt{6})+(5+6\sqrt{6})=7$$

146　음수의 제곱근

$a_1 a_2 a_3 \cdots a_{10}=-1$에서 a_1, a_2, a_3, $\cdots$, a_{10} 중 -1은 홀수 개이다.

이때 $n=1$, 2, 3, 4, 5에 대하여 -1이 $(2n-1)$개 있다고 하면

$\sqrt{a_1}\sqrt{a_2}\sqrt{a_3}\cdots\sqrt{a_{10}}=(\sqrt{-1})^{2n-1}=i^{2n-1}$

$a_1+a_2+a_3+\cdots+a_{10}=(-1)\times(2n-1)+1\times\{10-(2n-1)\}$

$$=-4n+12$$

이므로

$$k=\frac{a_1+a_2+a_3+\cdots+a_{10}}{\sqrt{a_1}\sqrt{a_2}\sqrt{a_3}\cdots\sqrt{a_{10}}}$$

$$=\frac{-4n+12}{i^{2n-1}}\ (n=1,\ 2,\ 3,\ 4,\ 5)$$

$$\therefore\ k=\frac{8}{i},\ \frac{4}{i^3},\ \frac{0}{i^5},\ \frac{-4}{i^7},\ \frac{-8}{i^9}$$

즉, $k=-8i$, $4i$, 0, $-4i$, $8i$

따라서 모든 k의 값의 합은

$$(-8i)+4i+0+(-4i)+8i=0$$

147　복소수의 사칙연산

Step ❶ $z=a+bi$ (a, b는 실수)라 할 때, a^2-b^2, ab의 값 구하기

$z=a+bi$ (a, b는 실수)라 하면

$z^2=-1+i$에서 $(a+bi)^2=-1+i$

$a^2-b^2+2abi=-1+i$

복소수가 서로 같을 조건에 의하여

$$a^2-b^2=-1,\ ab=\frac{1}{2} \qquad\qquad \cdots\cdots\ \text{㉠}$$

Step ❷ $\left(z^3-\dfrac{k}{z}\right)^2<0$이 성립하는 조건 찾기

$z^2=-1+i$이므로 양변을 제곱하면

$$z^4=(-1+i)^2=-2i$$

$$\left(z^3-\frac{k}{z}\right)^2=\left(\frac{z^4-k}{z}\right)^2=\left(\frac{-k-2i}{z}\right)^2<0 \qquad \cdots\cdots\ \text{㉡}$$

㉡이 성립하려면 복소수 $\dfrac{-k-2i}{z}$의 실수부분은 0이어야 하므로

$$\frac{-k-2i}{z}=\frac{-k-2i}{a+bi}$$

$$=\frac{(-k-2i)(a-bi)}{(a+bi)(a-bi)}$$

$$=\frac{-ak-2b}{a^2+b^2}+\frac{bk-2a}{a^2+b^2}i$$

에서 $\dfrac{-ak-2b}{a^2+b^2}=0$

$$\therefore\ -ak-2b=0 \qquad\qquad \cdots\cdots\ \text{㉢}$$

Step ❸ 상수 k의 값 구하기

㉢에서 $b=-\dfrac{a}{2}k$이므로 이것을 ㉠에 각각 대입하면

$$a^2-\frac{a^2}{4}k^2=-1,\ a^2=-\frac{1}{k}$$

$$-\frac{1}{k}+\frac{1}{4k}\times k^2=-1,\ k^2+4k-4=0$$

$$\therefore\ k=-2\pm2\sqrt{2}$$

이때 a는 실수이므로 $a^2=-\dfrac{1}{k}>0$에서 $k<0$

$$\therefore\ k=-2-2\sqrt{2}$$

✏ 다른 풀이

$z^2=-1+i$이므로

$z^4=(-1+i)^2=-2i$

$$\left(z^3-\frac{k}{z}\right)^2=z^6-2kz^2+\frac{k^2}{z^2}=\frac{z^8-2kz^4+k^2}{z^2}$$

$$=\frac{(-2i)^2+4ki+k^2}{-1+i}$$

$$=\frac{-4+k^2+4ki}{-1+i}$$

$$=\frac{(-4+k^2+4ki)(-1-i)}{(-1+i)(-1-i)}$$

$$=\frac{-k^2+4k+4-(k^2+4k-4)i}{2}<0$$

이 성립해야 하므로

$-k^2+4k+4<0$, $k^2+4k-4=0$

$k^2+4k-4=0$에서 $k^2=-4k+4$를 $-k^2+4k+4<0$에 대입하여

정리하면 $k<0$

$k^2+4k-4=0$에서 $k=-2\pm2\sqrt{2}$

$\therefore\ k=-2-2\sqrt{2}\ (\because\ k<0)$

148　복소수의 거듭제곱

Step ❶ $z=z_1 z_2$라 하고 z_1의 규칙성 찾기

$z_1=\left(\dfrac{1+i}{\sqrt{2}}\right)^n+\left(\dfrac{1-i}{\sqrt{2}}\right)^n$, $z_2=\left(\dfrac{2}{1+\sqrt{3}i}\right)^n+\left(\dfrac{2}{1-\sqrt{3}i}\right)^n$이라 하자.

$z_1=\left(\dfrac{1+i}{\sqrt{2}}\right)^n+\left(\dfrac{1-i}{\sqrt{2}}\right)^n$에서

・$n=1$일 때

$$z_1=\frac{1+i}{\sqrt{2}}+\frac{1-i}{\sqrt{2}}=\sqrt{2}$$

- $n=2$일 때

$$z_1=\left(\frac{1+i}{\sqrt{2}}\right)^2+\left(\frac{1-i}{\sqrt{2}}\right)^2=\frac{2i}{2}+\frac{-2i}{2}=0$$

- $n=3$일 때

$$z_1=\left(\frac{1+i}{\sqrt{2}}\right)^3+\left(\frac{1-i}{\sqrt{2}}\right)^3=\frac{i-1}{\sqrt{2}}+\frac{-i-1}{\sqrt{2}}=-\sqrt{2}$$

- $n=4$일 때

$$z_1=\left(\frac{1+i}{\sqrt{2}}\right)^4+\left(\frac{1-i}{\sqrt{2}}\right)^4=i^2+(-i)^2=-2$$

- $n=5$일 때

$$z_1=\left(\frac{1+i}{\sqrt{2}}\right)^5+\left(\frac{1-i}{\sqrt{2}}\right)^5=-\frac{1+i}{\sqrt{2}}-\frac{1-i}{\sqrt{2}}=-\sqrt{2}$$

- $n=6$일 때

$$z_1=\left(\frac{1+i}{\sqrt{2}}\right)^6+\left(\frac{1-i}{\sqrt{2}}\right)^6=-i+i=0$$

- $n=7$일 때

$$z_1=\left(\frac{1+i}{\sqrt{2}}\right)^7+\left(\frac{1-i}{\sqrt{2}}\right)^7=\frac{-i+1}{\sqrt{2}}+\frac{i+1}{\sqrt{2}}=\sqrt{2}$$

- $n=8$일 때

$$z_1=\left(\frac{1+i}{\sqrt{2}}\right)^8+\left(\frac{1-i}{\sqrt{2}}\right)^8=1+1=2$$

이상에서

$$z_1=\begin{cases} \sqrt{2} & (n=8k-7 \text{ 또는 } n=8k-1) \\ 0 & (n=8k-6 \text{ 또는 } n=8k-2) \\ -\sqrt{2} & (n=8k-5 \text{ 또는 } n=8k-3) \ (k\text{는 자연수}) \\ -2 & (n=8k-4) \\ 2 & (n=8k) \end{cases}$$

Step ❷ z_2의 규칙성 찾기

$$z_2=\left(\frac{2}{1+\sqrt{3}i}\right)^n+\left(\frac{2}{1-\sqrt{3}i}\right)^n \text{에서}$$

$$\frac{2}{1+\sqrt{3}i}=\frac{1-\sqrt{3}i}{2},\ \frac{2}{1-\sqrt{3}i}=\frac{1+\sqrt{3}i}{2}\text{이므로}$$

$$z_2=\left(\frac{1-\sqrt{3}i}{2}\right)^n+\left(\frac{1+\sqrt{3}i}{2}\right)^n$$

- $n=1$일 때

$$z_2=\frac{1-\sqrt{3}i}{2}+\frac{1+\sqrt{3}i}{2}=1$$

- $n=2$일 때

$$z_2=\left(\frac{1-\sqrt{3}i}{2}\right)^2+\left(\frac{1+\sqrt{3}i}{2}\right)^2=\frac{-1-\sqrt{3}i}{2}+\frac{-1+\sqrt{3}i}{2}=-1$$

- $n=3$일 때

$$z_2=\left(\frac{1-\sqrt{3}i}{2}\right)^3+\left(\frac{1+\sqrt{3}i}{2}\right)^3=\frac{-1-3}{4}+\frac{-1-3}{4}=-2$$

- $n=4$일 때

$$z_2=\left(\frac{1-\sqrt{3}i}{2}\right)^4+\left(\frac{1+\sqrt{3}i}{2}\right)^4=-\frac{1-\sqrt{3}i}{2}-\frac{1+\sqrt{3}i}{2}=-1$$

- $n=5$일 때

$$z_2=\left(\frac{1-\sqrt{3}i}{2}\right)^5+\left(\frac{1+\sqrt{3}i}{2}\right)^5=-\frac{-1-\sqrt{3}i}{2}-\frac{-1+\sqrt{3}i}{2}=1$$

- $n=6$일 때

$$z_2=\left(\frac{1-\sqrt{3}i}{2}\right)^6+\left(\frac{1+\sqrt{3}i}{2}\right)^6=1+1=2$$

이상에서

$$z_2=\begin{cases} 1 & (n=6l-5 \text{ 또는 } n=6l-1) \\ -1 & (n=6l-4 \text{ 또는 } n=6l-2) \\ -2 & (n=6l-3) \\ 2 & (n=6l) \end{cases} (l\text{은 자연수})$$

Step ❸ z의 최댓값 구하기

$z=z_1z_2$의 최댓값은

$z_1=2$, $z_2=2$일 때, $z=2\times2=4$ 또는

$z_1=-2$, $z_2=-2$일 때, $z=(-2)\times(-2)=4$

Step ❹ z의 값이 최대가 되도록 하는 100 이하의 자연수 n의 개수 구하기

(ⅰ) $z_1=2$, $z_2=2$일 때

$n=8k$ (k는 자연수), $n=6l$ (l은 자연수)

이므로 자연수 n은 8과 6의 공배수이다. 즉, n은 24의 배수이다.

(ⅱ) $z_1=-2$, $z_2=-2$일 때

$n=8k-4=4(2k-1)$ (k는 자연수),

$n=6l-3=3(2l-1)$ (l은 자연수)

이다. 이때 $4(2k-1)$은 짝수이고, $3(2l-1)$은 홀수이므로 조건을 만족시키는 자연수 n은 존재하지 않는다.

(ⅰ), (ⅱ)에서 100 이하의 자연수 n은 24, 48, 72, 96의 4개이다.

149 켤레복소수의 성질

Step ❶ 복소수 α 구하기

$\dfrac{|z|}{z}-(1+i)\bar{z}-\left(1+\dfrac{\bar{z}}{z}\right)i=0$에서

양변에 z를 곱하면

$|z|-(1+i)z\bar{z}-(z+\bar{z})i=0$

$|z|-z\bar{z}-(z\bar{z}+z+\bar{z})i=0$

복소수가 서로 같을 조건에 의하여

$|z|=z\bar{z}$, $z\bar{z}+z+\bar{z}=0$

이때 $z=a+bi$ (a, b는 실수)이므로

$|z|=z\bar{z}$에서 $\sqrt{a^2+b^2}=a^2+b^2$ $\quad\cdots\cdots$ ㉠

$z\bar{z}+z+\bar{z}=0$에서 $a^2+b^2+2a=0$ $\quad\cdots\cdots$ ㉡

㉠에서 $a^2+b^2=0$ 또는 $a^2+b^2=1$

$a^2+b^2=0$이면 $a=0$, $b=0$이므로 $z=0$이 되어 조건을 만족시키지 않는다.

$\therefore a^2+b^2=1$ $\quad\cdots\cdots$ ㉢

㉢을 ㉡에 대입하면

$a=-\dfrac{1}{2}$, $b=\pm\dfrac{\sqrt{3}}{2}$

$\therefore \alpha=-\dfrac{1}{2}\pm\dfrac{\sqrt{3}}{2}i$

Step ❷ 복소수 β 구하기

임의의 복소수 z에 대하여 $\alpha z^3+\beta(\bar{z})^3$이 실수이므로

$\alpha z^3+\beta(\bar{z})^3=\overline{\alpha z^3+\beta(\bar{z})^3}$에서

$\alpha z^3+\beta(\bar{z})^3=\bar{\alpha}(\bar{z})^3+\bar{\beta}z^3$

$\alpha z^3-\bar{\beta}z^3=\bar{\alpha}(\bar{z})^3-\beta(\bar{z})^3$

$(a-\overline{\beta})z^3=(\overline{a}-\beta)(\overline{z})^3$

이 식이 임의의 복소수 z에 대하여 성립하므로

$a-\overline{\beta}=0$, $\overline{a}-\beta=0$

$\therefore \beta=\overline{a}=-\dfrac{1}{2}\mp\dfrac{\sqrt{3}}{2}i$

Step ❸ $4(p^2-q^2)$**의 값 구하기**

따라서 $p=-\dfrac{1}{2}$, $q=-\dfrac{\sqrt{3}}{2}$ 또는 $p=-\dfrac{1}{2}$, $q=\dfrac{\sqrt{3}}{2}$이므로

$4(p^2-q^2)=4\left(\dfrac{1}{4}-\dfrac{3}{4}\right)=4\times\left(-\dfrac{1}{2}\right)=-2$

150 음수의 제곱근

$\dfrac{\sqrt{a}}{\sqrt{b}}=-\sqrt{\dfrac{a}{b}}$에서 $a>0$, $b<0$

이때 $z=\sqrt{a}+\sqrt{b}=\sqrt{a}+\sqrt{-b}i$이므로

$\overline{z}=\sqrt{a}-\sqrt{-b}i$ … ❶

$(2+i)z+(1-i)\overline{z}=1+i$에서

$(2+i)(\sqrt{a}+\sqrt{-b}i)+(1-i)(\sqrt{a}-\sqrt{-b}i)=1+i$

$(3\sqrt{a}-2\sqrt{-b})+\sqrt{-b}i=1+i$

복소수가 서로 같을 조건에 의하여

$3\sqrt{a}-2\sqrt{-b}=1$, $\sqrt{-b}=1$ … ❷

이 두 식을 연립하여 풀면

$\sqrt{a}=1$, $\sqrt{-b}=1$

따라서 $a=1$, $b=-1$이므로

$a+b=1+(-1)=0$ … ❸

채점 기준	배점 비율
❶ 복소수 $\overline{z}$를 a, b에 대한 식으로 나타내기	40%
❷ 복소수가 서로 같을 조건 구하기	40%
❸ $a+b$의 값 구하기	20%

151 복소수의 거듭제곱

$x=\dfrac{1-i}{1+i}=\dfrac{(1-i)^2}{(1+i)(1-i)}=\dfrac{-2i}{2}=-i$이므로

$\begin{aligned}x^{5n}+x^{3n}+x^n&=(-i)^{5n}+(-i)^{3n}+(-i)^n\\&=\{(-i)^5\}^n+\{(-i)^3\}^n+(-i)^n\\&=(-i)^n+i^n+(-i)^n\\&=2\times(-i)^n+i^n\end{aligned}$ … ❶

자연수 k에 대하여

(i) $n=4k-3$이면 $i^n=i$, $(-i)^n=-i$이므로

    $2\times(-i)^n+i^n=2\times(-i)+i=-i$

(ii) $n=4k-2$이면 $i^n=-1$, $(-i)^n=-1$이므로

    $2\times(-i)^n+i^n=2\times(-1)+(-1)=-3$

(iii) $n=4k-1$이면 $i^n=-i$, $(-i)^n=i$이므로

    $2\times(-i)^n+i^n=2i+(-i)=i$

(iv) $n=4k$이면 $i^n=1$, $(-i)^n=1$이므로

    $2\times(-i)^n+i^n=2+1=3$ … ❷

(i)~(iv)에서 $x^{5n}+x^{3n}+x^n=-i$가 성립하도록 하는 n은 4로 나누었을 때 나머지가 1인 자연수 $(n=4k-3)$이다.

따라서 구하는 100 이하의 자연수 n은

$1,\ 5,\ 9,\ \cdots,\ 97$의 25개이다.   … ❸

채점 기준	배점 비율
❶ $x^{5n}+x^{3n}+x^n$을 i로 나타내기	40%
❷ $x^{5n}+x^{3n}+x^n$의 값의 규칙성 찾기	40%
❸ $x^{5n}+x^{3n}+x^n=-i$를 만족시키는 자연수 n의 개수 구하기	20%

152 켤레복소수의 성질

$z=a+bi$ (a, b는 실수, $b>0$)라 하면 $\overline{z}=a-bi$

$z+\overline{z}=4$, $z\overline{z}=13$에서

$2a=4$, $a^2+b^2=13$

이 두 식을 연립하여 풀면

$a=2$, $b=3$ $(\because b>0)$

$\therefore z=2+3i$ … ❶

따라서 $z=2+3i$, $\overline{z}=2-3i$이므로

$z-\overline{z}=6i$ … ❷

$\begin{aligned}\therefore \dfrac{z}{(\overline{z})^2}-\dfrac{\overline{z}}{z^2}&=\dfrac{z^3-(\overline{z})^3}{z^2(\overline{z})^2}=\dfrac{(z-\overline{z})^3+3z\overline{z}(z-\overline{z})}{(z\overline{z})^2}\\&=\dfrac{(6i)^3+3\times13\times6i}{13^2}=\dfrac{18}{169}i\end{aligned}$ … ❸

채점 기준	배점 비율
❶ 복소수 z 구하기	40%
❷ $z-\overline{z}$의 값 구하기	20%
❸ $\dfrac{z}{(\overline{z})^2}-\dfrac{\overline{z}}{z^2}$의 값 구하기	40%

▼ **교육청 기출문제**   본문 038~039쪽

153 ②	154 ①	155 12	156 ①
157 ④	158 ⑤	159 ⑤	160 94

153 복소수의 뜻

선택률	①	②	③	④	⑤
	11%	67%	9%	7%	3%

$z=(m-n)+(m+n-4)i$에 대하여 z^2이 실수가 되기 위해서는

$m-n=0$ 또는 $m+n-4=0$

$\therefore m=n$ 또는 $m+n=4$

(i) $m=n$이면 5 이하의 두 자연수 m, n의 순서쌍 $(m,\ n)$은

    $(1,\ 1)$, $(2,\ 2)$, $(3,\ 3)$, $(4,\ 4)$, $(5,\ 5)$

(ii) $m+n=4$이면 5 이하의 두 자연수 m, n의 순서쌍 $(m,\ n)$은

    $(1,\ 3)$, $(2,\ 2)$, $(3,\ 1)$

(i), (ii)에서 $(2, 2)$는 중복되므로 z^2이 실수가 되도록 하는 5 이하의 두 자연수 m, n의 모든 순서쌍 (m, n)의 개수는

$5+3-1=7$

154 음수의 제곱근

선택률	①	②	③	④	⑤
	78%	8%	4%	4%	3%

0이 아닌 세 실수 a, b, c에 대하여

조건 (가)에서 $a<0$, $b>0$

조건 (나)에서

$|a+b|\geq 0$, $|a+c-1|\geq 0$이므로

$a+b=0$, $a+c-1=0$

따라서 $b=-a$, $c=-a+1=b+1$이므로 세 수 a, b, c의 대소 관계는 $a<b<c$이다.

155 켤레복소수

정답률	70%

$z=a+2i$이므로 $\overline{z}=a-2i$

$\overline{z}=\dfrac{z^2}{4i}$에서 $4i\overline{z}=z^2$

이때 복소수 $z=a+2i$가 $4i\overline{z}=z^2$을 만족시키므로

$4i(a-2i)=(a+2i)^2$

$8+4ai=a^2-4+4ai$

복소수가 서로 같을 조건에 의하여

$a^2-4=8$

$\therefore a^2=12$

156 켤레복소수

선택률	①	②	③	④	⑤
	30%	10%	13%	40%	4%

$z=a+bi$ (a, b는 실수)라 하면 $\overline{z}=a-bi$

조건 (가)에서 $\overline{z}=-z$이므로

$a-bi=-a-bi$, $a=0$

즉, $z=bi$이다.

조건 (나)에서 $z=bi$를 대입하면

$(bi)^2+(k^2-3k-4)bi+(k^2+2k-8)=0$

$k^2+2k-8-b^2+(k^2-3k-4)bi=0$

복소수가 서로 같을 조건에 의하여

$k^2+2k-8-b^2=0$ $\quad$ …… ㉠

$(k^2-3k-4)b=0$ $\quad$ …… ㉡

㉡에서 $b=0$ 또는 $k^2-3k-4=0$

(i) $b=0$일 때

$\quad$ ㉠에서 $k^2+2k-8=0$, $(k+4)(k-2)=0$

$\quad \therefore k=-4$ 또는 $k=2$

(ii) $k^2-3k-4=0$일 때

$\quad (k+1)(k-4)=0$

$\quad \therefore k=-1$ 또는 $k=4$

$\quad k=-1$이면 ㉠에서 $-9-b^2=0$

$\quad b^2=-9$를 만족시키는 실수 b는 존재하지 않는다.

$\quad k=4$이면 ㉠에서 $16-b^2=0$

$\quad b^2=16$ $\quad \therefore b=-4$ 또는 $b=4$

(i), (ii)에서 k는 -4, 2, 4이므로 모든 실수 k의 값의 곱은

$(-4)\times 2\times 4=-32$

157 복소수의 거듭제곱 ➕ 켤레복소수의 성질

선택률	①	②	③	④	⑤
	11%	12%	13%	55%	7%

$z\overline{z}=1$에서

$\overline{z}=\dfrac{1}{z}$ $\quad$ …… ㉠

㉠을 $z+\overline{z}=-1$에 대입하면

$z+\dfrac{1}{z}=-1$

$z^2+z+1=0$ $\quad$ …… ㉡

㉡의 양변에 $z-1$을 곱하면

$(z-1)(z^2+z+1)=0$

$z^3=1$

이와 같은 방법으로 $z=\dfrac{1}{\overline{z}}$로 정리하여

$z+\overline{z}=-1$에 대입하면

$(\overline{z})^3=1$

$\therefore \dfrac{\overline{z}}{z^5}+\dfrac{(\overline{z})^2}{z^4}+\dfrac{(\overline{z})^3}{z^3}+\dfrac{(\overline{z})^4}{z^2}+\dfrac{(\overline{z})^5}{z}$

$=\dfrac{\overline{z}}{z^3\times z^2}+\dfrac{(\overline{z})^2}{z^3\times z}+\dfrac{(\overline{z})^3}{z^3}+\dfrac{(\overline{z})^3\times \overline{z}}{z^2}+\dfrac{(\overline{z})^3\times (\overline{z})^2}{z}$

$=\dfrac{\overline{z}}{z^2}+\dfrac{(\overline{z})^2}{z}+\dfrac{1}{1}+\dfrac{\overline{z}}{z^2}+\dfrac{(\overline{z})^2}{z}$

$=\dfrac{2\overline{z}}{z^2}+\dfrac{2(\overline{z})^2}{z}+1$

$=\dfrac{2z\overline{z}}{z^3}+\dfrac{2z^2(\overline{z})^2}{z^3}+1$

$=2+2+1=5$

✐ 다른 풀이

$z+\overline{z}=-1$, $z\overline{z}=1$이므로

z, $\overline{z}$는 이차방정식 $x^2+x+1=0$의 두 근이다.

이 방정식의 양변에 $x-1$을 곱하면

$x^3-1=0$, $x^3=1$

$\therefore z^3=1$, $(\overline{z})^3=1$

또한, $z\overline{z}=1$에서 $z=\dfrac{1}{\overline{z}}$

$\therefore \dfrac{\overline{z}}{z^5}+\dfrac{(\overline{z})^2}{z^4}+\dfrac{(\overline{z})^3}{z^3}+\dfrac{(\overline{z})^4}{z^2}+\dfrac{(\overline{z})^5}{z}$

$=(\overline{z})^6+(\overline{z})^6+(\overline{z})^6+(\overline{z})^6+(\overline{z})^6$

$=5(\overline{z})^6=5$

158 켤레복소수의 성질

선택률	①	②	③	④	⑤
	8%	11%	11%	18%	50%

$z=a+bi$이므로 $\bar{z}=a-bi$

$iz=\bar{z}$에서

$i(a+bi)=a-bi$

$-b+ai=a-bi$

a, b는 0이 아닌 실수이므로

복소수가 서로 같을 조건에 의하여

$a=-b$

ㄱ. $z+\bar{z}=a+bi+a-bi=2a=-2b$ (참)

ㄴ. $iz=\bar{z}$의 양변에 i를 곱하면

$$i^2z=i\bar{z}$$

$$\therefore i\bar{z}=-z \text{ (참)}$$

ㄷ. $iz=\bar{z}$에서 $\dfrac{\bar{z}}{z}=i$이므로

$$\frac{\bar{z}}{z}+\frac{z}{\bar{z}}=i+\frac{1}{i}=i-i=0 \text{ (참)}$$

따라서 옳은 것은 ㄱ, ㄴ, ㄷ이다.

159 복소수의 거듭제곱

선택률	①	②	③	④	⑤
	9%	8%	9%	8%	63%

$z=a^2-1+(a-1)i$에서

z^2이 음의 실수가 되기 위해서는

$a^2-1=0$, $a-1\neq0$

즉, $a=-1$이어야 하므로

$z=-2i$

$\left(\dfrac{1-i}{\sqrt{2}}\right)^n=\dfrac{(z-\bar{z})i}{4}$에서

$(\text{우변})=\dfrac{(z-\bar{z})i}{4}=\dfrac{(-2i-2i)i}{4}=\dfrac{-4i^2}{4}=1$

이므로

$$\left(\frac{1-i}{\sqrt{2}}\right)^n=1$$

• $n=2$일 때, $\left(\dfrac{1-i}{\sqrt{2}}\right)^2=\dfrac{-2i}{2}=-i$

• $n=3$일 때, $\left(\dfrac{1-i}{\sqrt{2}}\right)^3=(-i)\times\left(\dfrac{1-i}{\sqrt{2}}\right)=\dfrac{-1-i}{\sqrt{2}}$

• $n=4$일 때, $\left(\dfrac{1-i}{\sqrt{2}}\right)^4=(-i)\times(-i)=-1$

• $n=5$일 때, $\left(\dfrac{1-i}{\sqrt{2}}\right)^5=(-1)\times\left(\dfrac{1-i}{\sqrt{2}}\right)=\dfrac{-1+i}{\sqrt{2}}$

• $n=6$일 때, $\left(\dfrac{1-i}{\sqrt{2}}\right)^6=(-1)\times(-i)=i$

• $n=7$일 때, $\left(\dfrac{1-i}{\sqrt{2}}\right)^7=(-1)\times\left(\dfrac{-1-i}{\sqrt{2}}\right)=\dfrac{1+i}{\sqrt{2}}$

• $n=8$일 때, $\left(\dfrac{1-i}{\sqrt{2}}\right)^8=(-1)\times(-1)=1$

이상에서

$$\left(\frac{1-i}{\sqrt{2}}\right)^n=\begin{cases}\dfrac{1-i}{\sqrt{2}} & (n=8k-7)\\ -i & (n=8k-6)\\ \dfrac{-1-i}{\sqrt{2}} & (n=8k-5)\\ -1 & (n=8k-4)\\ \dfrac{-1+i}{\sqrt{2}} & (n=8k-3)\\ i & (n=8k-2)\\ \dfrac{1+i}{\sqrt{2}} & (n=8k-1)\\ 1 & (n=8k)\end{cases} \quad (k\text{는 자연수})$$

따라서 $\left(\dfrac{1-i}{\sqrt{2}}\right)^n=1$이 되도록 하는 100 이하의 자연수 n은 8, 16, 24, $\cdots$, 96의 12개이다.

160 복소수의 거듭제곱

정답률	30%

49 이하의 자연수 m에 대하여

$\left(\dfrac{1+i}{\sqrt{2}}\right)^m$에서

• $m=2$일 때, $\left(\dfrac{1+i}{\sqrt{2}}\right)^2=\dfrac{2i}{2}=i$

• $m=3$일 때, $\left(\dfrac{1+i}{\sqrt{2}}\right)^3=i\times\dfrac{1+i}{\sqrt{2}}=\dfrac{-1+i}{\sqrt{2}}$

• $m=4$일 때, $\left(\dfrac{1+i}{\sqrt{2}}\right)^4=i\times i=-1$

• $m=5$일 때, $\left(\dfrac{1+i}{\sqrt{2}}\right)^5=(-1)\times\left(\dfrac{1+i}{\sqrt{2}}\right)=\dfrac{-1-i}{\sqrt{2}}$

• $m=6$일 때, $\left(\dfrac{1+i}{\sqrt{2}}\right)^6=(-1)\times i=-i$

• $m=7$일 때, $\left(\dfrac{1+i}{\sqrt{2}}\right)^7=(-1)\times\left(\dfrac{-1+i}{\sqrt{2}}\right)=\dfrac{1-i}{\sqrt{2}}$

• $m=8$일 때, $\left(\dfrac{1+i}{\sqrt{2}}\right)^8=(-1)\times(-1)=1$

이상에서

$$\left(\frac{1+i}{\sqrt{2}}\right)^m=\begin{cases}\dfrac{1+i}{\sqrt{2}} & (m=8k-7)\\ -i & (m=8k-6)\\ \dfrac{-1+i}{\sqrt{2}} & (m=8k-5)\\ -1 & (m=8k-4)\\ \dfrac{-1-i}{\sqrt{2}} & (m=8k-3)\\ -i & (m=8k-2)\\ \dfrac{1-i}{\sqrt{2}} & (m=8k-1)\\ 1 & (m=8k)\end{cases} \quad (k\text{는 자연수})$$

또한, $(i)^n=\begin{cases}i & (n=4l-3)\\ -1 & (n=4l-2)\\ -i & (n=4l-1)\\ 1 & (n=4l)\end{cases} \quad (l\text{은 자연수})$

$$\left\{\left(\frac{1+i}{\sqrt{2}}\right)^{m}-i^{n}\right\}^{2}=4\text{이므로}$$

$$\left(\frac{1+i}{\sqrt{2}}\right)^{m}-i^{n}=2 \text{ 또는 } \left(\frac{1+i}{\sqrt{2}}\right)^{m}-i^{n}=-2$$

(i) $\left(\dfrac{1+i}{\sqrt{2}}\right)^{m}-i^{n}=2$인 경우

$\left(\dfrac{1+i}{\sqrt{2}}\right)^{m}=1,\ i^{n}=-1$이므로

$m=48,\ n=46$일 때, $m+n$은 최댓값 94를 갖는다.

(ii) $\left(\dfrac{1+i}{\sqrt{2}}\right)^{m}-i^{n}=-2$인 경우

$\left(\dfrac{1+i}{\sqrt{2}}\right)^{m}=-1,\ i^{n}=1$이므로

$m=44,\ n=48$일 때, $m+n$은 최댓값 92를 갖는다.

(i), (ii)에서 구하는 $m+n$의 최댓값은 94이다.

05 이차방정식

본문 040~041쪽

161 ⑤	**162** ⑤	**163** ③	**164** 4
165 ③	**166** ①	**167** ①	**168** 12

161 이차방정식의 풀이

$4x^{2}-16x+15=0$에서 $(2x-3)(2x-5)=0$

$\therefore x=\dfrac{3}{2}$ 또는 $x=\dfrac{5}{2}$

따라서 $\alpha=\dfrac{5}{2},\ \beta=\dfrac{3}{2}\ (\because \alpha>\beta)$이므로

$\alpha^{2}-\beta^{2}=\left(\dfrac{5}{2}\right)^{2}-\left(\dfrac{3}{2}\right)^{2}=\dfrac{25}{4}-\dfrac{9}{4}=4$

162 이차방정식의 풀이

$(x+3)^{2}=11x+6$에서

$x^{2}+6x+9=11x+6$

$\therefore x^{2}-5x+3=0$

따라서 근의 공식을 이용하여 근을 구하면

$x=\dfrac{-(-5)\pm\sqrt{(-5)^{2}-4\times1\times3}}{2\times1}=\dfrac{5\pm\sqrt{13}}{2}$

163 이차방정식의 판별식과 근의 판별

ㄱ. 이차방정식 $3x^{2}-4x+1=0$의 판별식을 D_{1}이라 하면

$\dfrac{D_{1}}{4}=(-2)^{2}-3\times1=1>0$

즉, 이차방정식 $3x^{2}-4x+1=0$은 서로 다른 두 실근을 갖는다.

ㄴ. 이차방정식 $4x^{2}+4x+1=0$의 판별식을 D_{2}라 하면

$\dfrac{D_{2}}{4}=2^{2}-4\times1=0$

즉, 이차방정식 $4x^{2}+4x+1=0$은 중근을 갖는다.

ㄷ. 이차방정식 $x^{2}-3x+3=0$의 판별식을 D_{3}이라 하면

$D_{3}=(-3)^{2}-4\times1\times3=-3<0$

즉, 이차방정식 $x^{2}-3x+3=0$은 서로 다른 두 허근을 갖는다.

따라서 실근을 갖는 것은 ㄱ, ㄴ이다.

164 이차방정식의 판별식과 근의 판별

이차방정식 $kx^{2}+kx+1=0$의 판별식을 D라 하면

$D=k^{2}-4\times k\times1=0$

$k^{2}-4k=0,\ k(k-4)=0$

$\therefore k=0$ 또는 $k=4$

그런데 주어진 방정식이 이차방정식이므로 $k\neq0$

$\therefore k=4$

165 이차방정식의 근과 계수의 관계

이차방정식 $3x^2-2x-4=0$의 두 근이 α, β이므로
이차방정식의 근과 계수의 관계에 의하여
$$\alpha+\beta=\frac{2}{3},\ \alpha\beta=-\frac{4}{3}$$
$$\therefore\ (\alpha-\beta)^2=(\alpha+\beta)^2-4\alpha\beta$$
$$=\left(\frac{2}{3}\right)^2-4\times\left(-\frac{4}{3}\right)=\frac{4}{9}+\frac{16}{3}=\frac{52}{9}$$

166 두 수를 근으로 하는 이차방정식

이차방정식 $3x^2-7x+4=0$의 두 근이 α, β이므로
이차방정식의 근과 계수의 관계에 의하여
$$\alpha+\beta=\frac{7}{3},\ \alpha\beta=\frac{4}{3}$$
이때 x^2의 계수가 9이고 $\alpha+\beta$, $\alpha\beta$를 두 근으로 하는 이차방정식은
$$9\left(x-\frac{7}{3}\right)\left(x-\frac{4}{3}\right)=0,\ 9\left(x^2-\frac{11}{3}x+\frac{28}{9}\right)=0$$
$$\therefore\ 9x^2-33x+28=0$$
따라서 $p=-33$, $q=28$이므로
$$p+q=(-33)+28=-5$$

167 이차방정식의 근을 이용한 이차식의 인수분해

이차방정식 $x^2-4x+5=0$에서 근의 공식을 이용하여 근을 구하면
$$x=-(-2)\pm\sqrt{(-2)^2-1\times5}=2\pm i$$
$$\therefore\ x^2-4x+5=\{x-(2+i)\}\{x-(2-i)\}$$
$$=(x-2-i)(x-2+i)$$

168 이차식의 계수와 이차방정식의 근의 관계

계수가 모두 유리수인 이차방정식 $x^2+px+q=0$의 한 근이
$3+\sqrt{11}$이므로 다른 한 근은 $3-\sqrt{11}$이다.
따라서 이차방정식의 근과 계수의 관계에 의하여
$$-p=(3+\sqrt{11})+(3-\sqrt{11})=6$$에서 $p=-6$
$$q=(3+\sqrt{11})(3-\sqrt{11})=9-11=-2$$
$$\therefore\ pq=(-6)\times(-2)=12$$

169 ③	**170** ⑤	**171** ①	**172** ④
173 ②	**174** ①	**175** ②	**176** ③
177 ⑤	**178** ⑤	**179** ①	**180** ④
181 ②	**182** ④	**183** ②	**184** ①
185 ①	**186** ③	**187** ③	**188** ④
189 ④	**190** 22		
191 $x^2-4x+3=0,\ \alpha=3,\ \beta=1$			**192** $-\dfrac{3}{2}$

169 이차방정식의 풀이

주어진 이차방정식의 양변에 $\dfrac{1}{\sqrt{2}}$을 곱하면
$$\frac{1}{\sqrt{2}}\times\sqrt{2}\,x^2-\frac{1}{\sqrt{2}}\times2x+\frac{1}{\sqrt{2}}\times(2\sqrt{3}-3\sqrt{2})=0$$
$$x^2-\sqrt{2}\,x+\sqrt{6}-3=0$$
$$x^2-\{\sqrt{3}+(\sqrt{2}-\sqrt{3})\}x+\sqrt{3}\times(\sqrt{2}-\sqrt{3})=0$$
$$(x-\sqrt{3})\{x-(\sqrt{2}-\sqrt{3})\}=0$$
$$\therefore\ x=\sqrt{3}\ 또는\ x=\sqrt{2}-\sqrt{3}$$

170 이차방정식의 풀이

방정식 $2x^2+5|x|-2=0$에서
(i) $x\geq0$일 때, $2x^2+5x-2=0$
근의 공식을 이용하여 근을 구하면
$$x=\frac{-5\pm\sqrt{5^2-4\times2\times(-2)}}{2\times2}=\frac{-5\pm\sqrt{41}}{4}$$
그런데 $x\geq0$이므로 $x=\dfrac{-5+\sqrt{41}}{4}$
(ii) $x<0$일 때, $2x^2-5x-2=0$
근의 공식을 이용하여 근을 구하면
$$x=\frac{-(-5)\pm\sqrt{(-5)^2-4\times2\times(-2)}}{2\times2}=\frac{5\pm\sqrt{41}}{4}$$
그런데 $x<0$이므로 $x=\dfrac{5-\sqrt{41}}{4}$
(i), (ii)에서 주어진 방정식의 근은
$$x=\frac{-5+\sqrt{41}}{4}\ 또는\ x=\frac{5-\sqrt{41}}{4}$$
이므로 두 근의 곱은
$$\frac{-5+\sqrt{41}}{4}\times\frac{5-\sqrt{41}}{4}=\frac{-66+10\sqrt{41}}{16}=-\frac{33}{8}+\frac{5\sqrt{41}}{8}$$
따라서 $a=-\dfrac{33}{8}$, $b=\dfrac{5}{8}$이므로
$$4(a+b)=4\times\left(-\frac{33}{8}+\frac{5}{8}\right)=-14$$

✎ 다른 풀이

$x^2=|x|^2$이므로 주어진 방정식은
$$2|x|^2+5|x|-2=0$$
이차방정식의 근의 공식을 이용하면
$$|x|=\frac{-5\pm\sqrt{5^2-4\times2\times(-2)}}{2\times2}=\frac{-5\pm\sqrt{41}}{4}$$
그런데 $|x|\geq0$이므로 $|x|=\dfrac{-5+\sqrt{41}}{4}$
$$\therefore\ x=\frac{-5+\sqrt{41}}{4}\ 또는\ x=\frac{5-\sqrt{41}}{4}$$

171 이차방정식의 풀이

이차방정식 $x^2+kx+1=0$의 한 근이 $1+\sqrt{2}$이므로
$$(1+\sqrt{2})^2+k(1+\sqrt{2})+1=0$$
$$3+2\sqrt{2}+k(1+\sqrt{2})+1=0$$
$$\therefore\ k=\frac{-4-2\sqrt{2}}{1+\sqrt{2}}=\frac{(-4-2\sqrt{2})(\sqrt{2}-1)}{(\sqrt{2}+1)(\sqrt{2}-1)}=-2\sqrt{2}$$

이때 주어진 이차방정식은 $x^2-2\sqrt{2}x+1=0$이므로
근의 공식을 이용하여 근을 구하면
$$x=-(-\sqrt{2})\pm\sqrt{(-\sqrt{2})^2-1\times1}=\sqrt{2}\pm1$$
따라서 $\alpha=\sqrt{2}-1$이므로
$$k+2\alpha=(-2\sqrt{2})+2(\sqrt{2}-1)=-2$$

172 이차방정식의 풀이

주어진 이차방정식의 한 근이 -2이므로
$$k\times(-2)^2+a\times(-2)+(k+1)b=0$$
$$(b+4)k-2a+b=0$$
이 등식이 k의 값에 관계없이 항상 성립하므로
$$b+4=0,\ -2a+b=0$$
따라서 $a=-2$, $b=-4$이므로
$$ab=(-2)\times(-4)=8$$

173 이차방정식의 판별식과 근의 판별

이차방정식 $(k+1)x^2+(2k+2)x-2k+7=0$의 판별식을 D라 하면
$$\frac{D}{4}=(k+1)^2-(k+1)(-2k+7)=0$$
$$(k+1)\{(k+1)-(-2k+7)\}=0$$
$$3(k+1)(k-2)=0$$
$$\therefore\ k=-1\ \text{또는}\ k=2$$
그런데 주어진 방정식이 이차방정식이므로 $k+1\neq0$
즉, $k\neq-1$이므로 $k=2$
$k=2$를 주어진 이차방정식에 대입하면
$$3x^2+6x+3=0,\ 3(x+1)^2=0\qquad\therefore\ x=-1$$
따라서 $\alpha=-1$이므로
$$k+\alpha=2+(-1)=1$$

174 이차방정식의 판별식과 근의 판별

이차방정식 $4x^2-4kx+k^2+k-2=0$의 판별식을 D_1이라 하면
$$\frac{D_1}{4}=(-2k)^2-4(k^2+k-2)\geq0,\ -4k+8\geq0$$
$$\therefore\ k\leq2\qquad\qquad\cdots\cdots\ \bigcirc$$
이차방정식 $x^2+2(k-1)x-k+7=0$의 판별식을 D_2라 하면
$$\frac{D_2}{4}=(k-1)^2-1\times(-k+7)=0,\ k^2-k-6=0$$
$$(k+2)(k-3)=0\qquad\therefore\ k=-2\ \text{또는}\ k=3\ \cdots\cdots\ \bigcirc$$
$\bigcirc$, $\bigcirc$에서 구하는 실수 k의 값은 -2이다.

175 이차방정식의 판별식과 근의 판별

주어진 이차식이 완전제곱식이면 x에 대한 이차방정식
$x^2+(m+a)x+bm^2+m+c=0$이 중근을 가지므로
이 이차방정식의 판별식을 D라 하면

$$D=(m+a)^2-4(bm^2+m+c)=0$$
$$(1-4b)m^2+(2a-4)m+a^2-4c=0$$
이 등식이 m의 값에 관계없이 항상 성립하므로
$$1-4b=0,\ 2a-4=0,\ a^2-4c=0$$
$$\therefore\ b=\frac{1}{4},\ a=2,\ c=\frac{a^2}{4}=1$$
$$\therefore\ a+4b+2c=2+4\times\frac{1}{4}+2\times1=5$$

176 이차방정식의 판별식과 근의 판별

직각삼각형 ABC에서 피타고라스 정리에 의하여
$$c^2=a^2+b^2\qquad\cdots\cdots\ \bigcirc$$
삼각형의 세 변의 길이 a, b, c는 양의 실수이므로
이차방정식 $ax^2+2cx+b=0$의 판별식을 D라 하면
$$\frac{D}{4}=c^2-ab=a^2+b^2-ab\ (\because\ \bigcirc)$$
$$=\left(a-\frac{b}{2}\right)^2+\frac{3}{4}b^2>0$$
따라서 이차방정식 $ax^2+2cx+b=0$은 서로 다른 두 실근을 갖는다.
이때 이차방정식의 근과 계수의 관계에 의하여
$$(\text{두 근의 합})=-\frac{2c}{a}<0,\ (\text{두 근의 곱})=\frac{b}{a}>0$$
이므로 두 근은 모두 음수이다.

177 이차방정식의 근과 계수의 관계

이차방정식 $x^2+2x-4=0$의 두 근이 α, β이므로 이차방정식의
근과 계수의 관계에 의하여
$$\alpha+\beta=-2,\ \alpha\beta=-4$$
① $\alpha^2\beta+\alpha\beta^2=\alpha\beta(\alpha+\beta)$
$$=(-4)\times(-2)=8$$
② $\dfrac{1}{\alpha}+\dfrac{1}{\beta}=\dfrac{\alpha+\beta}{\alpha\beta}$
$$=\dfrac{-2}{-4}=\dfrac{1}{2}$$
③ $\alpha^2+\beta^2=(\alpha+\beta)^2-2\alpha\beta$
$$=(-2)^2-2\times(-4)=12$$
④ $(\alpha-2)(\beta-2)=\alpha\beta-2(\alpha+\beta)+4$
$$=-4-2\times(-2)+4=4$$
⑤ $\alpha^3+\beta^3=(\alpha+\beta)^3-3\alpha\beta(\alpha+\beta)$
$$=(-2)^3-3\times(-4)\times(-2)=-32$$
따라서 옳지 않은 것은 ⑤이다.

178 이차방정식의 근과 계수의 관계

이차방정식 $x^2-4x+8=0$의 두 근이 α, β이므로
$$\alpha^2-4\alpha+8=0,\ \beta^2-4\beta+8=0$$
또한, 이차방정식의 근과 계수의 관계에 의하여
$$\alpha+\beta=4,\ \alpha\beta=8$$

$$\therefore \ \frac{\beta^2+8}{\alpha^3-3\alpha^2+4}+\frac{\alpha^2+8}{\beta^3-3\beta^2+4}$$

$$=\frac{4\beta}{\alpha(\alpha^2-4\alpha+8)+\alpha^2-8\alpha+4}+\frac{4\alpha}{\beta(\beta^2-4\beta+8)+\beta^2-8\beta+4}$$

$$=\frac{4\beta}{\alpha^2-8\alpha+4}+\frac{4\alpha}{\beta^2-8\beta+4}$$

$$=\frac{4\beta}{(\alpha^2-4\alpha+8)-4\alpha-4}+\frac{4\alpha}{(\beta^2-4\beta+8)-4\beta-4}$$

$$=-\frac{\beta}{\alpha+1}-\frac{\alpha}{\beta+1}$$

$$=-\frac{\beta(\beta+1)+\alpha(\alpha+1)}{(\alpha+1)(\beta+1)}$$

$$=-\frac{\beta^2+\beta+\alpha^2+\alpha}{\alpha\beta+(\alpha+\beta)+1}$$

$$=-\frac{(4\beta-8)+\beta+(4\alpha-8)+\alpha}{\alpha\beta+(\alpha+\beta)+1}$$

$$=-\frac{5(\alpha+\beta)-16}{\alpha\beta+(\alpha+\beta)+1}$$

$$=-\frac{5\times4-16}{8+4+1}$$

$$=-\frac{4}{13}$$

179 이차방정식의 근과 계수의 관계

x에 대한 이차방정식 $x^2-(a+3)x+a^2-8a-12=0$의 두 근을 α, β ($\alpha>\beta$, α, β는 정수)라 하면 이차방정식의 근과 계수의 관계에 의하여

$\alpha+\beta=a+3$ $\quad\cdots\cdots$ ㉠

$\alpha\beta=a^2-8a-12$ $\quad\cdots\cdots$ ㉡

주어진 조건에서 두 근의 차가 11이므로

$\alpha-\beta=11$ $\quad\cdots\cdots$ ㉢

$\dfrac{1}{2}$(㉠+㉢)을 하면 $\alpha=\dfrac{a}{2}+7$

$\dfrac{1}{2}$(㉠-㉢)을 하면 $\beta=\dfrac{a}{2}-4$

$\therefore \ \alpha\beta=\left(\dfrac{a}{2}+7\right)\left(\dfrac{a}{2}-4\right)$

이것을 ㉡에 대입하면

$\left(\dfrac{a}{2}+7\right)\left(\dfrac{a}{2}-4\right)=a^2-8a-12$

$\dfrac{1}{4}a^2+\dfrac{3}{2}a-28=a^2-8a-12$

$3a^2-38a+64=0,\ (a-2)(3a-32)=0$

$\therefore \ a=2$ 또는 $a=\dfrac{32}{3}$

(i) $a=2$일 때

$\alpha=\dfrac{2}{2}+7=8,\ \beta=\dfrac{2}{2}-4=-3$

(ii) $a=\dfrac{32}{3}$일 때

$\alpha=\dfrac{1}{2}\times\dfrac{32}{3}+7=\dfrac{37}{3},\ \beta=\dfrac{1}{2}\times\dfrac{32}{3}-4=\dfrac{4}{3}$

이므로

α, β가 정수라는 조건을 만족시키지 않는다.

(i), (ii)에서 $a=2$

180 이차방정식의 근과 계수의 관계

이차방정식 $x^2+(2k-3)x+16=0$에서 이차방정식의 근과 계수의 관계에 의하여 두 근의 곱이 $16>0$이므로 두 근의 부호는 서로 같다.

주어진 이차방정식의 두 근의 절댓값의 비가 $1:4$이므로 두 근을 α, 4α ($\alpha\neq0$)라 하면 이차방정식의 근과 계수의 관계에 의하여

$\alpha+4\alpha=-(2k-3)$에서 $5\alpha=-2k+3$ $\quad\cdots\cdots$ ㉠

$\alpha\times4\alpha=16$에서 $\alpha^2=4$ $\quad\therefore \ \alpha=-2$ 또는 $\alpha=2$

(i) $\alpha=-2$일 때

㉠에서

$$k=\frac{-5\alpha+3}{2}=\frac{-5\times(-2)+3}{2}=\frac{13}{2}$$

(ii) $\alpha=2$일 때

㉠에서

$$k=\frac{-5\alpha+3}{2}=\frac{-5\times2+3}{2}=-\frac{7}{2}$$

(i), (ii)에서 구하는 모든 실수 k의 값의 합은

$$\frac{13}{2}+\left(-\frac{7}{2}\right)=3$$

181 이차방정식의 근과 계수의 관계

이차방정식 $ax^2+bx+c=0$의 두 근이 -3, 4이므로 이차방정식의 근과 계수의 관계에 의하여

$\dfrac{c}{a}=-3\times4=-12$

$\therefore \ c=-12a$ $\quad\cdots\cdots$ ㉠

이차방정식 $ax^2+dx+e=0$의 두 근이 $-2+\sqrt{13}$, $-2-\sqrt{13}$이므로 이차방정식의 근과 계수의 관계에 의하여

$-\dfrac{d}{a}=(-2+\sqrt{13})+(-2-\sqrt{13})=-4$

$\therefore \ d=4a$ $\quad\cdots\cdots$ ㉡

㉠, ㉡을 $ax^2+dx+c=0$에 대입하면

$ax^2+4ax-12a=0$

이때 $a\neq0$이므로 양변을 a로 나누면

$x^2+4x-12=0,\ (x+6)(x-2)=0$

$\therefore \ x=-6$ 또는 $x=2$

따라서 구하는 음수인 근은 -6이다.

182 두 수를 근으로 하는 이차방정식

이차방정식 $x^2+ax+2=0$의 두 근이 α, β이므로 이차방정식의 근과 계수의 관계에 의하여

$\alpha+\beta=-a$, $\alpha\beta=2$

이때

$\alpha^2+\beta^2=(\alpha+\beta)^2-2\alpha\beta=(-a)^2-2\times2=a^2-4$ $\quad\cdots\cdots$ ㉠

$\alpha^2\beta^2=(\alpha\beta)^2=2^2=4$ $\quad\cdots\cdots$ ㉡

이차방정식 $x^2-12x+b=0$의 두 근이 α^2, β^2이므로 이차방정식의 근과 계수의 관계에 의하여

$\alpha^2+\beta^2=12$, $\alpha^2\beta^2=b$ $\quad\cdots\cdots$ ㉢

$\bigcirc$, $\bigcirc$을 $\bigcirc$에 대입하면
$a^2-4=12$, $4=b$ $\therefore a^2=16$, $b=4$
따라서 $a=4$ $(\because a>0)$, $b=4$이므로
$a+b=4+4=8$

183 두 수를 근으로 하는 이차방정식

오른쪽 그림과 같이 선분 DE를 그으
면 사각형 BDEC는 원에 내접하는 사
각형이므로 삼각형 ADE와 삼각형
ACB에서 $\angle ADE=\angle ACB$,
$\angle AED=\angle ABC$이다.

삼각형 ADE와 삼각형 ACB는 서로 닮음 (AA 닮음)이다.
$\overline{AE}:\overline{AD}=\overline{AB}:\overline{AC}$에서
$\overline{AE}\times\overline{AC}=\overline{AD}\times\overline{AB}$
$\alpha\beta=3\times8=24$
$\overline{AC}-\overline{AE}=6$이므로
$\alpha-\beta=6$
이때 α, $-\beta$를 두 근으로 하고 x^2의 계수가 1인 이차방정식은
$x^2-(\alpha-\beta)x-\alpha\beta=0$이므로
$x^2-6x-24=0$
따라서 $p=-6$, $q=-24$이므로
$p-q=-6-(-24)=18$

184 이차방정식의 근을 이용한 이차식의 인수분해

이차방정식 $x^2-2x+3=0$에서 근의 공식을 이용하여 근을 구하면
$x=-(-1)\pm\sqrt{(-1)^2-1\times3}=1\pm\sqrt{2}i$
$\therefore x^2-2x+3=\{x-(1+\sqrt{2}i)\}\{x-(1-\sqrt{2}i)\}$
$\qquad\qquad\qquad=(x-1-\sqrt{2}i)(x-1+\sqrt{2}i)$

185 이차식의 계수와 이차방정식의 근의 관계

이차방정식 $f(x)=0$의 두 근이 $2\alpha-1$, $2\beta-1$이므로
$f(2\alpha-1)=0$, $f(2\beta-1)=0$
$f\left(\dfrac{x-1}{3}\right)=0$이려면
$\dfrac{x-1}{3}=2\alpha-1$ 또는 $\dfrac{x-1}{3}=2\beta-1$
$\therefore x=6\alpha-2$ 또는 $x=6\beta-2$
따라서 이차방정식 $f\left(\dfrac{x-1}{3}\right)=0$의 두 근의 곱은
$(6\alpha-2)(6\beta-2)=36\alpha\beta-12(\alpha+\beta)+4$
$\qquad\qquad\qquad\qquad=36\times2-12\times6+4=4$

✐ 다른 풀이

이차방정식 $f(x)=0$의 두 근이 $2\alpha-1$, $2\beta-1$이므로
(두 근의 합)$=(2\alpha-1)+(2\beta-1)=2(\alpha+\beta-1)$
$\qquad\qquad\qquad=2\times(6-1)=10$

(두 근의 곱)$=(2\alpha-1)(2\beta-1)=4\alpha\beta-2(\alpha+\beta)+1$
$\qquad\qquad\qquad\qquad=4\times2-2\times6+1=-3$
따라서 $f(x)=a(x^2-10x-3)$ $(a\neq0)$이라 하면
$f\left(\dfrac{x-1}{3}\right)=a\left\{\left(\dfrac{x-1}{3}\right)^2-10\times\dfrac{x-1}{3}-3\right\}$
$\qquad\qquad\quad=\dfrac{1}{9}a(x^2-32x+4)$
이므로 이차방정식 $f\left(\dfrac{x-1}{3}\right)=0$, 즉 $x^2-32x+4=0$의 두 근의
곱은 이차방정식의 근과 계수의 관계에 의하여 4이다.

186 이차식의 계수와 이차방정식의 근의 관계

$\dfrac{1}{\sqrt{3}+2}=\dfrac{2-\sqrt{3}}{(2+\sqrt{3})(2-\sqrt{3})}=2-\sqrt{3}$
a, b가 모두 유리수이므로 이차방정식 $x^2+ax+b=0$의 한 근이
$2-\sqrt{3}$이면 다른 한 근은 $2+\sqrt{3}$이다.
이차방정식의 근과 계수의 관계에 의하여
$(2-\sqrt{3})+(2+\sqrt{3})=-a$, $(2-\sqrt{3})(2+\sqrt{3})=b$
$\therefore a=-4$, $b=1$
따라서 이차방정식 $ax^2+x+b=0$, 즉 $-4x^2+x+1=0$의 두 근
이 α, β이므로 이차방정식의 근과 계수의 관계에 의하여
$\alpha+\beta=\dfrac{1}{4}$, $\alpha\beta=-\dfrac{1}{4}$
$\therefore (3\alpha+2)(3\beta+2)=9\alpha\beta+6(\alpha+\beta)+4$
$\qquad\qquad\qquad=9\times\left(-\dfrac{1}{4}\right)+6\times\dfrac{1}{4}+4=\dfrac{13}{4}$

187 이차방정식의 판별식과 근의 판별

Step ❶ 주어진 방정식을 만족시키는 k의 값의 범위 구하기

방정식 $|x^2-6x+3|=k$가 성립하려면 $k\geq0$이어야 한다.
그런데 $|x^2-6x+3|=0$이면 $x^2-6x+3=0$이고, 이 이차방정식
의 판별식을 D라 하면 $\dfrac{D}{4}=(-3)^2-1\times3>0$이므로 주어진 방
정식은 서로 다른 두 실근을 갖는다.
즉, $k\neq0$이므로 $k>0$
$\therefore x^2-6x+3=\pm k$

Step ❷ 두 이차방정식이 서로 다른 두 실근을 가질 각각의 k의 값의
범위 구하기

(i) $x^2-6x+3=k$일 때
이차방정식 $x^2-6x+3-k=0$의 판별식을 D_1이라 하면 이 이
차방정식이 서로 다른 두 실근을 가져야 하므로
$\dfrac{D_1}{4}=(-3)^2-1\times(3-k)=6+k>0$ $\therefore k>-6$

(ii) $x^2-6x+3=-k$일 때
이차방정식 $x^2-6x+3+k=0$의 판별식을 D_2라 하면 이 이차
방정식이 서로 다른 두 실근을 가져야 하므로
$\dfrac{D_2}{4}=(-3)^2-1\times(3+k)=6-k>0$ $\therefore k<6$

(i), (ii)에서 $-6<k<6$

Step ❸ 조건을 만족시키는 정수 k의 개수 구하기

$k>0$이므로 $0<k<6$

따라서 구하는 정수 k는 1, 2, 3, 4, 5의 5개이다.

✏️ **다른 풀이**

방정식 $|x^2-6x+3|=k\ (k>0)$의 실근의 개수는 함수
$y=|x^2-6x+3|$의 그래프와 직선 $y=k$의 교점의 개수와 같다.
함수 $y=|x^2-6x+3|$의 그래프와 직선 $y=k$는 다음 그림과 같다.

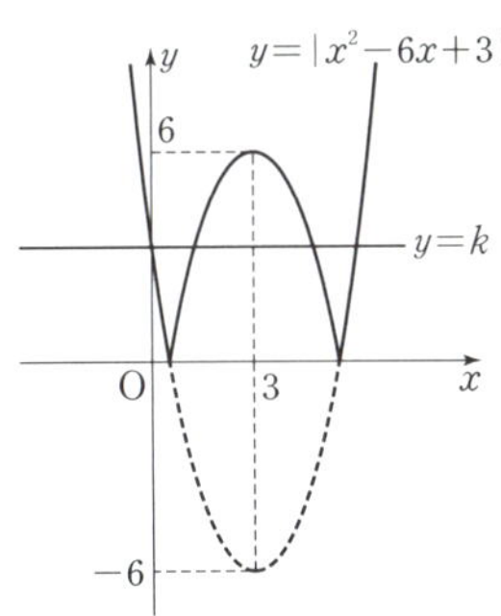

방정식 $|x^2-6x+3|=k$가 서로 다른 네 실근을 가지려면 함수
$y=|x^2-6x+3|$의 그래프와 직선 $y=k$는 서로 다른 네 점에서
만나야 한다. 이때 정수 k의 값의 범위에 따른 교점의 개수는 다음
과 같다.

- $k<0$일 때, 0개
- $k=0$일 때, 2개
- $0<k<6$일 때, 4개
- $k=6$일 때, 3개
- $k>6$일 때, 2개

따라서 $0<k<6$일 때 함수 $y=|x^2-6x+3|$의 그래프와 직선
$y=k$가 서로 다른 네 점에서 만나므로 정수 k는 1, 2, 3, 4, 5의
5개이다.

188　이차방정식의 근과 계수의 관계

Step ❶ 이차방정식의 근과 계수의 관계를 이용하여 이차식 $f(x)$의
식 세우기

조건 (가)에서 최고차항의 계수가 2인 이차방정식 $f(x)=0$의 두
근의 곱이 5이므로 이차방정식의 근과 계수의 관계에 의하여
$f(x)=2x^2+ax+10$ (단, a는 상수)

Step ❷ $\alpha f(\beta)+\beta f(\alpha)=-10$을 $\alpha+\beta$, $\alpha\beta$에 대한 식으로 나타
내기

조건 (나)에서 이차방정식 $x^2+2x-1=0$의 두 근이 α, β이므로
$\alpha+\beta=-2$, $\alpha\beta=-1$
$f(\alpha)=2\alpha^2+a\alpha+10$, $f(\beta)=2\beta^2+a\beta+10$이므로
$\alpha f(\beta)+\beta f(\alpha)=-10$에서
$$\begin{aligned}
\alpha f(\beta)+\beta f(\alpha)&=\alpha(2\beta^2+a\beta+10)+\beta(2\alpha^2+a\alpha+10)\\
&=2\alpha\beta(\alpha+\beta)+2a\times\alpha\beta+10(\alpha+\beta)\\
&=2\times(-1)\times(-2)+2a\times(-1)+10\times(-2)\\
&=4-2a-20\\
&=-2a-16
\end{aligned}$$
이때 $-2a-16=-10$이므로 $a=-3$

Step ❸ 조건을 만족시키는 $f(-3)$의 값 구하기

따라서 $f(x)=2x^2-3x+10$이므로
$f(-3)=2\times(-3)^2-3\times(-3)+10=37$

189　두 수를 근으로 하는 이차방정식

Step ❶ $\alpha+\beta$, $\alpha\beta$를 a, b, c에 대한 식으로 나타내기

이차방정식 $ax^2+bx+c=0$의 두 근이 α, β이므로 이차방정식의
근과 계수의 관계에 의하여
$$\alpha+\beta=-\frac{b}{a},\ \alpha\beta=\frac{c}{a} \qquad\cdots\cdots\ \text{㉠}$$

Step ❷ 이차방정식 $c(x-2)^2+b(x-2)+a=0$의 근을 α, β로
나타내기

이차방정식 $c(x-2)^2+b(x-2)+a=0$에서 $c\neq0$이므로
이 이차방정식의 양변을 c로 나누면
$$(x-2)^2+\frac{b}{c}(x-2)+\frac{a}{c}=0 \qquad\cdots\cdots\ \text{㉡}$$
㉠에서
$$\frac{b}{c}=-\frac{-\dfrac{b}{a}}{\dfrac{c}{a}}=-\frac{\alpha+\beta}{\alpha\beta},\ \frac{a}{c}=\frac{1}{\dfrac{c}{a}}=\frac{1}{\alpha\beta}$$
이것을 ㉡에 대입하면
$$(x-2)^2-\frac{\alpha+\beta}{\alpha\beta}(x-2)+\frac{1}{\alpha\beta}=0$$
$$(x-2)^2-\left(\frac{1}{\alpha}+\frac{1}{\beta}\right)(x-2)+\frac{1}{\alpha\beta}=0$$
$$\left(x-2-\frac{1}{\alpha}\right)\left(x-2-\frac{1}{\beta}\right)=0$$
$$\therefore x=2+\frac{1}{\alpha}\ \text{또는}\ x=2+\frac{1}{\beta}$$

190　이차방정식의 판별식과 근의 판별

이차방정식 $x^2+ax+b=0$의 판별식을 D라 하면
$D=a^2-4b<0$에서 $a^2<4b$ … ❶
$b=0$일 때, $a^2<0$이므로 모순이다.
$b=1$일 때, $a^2<4$이므로 $a=-1,\ 0,\ 1$
$b=2$일 때, $a^2<8$이므로 $a=-2,\ -1,\ 0,\ 1,\ 2$
$b=3$일 때, $a^2<12$이므로 $a=-3,\ -2,\ -1,\ 0,\ 1,\ 2,\ 3$
$b=4$일 때, $a^2<16$이므로 $a=-3,\ -2,\ -1,\ 0,\ 1,\ 2,\ 3$
따라서 구하는 순서쌍 $(a,\ b)$의 개수는
$3+5+7+7=22$ … ❷

채점 기준	배점 비율
❶ 조건을 만족시키는 a, b에 대한 부등식 세우기	40%
❷ 순서쌍 $(a,\ b)$의 개수 구하기	60%

191　두 수를 근으로 하는 이차방정식

x^2의 계수가 1인 이차방정식에 대하여

A가 이차방정식을 바르게 보고 풀어 얻은 근이 1, α이므로
$(x-1)(x-\alpha)=0$, $x^2-(1+\alpha)x+\alpha=0$ ...... ㉠
B가 이차방정식의 x의 계수와 상수항을 바꿔서 보고 풀어 얻은
근이 -4, β이므로
$(x+4)(x-\beta)=0$, $x^2+(4-\beta)x-4\beta=0$ ...... ㉡ ... ❶
㉠, ㉡에서
$-(1+\alpha)=-4\beta$, $\alpha=4-\beta$
$\alpha-4\beta=-1$, $\alpha+\beta=4$
이 두 식을 연립하여 풀면
$\alpha=3$, $\beta=1$ ... ❷
따라서 원래의 이차방정식은 $x^2-4x+3=0$이다. ... ❸

채점 기준	배점 비율
❶ 이차방정식의 근과 계수의 관계를 이용하여 이차방정식 세우기	60%
❷ α, β의 값 각각 구하기	30%
❸ 원래의 이차방정식 구하기	10%

192 이차방정식의 근을 이용한 이차식의 인수분해

주어진 이차식이 완전제곱식으로 인수분해되려면 x에 대한 이차
방정식 $x^2-(2a+3)x+2a^2+5a+1=0$이 중근을 가져야 한다.
이 이차방정식의 판별식을 D라 하면
$D=\{-(2a+3)\}^2-4\times1\times(2a^2+5a+1)=0$
$4a^2+12a+9-8a^2-20a-4=0$
$4a^2+8a-5=0$, $(2a+5)(2a-1)=0$
$\therefore a=-\dfrac{5}{2}$ 또는 $a=\dfrac{1}{2}$

그런데 $a>0$이므로 $a=\dfrac{1}{2}$ ... ❶

따라서 주어진 이차식은 x^2-4x+4이므로
$x^2-4x+4=(x-2)^2$
$\therefore k=-2$ ... ❷
$\therefore a+k=\dfrac{1}{2}+(-2)=-\dfrac{3}{2}$ ... ❸

채점 기준	배점 비율
❶ 실수 a의 값 구하기	60%
❷ 실수 k의 값 구하기	30%
❸ $a+k$의 값 구하기	10%

▼ **교육청 기출문제**

본문 046~047쪽

193 ①	**194** 10	**195** ⑤	**196** 8
197 120	**198** ⑤	**199** 10	**200** ②

193 이차방정식의 풀이

선택률	①	②	③	④	⑤
	67%	9%	9%	8%	7%

이차방정식 $2x^2-2x+1=0$에서 근의 공식을 이용하여 근을 구하면
$x=\dfrac{1\pm i}{2}$

$\alpha=\dfrac{1+i}{2}$라 하면

$\alpha^2=\left(\dfrac{1+i}{2}\right)^2=\dfrac{2i}{4}=\dfrac{1}{2}i$

$\alpha^4=\left(\dfrac{1}{2}i\right)^2=-\dfrac{1}{4}$

$\therefore \alpha^4-\alpha^2+\alpha=-\dfrac{1}{4}-\dfrac{1}{2}i+\dfrac{1+i}{2}=\dfrac{1}{4}$

마찬가지로 $\alpha=\dfrac{1-i}{2}$인 경우도 성립하므로

$\alpha^4-\alpha^2+\alpha=\dfrac{1}{4}$

✏ **다른 풀이**

이차방정식 $2x^2-2x+1=0$의 한 근이 α이므로
$2\alpha^2-2\alpha+1=0$

즉, $\alpha^2=\alpha-\dfrac{1}{2}$이므로 이 식의 양변을 제곱하면

$\alpha^4=\left(\alpha-\dfrac{1}{2}\right)^2=\alpha^2-\alpha+\dfrac{1}{4}$

$\therefore \alpha^4-\alpha^2+\alpha=\dfrac{1}{4}$

194 이차식의 계수와 이차방정식의 근의 관계

정답률	59%

계수가 모두 실수인 이차방정식 $x^2-px+p+19=0$의 한 허근을
$\alpha=a+2i$ (a는 실수, $i=\sqrt{-1}$)라 하면 다른 한 근은 $\bar{\alpha}=a-2i$
이다.
따라서 이차방정식의 근과 계수의 관계에 의하여
$p=\alpha+\bar{\alpha}=(a+2i)+(a-2i)=2a$ ...... ㉠
$p+19=\alpha\bar{\alpha}=(a+2i)(a-2i)=a^2+4$에서
$a^2-p-15=0$ ...... ㉡
㉠에서 $a=\dfrac{p}{2}$를 ㉡에 대입하면
$p^2-4p-60=0$, $(p+6)(p-10)=0$
$\therefore p=-6$ 또는 $p=10$
따라서 양의 실수 p의 값은 10이다.

195 이차방정식의 판별식과 근의 판별

선택률	①	②	③	④	⑤
	6%	2%	4%	4%	84%

이차방정식 $x^2-2(k-a)x+k^2-4k+b=0$의 판별식을 D라 하면
$\dfrac{D}{4}=(k-a)^2-1\times(k^2-4k+b)$
$\quad=k^2-2ak+a^2-k^2+4k-b$
$\quad=(-2a+4)k+(a^2-b)=0$ ...... ㉠
㉠이 실수 k의 값에 관계없이 성립하므로
$-2a+4=0$, $a^2-b=0$

$$\therefore a=2,\ b=a^2=4$$
$$\therefore a+b=2+4=6$$

196 이차방정식의 근과 계수의 관계

정답률	59%

이차방정식 $3x^2-5x+k=0$의 두 근이 $\alpha,\ \beta$이므로 이차방정식의 근과 계수의 관계에 의하여

$$\alpha+\beta=\frac{5}{3},\ \alpha\beta=\frac{k}{3}$$

$$\begin{aligned}
\therefore\ (3\alpha-k)(\alpha-1)&+(3\beta-k)(\beta-1)\\
&=3\alpha^2-(k+3)\alpha+k+3\beta^2-(k+3)\beta+k\\
&=3(\alpha^2+\beta^2)-(k+3)(\alpha+\beta)+2k\\
&=3\{(\alpha+\beta)^2-2\alpha\beta\}-(k+3)(\alpha+\beta)+2k\\
&=3\left\{\left(\frac{5}{3}\right)^2-2\times\frac{k}{3}\right\}-(k+3)\times\frac{5}{3}+2k\\
&=\frac{25}{3}-2k-\frac{5}{3}(k+3)+2k\\
&=\left(\frac{25}{3}-5\right)+\left(-2-\frac{5}{3}+2\right)k\\
&=\frac{10}{3}-\frac{5}{3}k
\end{aligned}$$

이때 $\dfrac{10}{3}-\dfrac{5}{3}k=-10$이므로 $5k=40$

$$\therefore k=8$$

✏ 다른 풀이

이차방정식 $3x^2-5x+k=0$의 두 근이 $\alpha,\ \beta$이므로 이차방정식의 근과 계수의 관계에 의하여

$$\alpha+\beta=\frac{5}{3},\ \alpha\beta=\frac{k}{3}$$

$3\alpha^2-5\alpha+k=0,\ 3\beta^2-5\beta+k=0$에서

$3\alpha^2+k=5\alpha,\ 3\beta^2+k=5\beta$

$$\begin{aligned}
\therefore\ (3\alpha-k)(\alpha-1)&+(3\beta-k)(\beta-1)\\
&=3\alpha^2-(k+3)\alpha+k+3\beta^2-(k+3)\beta+k\\
&=(3\alpha^2+k)-(k+3)\alpha+(3\beta^2+k)-(k+3)\beta\\
&=5\alpha-(k+3)\alpha+5\beta-(k+3)\beta\\
&=5(\alpha+\beta)-(k+3)(\alpha+\beta)\\
&=(2-k)(\alpha+\beta)\\
&=(2-k)\times\frac{5}{3}
\end{aligned}$$

이때 $(2-k)\times\dfrac{5}{3}=-10$이므로 $2-k=-6$

$$\therefore k=8$$

197 이차방정식의 근과 계수의 관계

정답률	23%

이차방정식 $x^2+2ax-b=0$의 두 근이 $\alpha,\ \beta$이므로 이차방정식의 근과 계수의 관계에 의하여

$$\alpha+\beta=-2a,\ \alpha\beta=-b$$

$$\begin{aligned}
|\alpha-\beta|&=\sqrt{(\alpha-\beta)^2}=\sqrt{(\alpha+\beta)^2-4\alpha\beta}\\
&=\sqrt{(-2a)^2+4b}\\
&=\sqrt{4a^2+4b}
\end{aligned}$$

이때 $|\alpha-\beta|=\sqrt{4a^2+4b}<12$이므로

$$4a^2+4b<144$$

$$\therefore a^2+b<36$$

- $a=1$일 때, $b<35$이므로
  순서쌍 $(a,\ b)$는 $(1,\ 1),\ (1,\ 2),\ \cdots,\ (1,\ 34)$의 34개
- $a=2$일 때, $b<32$이므로
  순서쌍 $(a,\ b)$는 $(2,\ 1),\ (2,\ 2),\ \cdots,\ (2,\ 31)$의 31개
- $a=3$일 때, $b<27$이므로
  순서쌍 $(a,\ b)$는 $(3,\ 1),\ (3,\ 2),\ \cdots,\ (3,\ 26)$의 26개
- $a=4$일 때, $b<20$이므로
  순서쌍 $(a,\ b)$는 $(4,\ 1),\ (4,\ 2),\ \cdots,\ (4,\ 19)$의 19개
- $a=5$일 때, $b<11$이므로
  순서쌍 $(a,\ b)$는 $(5,\ 1),\ (5,\ 2),\ \cdots,\ (5,\ 10)$의 10개

따라서 구하는 모든 순서쌍 $(a,\ b)$의 개수는

$$34+31+26+19+10=120$$

198 두 수를 근으로 하는 이차방정식

선택률	①	②	③	④	⑤
	11%	11%	12%	20%	46%

이차방정식 $x^2-4x+2=0$의 두 실근이 $\alpha,\ \beta$이므로 이차방정식의 근과 계수의 관계에 의하여

$$\alpha+\beta=4,\ \alpha\beta=2$$

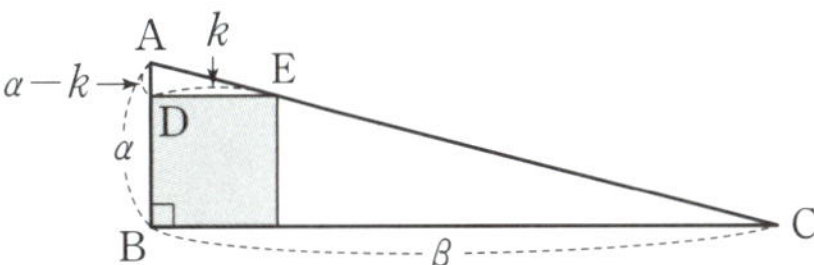

위의 그림과 같이 직각삼각형 ABC에 내접하는 정사각형에서 선분 AB 위에 있는 한 꼭짓점을 D, 선분 AC 위에 있는 한 꼭짓점을 E라 하고, 한 변의 길이를 k라 하면 삼각형 ADE와 삼각형 ABC는 서로 닮음 (AA 닮음)이므로

$\alpha:\beta=(\alpha-k):k$에서

$\beta(\alpha-k)=\alpha k,\ (\alpha+\beta)k=\alpha\beta$

$$\therefore k=\frac{\alpha\beta}{\alpha+\beta}=\frac{2}{4}=\frac{1}{2}$$

정사각형의 한 변의 길이가 $k=\dfrac{1}{2}$이므로

정사각형의 넓이는 $k^2=\left(\dfrac{1}{2}\right)^2=\dfrac{1}{4}$

정사각형의 둘레의 길이는 $4k=4\times\dfrac{1}{2}=2$

이때 이차항의 계수가 4이고 $\dfrac{1}{4}$, 2를 두 근으로 하는 이차방정식은

$$4\left(x-\frac{1}{4}\right)(x-2)=0\qquad\therefore 4x^2-9x+2=0$$

따라서 $m=-9,\ n=2$이므로

$$m+n=(-9)+2=-7$$

199 두 수를 근으로 하는 이차방정식

정답률	24%

이차방정식 $x^2+x+1=0$의 두 근이 α, β이므로 이차방정식의 근과 계수의 관계에 의하여

$\alpha+\beta=-1$ ····· ㉠

또한, α가 이차방정식 $x^2+x+1=0$의 근이므로

$\alpha^2+\alpha+1=0$ ····· ㉡

㉠에서 $\alpha+1=-\beta$를 ㉡에 대입하면 $\alpha^2=\beta$

마찬가지로 $\beta^2=\alpha$

이때

$f(\alpha^2)=f(\beta)=-4\alpha=-4(-\beta-1)=4\beta+4$

$f(\beta^2)=f(\alpha)=-4\beta=-4(-\alpha-1)=4\alpha+4$

이므로 $f(\beta)-4\beta-4=0$, $f(\alpha)-4\alpha-4=0$

즉, 이차방정식 $f(x)-4x-4=0$의 두 근이 α, β이고 $f(x)$의 최고차항의 계수가 1이므로

$f(x)-4x-4=(x-\alpha)(x-\beta)=x^2+x+1$

$\therefore f(x)=x^2+5x+5$

따라서 $p=5$, $q=5$이므로

$p+q=5+5=10$

200 이차방정식의 판별식과 근의 판별

선택률	①	②	③	④	⑤
	6%	35%	18%	24%	15%

$\{P(x)+2\}^2=(x-a)(x-2a)+4$
$\qquad\qquad\quad =x^2-3ax+2a^2+4$

다항식 $\{P(x)+2\}^2$이 완전제곱식이면 x에 대한 이차방정식 $x^2-3ax+2a^2+4=0$이 중근을 가지므로

이 이차방정식의 판별식을 D라 하면

$D=(-3a)^2-4\times1\times(2a^2+4)=0$

$a^2-16=0$, $(a-4)(a+4)=0$

$\therefore a=4$ 또는 $a=-4$

(i) $a=4$일 때

$\{P(x)+2\}^2=x^2-12x+36=(x-6)^2$이므로

$P(x)+2=x-6$ 또는 $P(x)+2=-x+6$

$\therefore P(x)=x-8$ 또는 $P(x)=-x+4$

(ii) $a=-4$일 때

$\{P(x)+2\}^2=x^2+12x+36=(x+6)^2$이므로

$P(x)+2=x+6$ 또는 $P(x)+2=-x-6$

$\therefore P(x)=x+4$ 또는 $P(x)=-x-8$

(i), (ii)에서 다항식 $P(x)$는 $x-8$, $-x+4$, $x+4$, $-x-8$이므로 $P(1)$의 값은 각각 -7, 3, 5, -9이다.

따라서 모든 $P(1)$의 값의 합은

$(-7)+3+5+(-9)=-8$

✏ 다른 풀이

$\{P(x)+2\}^2=(x-a)(x-2a)+4$에서

우변이 이차식이므로 다항식 $P(x)$는 일차식이다.

즉, $P(x)=px+q$ ($p\neq0$, p, q는 실수)라 하자.

$P(x)=px+q$를 주어진 식에 대입하면

$(px+q+2)^2=(x-a)(x-2a)+4$

$p^2x^2+(2pq+4p)x+q^2+4q+4=x^2-3ax+2a^2+4$

$\therefore p^2=1$, $2pq+4p=-3a$, $q^2+4q+4=2a^2+4$

이때 $p^2=1$에서 $p=1$ 또는 $p=-1$

(i) $p=1$일 때

$2q+4=-3a$, $q^2+4q=2a^2$

$2q+4=-3a$에서 $a=-\dfrac{2}{3}q-\dfrac{4}{3}$를 $q^2+4q=2a^2$에 대입하면

$q^2+4q=2\left(-\dfrac{2}{3}q-\dfrac{4}{3}\right)^2$

$\qquad\quad =2\left(\dfrac{4}{9}q^2+\dfrac{16}{9}q+\dfrac{16}{9}\right)$

$\qquad\quad =\dfrac{8}{9}(q^2+4q+4)$

$9q^2+36q=8q^2+32q+32$, $q^2+4q-32=0$

$(q-4)(q+8)=0$ $\therefore q=4$ 또는 $q=-8$

$\therefore P(x)=x+4$ 또는 $P(x)=x-8$

(ii) $p=-1$일 때

$-2q-4=-3a$, $q^2+4q=2a^2$

$-2q-4=-3a$에서 $a=\dfrac{2}{3}q+\dfrac{4}{3}$를 $q^2+4q=2a^2$에 대입하면

$q^2+4q=2\left(\dfrac{2}{3}q+\dfrac{4}{3}\right)^2=2\left(\dfrac{4}{9}q^2+\dfrac{16}{9}q+\dfrac{16}{9}\right)$

$\qquad\quad =\dfrac{8}{9}(q^2+4q+4)$

$9q^2+36q=8q^2+32q+32$, $q^2+4q-32=0$

$(q-4)(q+8)=0$ $\therefore q=4$ 또는 $q=-8$

$\therefore P(x)=-x+4$ 또는 $P(x)=-x-8$

(i), (ii)에서 다항식 $P(x)$는 $x+4$, $x-8$, $-x+4$, $-x-8$이므로 $P(1)$의 값은 각각 5, -7, 3, -9이다.

따라서 모든 $P(1)$의 값의 합은

$5+(-7)+3+(-9)=-8$

06 이차방정식과 이차함수

201 ④	**202** 3	**203** 14	**204** 1
205 13	**206** -2	**207** 9	**208** 45 m

201 이차함수의 그래프와 이차방정식의 관계

이차함수 $y=x^2+ax+b$의 그래프와 x축의 교점의 x좌표가 각각 -2, 5이므로 -2, 5는 이차방정식 $x^2+ax+b=0$의 두 근이다.
따라서 이차방정식의 근과 계수의 관계에 의하여
$-2+5=-a,\ (-2)\times5=b$
$\therefore a=-3,\ b=-10$
$\therefore ab=(-3)\times(-10)=30$

202 이차함수의 그래프와 x축의 위치 관계

이차함수 $y=x^2-3x-2m+9$의 그래프가 x축과 만나지 않으려면 이차방정식 $x^2-3x-2m+9=0$이 서로 다른 두 허근을 가져야 한다.
이 이차방정식의 판별식을 D라 하면
$D=(-3)^2-4\times1\times(-2m+9)<0$
$8m-27<0$
$\therefore m<\dfrac{27}{8}$
따라서 구하는 자연수 m은 1, 2, 3의 3개이다.

203 이차함수의 그래프와 직선의 위치 관계

이차함수 $y=2x^2+ax+1$의 그래프와 직선 $y=3x+b$의 두 교점의 x좌표의 합이 1, 곱이 -6이므로 이차방정식
$2x^2+ax+1=3x+b$, 즉 $2x^2+(a-3)x+1-b=0$
의 두 근의 합이 1, 곱이 -6이다.
따라서 이차방정식의 근과 계수의 관계에 의하여
$-\dfrac{a-3}{2}=1,\ \dfrac{1-b}{2}=-6$
$\therefore a=1,\ b=13$
$\therefore a+b=1+13=14$

204 이차함수의 그래프와 직선의 위치 관계

이차함수 $y=x^2+2x+k$의 그래프와 직선 $y=4x+l$이 접하므로 이차방정식
$x^2+2x+k=4x+l$, 즉 $x^2-2x+k-l=0$
은 중근을 가져야 한다.
이 이차방정식의 판별식을 D라 하면

$\dfrac{D}{4}=(-1)^2-1\times(k-l)=0$
$\therefore k-l=1$

205 이차함수의 최대·최소

$y=\dfrac{1}{2}x^2+x-\dfrac{5}{2}=\dfrac{1}{2}(x+1)^2-3$
이므로 $x=-1$일 때 최솟값 -3을 갖는다.
$\therefore a=-3$
$y=-\dfrac{1}{3}x^2+2x-1=-\dfrac{1}{3}(x-3)^2+2$
이므로 $x=3$일 때 최댓값 2를 갖는다.
$\therefore b=2$
$\therefore a^2+b^2=(-3)^2+2^2=13$

206 제한된 범위에서의 이차함수의 최대·최소

$f(x)=2x^2-8x+3=2(x-2)^2-5$
$1\leq x\leq4$에서 함수 $y=f(x)$의 그래프는 오른쪽 그림과 같고 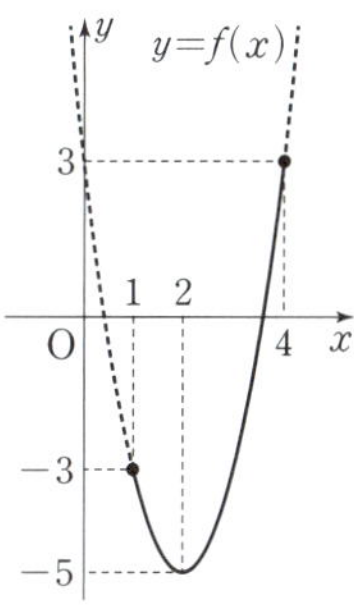
$f(1)=-3,\ f(2)=-5,\ f(4)=3$
따라서 함수 $f(x)$의 최댓값은 3, 최솟값은 -5이므로
$M=3,\ m=-5$
$\therefore M+m=3+(-5)=-2$

207 제한된 범위에서의 이차함수의 최대·최소

$f(x)=x^2-2x+a=(x-1)^2+a-1$
$a\leq x\leq5$에서 함수 $y=f(x)$의 그래프는 오른쪽 그림과 같으므로 함수 $f(x)$의 최솟값은 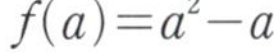
$f(a)=a^2-a$
이때 함수 $f(x)$의 최솟값이 6이므로
$a^2-a=6,\ a^2-a-6=0$
$(a+2)(a-3)=0$
$\therefore a=3\ (\because a>1)$
따라서 $f(x)=x^2-2x+3$이므로
$a+f(a)=3+f(3)=3+(3^2-2\times3+3)$
$\qquad\quad=3+6=9$

208 이차함수의 최대·최소의 활용

$y=-5t^2+30t=-5(t-3)^2+45$
따라서 $t=3$일 때 이 물체의 지면으로부터의 높이가 최고이고, 이때의 높이는 45 m이다. 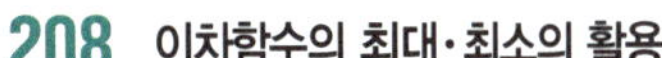

본문 050~053쪽

209 ①	**210** ②	**211** ②	**212** ⑤
213 ③	**214** ④	**215** ④	**216** ①
217 ③	**218** ①	**219** ③	**220** ⑤
221 ②	**222** ②	**223** ⑤	**224** ③
225 325	**226** ①	**227** ②	**228** 71
229 ⑤	**230** -1	**231** ④	**232** $\dfrac{23}{16}$

209 이차함수의 그래프와 이차방정식의 관계

점 A의 x좌표를 α, 점 B의 x좌표를 β라 하면 두 실수 α, β는 이차방정식 $x^2+ax+b=0$의 두 근이므로 이차방정식의 근과 계수의 관계에 의하여

$\alpha+\beta=-a$, $\alpha\beta=b$

$\overline{\mathrm{AB}}=6$에서 $|\alpha-\beta|=6$

$\therefore |\alpha-\beta|^2=36$

$(\alpha-\beta)^2=(\alpha+\beta)^2-4\alpha\beta$에서

$36=(-a)^2-4b$ $\therefore a^2-4b=36$ …… ㉠

이때 이차함수 $y=x^2+ax+b=\left(x+\dfrac{a}{2}\right)^2-\dfrac{a^2}{4}+b$의 그래프의 꼭짓점의 y좌표는 $-\dfrac{a^2}{4}+b$이므로

$$-\dfrac{a^2}{4}+b=-\dfrac{1}{4}(a^2-4b)$$
$$=-\dfrac{1}{4}\times 36\ (\because ㉠)$$
$$=-9$$

210 이차함수의 그래프와 x축의 위치 관계

이차함수 $y=2x^2+4ax-2b^2+21$의 그래프가 x축과 만나지 않으므로 이차방정식 $2x^2+4ax-2b^2+21=0$의 판별식을 D라 하면

$$\dfrac{D}{4}=(2a)^2-2(-2b^2+21)<0$$

$\therefore a^2+b^2<\dfrac{21}{2}$

(i) $a=1$일 때

$b^2<\dfrac{21}{2}-1=\dfrac{19}{2}$에서 $b=1,\ 2,\ 3$

(ii) $a=2$일 때

$b^2<\dfrac{21}{2}-4=\dfrac{13}{2}$에서 $b=1,\ 2$

(iii) $a=3$일 때

$b^2<\dfrac{21}{2}-9=\dfrac{3}{2}$에서 $b=1$

(i), (ii), (iii)에서 구하는 순서쌍 $(a,\ b)$의 개수는 6이다.

211 이차함수의 그래프와 x축의 위치 관계

이차함수 $y=x^2-2ax+5a+6$의 그래프가 x축과 한 점에서 만나려면 이차방정식 $x^2-2ax+5a+6=0$의 판별식을 D_1이라 할 때

$$\dfrac{D_1}{4}=(-a)^2-1\times(5a+6)=0$$

$a^2-5a-6=0$, $(a+1)(a-6)=0$

$\therefore a=-1$ 또는 $a=6$ …… ㉠

이차함수 $y=-x^2+2x-a+3$의 그래프가 x축과 서로 다른 두 점에서 만나려면 이차방정식 $-x^2+2x-a+3=0$의 판별식을 D_2라 할 때

$$\dfrac{D_2}{4}=1^2-(-1)\times(-a+3)>0,\ -a+4>0$$

$\therefore a<4$ …… ㉡

㉠, ㉡에서 $a=-1$

212 이차함수의 그래프와 직선의 위치 관계

이차함수 $y=x^2-2x+k$의 그래프가 직선 $y=2x+1$과 적어도 한 점에서 만나려면 이차방정식 $x^2-2x+k=2x+1$, 즉 $x^2-4x+k-1=0$의 판별식을 D_1이라 할 때

$$\dfrac{D_1}{4}=(-2)^2-1\times(k-1)\geq 0$$

$-k+5\geq 0$

$\therefore k\leq 5$ …… ㉠

이차함수 $y=x^2-2x+k$의 그래프가 직선 $y=-x-2$와 만나지 않으려면 이차방정식 $x^2-2x+k=-x-2$, 즉 $x^2-x+k+2=0$의 판별식을 D_2라 할 때

$$D_2=(-1)^2-4\times 1\times(k+2)<0$$

$-4k-7<0$

$\therefore k>-\dfrac{7}{4}$ …… ㉡

㉠, ㉡에서 $-\dfrac{7}{4}<k\leq 5$이므로 정수 k는 -1, 0, 1, 2, 3, 4, 5이다.

따라서 $M=5$, $m=-1$이므로

$M+m=5+(-1)=4$

213 이차함수의 그래프와 직선의 위치 관계

이차함수 $y=x^2+\left(\dfrac{m}{2}-4\right)x+3m+5$의 그래프와 직선 $y=\dfrac{m}{2}x+m+7$이 적어도 한 점에서 만나려면 이차방정식 $x^2+\left(\dfrac{m}{2}-4\right)x+3m+5=\dfrac{m}{2}x+m+7$, 즉 $x^2-4x+2m-2=0$의 판별식을 D라 할 때

$$\dfrac{D}{4}=(-2)^2-1\times(2m-2)\geq 0$$

$-2m+6\geq 0$ $\therefore m\leq 3$

따라서 모든 자연수 m의 값은 1, 2, 3이므로 구하는 합은

$1+2+3=6$

214 이차함수의 그래프와 직선의 위치 관계

이차항의 계수가 1인 이차함수 $y=f(x)$의 그래프가 x축과 두 점 $(\alpha,\ 0)$, $(\beta,\ 0)$에서 만나므로

$f(x)=(x-\alpha)(x-\beta)$ $\qquad$ ...... ㉠

이차함수 $y=f(x)$의 그래프와 직선 $y=g(x)$의 두 교점의 x좌표
가 α, γ이므로 α, γ는 이차방정식 $f(x)=g(x)$, 즉
$f(x)-g(x)=0$의 두 근이다.

$\therefore f(x)-g(x)=(x-\alpha)(x-\gamma)$ $\qquad$ ...... ㉡

㉠$-$㉡을 하면

$g(x)=(x-\alpha)(x-\beta)-(x-\alpha)(x-\gamma)$
$\qquad =(\gamma-\beta)(x-\alpha)$

또한, $\beta=\dfrac{\alpha+\gamma}{2}$에서 $\gamma-\beta=\dfrac{\gamma-\alpha}{2}$이고, $g(\gamma)=8$이므로

$g(\gamma)=\dfrac{\gamma-\alpha}{2}(\gamma-\alpha)=8$, $\dfrac{(\gamma-\alpha)^2}{2}=8$

$(\gamma-\alpha)^2=16$

그런데 $\gamma>\alpha$이므로 $\gamma-\alpha=4$

$\therefore \gamma-\beta=\dfrac{4}{2}=2$

즉, $g(x)=2(x-\alpha)$이고 $g(0)=-4$이므로

$-2\alpha=-4$ $\qquad \therefore \alpha=2$

따라서 $\alpha=2$, $\beta=4$, $\gamma=6$이므로 $f(x)=(x-2)(x-4)$에서
$f(\alpha+\beta-\gamma)=f(0)=(-2)\times(-4)=8$

215 이차함수의 그래프와 직선의 위치 관계

이차함수 $y=4x^2-4ax+a^2+4$의 그래프와 직선 $y=mx+n$이
접하므로 이차방정식 $4x^2-4ax+a^2+4=mx+n$, 즉
$4x^2-(4a+m)x+a^2+4-n=0$의 판별식을 D라 하면
$D=\{-(4a+m)\}^2-4\times4\times(a^2+4-n)=0$

$\therefore 8ma+m^2+16n-64=0$

이 식이 a의 값에 관계없이 항상 성립하므로

$8m=0$, $m^2+16n-64=0$

$\therefore m=0$, $n=4$

$\therefore m^2+n^2=0^2+4^2=16$

216 이차함수의 그래프와 직선의 위치 관계

이차함수 $y=f(x)$의 그래프가 x축과 두 점 $(-1,\ 0)$, $(-4,\ 0)$
에서 만나므로 $f(x)=a(x+1)(x+4)$ $(a>0)$라 하자.

이차함수 $y=f(x)$의 그래프와 직선 $y=x$가 접하므로 이차방정식
$a(x+1)(x+4)=x$, 즉 $ax^2+(5a-1)x+4a=0$의 판별식을
D라 하면
$D=(5a-1)^2-4\times a\times4a=0$

$9a^2-10a+1=0$, $(9a-1)(a-1)=0$

$\therefore a=\dfrac{1}{9}$ 또는 $a=1$

(ⅰ) $a=\dfrac{1}{9}$일 때

이차방정식 $a(x+1)(x+4)=x$에서
$x^2+5x+4=9x$, $x^2-4x+4=0$
$\therefore (x-2)^2=0$
즉, 이차함수 $y=f(x)$의 그래프와 직선 $y=x$의 교점의 x좌표
가 2이므로 제1사분면에서 접한다.

(ⅱ) $a=1$일 때

이차방정식 $a(x+1)(x+4)=x$에서
$x^2+5x+4=x$, $x^2+4x+4=0$
$\therefore (x+2)^2=0$
즉, 이차함수 $y=f(x)$의 그래프와 직선 $y=x$의 교점의 x좌표
가 -2이므로 제3사분면에서 접한다.

(ⅰ), (ⅱ)에서 $a=1$이고 $f(x)=x^2+5x+4$이다.

이차함수 $y=f(x)$의 그래프와 직선 $y=\dfrac{1}{2}x$가 만나는 서로 다른
두 점의 x좌표가 각각 α, β이므로 두 실수 α, β는 이차방정식
$x^2+5x+4=\dfrac{1}{2}x$, 즉 $2x^2+9x+8=0$의 근이다.

따라서 이차방정식의 근과 계수의 관계에 의하여

$\alpha\beta=\dfrac{8}{2}=4$

217 제한된 범위에서의 이차함수의 최대·최소

$y=\dfrac{1}{2}x^2-4x+2k^2-3k+3$
$\quad =\dfrac{1}{2}(x-4)^2+2k^2-3k-5$

꼭짓점의 x좌표가 $-5\leq x\leq5$에 포함되므로
$x=4$일 때 최솟값 $m=2k^2-3k-5$를 갖는다.
$y=-2x^2-4x+2k-3=-2(x+1)^2+2k-1$
꼭짓점의 x좌표가 $-5\leq x\leq5$에 포함되므로
$x=-1$일 때 최댓값 $M=2k-1$을 갖는다.
즉, $M+m=(2k-1)+(2k^2-3k-5)=0$에서
$2k^2-k-6=0$, $(2k+3)(k-2)=0$
$\therefore k=2$ $(\because k>0)$

218 이차함수의 최대·최소

이차함수 $y=f(x)$는 x^2의 계수가 a이고 최댓값이 6이므로
$f(x)=a(x-p)^2+6$ $(a<0$, p는 상수$)$이라 하자.

방정식 $f(x)=ax+b$에서
$a(x-p)^2+6=ax+b$
$ax^2-(2p+1)ax+ap^2+6-b=0$

이 방정식의 두 근의 합이 5이므로 이차방정식의 근과 계수의 관
계에 의하여

$\dfrac{(2p+1)a}{a}=5$ $\qquad \therefore p=2$

$\therefore f(x)=a(x-2)^2+6$

한편, 이차함수 $y=f(x)$의 그래프가 점 $(1,\ 4)$를 지나므로
$f(1)=4$에서
$a+6=4$ $\qquad \therefore a=-2$

$\therefore f(x)=-2(x-2)^2+6=-2x^2+8x-2$

따라서 방정식 $f(x)=0$, 즉 $-2x^2+8x-2=0$에서 이차방정식
의 근과 계수의 관계에 의하여 구하는 두 실근의 곱은

$\dfrac{-2}{-2}=1$

219   제한된 범위에서의 이차함수의 최대·최소

$y=-x^2+2kx-3k=-(x-k)^2+k^2-3k$에서 이차함수의 그래프의 꼭짓점의 좌표는 $(k,\ k^2-3k)$

(ⅰ) $k<0$일 때

꼭짓점의 x좌표가 $0\le x\le 6$에 포함되지 않으므로 이차함수 $y=-x^2+2kx-3k$는 $x=0$일 때 최댓값 18을 갖는다.

즉, $x=0$일 때 $y=18$이므로

$-3k=18$ $\therefore k=-6$

(ⅱ) $0\le k<6$일 때

꼭짓점의 x좌표가 $0\le x\le 6$에 포함되므로 이차함수 $y=-x^2+2kx-3k=-(x-k)^2+k^2-3k$는 $x=k$일 때 최댓값 18을 갖는다.

즉, $x=k$일 때 $y=18$이므로

$k^2-3k=18,\ k^2-3k-18=0$

$(k+3)(k-6)=0$

$\therefore k=-3$ 또는 $k=6$

그런데 $0\le k\le 6$이므로 $k=6$

(ⅲ) $k\ge 6$일 때

꼭짓점의 x좌표가 $0\le x\le 6$에 포함되지 않으므로 이차함수 $y=-x^2+2kx-3k$는 $x=6$일 때 최댓값 18을 갖는다.

즉, $x=6$일 때 $y=18$이므로

$-36+12k-3k=18,\ 9k=54$

$\therefore k=6$

그런데 $k>6$이므로 조건을 만족시키는 k의 값은 존재하지 않는다.

(ⅰ), (ⅱ), (ⅲ)에서 $k=-6$ 또는 $k=6$

따라서 구하는 모든 실수 k의 값의 곱은

$(-6)\times 6=-36$

220   제한된 범위에서의 이차함수의 최대·최소

조건 (가)에서 $f(x)=a(x+1)(x-5)\ (a\ne 0)$라 하면

$f(x)=ax^2-4ax-5a=a(x-2)^2-9a$

(ⅰ) $a<0$일 때

조건 (나)에서 이차함수 $f(x)$는 $x=4$일 때 최솟값 -9를 가지므로

$-5a=-9$ $\therefore a=\dfrac{9}{5}$

그런데 $a<0$이므로 조건을 만족시키는 a의 값은 존재하지 않는다.

(ⅱ) $a>0$일 때

조건 (나)에서 이차함수 $f(x)$는 $x=2$일 때 최솟값 -9를 가지므로

$-9a=-9$ $\therefore a=1$

(ⅰ), (ⅱ)에서 $a=1$이고 $f(x)=(x-2)^2-9$이다.

$1\le x\le 4$에서 $f(x)$는 $x=4$일 때 최댓값을 갖는다.

따라서 $f(x)$의 최댓값은

$f(4)=(4-2)^2-9=-5$

221   제한된 범위에서의 이차함수의 최대·최소

(ⅰ) $-3\le x<0$일 때

$\begin{aligned}f(x)\times f(|x|)&=f(x)\times f(-x)\\&=(x-2)(-x-2)\\&=-x^2+4\end{aligned}$

이므로 $f(-3)=-5,\ f(0)=4$

따라서 함수 $f(x)\times f(|x|)$는 $x=0$일 때 최댓값 4, $x=-3$일 때 최솟값 -5를 갖는다.

(ⅱ) $0\le x\le 3$일 때

$\begin{aligned}f(x)\times f(|x|)&=f(x)\times f(x)\\&=(x-2)^2\end{aligned}$

이므로 $f(0)=4,\ f(2)=0,\ f(3)=1$

따라서 함수 $f(x)\times f(|x|)$는 $x=0$일 때 최댓값 4, $x=2$일 때 최솟값 0을 갖는다.

(ⅰ), (ⅱ)에 의하여 $-3\le x\le 3$에서 함수 $f(x)\times f(|x|)$는 최댓값 $M=4$, 최솟값 $m=-5$를 갖는다.

$\therefore M+m=4+(-5)=-1$

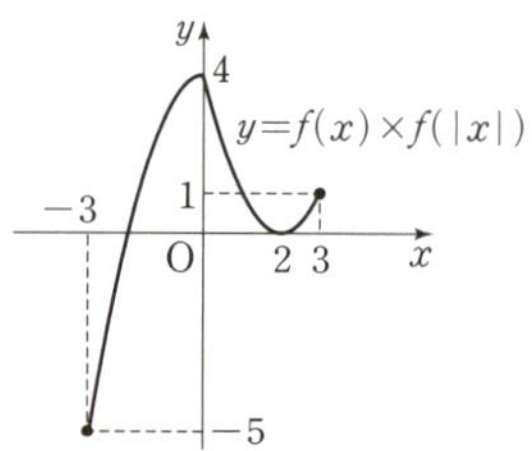

222   제한된 범위에서의 이차함수의 최대·최소

$x^2-4x+3=t$라 하면

$t=(x-2)^2-1\ge -1$

이때 주어진 함수는

$\begin{aligned}y&=-2t^2-8(t-3)+k-10\\&=-2t^2-8t+k+14\\&=-2(t+2)^2+k+22\ (t\ge -1)\end{aligned}$

따라서 $t=-1$일 때 최댓값 $k+20$을 가지므로

$k+20=18$ $\therefore k=-2$

223   조건을 만족시키는 이차식의 최대·최소

점 $P(x,\ y)$가 직선 $y=2x-1\ (x\ge 0)$ 위에 있으므로

$\begin{aligned}2x^2+y^2-6x+2y&=2x^2+(2x-1)^2-6x+2(2x-1)\\&=2x^2+4x^2-4x+1-6x+4x-2\\&=6x^2-6x-1\\&=6\left(x-\dfrac{1}{2}\right)^2-\dfrac{5}{2}\end{aligned}$

따라서 $x=\dfrac{1}{2}$일 때 구하는 최솟값은 $-\dfrac{5}{2}$이다.

224   조건을 만족시키는 이차식의 최대·최소

$0\le x\le 4$에서 이차함수 $y=-x^2+4x=-(x-2)^2+4$는 $x=2$일 때 최댓값 4, $x=0,\ x=4$일 때 최솟값 0을 갖는다.

$\therefore 0\le y\le 4$

$$x^2-y^2-4x+3y=-y^2+(x^2-4x)+3y=-y^2-y+3y$$
$$=-y^2+2y=-(y-1)^2+1$$

이므로 $0\leq y\leq 4$에서 $y=1$일 때 최댓값 1, $y=4$일 때 최솟값 -8
을 갖는다.

따라서 구하는 최댓값과 최솟값의 합은
$$1+(-8)=-7$$

225 이차함수의 최대·최소의 활용

$-x^2+3x+10=0$에서 $-(x+2)(x-5)=0$

$\therefore x=-2$ 또는 $x=5$

이때 점 A는 x축의 양의 부분과 만나는 점이므로 $A(5,\ 0)$이고,
점 B는 y축과 만나는 점이므로 $B(0,\ 10)$이다.

한편, 점 P의 x좌표를 $t\ (0<t<5)$라 하면
$P(t,\ -t^2+3t+10)$

$$\therefore \square OAPB=\triangle OAP+\triangle OBP$$
$$=\frac{1}{2}\times5\times(-t^2+3t+10)+\frac{1}{2}\times10\times t$$
$$=-\frac{5}{2}t^2+\frac{25}{2}t+25$$
$$=-\frac{5}{2}\left(t-\frac{5}{2}\right)^2+\frac{325}{8}$$

따라서 사각형 OAPB의 넓이는 $t=\frac{5}{2}$일 때 최댓값 $M=\frac{325}{8}$를
갖는다.

$$\therefore 8M=8\times\frac{325}{8}=325$$

226 이차함수의 최대·최소의 활용

수도꼭지 A를 t초, 수도꼭지 B를 $(30-t)$초 사용하고 30초 동안
물통에 담긴 물의 양을 V L라 하면

$$V=3t(30-t)+(30-t)\{(30-t)+10\}$$
$$=3t(30-t)+(30-t)(40-t)$$
$$=90t-3t^2+t^2-70t+1200$$
$$=-2t^2+20t+1200$$
$$=-2(t-5)^2+1250\ (단,\ 0<t<30)$$

이므로 V는 $t=5$일 때 최댓값 1250을 갖는다.

따라서 수도꼭지 A를 5초, 수도꼭지 B를 25초 동안 사용할 때 물
통에 채울 수 있는 물의 최대 양은 1250 L이다.

227 이차함수의 그래프와 x축의 위치 관계

Step ❶ 이차함수 $y=f(x)$의 그래프가 x축과 서로 다른 두 점에서
만나기 위한 a의 값의 범위 구하기

이차함수 $y=f(x)$의 그래프가 x축과 서로 다른 두 점에서 만나므
로 이차방정식 $f(x)=0$은 서로 다른 두 실근을 갖는다.

$x^2-2(a+2)x+a^2+5a+1=0$의 판별식을 D라 하면
$$\frac{D}{4}=\{-(a+2)\}^2-1\times(a^2+5a+1)>0$$
$$-a+3>0 \qquad \therefore a<3$$

Step ❷ $\alpha^2+\beta^2$을 a에 대한 식으로 나타내기

이차함수 $y=f(x)$의 그래프와 x축의 두 교점의 x좌표가 α, β이
므로 α, β는 이차방정식 $x^2-2(a+2)x+a^2+5a+1=0$의 두 근
이다.

이차방정식의 근과 계수의 관계에 의하여
$$\alpha+\beta=2(a+2),\ \alpha\beta=a^2+5a+1$$
$$\therefore \alpha^2+\beta^2=(\alpha+\beta)^2-2\alpha\beta$$
$$=\{2(a+2)\}^2-2(a^2+5a+1)$$
$$=2a^2+6a+14$$
$$=2\left(a+\frac{3}{2}\right)^2+\frac{19}{2}$$

Step ❸ m^2-p^2의 값 구하기

$a<3$이므로 $\alpha^2+\beta^2$은 $a=-\frac{3}{2}$일 때 최솟값 $\frac{19}{2}$를 갖는다.

따라서 $m=\frac{19}{2}$, $p=-\frac{3}{2}$이므로

$$m^2-p^2=\left(\frac{19}{2}\right)^2-\left(-\frac{3}{2}\right)^2$$
$$=\frac{361}{4}-\frac{9}{4}=\frac{352}{4}=88$$

228 제한된 범위에서의 이차함수의 최대·최소

Step ❶ 이차함수의 그래프의 축 확인하기

$f(x)=-x^2+6x=-(x-3)^2+9$라 하면 이차함수 $y=f(x)$의
그래프의 축의 방정식은 $x=3$이므로

$a=\frac{5}{2}$일 때 $f(a)=f(a+1)$

Step ❷ x의 값의 범위와 이차함수의 그래프의 축 사이의 관계를 이
용하여 a의 값의 범위를 나눈 후, $M(a)$, $m(a)$의 식 세우기

(ⅰ) $a+1<3$, 즉 $a<2$일 때
$$M(a)=f(a+1)$$
$$=-(a+1)^2+6(a+1)=-a^2+4a+5$$
$$m(a)=f(a)=-a^2+6a$$

(ⅱ) $3\leq a+1<\frac{7}{2}$, 즉 $2\leq a<\frac{5}{2}$일 때
$$M(a)=f(3)=9$$
$$m(a)=f(a)=-a^2+6a$$

(ⅲ) $a=\frac{5}{2}$일 때
$$M(a)=f(3)=9$$
$$m(a)=f\left(\frac{5}{2}\right)=\frac{35}{4}$$

(ⅳ) $\frac{5}{2}<a\leq3$일 때
$$M(a)=f(3)=9$$
$$m(a)=f(a+1)$$
$$=-(a+1)^2+6(a+1)=-a^2+4a+5$$

(ⅴ) $a>3$일 때
$$M(a)=f(a)=-a^2+6a$$
$$m(a)=f(a+1)$$
$$=-(a+1)^2+6(a+1)=-a^2+4a+5$$

Step ❸ 각각의 범위에서 $M(a)$, $m(a)$의 최댓값 구하기

(i)~(v)에서 함수 $y=M(a)$와

$y=m(a)$의 그래프는 각각 오른쪽

그림과 같다.

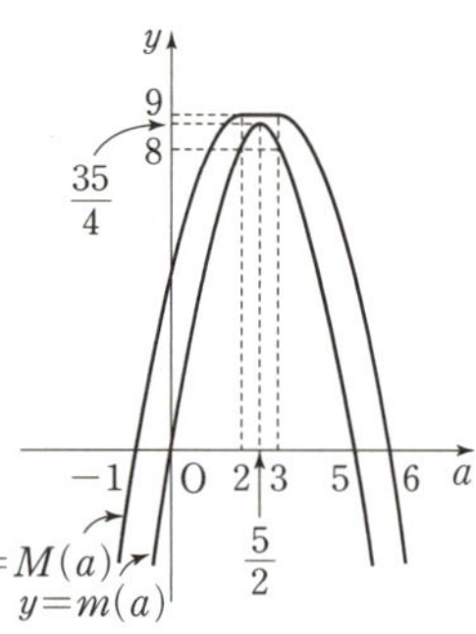

따라서 함수 $y=M(a)$의 최댓값은

9, 함수 $y=m(a)$의 최댓값은 $\dfrac{35}{4}$

이므로 구하는 합은

$k=9+\dfrac{35}{4}=\dfrac{71}{4}$

$\therefore 4k=4\times\dfrac{71}{4}=71$

229 이차함수의 최대·최소의 활용

Step ❶ 넓이가 같은 세 직사각형의 각 변의 길이 사이의 관계식 구하기

오른쪽 그림에서 $\overline{\mathrm{AH}}=\overline{\mathrm{HD}}=x$,

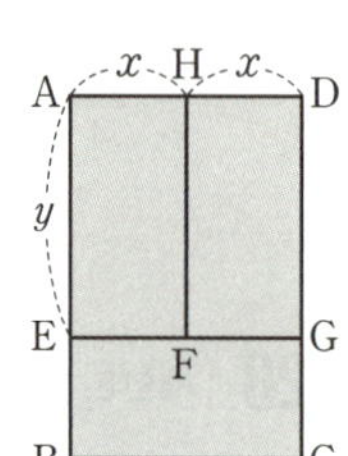

$\overline{\mathrm{AE}}=y$라 하면

$\square\mathrm{AEFH}=xy$, $\square\mathrm{BCGE}=2x\times\overline{\mathrm{BE}}$

이때 두 직사각형의 넓이가 같으므로

$xy=2x\times\overline{\mathrm{BE}}$ $\therefore \overline{\mathrm{BE}}=\dfrac{y}{2}$

Step ❷ 줄의 길이를 이용하여 관계식 구하기

줄의 길이가 100이므로 $6x+4y=100$

$\therefore y=-\dfrac{3}{2}x+25$

$y=-\dfrac{3}{2}x+25>0$이므로 $x<\dfrac{50}{3}$

이때 변의 길이는 양수이므로 $0<x<\dfrac{50}{3}$

큰 직사각형의 넓이를 S라 하면

$S=2x\times\dfrac{3}{2}y=3xy=3x\left(-\dfrac{3}{2}x+25\right)$

$\quad=-\dfrac{9}{2}x^2+75x$

$\quad=-\dfrac{9}{2}\left(x-\dfrac{25}{3}\right)^2+\dfrac{625}{2}$

Step ❸ 큰 직사각형의 넓이의 최댓값 구하기

S는 $x=\dfrac{25}{3}$일 때 최댓값 $\dfrac{625}{2}$를 갖는다.

따라서 큰 직사각형의 넓이의 최댓값은 $\dfrac{625}{2}$이다.

230 이차함수의 그래프와 직선의 위치 관계

이차함수 $y=ax^2+bx+6$의 그래프와 직선 $y=-x+4$의 교점은

이차함수 $y=2x^2-3x$의 그래프와 직선 $y=-x+4$의 교점과 같다.

$2x^2-3x=-x+4$에서 $x^2-x-2=0$

$(x+1)(x-2)=0$ $\therefore x=-1$ 또는 $x=2$

즉, 두 교점의 x좌표가 -1, 2이므로 교점의 좌표는

$(-1, 5)$, $(2, 2)$ ··· ❶

이때 이차함수 $y=ax^2+bx+6$의 그래프가 이 두 교점을 지나므로

$a-b+6=5$에서 $a-b=-1$ ······ ㉠

$4a+2b+6=2$에서 $2a+b=-2$ ······ ㉡

㉠, ㉡을 연립하여 풀면

$a=-1$, $b=0$ ··· ❷

$\therefore a+b=(-1)+0=-1$ ··· ❸

채점 기준	배점 비율
❶ 두 교점의 좌표 구하기	60%
❷ 상수 a, b의 값 각각 구하기	30%
❸ $a+b$의 값 구하기	10%

231 제한된 범위에서의 이차함수의 최대·최소

이차함수 $f(x)=(x-a)^2+b$의 그래프의 축의 방정식은

$x=a$ ··· ❶

(i) $a<1$일 때

함수 $f(x)$는 $x=1$에서 최솟값 $(1-a)^2+b$를 갖는다.

즉, $(1-a)^2+b=6$이므로 $b=-a^2+2a+5$

$\therefore a+b=a+(-a^2+2a+5)$

$\qquad=-a^2+3a+5=-\left(a-\dfrac{3}{2}\right)^2+\dfrac{29}{4}$

따라서 $a+b$는 $a=1$에서 최댓값 7을 갖는다.

(ii) $1\leq a<2$일 때

함수 $f(x)$는 $x=a$에서 최솟값 b를 갖는다.

즉, $b=6$이므로 $7<a+b\leq 8$

따라서 $a+b$는 $a=2$에서 최댓값 8을 갖는다.

(iii) $a\geq 2$일 때

함수 $f(x)$는 $x=2$에서 최솟값 $(2-a)^2+b$를 갖는다.

즉, $(2-a)^2+b=6$이므로 $b=-a^2+4a+2$

$\therefore a+b=a+(-a^2+4a+2)$

$\qquad=-a^2+5a+2=-\left(a-\dfrac{5}{2}\right)^2+\dfrac{33}{4}$

따라서 $a+b$는 $a=\dfrac{5}{2}$에서 최댓값 $\dfrac{33}{4}$을 갖는다.   ··· ❷

(i), (ii), (iii)에서 $a+b$의 최댓값은 $\dfrac{33}{4}$이다.   ··· ❸

채점 기준	배점 비율
❶ 이차함수 $f(x)$의 그래프의 축 확인하기	10%
❷ x의 값의 범위와 이차함수의 그래프의 축 사이의 관계를 이용하여 a의 값의 범위를 나눈 후, 각각의 범위에서 $a+b$의 최댓값 구하기	80%
❸ $a+b$의 최댓값 구하기	10%

232 이차함수의 최대·최소의 활용

출발 후 t초 후의 세 점 P, Q, R에 대하여

$\overline{\mathrm{AP}}=t$, $\overline{\mathrm{BQ}}=2t$, $\overline{\mathrm{CR}}=3t$이고

$0\leq 3t\leq 2$에서 $0\leq t\leq\dfrac{2}{3}$ ··· ❶

삼각형 PQR의 넓이를 S라 하면

$$S=\square ABCD-\triangle PBQ-\triangle QCR-\square APRD$$
$$=4-\left\{\frac{1}{2}\times 2t\times(2-t)+\frac{1}{2}\times(2-2t)\times 3t\right.$$
$$\left.+\frac{1}{2}\times(t+2-3t)\times 2\right\}$$
$$=4-(2t-t^2+3t-3t^2+2-2t)$$
$$=4t^2-3t+2$$
$$=4\left(t-\frac{3}{8}\right)^2+\frac{23}{16} \qquad \cdots \text{❷}$$

이므로 S는 $t=\dfrac{3}{8}$일 때 최솟값 $\dfrac{23}{16}$을 갖는다.

따라서 삼각형 PQR의 넓이의 최솟값은 $\dfrac{23}{16}$이다. $\qquad \cdots$ ❸

채점 기준	배점 비율
❶ 각 변의 길이를 t로 나타내고 t의 값의 범위 구하기	40%
❷ 삼각형 PQR의 넓이를 t에 대한 식으로 나타내기	40%
❸ 삼각형 PQR의 넓이의 최솟값 구하기	20%

▼ **교육청 기출문제**　　　　　　본문 054~055쪽

233 ④	**234** 18	**235** ⑤	**236** ③
237 17	**238** 91	**239** 67	**240** 11

233 이차함수의 그래프와 직선의 위치 관계

선택률	①	②	③	④	⑤
	1%	4%	3%	88%	4%

이차함수 $y=x^2+5x+9$의 그래프와 직선 $y=x+k$가 만나지 않기 위해서는 이차방정식 $x^2+5x+9=x+k$, 즉 $x^2+4x+9-k=0$이 허근을 가져야 한다.

이차방정식 $x^2+4x+9-k=0$의 판별식을 D라 하면
$$\frac{D}{4}=2^2-1\times(9-k)<0,\ k-5<0 \qquad \therefore k<5$$
따라서 자연수 k는 1, 2, 3, 4의 4개이다.

234 제한된 범위에서의 이차함수의 최대·최소

정답률	75%

$$f(x)=x^2-2ax+2a^2=(x-a)^2+a^2$$

(ⅰ) $0<a<2$일 때

이차함수 $f(x)$는 $x=a$에서 최솟값 a^2을 갖는다.

그런데 $0<a<2$에서 $0<a^2<4$이므로 조건을 만족시키는 실수 a의 값은 존재하지 않는다.

(ⅱ) $a\geq 2$일 때

이차함수 $f(x)$는 $x=2$에서 최솟값 $2a^2-4a+4$를 가지므로
$$2a^2-4a+4=10,\ a^2-2a-3=0$$
$$(a-3)(a+1)=0 \qquad \therefore a=3\ (\because a\geq 2)$$

(ⅰ), (ⅱ)에서 $a=3$이므로 $f(x)=x^2-6x+18$

따라서 함수 $f(x)$는 $x=0$에서 최댓값 18을 갖는다.

235 이차함수의 그래프와 이차방정식의 관계

선택률	①	②	③	④	⑤
	6%	6%	33%	7%	48%

ㄱ. 이차함수 $y=f(x)$의 그래프가 x축에 접하므로 이차방정식 $f(x)=0$의 판별식을 D라 하면
$$D=a^2-4b=0\ (\text{참})$$

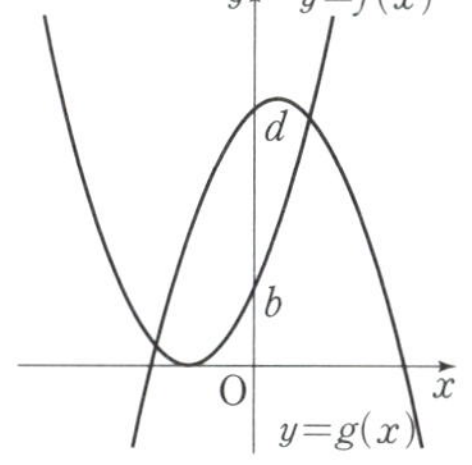

ㄴ. ㄱ에 의하여 $a^2=4b$이므로
$$a^2-4d=4b-4d=4(b-d)$$
함수 $y=f(x)$의 y절편인 b가 함수 $y=g(x)$의 y절편인 d보다 작으므로 $b-d<0$
$$\therefore a^2-4d<0\ (\text{참})$$

ㄷ. 두 이차함수 $y=f(x)$와 $y=g(x)$의 그래프가 서로 다른 두 점에서 만나므로 이차방정식 $f(x)=g(x)$는 서로 다른 두 실근을 갖는다.
$x^2+ax+b=-x^2+cx+d$, 즉 $2x^2+(a-c)x+b-d=0$의 판별식을 D라 하면
$$D=(a-c)^2-4\times 2\times(b-d)=(a-c)^2-8(b-d)>0\ (\text{참})$$

따라서 옳은 것은 ㄱ, ㄴ, ㄷ이다.

236 이차함수의 최대·최소의 활용

선택률	①	②	③	④	⑤
	7%	9%	65%	11%	8%

삼각형 ABC는 한 변의 길이가 2인 정삼각형이므로
$$\overline{AP}=\sqrt{3},\ \overline{BP}=\overline{CP}=1$$
$\overline{PQ}=x$이므로 $\overline{AQ}=\sqrt{3}-x$이고 삼각형 BPQ와 삼각형 CPQ는 직각삼각형이므로
$$\overline{BQ}^2=\overline{BP}^2+\overline{PQ}^2=1^2+x^2$$
$$\overline{CQ}^2=\overline{CP}^2+\overline{PQ}^2=1^2+x^2$$
$$\therefore \overline{AQ}^2+\overline{BQ}^2+\overline{CQ}^2=(\sqrt{3}-x)^2+2(1+x^2)$$
$$=(x^2-2\sqrt{3}x+3)+(2x^2+2)$$
$$=3x^2-2\sqrt{3}x+5$$
$$=3\left(x^2-\frac{2}{3}\sqrt{3}x\right)+5$$
$$=3\left(x-\frac{\sqrt{3}}{3}\right)^2+4$$

따라서 $x=\dfrac{\sqrt{3}}{3}$일 때 $\overline{AQ}^2+\overline{BQ}^2+\overline{CQ}^2$의 최솟값은 4이므로
$$a=\frac{\sqrt{3}}{3},\ m=4$$
$$\therefore \frac{m}{a}=\frac{4}{\dfrac{\sqrt{3}}{3}}=4\sqrt{3}$$

237 이차함수의 그래프와 직선의 위치 관계

정답률	39%

직선 $y=t$가 두 이차함수
$y=\dfrac{1}{2}x^2+3$, $y=-\dfrac{1}{2}x^2+x+5$
의 그래프의 서로 다른 교점의
개수가 3인 경우는 오른쪽 그림
과 같이 직선 $y=t$가 두 이차함
수의 그래프의 꼭짓점을 지나거
나 두 이차함수의 그래프의 교점
을 지날 때이다.

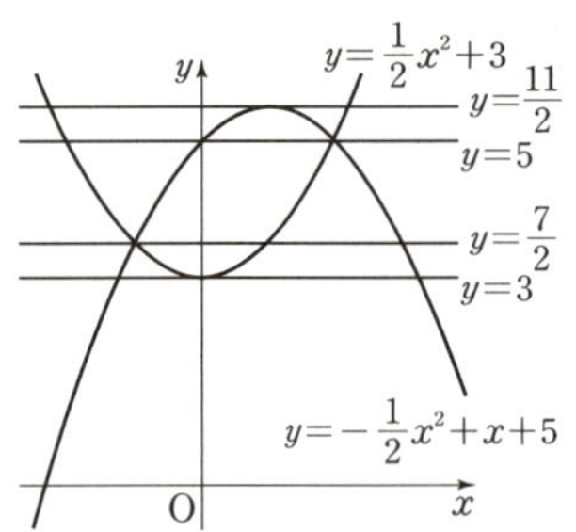

(i) 꼭짓점을 지나는 경우

$y=\dfrac{1}{2}x^2+3$, $y=-\dfrac{1}{2}x^2+x+5=-\dfrac{1}{2}(x-1)^2+\dfrac{11}{2}$에서

두 이차함수의 꼭짓점의 y좌표는 각각 3, $\dfrac{11}{2}$이므로

$t=3$ 또는 $t=\dfrac{11}{2}$

(ii) 교점을 지나는 경우

두 함수의 그래프의 교점의 x좌표는 이차방정식

$\dfrac{1}{2}x^2+3=-\dfrac{1}{2}x^2+x+5$에서

$x^2-x-2=0$, $(x+1)(x-2)=0$

$\therefore x=-1$ 또는 $x=2$

즉, 교점의 좌표는 $\left(-1, \dfrac{7}{2}\right)$, $(2, 5)$이므로

$t=\dfrac{7}{2}$ 또는 $t=5$

(i), (ii)에서 모든 실수 t의 값의 합은

$3+\dfrac{11}{2}+\dfrac{7}{2}+5=17$

238 이차함수의 그래프와 직선의 위치 관계

정답률	26%

이차함수 $y=x^2-4x+\dfrac{25}{4}$의 그래프가 직선 $y=ax$와 한 점에서

만 만나므로 이차방정식 $x^2-4x+\dfrac{25}{4}=ax$, 즉

$x^2-(a+4)x+\dfrac{25}{4}=0$의 판별식을 D라 하면

$D=(a+4)^2-4\times1\times\dfrac{25}{4}=0$

$(a+4)^2=25$

$a+4=5$ 또는 $a+4=-5$

$\therefore a=1\ (\because a>0)$

이차함수 $y=x^2-4x+\dfrac{25}{4}$의 그래프가 직선 $y=x$와 만나는 점의

x좌표는 이차방정식 $x^2-4x+\dfrac{25}{4}=x$, 즉 $x^2-5x+\dfrac{25}{4}=0$에서

$\left(x-\dfrac{5}{2}\right)^2=0$ $\therefore x=\dfrac{5}{2}$

따라서 세 점 A, B, H는 각각

$A\left(\dfrac{5}{2}, \dfrac{5}{2}\right)$, $B\left(0, \dfrac{25}{4}\right)$, $H\left(\dfrac{5}{2}, 0\right)$

이다.

삼각형 BOH의 넓이를 T_1,
삼각형 AOH의 넓이를 T_2라 하면

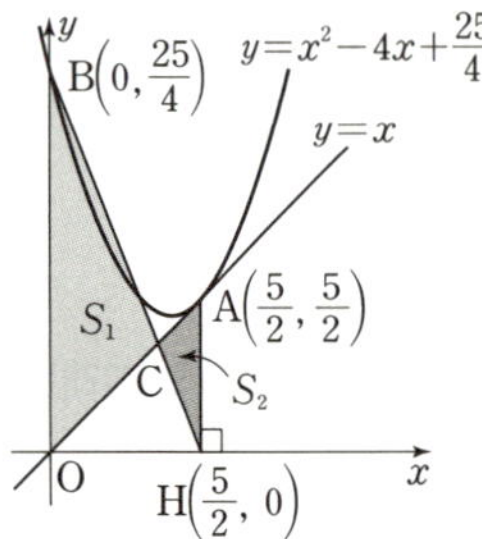

$S_1-S_2=T_1-T_2$

$=\dfrac{1}{2}\times\dfrac{5}{2}\times\dfrac{25}{4}-\dfrac{1}{2}\times\dfrac{5}{2}\times\dfrac{5}{2}$

$=\dfrac{75}{16}$

따라서 $p=16$, $q=75$이므로

$p+q=16+75=91$

239 제한된 범위에서의 이차함수의 최대·최소

정답률	30%

조건 (가), (나)에 의하여 $0\le x\le3$에서 함수 $f(x)$의 최솟값과

$0\le x\le5$에서 함수 $f(x)$의 최솟값이 m으로 같으므로

이차함수 $f(x)$의 그래프의 꼭짓점의 x좌표 $x=p$가 $0\le p\le3$이

고 $f(p)=q=m$이다.

$\therefore f(x)=(x-p)^2+m$

(i) $0<p<\dfrac{3}{2}$일 때

조건 (가)에 의하여 함수 $f(x)$는
$x=3$에서 최댓값 $m+4$를 갖는다.

$f(3)=(3-p)^2+m=m+4$

$(3-p)^2=4$

$3-p=2$ 또는 $3-p=-2$

$0<p<\dfrac{3}{2}$이므로 $p=1$

$\therefore f(x)=(x-1)^2+m$

조건 (나)에 의하여 함수 $f(x)$는 $x=5$에서 최댓값을 갖는다.

$f(5)=(5-1)^2+m=4m$ $\therefore m=\dfrac{16}{3}$

그런데 m은 자연수이므로 조건을 만족시키지 않는다.

(ii) $\dfrac{3}{2}\le p\le3$일 때

조건 (가)에 의하여 함수 $f(x)$는
$x=0$에서 최댓값 $m+4$를 갖는다.

$f(0)=(0-p)^2+m=m+4$

$p^2=4$

$\dfrac{3}{2}\le p\le3$이므로 $p=2$

$\therefore f(x)=(x-2)^2+m$

조건 (나)에 의하여 함수 $f(x)$는 $x=5$에서 최댓값을 갖는다.

$f(5)=(5-2)^2+m=4m$ $\therefore m=3$

(i), (ii)에서 $m=3$, $f(x)=(x-2)^2+3$

$\therefore f(10)=(10-2)^2+3=67$

240 제한된 범위에서의 이차함수의 최대·최소

정답률	21%

$f(0)=f(4)$이므로 이차함수 $y=f(x)$의 그래프는 직선 $x=2$에

대하여 대칭이다.

즉, $f(-1)\ne f(4)$이므로 $f(-1)+|f(4)|=0$에서

$f(-1)=-|f(4)|<0$, $|f(-1)|=|f(4)|$

$f(x)=a(x-2)^2+b$ ($a\neq0$, a, b는 실수)라 하면

(i) $a<0$일 때

이차함수 $y=f(x)$의 그래프는 다음 그림과 같이
$f(-1)<0<f(4)$이므로 조건을 만족시킨다.

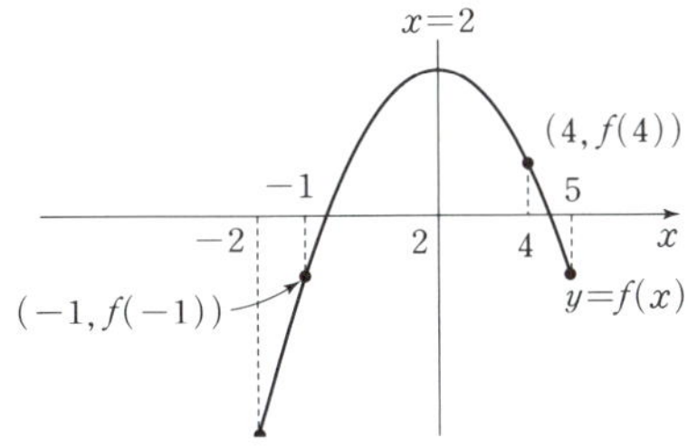

(ii) $a>0$일 때

이차함수 $y=f(x)$의 그래프는 다음 그림과 같이
$f(4)<f(-1)<0$이므로 조건을 만족시키지 않는다.

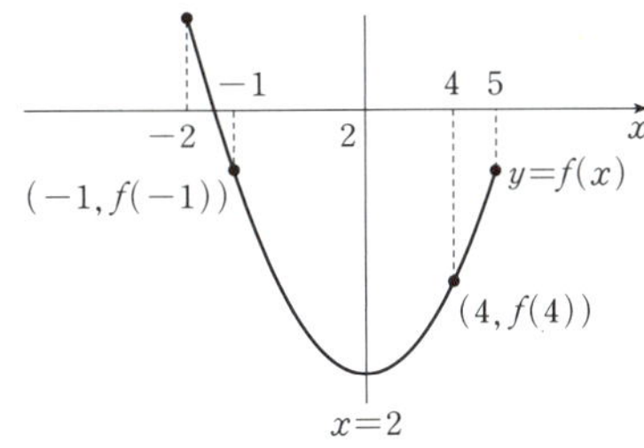

(i), (ii)에서 $a<0$일 때, 이차함수 $f(x)$는 $x=-2$에서 최솟값
-19를 가지므로

$16a+b=-19$ ······ ㉠

또한, $f(-1)+|f(4)|=0$에서 $f(-1)+f(4)=0$

$(9a+b)+(4a+b)=0$

$13a+2b=0$ ······ ㉡

㉠, ㉡을 연립하여 풀면

$a=-2$, $b=13$

따라서 $f(x)=-2(x-2)^2+13$이므로

$f(3)=-2+13=11$

07 여러 가지 방정식

기본 문제 본문 056~057쪽

241 ①	**242** ⑤	**243** ②	**244** 144
245 ⑤	**246** ④	**247** 7	**248** ③

241 삼차방정식과 사차방정식의 풀이

$P(x)=x^3-2x^2-9x+18$이라 하면 $P(2)=0$이므로 $x-2$는
$P(x)$의 인수이다.

조립제법을 이용하여 $P(x)$를 인수분해하면

$$\begin{array}{r|rrrr} 2 & 1 & -2 & -9 & 18 \\ & & 2 & 0 & -18 \\ \hline & 1 & 0 & -9 & 0 \end{array}$$

$\therefore P(x)=(x-2)(x^2-9)=(x-2)(x+3)(x-3)$

즉, 주어진 방정식은

$(x-2)(x+3)(x-3)=0$

$\therefore x=-3$ 또는 $x=2$ 또는 $x=3$

따라서 $\alpha=-3$, $\beta=2$, $\gamma=3$ ($\because \alpha<\beta<\gamma$)이므로

$\alpha-\beta+\gamma=(-3)-2+3=-2$

242 공통부분이 있는 사차방정식의 풀이

$x^2-x+1=X$라 하면 주어진 방정식은

$X^2-4X-5=0$, $(X+1)(X-5)=0$

$\therefore X=-1$ 또는 $X=5$

(i) $X=-1$일 때

$x^2-x+1=-1$, 즉 $x^2-x+2=0$이므로 이 이차방정식의 판
별식을 D_1이라 하면

$D_1=(-1)^2-4\times1\times2=-7<0$

즉, 이 이차방정식은 서로 다른 두 허근을 갖는다.

(ii) $X=5$일 때

$x^2-x+1=5$, 즉 $x^2-x-4=0$이므로 이 이차방정식의 판별
식을 D_2라 하면

$D_2=(-1)^2-4\times1\times(-4)=17>0$

즉, 이 이차방정식은 서로 다른 두 실근을 갖는다.

(i), (ii)에서 주어진 방정식의 두 허근 α, β는 이차방정식

$x^2-x+2=0$의 두 근이므로 이차방정식의 근과 계수의 관계에 의
하여

$\alpha\beta=2$

243 삼차방정식의 근과 계수의 관계

삼차방정식 $x^3-12x^2+ax+b=0$의 세 근이 α, β, γ이고,

$\dfrac{\alpha}{3}=\dfrac{\beta}{2}=\gamma$에서 $\alpha=3\gamma$, $\beta=2\gamma$이므로 삼차방정식의 근과 계수의

관계에 의하여

$a+\beta+\gamma=3\gamma+2\gamma+\gamma=12$

$6\gamma=12$ $\therefore \gamma=2$

즉, 세 근이 2, 4, 6이므로 삼차방정식의 근과 계수의 관계에 의하여

$2\times4+4\times6+6\times2=44=a$

$2\times4\times6=48=-b$

따라서 $a=44$, $b=-48$이므로

$a+b=44+(-48)=-4$

244 세 수를 근으로 하는 삼차방정식

$x^3+6x^2-3x-2=0$에서 삼차방정식의 근과 계수의 관계에 의하여

$a+\beta+\gamma=-6$, $a\beta+\beta\gamma+\gamma a=-3$, $a\beta\gamma=2$

이때 삼차방정식 $x^3+ax^2+bx+c=0$의 세 근이 $a\beta$, $\beta\gamma$, γa이므로

$a\beta+\beta\gamma+\gamma a=-3$,

$a\beta\times\beta\gamma+\beta\gamma\times\gamma a+\gamma a\times a\beta=a\beta\gamma(a+\beta+\gamma)$

$=2\times(-6)=-12$,

$a\beta\times\beta\gamma\times\gamma a=(a\beta\gamma)^2=2^2=4$

에서 $x^3+3x^2-12x-4=0$

따라서 $a=3$, $b=-12$, $c=-4$이므로

$abc=3\times(-12)\times(-4)=144$

245 삼차방정식의 켤레근

삼차방정식 $x^3-3x^2+ax+b=0$의 계수가 실수이고 한 근이 $1+2i$이므로 $1-2i$도 근이다.

즉, 주어진 삼차방정식의 세 근이 $1+2i$, $1-2i$, a이므로 삼차방정식의 근과 계수의 관계에 의하여

$(1+2i)+(1-2i)+a=3$

$\therefore a=1$

세 근 $1+2i$, $1-2i$, 1에서 삼차방정식의 근과 계수의 관계에 의하여

$(1+2i)\times(1-2i)+(1-2i)\times1+1\times(1+2i)=a$

$(1+2i)\times(1-2i)\times1=-b$

따라서 $a=7$, $b=-5$이므로

$a-ab=1-7\times(-5)=36$

246 삼차방정식 $x^3-1=0$의 허근의 성질

$P(x)=x^3-2x^2-2x-3$이라 하면 $P(3)=0$이므로 $x-3$은 $P(x)$의 인수이다.

조립제법을 이용하여 $P(x)$를 인수분해하면

$$\begin{array}{c|cccc} 3 & 1 & -2 & -2 & -3 \\ & & 3 & 3 & 3 \\ \hline & 1 & 1 & 1 & 0 \end{array}$$

$\therefore P(x)=(x-3)(x^2+x+1)$

즉, 주어진 방정식은

$(x-3)(x^2+x+1)=0$

따라서 삼차방정식 $x^3-2x^2-2x-3=0$의 한 허근 ω는 이차방정식 $x^2+x+1=0$의 한 허근이므로

$\omega^3=1$, $\omega^2+\omega+1=0$

$\therefore 1+\omega+\omega^2+\cdots+\omega^{12}$

$=(1+\omega+\omega^2)+\omega^3(1+\omega+\omega^2)+\omega^6(1+\omega+\omega^2)$

$\qquad\qquad +\omega^9(1+\omega+\omega^2)+\omega^{12}$

$=\omega^{12}=(\omega^3)^4=1$

247 $\begin{cases}\text{일차방정식}\\\text{이차방정식}\end{cases}$ 꼴의 연립이차방정식

$\begin{cases} x-y=1 & \cdots\cdots \ \text{㉠}\\ x^2+xy-3y^2=1 & \cdots\cdots \ \text{㉡}\end{cases}$

㉠에서 $y=x-1$ $\cdots\cdots$ ㉢

㉢을 ㉡에 대입하면

$x^2+x(x-1)-3(x-1)^2=1$

$x^2-5x+4=0$, $(x-1)(x-4)=0$

$\therefore x=1$ 또는 $x=4$

$x=1$을 ㉢에 대입하면 $y=0$

$x=4$를 ㉢에 대입하면 $y=3$

즉, 주어진 연립방정식의 해는

$\begin{cases} x=1\\ y=0\end{cases}$ 또는 $\begin{cases} x=4\\ y=3\end{cases}$

따라서 $x+y$의 최댓값은

$4+3=7$

248 $\begin{cases}\text{이차방정식}\\\text{이차방정식}\end{cases}$ 꼴의 연립이차방정식

$\begin{cases} 2x^2-3xy+y^2=0 & \cdots\cdots \ \text{㉠}\\ x^2-2xy-3y^2=-16 & \cdots\cdots \ \text{㉡}\end{cases}$

㉠의 좌변을 인수분해하면

$(x-y)(2x-y)=0$

$\therefore y=x$ 또는 $y=2x$

(i) $y=x$를 ㉡에 대입하면

$x^2-2x\times x-3x^2=-16$

$x^2=4$ $\therefore x=\pm2$

$y=x$이므로

$x=\pm2$, $y=\pm2$ (복부호동순)

(ii) $y=2x$를 ㉡에 대입하면

$x^2-2x\times2x-3(2x)^2=-16$

$x^2=\dfrac{16}{15}$ $\therefore x=\pm\dfrac{4}{\sqrt{15}}$

$y=2x$이므로

$x=\pm\dfrac{4}{\sqrt{15}}$, $y=\pm\dfrac{8}{\sqrt{15}}$ (복부호동순)

(i), (ii)에서 정수 x, y는 $x=-2$, $y=-2$ 또는 $x=2$, $y=2$이므로

$x^2+y^2=4+4=8$

249 ③	**250** ①	**251** ③	**252** ②
253 ①	**254** ③	**255** ②	**256** ④
257 ②	**258** ⑤	**259** ④	**260** ③
261 ①	**262** ①	**263** ②	**264** ③
265 4	**266** $\dfrac{1}{2}$, $\dfrac{3}{2}$	**267** 14	**268** -2
269 ④	**270** -9	**271** 0	**272** 2

249   삼차방정식과 사차방정식의 풀이

삼차방정식 $x^3+2ax^2+(b-1)x-2a+4=0$의 두 근이 -2, 3이므로
$(-2)^3+2a\times(-2)^2+(b-1)\times(-2)-2a+4=0$에서
$3a-b-1=0$ …… ㉠
$3^3+2a\times3^2+(b-1)\times3-2a+4=0$에서
$16a+3b+28=0$ …… ㉡
㉠, ㉡을 연립하여 풀면
$a=-1$, $b=-4$
즉, 주어진 방정식은 $x^3-2x^2-5x+6=0$
$P(x)=x^3-2x^2-5x+6$이라 하면 $P(-2)=0$, $P(3)=0$이므로 $x+2$, $x-3$은 $P(x)$의 인수이다.
조립제법을 이용하여 $P(x)$를 인수분해하면

```
-2 | 1   -2   -5    6
   |      -2    8   -6
 3 | 1   -4    3  | 0
   |       3   -3
     1   -1  | 0
```

$\therefore P(x)=(x+2)(x-3)(x-1)$
즉, 주어진 방정식은 $(x+2)(x-3)(x-1)=0$이므로 나머지 한 근은 1이다.

250   삼차방정식과 사차방정식의 풀이

$P(x)=x^4-4x^3-17x^2+110x-150$이라 하면 $P(3)=0$, $P(-5)=0$이므로 $x-3$, $x+5$는 $P(x)$의 인수이다.
조립제법을 이용하여 $P(x)$를 인수분해하면

```
 3 | 1   -4   -17   110   -150
   |       3    -3   -60    150
-5 | 1   -1   -20    50  |  0
   |      -5    30   -50
     1   -6    10  |  0
```

$\therefore P(x)=(x-3)(x+5)(x^2-6x+10)$
즉, 주어진 방정식은
$(x-3)(x+5)(x^2-6x+10)=0$
이때 이차방정식 $x^2-6x+10=0$의 판별식을 D라 하면

$\dfrac{D}{4}=(-3)^2-1\times10=-1<0$
이므로 이 이차방정식은 서로 다른 두 허근을 갖는다.
따라서 주어진 사차방정식의 허근은 이차방정식 $x^2-6x+10=0$의 근이므로 이차방정식의 근과 계수의 관계에 의하여 모든 허근의 합은 6이다.

251   공통부분이 있는 사차방정식의 풀이

$x^2-3x=X$라 하면 주어진 방정식은
$X(X+5)=-6$, $X^2+5X+6=0$
$(X+3)(X+2)=0$
$\therefore X=-3$ 또는 $X=-2$
(ⅰ) $X=-3$일 때
   $x^2-3x+3=0$이므로 이 이차방정식의 판별식을 D_1이라 하면
   $D_1=(-3)^2-4\times1\times3<0$
   즉, 이 이차방정식은 서로 다른 두 허근을 갖는다.
(ⅱ) $X=-2$일 때
   $x^2-3x+2=0$이므로 이 이차방정식의 판별식을 D_2라 하면
   $D_2=(-3)^2-4\times1\times2>0$
   즉, 이 이차방정식은 서로 다른 두 실근을 갖는다.
(ⅰ), (ⅱ)에서 주어진 방정식의 실근은 이차방정식 $x^2-3x+2=0$의 근이고, 허근은 이차방정식 $x^2-3x+3=0$의 근이므로 이차방정식의 근과 계수의 관계에 의하여
$k=2$, $l=3$
$\therefore k+l=2+3=5$

252 $x^4+ax^2+b=0$ 꼴의 사차방정식의 풀이

$x^4-14x^2+25=0$에서 $(x^4-10x^2+25)-4x^2=0$
$(x^2-5)^2-(2x)^2=0$
$\therefore (x^2-2x-5)(x^2+2x-5)=0$
이때 이차방정식 $x^2-2x-5=0$의 두 근을 α, β라 하고, 이차방정식 $x^2+2x-5=0$의 두 근을 γ, δ라 하면 이차방정식의 근과 계수의 관계에 의하여
$\alpha+\beta=2$, $\alpha\beta=-5$, $\gamma+\delta=-2$, $\gamma\delta=-5$
$\therefore \dfrac{1}{\alpha^2}+\dfrac{1}{\beta^2}+\dfrac{1}{\gamma^2}+\dfrac{1}{\delta^2}=\dfrac{\alpha^2+\beta^2}{\alpha^2\beta^2}+\dfrac{\gamma^2+\delta^2}{\gamma^2\delta^2}$

$\qquad=\dfrac{(\alpha+\beta)^2-2\alpha\beta}{(\alpha\beta)^2}+\dfrac{(\gamma+\delta)^2-2\gamma\delta}{(\gamma\delta)^2}$

$\qquad=\dfrac{2^2-2\times(-5)}{(-5)^2}+\dfrac{(-2)^2-2\times(-5)}{(-5)^2}$

$\qquad=\dfrac{14}{25}+\dfrac{14}{25}=\dfrac{28}{25}$

253   근의 조건이 주어진 삼차방정식과 사차방정식의 풀이

$P(x)=2x^3-(3k+2)x^2+3k$라 하면 $P(1)=0$이므로 $x-1$은 $P(x)$의 인수이다.

조립제법을 이용하여 $P(x)$를 인수분해하면

$$
\begin{array}{r|rrrr}
1 & 2 & -3k-2 & 0 & 3k \\
  &   & 2 & -3k & -3k \\
\hline
  & 2 & -3k & -3k & 0
\end{array}
$$

$\therefore P(x)=(x-1)(2x^2-3kx-3k)$

즉, 주어진 방정식은

$(x-1)(2x^2-3kx-3k)=0$

이때 방정식 $(x-1)(2x^2-3kx-3k)=0$이 중근을 가지려면

(i) 이차방정식 $2x^2-3kx-3k=0$이 $x=1$을 근으로 갖는 경우

$2-3k-3k=0,\ -6k=-2$

$\therefore k=\dfrac{1}{3}$

(ii) 이차방정식 $2x^2-3kx-3k=0$이 중근을 갖는 경우

이차방정식 $2x^2-3kx-3k=0$의 판별식을 D라 하면

$D=(-3k)^2-4\times2\times(-3k)=0$

$9k^2+24k=0,\ 3k(3k+8)=0$

$\therefore k=0$ 또는 $k=-\dfrac{8}{3}$

(i), (ii)에서 $k=-\dfrac{8}{3}$ 또는 $k=0$ 또는 $k=\dfrac{1}{3}$

따라서 k의 최댓값은 $\dfrac{1}{3}$, 최솟값은 $-\dfrac{8}{3}$이므로 그 합은

$\dfrac{1}{3}+\left(-\dfrac{8}{3}\right)=-\dfrac{7}{3}$

254 근의 조건이 주어진 삼차방정식과 사차방정식의 풀이

$P(x)=x^3-7x^2+(k+10)x-2k$라 하면 $P(2)=0$이므로 $x-2$는 $P(x)$의 인수이다.

조립제법을 이용하여 $P(x)$를 인수분해하면

$$
\begin{array}{r|rrrr}
2 & 1 & -7 & k+10 & -2k \\
  &   & 2 & -10 & 2k \\
\hline
  & 1 & -5 & k & 0
\end{array}
$$

$\therefore P(x)=(x-2)(x^2-5x+k)$

즉, 주어진 방정식은

$(x-2)(x^2-5x+k)=0$

이때 방정식 $(x-2)(x^2-5x+k)=0$이 서로 다른 세 실근을 가지려면 이차방정식 $x^2-5x+k=0$이 2가 아닌 서로 다른 두 실근을 가져야 한다.

(i) $x=2$는 이차방정식 $x^2-5x+k=0$의 근이 아니어야 하므로

$4-10+k\neq0$

$\therefore k\neq6$

(ii) 이차방정식 $x^2-5x+k=0$이 서로 다른 두 실근을 가져야 하므로 이 이차방정식의 판별식을 D라 하면

$D=(-5)^2-4\times1\times k>0,\ 25-4k>0$

$\therefore k<\dfrac{25}{4}$

(i), (ii)에서 $k\neq6$, $k<\dfrac{25}{4}$이므로 자연수 k는 1, 2, 3, 4, 5의 5개이다.

255 삼차방정식과 사차방정식의 풀이

⊕ 공통부분이 있는 사차방정식의 풀이

$P(0)=P(2)=P(4)=P(6)=-9$에서

$P(0)+9=0,\ P(2)+9=0,\ P(4)+9=0,\ P(6)+9=0$

이므로 0, 2, 4, 6은 방정식 $P(x)+9=0$의 근이다.

이때 다항식 $P(x)$의 x^4의 계수가 1이므로 다항식 $P(x)+9$의 x^4의 계수도 1이다.

즉, $P(x)+9=x(x-2)(x-4)(x-6)$에서

$P(x)=x(x-2)(x-4)(x-6)-9$이므로 방정식 $P(x)=0$에서

$x(x-2)(x-4)(x-6)-9=0$

$\{x(x-6)\}\{(x-2)(x-4)\}-9=0$

$\therefore (x^2-6x)(x^2-6x+8)-9=0$

$x^2-6x=X$라 하면

$X(X+8)-9=0,\ X^2+8X-9=0$

$(X+9)(X-1)=0 \qquad \therefore X=-9$ 또는 $X=1$

(i) $X=-9$일 때

$x^2-6x=-9$에서 $x^2-6x+9=0$

$(x-3)^2=0 \qquad \therefore x=3$ (중근)

(ii) $X=1$일 때

$x^2-6x=1$에서 $x^2-6x-1=0$

$\therefore x=3\pm\sqrt{10}$

(i), (ii)에서 방정식 $P(x)=0$의 근은

$x=3$(중근) 또는 $x=3\pm\sqrt{10}$

따라서 방정식 $P(x)=0$의 실근의 최댓값 $M=3+\sqrt{10}$, 최솟값 $m=3-\sqrt{10}$이므로

$M+m=(3+\sqrt{10})+(3-\sqrt{10})=6$

256 삼차방정식의 근과 계수의 관계

$x^3-6x^2+px+q=0$에서 삼차방정식의 근과 계수의 관계에 의하여

$\alpha+\beta+\gamma=6,\ \alpha\beta+\beta\gamma+\gamma\alpha=p,\ \alpha\beta\gamma=-q$

즉,

$\alpha^2+\beta^2+\gamma^2=(\alpha+\beta+\gamma)^2-2(\alpha\beta+\beta\gamma+\gamma\alpha)=6^2-2p=14$

에서 $2p=22 \qquad \therefore p=11$

$\alpha^2\beta\gamma+\alpha\beta^2\gamma+\alpha\beta\gamma^2=\alpha\beta\gamma(\alpha+\beta+\gamma)=-q\times6=36$

에서 $-6q=36 \qquad \therefore q=-6$

$\therefore p^2+q^2=11^2+(-6)^2=157$

257 세 수를 근으로 하는 삼차방정식

조건 (가)에서 $P(1)=5$, 조건 (나)에서 $P(3)=5$, 조건 (다)에서 $P(4)=5$이므로

$P(1)-5=P(3)-5=P(4)-5=0$

즉, 방정식 $P(x)-5=0$의 세 근이 1, 3, 4이므로 1, 3, 4를 세 근으로 하고 x^3의 계수가 1인 삼차방정식은

$x^3-(1+3+4)x^2+(1\times3+3\times4+4\times1)x-1\times3\times4=0$

$\therefore x^3-8x^2+19x-12=0$

따라서 $P(x)-5=x^3-8x^2+19x-12$이므로
$P(x)=x^3-8x^2+19x-7$
$\therefore a=-8,\ b=19,\ c=-7$
$\therefore |a-b+c|=|(-8)-19+(-7)|=34$

258 삼차방정식의 켤레근

삼차방정식 $ax^3+bx^2+cx-14=0$의 계수가 유리수이고 $3+\sqrt{2}$
가 한 근이므로 $3-\sqrt{2}$도 근이다.
즉, 삼차방정식 $ax^3+bx^2+cx-14=0$의 세 근이 $2,\ 3+\sqrt{2},$
$3-\sqrt{2}$이므로 삼차방정식의 근과 계수의 관계에 의하여
$2+(3+\sqrt{2})+(3-\sqrt{2})=-\dfrac{b}{a}\qquad \therefore b=-8a\quad \cdots\cdots\ \unicode{x1D7E0}$
$2\times(3+\sqrt{2})+(3+\sqrt{2})\times(3-\sqrt{2})+(3-\sqrt{2})\times2=\dfrac{c}{a}$
$\therefore c=19a\qquad\qquad\qquad\qquad\qquad\qquad \cdots\cdots\ \unicode{x1D7E1}$
$2\times(3+\sqrt{2})\times(3-\sqrt{2})=\dfrac{14}{a}\qquad \therefore a=1\quad \cdots\cdots\ \unicode{x1D7E2}$
$\unicode{x1D7E2}$을 $\unicode{x1D7E0},\ \unicode{x1D7E1}$에 각각 대입하면
$b=-8,\ c=19$
$\therefore abc=1\times(-8)\times19=-152$

259 삼차방정식 $x^3+1=0$의 허근의 성질

$x^3+1=0$에서 $(x+1)(x^2-x+1)=0$이므로 ω는 이차방정식
$x^2-x+1=0$의 한 허근이다.
즉, $\omega^3+1=0,\ \omega^2-\omega+1=0$이므로
$z=\dfrac{1+\omega^{22}}{1+\omega^{20}}=\dfrac{1+(\omega^3)^7\times\omega}{1+(\omega^3)^6\times\omega^2}$
$=\dfrac{1+(-1)^7\times\omega}{1+(-1)^6\times\omega^2}=\dfrac{1-\omega}{1+\omega^2}$
$=\dfrac{-\omega^2}{\omega}=-\omega$
$\therefore \overline{z}=\overline{-\omega}=-\overline{\omega}$
한편, ω가 이차방정식 $x^2-x+1=0$의 한 허근이므로 $\overline{\omega}$도 이차
방정식 $x^2-x+1=0$의 근이다.
따라서 이차방정식의 근과 계수의 관계에 의하여 $\omega\overline{\omega}=1$
$\therefore z\overline{z}=(-\omega)\times(-\overline{\omega})=\omega\overline{\omega}=1$

260 삼차방정식 $x^3+1=0$의 허근의 성질

ㄱ. $x^3=-1$, 즉 $x^3+1=0$에서 $(x+1)(x^2-x+1)=0$이므로
$\quad$ ω는 이차방정식 $x^2-x+1=0$의 한 허근이다.
$\quad$ 즉, $\omega^2-\omega+1=0$이다. (참)
ㄴ. ω가 이차방정식 $x^2-x+1=0$의 한 허근이므로 $\overline{\omega}$도 이차방정
$\quad$ 식 $x^2-x+1=0$의 근이다.
$\quad$ 즉, 이차방정식의 근과 계수의 관계에 의하여
$\quad$ $\omega+\overline{\omega}=1$ (거짓)
ㄷ. $x^2-x+1=0$에서 이차방정식의 근과 계수의 관계에 의하여
$\quad$ $\omega+\overline{\omega}=1,\ \omega\overline{\omega}=1$

$\therefore \omega+\dfrac{1}{\omega}+\overline{\omega}+\dfrac{1}{\overline{\omega}}=(\omega+\overline{\omega})+\left(\dfrac{1}{\omega}+\dfrac{1}{\overline{\omega}}\right)$
$\phantom{\therefore \omega+\dfrac{1}{\omega}+\overline{\omega}+\dfrac{1}{\overline{\omega}}}=(\omega+\overline{\omega})+\dfrac{\omega+\overline{\omega}}{\omega\overline{\omega}}$
$\phantom{\therefore \omega+\dfrac{1}{\omega}+\overline{\omega}+\dfrac{1}{\overline{\omega}}}=1+\dfrac{1}{1}=2$ (참)
따라서 옳은 것은 ㄱ, ㄷ이다.

261 삼차방정식과 사차방정식의 활용

채워진 물의 높이는 $(2x-5)\,\text{cm}$이므로 물의 부피는
$x^2(2x-5)=125$에서 $2x^3-5x^2-125=0$
조립제법을 이용하여 인수분해하면

$$
\begin{array}{r|rrrr}
5 & 2 & -5 & 0 & -125 \\
  &   & 10 & 25 & 125 \\
\hline
  & 2 & 5 & 25 & 0 \\
\end{array}
$$

$(x-5)(2x^2+5x+25)=0$
$\therefore x=5$ 또는 $x=\dfrac{-5\pm5\sqrt{7}i}{4}$
이때 x는 실수이므로 $x=5$이다.

262 $\begin{cases}\text{일차방정식}\\ \text{이차방정식}\end{cases}$ 꼴의 연립이차방정식

두 연립방정식의 공통인 해는 연립방정식
$\begin{cases} x+y=1 & \cdots\cdots\ \unicode{x1D7E0} \\ x^2-y^2=3x+1 & \cdots\cdots\ \unicode{x1D7E1} \end{cases}$
의 해와 같다.
$\unicode{x1D7E0}$에서 $y=-x+1\quad \cdots\cdots\ \unicode{x1D7E2}$
$\unicode{x1D7E2}$을 $\unicode{x1D7E1}$에 대입하면
$x^2-(-x+1)^2=3x+1$
$x^2-(x^2-2x+1)=3x+1$
$\therefore x=-2$
$x=-2$를 $\unicode{x1D7E2}$에 대입하면 $y=3$
$x=-2,\ y=3$을 $x^2+ay=1,\ bx+y=-1$에 각각 대입하면
$4+3a=1,\ -2b+3=-1$
$\therefore a=-1,\ b=2$
$\therefore a^2+b^2=(-1)^2+2^2=5$

263 $\begin{cases}\text{이차방정식}\\ \text{이차방정식}\end{cases}$ 꼴의 연립이차방정식

$\begin{cases} 2x^2-xy-y^2=0 & \cdots\cdots\ \unicode{x1D7E0} \\ x^2+xy+y^2=3 & \cdots\cdots\ \unicode{x1D7E1} \end{cases}$
$\unicode{x1D7E0}$에서 $(2x+y)(x-y)=0$
$\therefore y=-2x$ 또는 $y=x$
(ⅰ) $y=-2x$를 $\unicode{x1D7E1}$에 대입하면
$\quad$ $x^2-2x^2+4x^2=3,\ x^2=1$
$\quad$ $\therefore x=\pm1,\ y=\mp2$ (복부호동순)

(ii) $y=x$를 ㉤에 대입하면

$x^2+x^2+x^2=3,\ x^2=1$

$\therefore\ x=\pm1,\ y=\pm1$ (복부호동순)

(i), (ii)에서 주어진 연립방정식의 해는

$\begin{cases}x=1\\y=-2\end{cases}$ 또는 $\begin{cases}x=-1\\y=2\end{cases}$ 또는 $\begin{cases}x=1\\y=1\end{cases}$ 또는 $\begin{cases}x=-1\\y=-1\end{cases}$

즉, 사각형의 네 꼭짓점의 좌표는

$(1, -2),\ (-1, 2),\ (1, 1),$

$(-1, -1)$이므로 사각형을 좌표평면

위에 나타내면 오른쪽 그림과 같다.

따라서 구하는 사각형의 넓이는

$3\times2=6$

264 해의 조건이 주어진 연립이차방정식

$\begin{cases}10x^2+2y^2-4x=0 & \cdots\cdots ㉠\\2x+y=k & \cdots\cdots ㉡\end{cases}$

㉡에서 $y=-2x+k$ $\cdots\cdots ㉢$

㉢을 ㉠에 대입하면

$10x^2+2(-2x+k)^2-4x=0$

$\therefore\ 9x^2-2(2k+1)x+k^2=0$

주어진 연립방정식의 해가 오직 한 쌍만 존재하려면 이차방정식

$9x^2-2(2k+1)x+k^2=0$을 만족시키는 실수 x의 값이 오직 한 개

존재해야 하므로 이 이차방정식의 판별식을 D라 하면

$\dfrac{D}{4}=\{-(2k+1)\}^2-9\times k^2=0$

$5k^2-4k-1=0$

$(5k+1)(k-1)=0$

$\therefore\ k=-\dfrac{1}{5}$ 또는 $k=1$

따라서 정수 k의 값은 1이다.

265 해의 조건이 주어진 연립이차방정식

$\begin{cases}x+y=2a-1 & \cdots\cdots ㉠\\xy=a^2-3 & \cdots\cdots ㉡\end{cases}$

㉠에서 $y=-x+2a-1$ $\cdots\cdots ㉢$

㉢을 ㉡에 대입하면

$x(-x+2a-1)=a^2-3$

$\therefore\ x^2-(2a-1)x+a^2-3=0$

주어진 연립방정식을 만족시키는 실수 $x,\ y$가 존재하지 않으려면

이차방정식 $x^2-(2a-1)x+a^2-3=0$을 만족시키는 실수 x의 값

이 존재하지 않아야 하므로 이 이차방정식의 판별식을 D라 하면

$D=\{-(2a-1)\}^2-4\times1\times(a^2-3)<0$

$-4a+13<0$

$\therefore\ a>\dfrac{13}{4}$

따라서 주어진 연립방정식을 만족시키는 실수 $x,\ y$가 존재하지 않

도록 하는 정수 a의 최솟값은 4이다.

266 연립이차방정식의 활용

오른쪽 그림과 같이 두 원 $C_1,\ C_2$의 반

지름의 길이를 각각 $x,\ y$라 하면 정사

각형의 대각선의 길이는

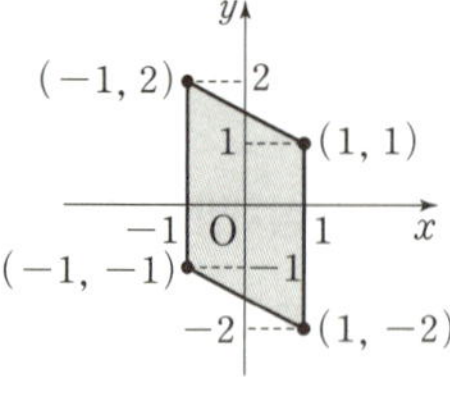

$x+\sqrt{2}x+y+\sqrt{2}y=\sqrt{2}(2+\sqrt{2})$

$x(1+\sqrt{2})+y(1+\sqrt{2})=2(1+\sqrt{2})$

$(x+y)(1+\sqrt{2})=2(1+\sqrt{2})$

$\therefore\ x+y=2$

즉, $y=2-x$ $\cdots\cdots ㉠$

또한, 두 원 $C_1,\ C_2$의 넓이의 합이 $\dfrac{5}{2}\pi$이므로

$\pi x^2+\pi y^2=\dfrac{5}{2}\pi$

$\therefore\ x^2+y^2=\dfrac{5}{2}$ $\cdots\cdots ㉡$

㉠을 ㉡에 대입하면

$x^2+(2-x)^2=\dfrac{5}{2}$

$4x^2-8x+3=0,\ (2x-1)(2x-3)=0$

$\therefore\ x=\dfrac{1}{2},\ y=\dfrac{3}{2}$ 또는 $x=\dfrac{3}{2},\ y=\dfrac{1}{2}$

따라서 두 원 $C_1,\ C_2$의 반지름의 길이는 $\dfrac{1}{2},\ \dfrac{3}{2}$이다.

267 삼차방정식과 사차방정식의 풀이

Step ❶ 주어진 사차방정식을 인수분해하기

$x^4+(a-1)x^3+(3a+2)x^2+2(a+2)x=0$에서

$x\{x^3+(a-1)x^2+(3a+2)x+2(a+2)\}=0$

$P(x)=x^3+(a-1)x^2+(3a+2)x+2(a+2)$라 하면

$P(-1)=0$이므로 $x+1$은 $P(x)$의 인수이다.

조립제법을 이용하여 $P(x)$를 인수분해하면

$$
\begin{array}{r|rrrr}
-1 & 1 & a-1 & 3a+2 & 2a+4 \\
   &   & -1 & -a+2 & -2a-4 \\
\hline
   & 1 & a-2 & 2a+4 & 0
\end{array}
$$

$\therefore\ P(x)=(x+1)\{x^2+(a-2)x+2(a+2)\}$

즉, $x^4+(a-1)x^3+(3a+2)x^2+2(a+2)x=0$은

$x(x+1)\{x^2+(a-2)x+2(a+2)\}=0$

**Step ❷ 주어진 사차방정식의 서로 다른 실근의 개수가 3이 되도록
하는 모든 정수 a의 값 구하기**

이 방정식의 실근의 개수가 3이 되려면 -1 또는 0이 중근이거나

이차방정식 $x^2+(a-2)x+2(a+2)=0$이 -1 또는 0이 아닌 중

근을 가져야 한다.

(i) -1이 중근인 경우

이차방정식 $x^2+(a-2)x+2(a+2)=0$에 $x=-1$을 대입하면

$(-1)^2+(a-2)\times(-1)+2(a+2)=0$ $\therefore\ a=-7$

즉, $x(x+1)(x^2-9x-10)=0$이므로

$x(x+1)^2(x-10)=0$

$\therefore\ x=-1$ (중근) 또는 $x=0$ 또는 $x=10$

(ii) 0이 중근인 경우

이차방정식 $x^2+(a-2)x+2(a+2)=0$에 $x=0$을 대입하면

$2(a+2)=0$ $\therefore a=-2$

즉, $x(x+1)(x^2-4x)=0$이므로

$x^2(x+1)(x-4)=0$

$\therefore x=0$ (중근) 또는 $x=-1$ 또는 $x=4$

(iii) 이차방정식 $x^2+(a-2)x+2(a+2)=0$이 중근을 갖는 경우

이차방정식 $x^2+(a-2)x+2(a+2)=0$의 판별식을 D라 하면

$D=(a-2)^2-4\times1\times2(a+2)=0$

$a^2-12a-12=0$

$\therefore a=6\pm4\sqrt{3}$

Step ❸ 모든 a의 값의 곱 구하기

(i), (ii), (iii)에서 주어진 조건을 만족시키는 모든 정수 a의 값은 -7, -2이므로 그 곱은

$(-7)\times(-2)=14$

268 삼차방정식의 켤레근 ➕ 삼차방정식의 근과 계수의 관계

Step ❶ 삼차방정식 $x^3+ax+6=0$의 한 허근 구하기

삼차방정식 $x^3+ax-6=0$의 한 근을 $\alpha=-1+bi$라 하면

$\alpha^3+a\alpha-6=0$

위의 방정식의 양변에 -1을 곱하면

$-\alpha^3-a\alpha+6=0$

즉, $(-\alpha)^3+a(-\alpha)+6=0$이므로 삼차방정식 $x^3+ax+6=0$의 한 근은 $-\alpha=1-bi$이다.

Step ❷ 삼차방정식 $x^3+ax+6=0$의 실근 구하기

삼차방정식 $x^3+ax+6=0$의 계수가 실수이고 한 근이 $-\alpha=1-bi$이므로 $1+bi$도 근이다.

즉, 나머지 한 실근을 β라 하면 삼차방정식의 근과 계수의 관계에 의하여

$\beta+(1-bi)+(1+bi)=0$ $\therefore \beta=-2$

따라서 삼차방정식 $x^3+ax+6=0$의 실근은 -2이다.

269 삼차방정식 $x^3-1=0$의 허근의 성질

Step ❶ 허근 ω의 성질 구하기

$x^3-1=0$에서 $(x-1)(x^2+x+1)=0$이므로 ω는 이차방정식 $x^2+x+1=0$의 한 허근이다.

또한, ω가 이차방정식 $x^2+x+1=0$의 한 허근이면 $\overline{\omega}$도 $x^2+x+1=0$의 근이다.

즉, 이차방정식의 근과 계수의 관계에 의하여

$\omega+\overline{\omega}=-1$, $\omega\overline{\omega}=1$

Step ❷ 방정식 $(x+3)^3=8$의 근 구하기

$(x+3)^3=8$의 양변을 8로 나누면 $\left(\dfrac{x+3}{2}\right)^3=1$이고

방정식 $x^3=1$의 세 근이 1, ω, $\overline{\omega}$이므로 방정식 $\left(\dfrac{x+3}{2}\right)^3=1$의 세 근은

$\dfrac{x+3}{2}=1$ 또는 $\dfrac{x+3}{2}=\omega$ 또는 $\dfrac{x+3}{2}=\overline{\omega}$

$\therefore x=-1$ 또는 $x=2\omega-3$ 또는

$x=2\overline{\omega}-3=2(-1-\omega)-3=-2\omega-5$

Step ❸ $a+b+c+d$의 값 구하기

$a=2$, $b=-3$, $c=-2$, $d=-5$ 또는 $a=-2$, $b=-5$, $c=2$, $d=-3$이므로

$a+b+c+d=-8$

270 삼차방정식과 사차방정식의 풀이

사차방정식 $x^4+ax^3+bx^2+cx+d=0$의 근이 1과 2뿐이므로

$x^4+ax^3+bx^2+cx+d=(x-1)^3(x-2)$ 또는

$x^4+ax^3+bx^2+cx+d=(x-1)^2(x-2)^2$ 또는

$x^4+ax^3+bx^2+cx+d=(x-1)(x-2)^3$ $\cdots$ ❶

즉, 사차방정식 $x^4+ax^3+bx^2+cx+d=0$을 다항식 $x^2-3x+2=(x-1)(x-2)$로 나누었을 때의 몫 $Q(x)$는

$Q(x)=(x-1)^2=x^2-2x+1$ 또는

$Q(x)=(x-1)(x-2)=x^2-3x+2$ 또는

$Q(x)=(x-2)^2=x^2-4x+4$ $\cdots$ ❷

따라서 각각의 $Q(x)$에서 x의 계수는 -2, -3, -4이므로 그 합은

$(-2)+(-3)+(-4)=-9$ $\cdots$ ❸

채점 기준	배점 비율
❶ 사차방정식 $x^4+ax^3+bx^2+cx+d=0$ 구하기	40%
❷ $Q(x)$ 구하기	40%
❸ 모든 $Q(x)$의 x의 계수의 합 구하기	20%

271 삼차방정식의 근과 계수의 관계

$f(2x+1)=8x^3-6x$에서 $2x+1=t$라 하면 $x=\dfrac{t-1}{2}$이므로

$f(t)=8\left(\dfrac{t-1}{2}\right)^3-6\left(\dfrac{t-1}{2}\right)$

$\quad=t^3-3t^2+2$

$\therefore f(x)=x^3-3x^2+2$ $\cdots$ ❶

삼차방정식 $f(x)=0$, 즉 $x^3-3x^2+2=0$의 세 근이 α, β, γ이므로 삼차방정식의 근과 계수의 관계에 의하여

$\alpha+\beta+\gamma=3$, $\alpha\beta+\beta\gamma+\gamma\alpha=0$, $\alpha\beta\gamma=-2$ $\cdots$ ❷

$\therefore \dfrac{1}{\alpha}+\dfrac{1}{\beta}+\dfrac{1}{\gamma}=\dfrac{\alpha\beta+\beta\gamma+\gamma\alpha}{\alpha\beta\gamma}=\dfrac{0}{-2}=0$ $\cdots$ ❸

채점 기준	배점 비율
❶ 삼차식 $f(x)$ 구하기	40%
❷ 방정식 $f(x)=0$에 대하여 삼차방정식의 근과 계수의 관계 이용하기	30%
❸ $\dfrac{1}{\alpha}+\dfrac{1}{\beta}+\dfrac{1}{\gamma}$의 값 구하기	30%

272 연립이차방정식의 활용

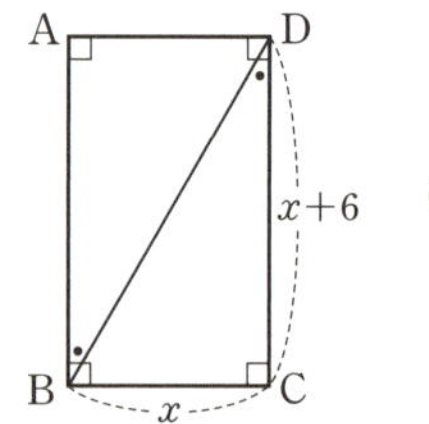
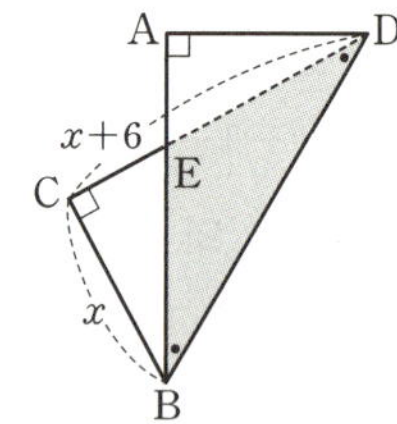

위의 그림과 같이 주어진 직사각형 모양의 색종이의 각 꼭짓점을 A, B, C, D라 하고, 접어 겹쳐진 삼각형의 나머지 한 꼭짓점을 E 라 하자.

삼각형 EBD에서 $\angle EBD = \angle EDB$이므로 $\overline{EB} = \overline{ED}$

$\overline{EB} = \overline{ED} = y \ (0 < y < x+6)$라 하면

$\overline{EC} = \overline{EA} = x+6-y$

즉, 직각삼각형 AED에서 $x^2 + (x-y+6)^2 = y^2$

$\therefore x^2 - xy + 6x - 6y + 18 = 0 \quad \cdots\cdots \ \bigcirc \qquad \cdots \ ❶$

또한, 삼각형 EBD의 넓이는

$\dfrac{1}{2}xy = \dfrac{17}{4} \qquad \therefore y = \dfrac{17}{2x} \qquad \cdots\cdots \ \bigcirc$

$\bigcirc$을 $\bigcirc$에 대입하면

$x^2 - x \times \dfrac{17}{2x} + 6x - 6 \times \dfrac{17}{2x} + 18 = 0$

$\therefore 2x^3 + 12x^2 + 19x - 102 = 0 \qquad \cdots \ ❷$

조립제법을 이용하여 인수분해하면

$$\begin{array}{r|rrrr} 2 & 2 & 12 & 19 & -102 \\ & & 4 & 32 & 102 \\ \hline & 2 & 16 & 51 & 0 \end{array}$$

$(x-2)(2x^2 + 16x + 51) = 0$

$\therefore x = 2 \ \text{또는} \ x = \dfrac{-8 \pm \sqrt{38}\,i}{2}$

이때 x는 실수이므로 $x = 2$이다. $\qquad \cdots \ ❸$

채점 기준	배점 비율
❶ 색종이를 접었을 때, 겹쳐진 도형의 성질을 알아낸 후 선분의 길이에 대한 방정식 구하기	40%
❷ 주어진 넓이를 이용하여 x에 대한 방정식 구하기	40%
❸ ❷에서 구한 방정식을 풀어 x의 값 구하기	20%

▼ 교육청 기출문제   본문 062~063쪽

273 ①	274 ⑤	275 ②	276 ②
277 4	278 ⑤	279 ①	280 ③

273 삼차방정식과 사차방정식의 풀이

선택률	①	②	③	④	⑤
	80%	6%	4%	5%	5%

삼차방정식 $x^3 + (k+1)x^2 + (4k-3)x + k + 7 = 0$의 한 근이 1이 므로

$1 + (k+1) + (4k-3) + k + 7 = 0$에서

$6k + 6 = 0 \qquad \therefore k = -1$

즉, 주어진 방정식은

$x^3 - 7x + 6 = 0$

$P(x) = x^3 - 7x + 6$이라 하면 $P(1) = 0$이므로 $x-1$은 $P(x)$의 인수이다.

조립제법을 이용하여 $P(x)$를 인수분해하면

$$\begin{array}{r|rrrr} 1 & 1 & 0 & -7 & 6 \\ & & 1 & 1 & -6 \\ \hline 2 & 1 & 1 & -6 & 0 \\ & & 2 & 6 & \\ \hline & 1 & 3 & 0 & \end{array}$$

$\therefore P(x) = (x-1)(x-2)(x+3)$

즉, 주어진 방정식은 $(x-1)(x-2)(x+3) = 0$이므로 나머지 두 근은 -3, 2이다.

따라서 $\alpha = 2$, $\beta = -3$ 또는 $\alpha = -3$, $\beta = 2$이므로

$|\alpha - \beta| = |2 - (-3)| = 5$

274 삼차방정식과 사차방정식의 풀이

선택률	①	②	③	④	⑤
	5%	5%	4%	6%	80%

$P(x) = x^3 + x^2 + x - 3$이라 하면 $P(1) = 0$이므로 $x-1$은 $P(x)$ 의 인수이다.

조립제법을 이용하여 $P(x)$를 인수분해하면

$$\begin{array}{r|rrrr} 1 & 1 & 1 & 1 & -3 \\ & & 1 & 2 & 3 \\ \hline & 1 & 2 & 3 & 0 \end{array}$$

$\therefore P(x) = (x-1)(x^2 + 2x + 3)$

즉, 주어진 방정식은 $(x-1)(x^2+2x+3) = 0$이므로 서로 다른 두 허근 α, β는 이차방정식 $x^2 + 2x + 3 = 0$의 근이다.

$x^2 + 2x + 3 = 0$, 즉 $x^2 + 2x = -3$에서

$\alpha^2 + 2\alpha = -3$, $\beta^2 + 2\beta = -3$

$\therefore (\alpha^2 + 2\alpha + 6)(\beta^2 + 2\beta + 8) = (-3+6) \times (-3+8) = 15$

275 해의 조건이 주어진 연립이차방정식

선택률	①	②	③	④	⑤
	4%	82%	6%	4%	4%

$\begin{cases} 2x + y = 1 & \cdots\cdots \ \bigcirc \\ x^2 - ky = -6 & \cdots\cdots \ \bigcirc \end{cases}$

$\bigcirc$에서 $y = 1 - 2x$

$y = 1 - 2x$를 $\bigcirc$에 대입하면

$x^2 - k(1 - 2x) = -6$

$\therefore x^2 + 2kx - k + 6 = 0$

주어진 연립방정식이 오직 한 쌍의 해를 가지려면 이차방정식
$x^2+2kx-k+6=0$이 중근을 가져야 하므로 이 이차방정식의 판
별식을 D라 하면
$$\frac{D}{4}=k^2-(-k+6)=0$$
$k^2+k-6=0,\ (k+3)(k-2)=0$
$\therefore\ k=-3$ 또는 $k=2$
따라서 주어진 연립방정식이 오직 한 쌍의 해를 갖도록 하는 양수
k의 값은 2이다.

276 삼차방정식과 사차방정식의 풀이

선택률	①	②	③	④	⑤
	5%	72%	8%	9%	6%

$P(x)=x^3+(k-1)x^2-k$라 하면 $P(1)=0$이므로 $x-1$은 $P(x)$
의 인수이다.
조립제법을 이용하여 $P(x)$를 인수분해하면

$$
\begin{array}{r|rrrr}
1 & 1 & k-1 & 0 & -k \\
  &   & 1 & k & k \\
\hline
  & 1 & k & k & 0
\end{array}
$$

$\therefore\ P(x)=(x-1)(x^2+kx+k)$
즉, 주어진 방정식은 $(x-1)(x^2+kx+k)=0$이고
z가 이차방정식 $x^2+kx+k=0$의 한 허근이므로 $\overline{z}$도 이차방정식
$x^2+kx+k=0$의 근이다.
따라서 이차방정식의 근과 계수의 관계에 의하여
$z+\overline{z}=-k,\ -2=-k$
$\therefore\ k=2$

277 공통부분이 있는 사차방정식의 풀이
➕ 근의 조건이 주어진 삼차방정식과 사차방정식의 풀이

정답률	63%

$x^2+kx=X$라 하면 주어진 방정식은
$(X+2)(X+6)+3=0,\ X^2+8X+15=0$
$(X+5)(X+3)=0\qquad\therefore\ X=-5$ 또는 $X=-3$
즉, $x^2+kx=-5,\ x^2+kx=-3$에서
$x^2+kx+5=0,\ x^2+kx+3=0$
두 이차방정식의 판별식을 각각 D_1, D_2라 하면
$D_1=k^2-4\times1\times5=k^2-20$
$D_2=k^2-4\times1\times3=k^2-12$
주어진 사차방정식이 실근과 허근을 모두 가지려면
$D_1<0$, $D_2\geq0$ 또는 $D_1\geq0$, $D_2<0$이어야 한다.
(i) $D_1<0$, $D_2\geq0$인 경우
　$D_1=k^2-20<0\qquad\therefore\ k^2<20$
　$D_2=k^2-12\geq0\qquad\therefore\ k^2\geq12$
　이때 $1^2=1,\ 2^2=4,\ 3^2=9,\ 4^2=16$이므로 주어진 조건을 만족
시키는 자연수 k의 값은 4이다.

(ii) $D_1\geq0$, $D_2<0$인 경우
　$D_1=k^2-20\geq0\qquad\therefore\ k^2\geq20$
　$D_2=k^2-12<0\qquad\therefore\ k^2<12$
　즉, 주어진 조건을 만족시키는 자연수 k의 값은 없다.
(i), (ii)에서 주어진 사차방정식이 실근과 허근을 모두 갖도록 하
는 자연수 k의 값은 4이다.

278 근의 조건이 주어진 삼차방정식과 사차방정식의 풀이

선택률	①	②	③	④	⑤
	4%	7%	6%	4%	79%

$x^3-x^2-kx+k=0$에서
$x^2(x-1)-k(x-1)=0,\ (x-1)(x^2-k)=0$
$\therefore\ x=1$ 또는 $x^2=k$
이때 $k>0$이면 삼차방정식 $x^3-x^2-kx+k=0$은 서로 다른 세
실근을 가지므로 α, β 중 실수는 하나뿐이라는 조건을 만족시키
지 않는다.
$k<0$이면 이 방정식은 한 실근과 서로 다른 두 허근을 가지므로
$\alpha=1$ 또는 $\beta=1$이다.
한편, $\alpha^2=-2\beta$에서 α가 실수이면 $\beta=-\dfrac{\alpha^2}{2}$, 즉 β도 실수이므로
주어진 조건을 만족시키지 않는다.
즉, β가 실수이므로 $\beta=1$
$\alpha^2=-2\beta$에서 $\alpha^2=-2$
이때 α, γ는 $x^2=k$의 근이므로
$k=\alpha^2=-2$이고 $\gamma^2=k=-2$
따라서 $\beta=1$, $\gamma^2=-2$이므로
$\beta^2+\gamma^2=1^2+(-2)=-1$

279 삼차방정식의 근과 계수의 관계

선택률	①	②	③	④	⑤
	49%	11%	15%	13%	12%

방정식 $P(x)=0$의 한 실근을 α, 서로 다른 두 허근을 β, γ라 하
면 방정식 $P(3x-1)=0$의 세 근은
$3x-1=\alpha$ 또는 $3x-1=\beta$ 또는 $3x-1=\gamma$
에서 $\dfrac{\alpha+1}{3},\ \dfrac{\beta+1}{3},\ \dfrac{\gamma+1}{3}$이다.
조건 (가)에서 $\beta\gamma=5$　　　…… ㉠
조건 (나)에서
$\dfrac{\alpha+1}{3}=0\qquad\therefore\ \alpha=-1$　　…… ㉡
$\dfrac{\beta+1}{3}+\dfrac{\gamma+1}{3}=\dfrac{\beta+\gamma+2}{3}=2$
$\therefore\ \beta+\gamma=4$　　　…… ㉢
삼차방정식 $P(x)=0$, 즉 $x^3+ax^2+bx+c=0$의 세 근이 α, β,
γ이므로 삼차방정식의 근과 계수의 관계에 의하여
$\alpha+\beta+\gamma=(-1)+4=3\ (\because\ ㉡,\ ㉢)$
이므로 $-a=3\qquad\therefore\ a=-3$

$$\alpha\beta+\beta\gamma+\gamma\alpha=\alpha(\beta+\gamma)+\beta\gamma$$
$$=(-1)\times4+5=1\ (\because\ \text{㉠},\ \text{㉡},\ \text{㉢})$$

이므로 $b=1$

$\alpha\beta\gamma=(-1)\times5=-5\ (\because\ \text{㉠},\ \text{㉡})$

이므로 $-c=-5$ $\therefore\ c=5$

$\therefore\ a+b+c=(-3)+1+5=3$

280 삼차방정식 $x^3-1=0$의 허근의 성질

선택률	①	②	③	④	⑤
	3%	6%	51%	10%	30%

$z=\dfrac{-1+\sqrt{3}i}{2}$에서

$2z+1=\sqrt{3}i,\ (2z+1)^2=(\sqrt{3}i)^2$

$4z^2+4z+1=-3$ $\therefore\ z^2+z+1=0$ $\cdots\cdots$ ㉠

즉, $z=\dfrac{-1+\sqrt{3}i}{2}$ 는 이차방정식 $x^2+x+1=0$의 근이다.

ㄱ. $x^2+x+1=0$에서

$(x-1)(x^2+x+1)=0$, 즉 $x^3-1=0$이므로

$z^3-1=0$ $\therefore\ z^3=1$ (참)

ㄴ. $z^4+z^5=z^3\times z+z^3\times z^2$

$=z+z^2\ (\because\ \text{㉠})$

$=-1\ (\because\ \text{㉠})$ (참)

ㄷ. (i) $n=3k-2$ (k는 자연수)일 때

$z^n=z^{3k-2}=z^{3(k-1)+1}=z$

이므로

$z^n+z^{2n}+z^{3n}+z^{4n}+z^{5n}=z+z^2+z^3+z^4+z^5$

$=z+z^2+1+z+z^2\ (\because\ \text{㉠})$

$=z+z^2=-1\ (\because\ \text{㉠})$

즉, $z^n+z^{2n}+z^{3n}+z^{4n}+z^{5n}=-1$을 만족시키는 100 이하의 자연수 n은 1, 4, 7, $\cdots$, 100의 34개이다.

(ii) $n=3k-1$ (k는 자연수)일 때

$z^n=z^{3k-1}=z^{3(k-1)+2}=z^2$

이므로

$z^n+z^{2n}+z^{3n}+z^{4n}+z^{5n}=z^2+z^4+z^6+z^8+z^{10}$

$=z^2+z+1+z^2+z\ (\because\ \text{㉠})$

$=z+z^2=-1\ (\because\ \text{㉠})$

즉, $z^n+z^{2n}+z^{3n}+z^{4n}+z^{5n}=-1$을 만족시키는 100 이하의 자연수 n은 2, 5, 8, $\cdots$, 98의 33개이다.

(iii) $n=3k$ (k는 자연수)일 때

$z^n=z^{2n}=z^{3n}=z^{4n}=z^{5n}=1$이므로

$z^n+z^{2n}+z^{3n}+z^{4n}+z^{5n}=1+1+1+1+1=5$

즉, $z^n+z^{2n}+z^{3n}+z^{4n}+z^{5n}=-1$을 만족시키는 100 이하의 자연수 n은 없다.

(i), (ii), (iii)에서 $z^n+z^{2n}+z^{3n}+z^{4n}+z^{5n}=-1$을 만족시키는 100 이하의 모든 자연수 n의 개수는 67이다. (거짓)

따라서 옳은 것은 ㄱ, ㄴ이다.

08 연립일차부등식

본문 064~065쪽

281	④	282	③	283	3	284	⑤
285	②	286	⑤	287	④	288	①

281 부등식의 기본 성질

$a-b>0$에서 $a>b$

ㄱ. 양변에 1을 더하면 $a+1>b+1$ (참)

ㄴ. 양변에 -1을 곱하면 $-a<-b$ (거짓)

ㄷ. 양변에 -2를 곱하면 $-2a<-2b$

이 부등식의 양변에 1을 더하면 $1-2a<1-2b$ (참)

따라서 옳은 것은 ㄱ, ㄷ이다.

282 부등식의 기본 성질

$-3\le y\le2$에서 $-2\le-y\le3$이므로

$1+(-2)\le x+(-y)\le3+3$

$\therefore\ -1\le x-y\le6$

따라서 $a=-1$, $b=6$이므로

$b-a=6-(-1)=7$

283 일차부등식의 풀이

$3x-a<0$에서 $3x<a$ $\therefore\ x<\dfrac{a}{3}$

즉, $x<\dfrac{a}{3}$를 만족시키는 자연수 x가 5개가 되려면

$5<\dfrac{a}{3}\le6$ $\therefore\ 15<a\le18$

따라서 조건을 만족시키는 정수 a는 16, 17, 18의 3개이다.

284 일차부등식의 풀이

ㄱ. $a\ne0$, $b\ne0$이면 $a>0$일 때 $x>\dfrac{b}{a}$이고, $a<0$일 때 $x<\dfrac{b}{a}$이므로 해가 무수히 많다. (거짓)

ㄴ. $a=0$, $b=0$이면 $0\times x>0$이므로 해가 없다. (참)

ㄷ. $a=0$, $b<0$이면 $0\times x>b$이므로 해가 무수히 많다. (참)

따라서 옳은 것은 ㄴ, ㄷ이다.

285 연립일차부등식의 풀이

$3x-11\le x+1$에서 $2x\le12$ $\therefore\ x\le6$ $\cdots\cdots$ ㉠

$4-4x<x+14$에서 $-5x<10$ $\therefore\ x>-2$ $\cdots\cdots$ ㉡

㉠, ㉡의 공통부분을 구하면

$-2<x\le6$

따라서 정수 x는 -1, 0, 1, $\cdots$, 6의 8개이다.

286 $A<B<C$ 꼴의 부등식의 풀이

$2x-4\leq6$에서 $2x\leq10$ $\quad\therefore x\leq5$ $\quad\cdots\cdots$ ㉠

$6\leq3x+12$에서 $3x\geq-6$ $\quad\therefore x\geq-2$ $\quad\cdots\cdots$ ㉡

㉠, ㉡의 공통부분을 구하면

$-2\leq x\leq5$

따라서 정수 x는 -2, -1, 0, $\cdots$, 5이므로 그 합은

$(-2)+(-1)+0+\cdots+5=12$

287 절댓값 기호를 포함한 일차부등식

$|x-5|\geq2$에서 $x-5\leq-2$ 또는 $x-5\geq2$

$\therefore x\leq3$ 또는 $x\geq7$

따라서 한 자리의 자연수 x는 1, 2, 3, 7, 8, 9의 6개이다.

288 절댓값 기호를 2개 포함한 일차부등식

$|x|+|x+1|\leq5$에서

(i) $x<-1$일 때

$\quad -x-(x+1)\leq5$, $-2x\leq6$ $\quad\therefore x\geq-3$

$\quad$ 그런데 $x<-1$이므로 $-3\leq x<-1$

(ii) $-1\leq x<0$일 때

$\quad -x+(x+1)\leq5$, 즉 $0\times x\leq4$이므로 해는 모든 실수이다.

$\quad$ 그런데 $-1\leq x<0$이므로 $-1\leq x<0$

(iii) $x\geq0$일 때

$\quad x+(x+1)\leq5$, $2x\leq4$ $\quad\therefore x\leq2$

$\quad$ 그런데 $x\geq0$이므로 $0\leq x\leq2$

(i), (ii), (iii)에서 주어진 부등식의 해는

$-3\leq x\leq2$

따라서 $\alpha=-3$, $\beta=2$이므로

$\beta-\alpha=2-(-3)=5$

 본문 066~068쪽

289 ①	**290** ④	**291** ②	**292** ③
293 ④	**294** $-1\leq a<-\dfrac{1}{2}$		**295** ④
296 ②	**297** ②	**298** ③	**299** ④
300 ④	**301** ③	**302** ③	**303** 75 g
304 $a+b>4$	**305** $a\geq2$	**306** 300장 이상 500장 이하	

---

289 부등식의 기본 성질

ㄱ. $a<b$, $c<d$에서 $b-a>0$, $d-c>0$이므로

$\quad 2(b-a)+3(d-c)>0$, $2b-2a+3d-3c>0$

$\quad\therefore 2a+3c<2b+3d$ (참)

ㄴ. $c<0<d$이면 $cd<0$이므로 $a<b$에서 $\dfrac{a}{cd}>\dfrac{b}{cd}$ (거짓)

ㄷ. $a=-5$, $b=2$, $c=-1$, $d=2$이면 $ac>bd$ (거짓)

따라서 옳은 것은 ㄱ이다.

> **플러스 강의**
>
> 임의의 두 실수 a, b는 다음 중 하나를 만족시킨다.
> $\quad a>b$, $a=b$, $a<b$
> 또한
> (1) $a>b$이면 $a-b>0$이고, $a-b>0$이면 $a>b$이다.
> (2) $a=b$이면 $a-b=0$이고, $a-b=0$이면 $a=b$이다.
> (3) $a<b$이면 $a-b<0$이고, $a-b<0$이면 $a<b$이다.

290 부등식의 기본 성질

$bc<0$이므로 b와 c는 서로 다른 부호이고, $b>c$이므로 $b>0$, $c<0$이다.

또한, $ab<0$에서 $b>0$이므로 $a<0$이다.

$\therefore a<0$, $b>0$, $c<0$

① $a=-1$, $b=1$, $c=-3$이면 $a-b=(-1)-1=-2$이므로

$\quad a-b>c$이다.

② $a<0$, $b>0$에서 $a-b<0$이므로 $|a-b|=-(a-b)=-a+b$

$\quad$ 이고 $|a|=-a$, $|b|=b$이므로 $|a-b|=|a|+|b|$이다.

③ $a<0$, $b>0$, $c<0$이므로 $abc>0$이다.

④ $a-b<0$, $c<0$이므로 $(a-b)c>0$이다.

⑤ $ab<0$, $c<0$이므로 $ab+c<0$이다.

따라서 옳은 것은 ④이다.

291 일차부등식의 풀이

$2x-a>ax-b$에서 $(2-a)x>a-b$ $\quad\cdots\cdots$ ㉠

부등식 ㉠의 해가 모든 실수가 되려면 $2-a=0$, $a-b<0$이어야 한다.

즉, $a=2$이므로 $a<b$에서 $2<b$

이때 b는 자연수이므로 b의 최솟값은 3이다.

따라서 ab의 최솟값은

$2\times3=6$

292 일차부등식의 풀이

$ax-3a\leq4x-b$에서

$(a-4)x\leq3a-b$ $\quad\cdots\cdots$ ㉠

㉠의 해가 $x\leq\dfrac{1}{2}$이므로 $a-4>0$, $\dfrac{3a-b}{a-4}=\dfrac{1}{2}$이어야 한다.

즉, $\dfrac{3a-b}{a-4}=\dfrac{1}{2}$에서

$6a-2b=a-4$, $5a-2b=-4$

$\therefore 2b=5a+4$ $\quad\cdots\cdots$ ㉡

또한, $ax+4>2b$에서 $ax>2b-4$

$\therefore x>\dfrac{2b-4}{a}$ $(\because a>4)$ $\quad\cdots\cdots$ ㉢

ⓒ을 ⓔ에 대입하면

$$x > \frac{5a+4-4}{a} \qquad \therefore x > 5$$

따라서 자연수 x의 최솟값은 6이다.

293 연립일차부등식의 풀이

$8-x \leq 2a$에서 $x \geq 8-2a$ $\qquad$ …… ㉠

$5x-7 < 2x+1$에서

$3x < 8 \qquad \therefore x < \frac{8}{3}$ $\qquad$ …… ㉡

주어진 연립부등식이 해를 가지려면 오른쪽 그림과 같이 ㉠, ㉡의 공통부분이 존재해야 한다. 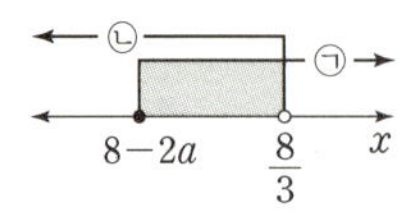

즉, $8-2a < \frac{8}{3}$이어야 하므로 $a > \frac{8}{3}$

따라서 정수 a의 최솟값은 3이다.

> **➕ 플러스 강의**
>
> 연립부등식의 해를 구할 때에는 각각의 부등식의 해를 수직선 위에 나타내면 공통부분을 쉽게 구할 수 있다.

294 연립일차부등식의 풀이

$5x+6 \geq 6x-2a$에서 $-x \geq -2a-6$

$\therefore x \leq 2a+6$ $\qquad$ …… ㉠

$4x-5 \geq 1$에서 $4x \geq 6$

$\therefore x \geq \frac{3}{2}$ $\qquad$ …… ㉡

주어진 연립부등식을 만족시키는 정수 x가 2, 3, 4이므로 ㉠, ㉡을 수직선 위에 나타내면 오른쪽 그림과 같아야 한다. 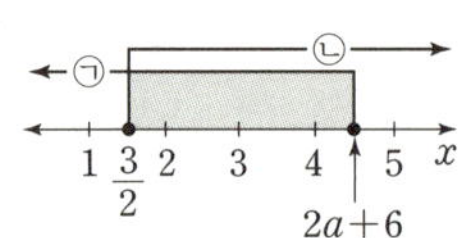

즉, $4 \leq 2a+6 < 5$이어야 하므로

$$-2 \leq 2a < -1 \qquad \therefore -1 \leq a < -\frac{1}{2}$$

295 $A < B < C$ 꼴의 부등식의 풀이

$2x-a < 3x+3$에서 $x > -3-a$

$3x+3 < x+b$에서 $x < \frac{b-3}{2}$

이때 주어진 부등식의 해가 $2 < x < 5$이므로

$$-3-a=2, \quad \frac{b-3}{2}=5$$

따라서 $a=-5$, $b=13$이므로

$$a+b=(-5)+13=8$$

296 절댓값 기호를 포함한 일차부등식

$|2x-a| < 8$에서 $-8 < 2x-a < 8$

$$\therefore \frac{a-8}{2} < x < \frac{a+8}{2}$$

이때 주어진 부등식의 해가 $-3 < x < b$이므로

$$\frac{a-8}{2}=-3, \quad \frac{a+8}{2}=b$$

따라서 $a=2$, $b=5$이므로

$$a+b=2+5=7$$

297 절댓값 기호를 포함한 일차부등식

$(3|a|-12)x+5=0$에서 $3|a|-12=0$이면 $0 \times x+5 \neq 0$이므로 해가 존재하지 않는다.

즉, $3|a|-12 \neq 0$이므로 방정식 $(3|a|-12)x+5=0$의 해는

$$x = -\frac{5}{3|a|-12}$$

이때 해가 양수이어야 하므로

$$-\frac{5}{3|a|-12} > 0$$에서

$3|a|-12 < 0$, $|a| < 4$

$$\therefore -4 < a < 4$$

따라서 정수 a는 -3, -2, -1, …, 3의 7개이다.

298 일차부등식의 풀이 ➕ 절댓값 기호를 포함한 일차부등식

$ax-a < bx+a$에서 $(a-b)x < 2a$ $\qquad$ …… ㉠

부등식 ㉠의 해가 $x > 1$이므로 $a-b < 0$, $\frac{2a}{a-b}=1$이어야 한다.

즉, $\frac{2a}{a-b}=1$에서 $2a=a-b$

$$\therefore a=-b$$

이때 $a-b < 0$에서

$-b-b < 0 \qquad \therefore a < 0$, $b > 0$

또한, $|ax+b| \leq b$에 $a=-b$를 대입하면

$|-bx+b| \leq b$에서 $-b \leq -bx+b \leq b$ ($\because b > 0$)

$-2b \leq -bx \leq 0$

$$\therefore 0 \leq x \leq 2$$

따라서 정수 x는 0, 1, 2의 3개이다.

299 절댓값 기호를 2개 포함한 일차부등식

$|2x-3| + |x+2| > 10$에서

(i) $x < -2$일 때

$-(2x-3)-(x+2) > 10$, $-3x > 9$

$$\therefore x < -3$$

그런데 $x < -2$이므로 $x < -3$

(ii) $-2 \leq x < \frac{3}{2}$일 때

$-(2x-3)+(x+2) > 10$, $-x > 5$

$$\therefore x < -5$$

그런데 $-2 \leq x < \frac{3}{2}$이므로 해는 없다.

(iii) $x\geq\dfrac{3}{2}$일 때

$(2x-3)+(x+2)>10,\ 3x>11$

$\therefore\ x>\dfrac{11}{3}$

그런데 $x\geq\dfrac{3}{2}$이므로 $x>\dfrac{11}{3}$

(i), (ii), (iii)에서 주어진 부등식의 해는

$x<-3$ 또는 $x>\dfrac{11}{3}$

따라서 자연수 x의 최솟값은 4이다.

> **플러스 강의**
>
> x의 값의 범위를 나누어 풀 때, 등호는 어디에 있어도 상관없지만 반드시 한 군데에는 있어야 한다.
>
> 따라서 위의 문제는 x의 값의 범위를 $x\leq-2,\ -2<x\leq\dfrac{3}{2},\ x>\dfrac{3}{2}$으로 나누어 풀어도 답은 같다.

300 절댓값 기호를 포함한 일차부등식

$|3x-6|\leq x+k$에서

(i) $x<2$일 때, $3x-6<0$이므로

$-3x+6\leq x+k,\ -4x\leq k-6$

$\therefore\ x\geq\dfrac{6-k}{4}$

그런데 $x<2$이므로 $\dfrac{6-k}{4}<2$, 즉 $k>-2$일 때 해는

$\dfrac{6-k}{4}\leq x<2$

이고, $k\leq-2$일 때 해는 없다.

(ii) $x\geq2$일 때, $3x-6\geq0$이므로

$3x-6\leq x+k,\ 2x\leq k+6$

$\therefore\ x\leq\dfrac{k+6}{2}$

그런데 $x\geq2$이므로 $\dfrac{k+6}{2}>2$, 즉 $k>-2$일 때 해는

$2\leq x\leq\dfrac{k+6}{2}$

이고, $k=-2$일 때 해는 $x=2$, $k<-2$일 때 해는 없다.

(i), (ii)에서 $k>-2$이면 주어진 부등식의 해는 $\dfrac{6-k}{4}\leq x\leq\dfrac{k+6}{2}$

이고, $k=-2$이면 해는 $x=2$이다.

따라서 실수 x의 최댓값과 최솟값의 차가 6이려면 $k>-2$이고

$\dfrac{k+6}{2}-\dfrac{6-k}{4}=6$

$2(k+6)-(6-k)=24$

$3k=18$ $\therefore\ k=6$

301 절댓값 기호를 포함한 일차부등식

Step ❶ 실수 k의 값의 범위 구하기

부등식 $|3x-9|\leq k-2$의 자연수인 해가 5개 존재해야 하므로 $k-2>0$, 즉 $k>2$이어야 한다.

Step ❷ 주어진 부등식의 해 구하기

$|3x-9|\leq k-2$에서

$x<3$일 때,

$3x-9<0$이므로

$-3x+9\leq k-2,\ -3x\leq k-11$

$\therefore\ x\geq\dfrac{11-k}{3}$

그런데 $x<3$이고 $k>2$, 즉 $\dfrac{11-k}{3}<3$이므로

$\dfrac{11-k}{3}\leq x<3$ ······ ㉠

$x\geq3$일 때,

$3x-9\geq0$이므로

$3x-9\leq k-2,\ 3x\leq k+7$

$\therefore\ x\leq\dfrac{k+7}{3}$

그런데 $x\geq3$이고 $k>2$, 즉 $\dfrac{k+7}{3}>3$이므로

$3\leq x\leq\dfrac{k+7}{3}$ ······ ㉡

㉠, ㉡에서 주어진 부등식의 해는

$\dfrac{11-k}{3}\leq x\leq\dfrac{k+7}{3}$

Step ❸ 자연수 k의 개수 구하기

㉠, ㉡에 의하여 조건을 만족시키는 자연수인 해 중에서 3은 반드시 포함되어야 하므로 자연수인 해가 5개이려면 주어진 부등식의 자연수인 해는 1, 2, 3, 4, 5 또는 2, 3, 4, 5, 6 또는 3, 4, 5, 6, 7이어야 한다.

(i) 자연수인 해가 1, 2, 3, 4, 5인 경우

오른쪽 그림과 같이

$\dfrac{11-k}{3}\leq1$이고 $5\leq\dfrac{k+7}{3}<6$

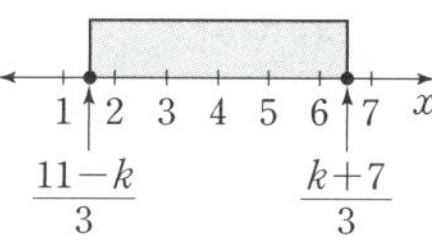

이어야 한다.

즉, $11-k\leq3$에서 $k\geq8$,

$15\leq k+7<18$에서 $8\leq k<11$

이므로 이 경우의 자연수 k는 8, 9, 10의 3개이다.

(ii) 자연수인 해가 2, 3, 4, 5, 6인 경우

오른쪽 그림과 같이

$1<\dfrac{11-k}{3}\leq2$이고 $6\leq\dfrac{k+7}{3}<7$

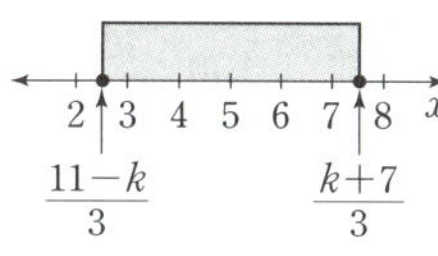

이어야 한다.

즉, $3<11-k\leq6$에서 $5\leq k<8$,

$18\leq k+7<21$에서 $11\leq k<14$

이므로 이 경우의 자연수 k는 존재하지 않는다.

(iii) 자연수인 해가 3, 4, 5, 6, 7인 경우

오른쪽 그림과 같이

$2<\dfrac{11-k}{3}\leq3$이고 $7\leq\dfrac{k+7}{3}<8$

이어야 한다.

즉, $6<11-k\leq9$에서 $2\leq k<5$,

$21\leq k+7<24$에서 $14\leq k<17$

이므로 이 경우의 자연수 k는 존재하지 않는다.

(i), (ii), (iii)에서 조건을 만족시키는 자연수 k는 8, 9, 10의 3개이다.

302 절댓값 기호를 2개 포함한 일차부등식

Step ❶ x의 값의 범위를 나누어 주어진 부등식의 해가 존재하지 않도록 하는 실수 a의 값의 범위 구하기

$|x-1|+|x-2|<a$에서

(ⅰ) $x<1$일 때

$$-(x-1)-(x-2)<a$$
$$3-2x<a, \quad -2x<a-3$$
$$\therefore x>\frac{3-a}{2}$$

그런데 $x<1$이므로 주어진 부등식의 해가 존재하지 않으려면

$\dfrac{3-a}{2}\geq1$, 즉 $a\leq1$이어야 한다.

(ⅱ) $1\leq x<2$일 때

$(x-1)-(x-2)<a$, 즉 $0\times x<a-1$이므로 주어진 부등식의 해가 존재하지 않으려면 $a-1\leq0$, 즉 $a\leq1$이어야 한다.

(ⅲ) $x\geq2$일 때

$$(x-1)+(x-2)<a$$
$$2x-3<a, \quad 2x<a+3$$
$$\therefore x<\frac{a+3}{2}$$

그런데 $x\geq2$이므로 주어진 부등식의 해가 존재하지 않으려면

$\dfrac{a+3}{2}\leq2$, 즉 $a\leq1$이어야 한다.

Step ❷ 실수 a의 최댓값 구하기

(ⅰ), (ⅱ), (ⅲ)에서 조건을 만족시키는 실수 a의 값의 범위는 $a\leq1$이므로 a의 최댓값은 1이다.

303 연립일차부등식의 활용

Step ❶ 두 식품 A, B를 각각 1 g씩 섭취했을 때 얻을 수 있는 열량과 단백질의 양을 구하여 부등식 세우기

두 식품 A, B를 각각 1 g씩 섭취했을 때 얻을 수 있는 열량과 단백질의 양은 오른쪽 표와 같다.

식품	열량(kcal)	단백질(g)
A	$\dfrac{150}{100}$	$\dfrac{20}{100}$
B	$\dfrac{180}{100}$	$\dfrac{12}{100}$

섭취해야 하는 식품 A의 양을 x g이라 하면 섭취해야 하는 식품 B의 양은 $(300-x)$ g이므로

$$\begin{cases} \dfrac{150}{100}x+\dfrac{180}{100}(300-x)\leq520 \\[2mm] \dfrac{20}{100}x+\dfrac{12}{100}(300-x)\leq42 \end{cases}$$

Step ❷ 부등식의 해를 구하여 식품 A의 최대 섭취량 구하기

$\dfrac{150}{100}x+\dfrac{180}{100}(300-x)\leq520$의 양변에 10을 곱하면

$$15x+18(300-x)\leq5200, \quad -3x+5400\leq5200$$
$$3x\geq200 \qquad \therefore x\geq\frac{200}{3} \quad\cdots\cdots \text{㉠}$$

$\dfrac{20}{100}x+\dfrac{12}{100}(300-x)\leq42$의 양변에 100을 곱하면

$$20x+12(300-x)\leq4200, \quad 8x+3600\leq4200$$
$$8x\leq600 \qquad \therefore x\leq75 \quad\cdots\cdots \text{㉡}$$

㉠, ㉡의 공통부분을 구하면

$$\frac{200}{3}\leq x\leq75$$

따라서 식품 A는 최대 75 g을 섭취해야 한다.

304 일차부등식의 풀이

$2x-ab<ax-4$에서 $(2-a)x<ab-4$ $\cdots\cdots$ ㉠ $\cdots$ ❶

부등식 ㉠이 모든 실수 x에 대하여 성립하려면

$2-a=0$, $ab-4>0$이어야 한다.

$\therefore a=2, \ b>2$ $\cdots$ ❷

따라서 $a+b$의 값의 범위는

$a+b>4$ $\cdots$ ❸

채점 기준	배점 비율
❶ 주어진 부등식 정리하기	30%
❷ 조건을 만족시키는 a의 값과 b의 값의 범위 각각 구하기	40%
❸ $a+b$의 값의 범위 구하기	30%

305 연립일차부등식의 풀이

$7-3x\geq-5$에서 $-3x\geq-12$ $\quad\therefore x\leq4$ $\cdots\cdots$ ㉠ $\cdots$ ❶

$4x-a>2(x+3)$에서 $4x-a>2x+6$

$2x>a+6 \quad\therefore x>\dfrac{a+6}{2}$ $\cdots\cdots$ ㉡ $\cdots$ ❷

주어진 연립부등식의 해가 없으려면 오른쪽 그림과 같이 ㉠, ㉡의 공통부분이 없어야 한다.

즉, $\dfrac{a+6}{2}\geq4$이어야 하므로 $a+6\geq8$

$\therefore a\geq2$ $\cdots$ ❸

채점 기준	배점 비율
❶ 부등식 $7-3x\geq-5$의 해 구하기	25%
❷ 부등식 $4x-a>2(x+3)$의 해 구하기	25%
❸ 조건을 만족시키는 실수 a의 값의 범위 구하기	50%

306 연립일차부등식의 활용

A4용지를 $x\ (x\geq100)$장 복사할 때의 요금은

$3000+15(x-100)=1500+15x$ $\cdots$ ❶

A4용지의 한 장의 단가가 18원 이상 20원 이하가 되려면

$18x\leq1500+15x\leq20x$ $\cdots$ ❷

$18x\leq1500+15x$에서 $3x\leq1500$

$\therefore x\leq500 \quad\cdots\cdots \text{㉠}$

$1500+15x\leq20x$에서 $-5x\leq-1500$

$\therefore x\geq300 \quad\cdots\cdots \text{㉡}$

㉠, ㉡의 공통부분을 구하면

$300\leq x\leq500$

따라서 A4용지를 300장 이상 500장 이하로 복사해야 한다.
··· ❸

채점 기준	배점 비율
❶ A4용지를 100장 이상 복사할 때의 요금을 식으로 나타내기	30%
❷ 조건을 만족시키는 연립부등식 세우기	30%
❸ ❷의 연립부등식을 풀어서 답 구하기	40%

307 21　　　**308** 4　　　**309** 7　　　**310** ⑤

307　연립일차부등식의 풀이

정답률	87%

$x-1>8$에서 $x>9$　　　　　$\cdots\cdots$ ㉠

$2x-16\leq x+a$에서 $x\leq a+16$　$\cdots\cdots$ ㉡

㉠, ㉡의 공통부분을 구하면 주어진 연립부등식의 해가 $b<x\leq28$

이므로

$9<x\leq a+16$

따라서 $b=9$, $28=a+16$, 즉 $a=12$, $b=9$이므로

$a+b=12+9=21$

308　절댓값 기호를 2개 포함한 일차부등식

정답률	64%

$|x+1|+|x-2|<5$에서

(i) $x<-1$일 때

　　$-(x+1)-(x-2)<5$

　　$-2x<4$　　∴ $x>-2$

　　그런데 $x<-1$이므로 $-2<x<-1$

(ii) $-1\leq x<2$일 때

　　$(x+1)-(x-2)<5$, 즉 $0\times x<2$이므로 해는 모든 실수이다.

　　그런데 $-1\leq x<2$이므로 $-1\leq x<2$

(iii) $x\geq2$일 때

　　$(x+1)+(x-2)<5$

　　$2x<6$　　∴ $x<3$

　　그런데 $x\geq2$이므로 $2\leq x<3$

(i), (ii), (iii)에서 주어진 부등식의 해는

$-2<x<3$

따라서 정수 x는 -1, 0, 1, 2의 4개이다.

309　연립일차부등식의 풀이

정답률	76%

$2x+5\leq9$에서 $2x\leq4$　　∴ $x\leq2$　$\cdots\cdots$ ㉠

$|x-3|\leq7$에서 $-7\leq x-3\leq7$

∴ $-4\leq x\leq10$　　　　　　$\cdots\cdots$ ㉡

㉠, ㉡의 공통부분을 구하면

$-4\leq x\leq2$

따라서 정수 x는 -4, -3, -2, -1, 0, 1, 2의 7개이다.

310　절댓값 기호를 포함한 일차부등식

선택률	①	②	③	④	⑤
	5%	4%	6%	5%	80%

$|3x-1|<x+a$에서

(i) $x\geq\dfrac{1}{3}$일 때

　　$3x-1<x+a$, $2x<a+1$

　　∴ $x<\dfrac{a+1}{2}$

　　그런데 $x\geq\dfrac{1}{3}$이고 $a>0$, 즉 $\dfrac{a+1}{2}>\dfrac{1}{2}$이므로

　　$\dfrac{1}{3}\leq x<\dfrac{a+1}{2}$

(ii) $x<\dfrac{1}{3}$일 때

　　$-3x+1<x+a$, $-4x<a-1$

　　∴ $x>\dfrac{1-a}{4}$

　　그런데 $x<\dfrac{1}{3}$이고 $a>0$, 즉 $\dfrac{1-a}{4}<\dfrac{1}{4}$이므로

　　$\dfrac{1-a}{4}<x<\dfrac{1}{3}$

(i), (ii)에서 $\dfrac{1-a}{4}<x<\dfrac{a+1}{2}$

이 부등식의 해가 $-1<x<3$이므로

$\dfrac{1-a}{4}=-1$, $\dfrac{a+1}{2}=3$

∴ $a=5$

09 이차부등식과 연립이차부등식

기본 문제

본문 070~071쪽

311 ③	**312** ②	**313** ④	**314** ①
315 ②	**316** ④	**317** ④	**318** ③

311　이차부등식의 풀이

$x^2-x-12\leq0$에서 $(x+3)(x-4)\leq0$

$\therefore -3\leq x\leq4$

따라서 $\alpha=-3$, $\beta=4$이므로

$\alpha^2+\beta^2=(-3)^2+4^2=25$

312　이차부등식의 풀이

해가 $-2<x<\dfrac{1}{3}$이고 x^2의 계수가 3인 이차부등식은

$3(x+2)\left(x-\dfrac{1}{3}\right)<0$

$(x+2)(3x-1)<0$, $3x^2+5x-2<0$

이 부등식이 $3x^2+ax+b<0$과 같으므로

$a=5$, $b=-2$

$\therefore ab=5\times(-2)=-10$

> **플러스 강의**
>
> 양의 실수 a에 대하여 (단, $\alpha<\beta$)
> (1) 해가 $\alpha<x<\beta$이고 x^2의 계수가 a인 이차부등식은
> $\quad a(x-\alpha)(x-\beta)<0$
> (2) 해가 $x<\alpha$ 또는 $x>\beta$이고 x^2의 계수가 a인 이차부등식은
> $\quad a(x-\alpha)(x-\beta)>0$

313　이차부등식이 항상 성립할 조건

이차부등식 $ax^2+6x+a>0$이 모든 실수 x에 대하여 성립하려면

$a>0$　　　　……　㉠

이고, 이차방정식 $ax^2+6x+a=0$의 판별식 D에 대하여 $D<0$

이어야 한다. 즉,

$\dfrac{D}{4}=3^2-a^2<0$

$a^2-9>0$, $(a+3)(a-3)>0$

$\therefore a<-3$ 또는 $a>3$　　……　㉡

㉠, ㉡의 공통부분을 구하면

$a>3$

따라서 정수 a의 최솟값은 4이다.

314　이차부등식이 항상 성립할 조건

$-x^2+2(n-4)x+6(n-4)>0$에서

$x^2-2(n-4)x-6(n-4)<0$

이 이차부등식의 해가 존재하지 않으려면 이차방정식

$x^2-2(n-4)x-6(n-4)=0$의 판별식 D에 대하여 $D\leq0$이어

야 한다. 즉,

$\dfrac{D}{4}=\{-(n-4)\}^2-\{-6(n-4)\}\leq0$

$n^2-2n-8\leq0$, $(n+2)(n-4)\leq0$

$\therefore -2\leq n\leq4$

따라서 정수 n은 -2, -1, 0, $\cdots$, 4의 7개이다.

315　연립이차부등식의 풀이

$x^2-4<0$에서 $(x+2)(x-2)<0$

$\therefore -2<x<2$　　　　……　㉠

$x^2-2x-3>0$에서 $(x+1)(x-3)>0$

$\therefore x<-1$ 또는 $x>3$　　……　㉡

㉠, ㉡의 공통부분을 구하면

$-2<x<-1$

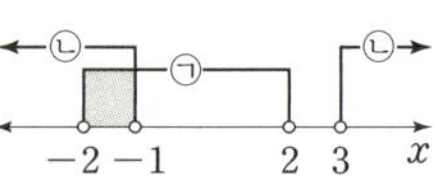

따라서 $\alpha=-2$, $\beta=-1$이므로

$\beta-\alpha=(-1)-(-2)=1$

316　연립이차부등식의 풀이

(i) $\dfrac{n}{2}$이 부등식 $4x^2-4x+1>0$의 해이므로

$4\times\left(\dfrac{n}{2}\right)^2-4\times\dfrac{n}{2}+1>0$

$n^2-2n+1>0$, $(n-1)^2>0$

즉, n은 $n\neq1$인 모든 실수이다.

(ii) $\dfrac{n}{2}$이 부등식 $2x^2-7x-4<0$의 해이므로

$2\times\left(\dfrac{n}{2}\right)^2-7\times\dfrac{n}{2}-4<0$

$n^2-7n-8<0$, $(n+1)(n-8)<0$

$\therefore -1<n<8$

(i), (ii)에서 조건을 만족시키는 정수 n은 0, 2, 3, 4, $\cdots$, 7의 7개

이다.

✔ 다른 풀이

(i) $4x^2-4x+1>0$에서 $(2x-1)^2>0$이므로 이 부등식의 해는

$x\neq\dfrac{1}{2}$인 모든 실수이다.　　……　㉠

(ii) $2x^2-7x-4<0$에서 $(2x+1)(x-4)<0$

$\therefore -\dfrac{1}{2}<x<4$　　　　……　㉡

㉠, ㉡의 공통부분을 구하면

$-\dfrac{1}{2}<x<\dfrac{1}{2}$ 또는 $\dfrac{1}{2}<x<4$

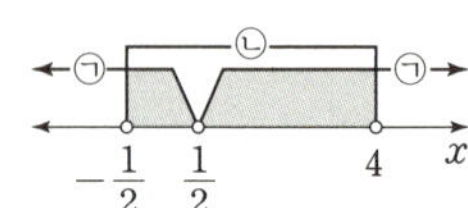

이때 $\dfrac{n}{2}$이 주어진 연립부등식의 해가 되려면

$-\dfrac{1}{2}<\dfrac{n}{2}<\dfrac{1}{2}$ 또는 $\dfrac{1}{2}<\dfrac{n}{2}<4$에서

$-1<n<1$ 또는 $1<n<8$

따라서 정수 n은 0, 2, 3, 4, $\cdots$, 7의 7개이다.

317 연립이차부등식의 풀이

$x^2+x-6\geq0$에서 $(x+3)(x-2)\geq0$

$\therefore x\leq-3$ 또는 $x\geq2$ ······ ㉠

$(x-1)(x-a)<0$에서

$1<x<a\ (\because a>1)$ ······ ㉡

㉠, ㉡을 동시에 만족시키는 정수 x가
3개가 되려면 오른쪽 그림에서

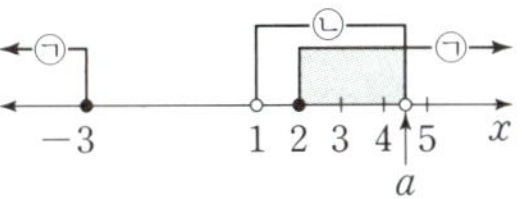

$4<a\leq5$

따라서 $p=4$, $q=5$이므로

$p+q=4+5=9$

318 이차방정식의 근의 판별과 이차부등식

이차방정식 $x^2+2kx+2k^2-4=0$이 서로 다른 두 실근을 가지려
면 이 이차방정식의 판별식 D에 대하여 $D>0$이어야 한다. 즉,

$\dfrac{D}{4}=k^2-(2k^2-4)>0$, $k^2-4<0$

$(k+2)(k-2)<0$ $\therefore -2<k<2$

따라서 정수 k는 -1, 0, 1의 3개이다.

▼ 실전 문제   본문 072~075쪽

319 ⑤	**320** ③	**321** ⑤
322 $-4\leq a<-\dfrac{7}{2}$	**323** ③	**324** ②
325 $-1\leq k\leq\dfrac{4}{3}$	**326** ③	**327** ③
328 ④	**329** ④	**330** ②	**331** ⑤
332 ④	**333** ①	**334** 12 cm	**335** ②
336 $k\leq-6$ 또는 $k\geq3$		**337** $-1\leq a<0$ 또는 $a>2$
338 5	**339** ②	**340** -3
341 $a<-2$ 또는 $a>8$		**342** 5

319 이차부등식의 풀이

해가 $x\leq b$ 또는 $x\geq1$이고 x^2의 계수가 1인 이차부등식은

$(x-b)(x-1)\geq0$ $\therefore x^2-(b+1)x+b\geq0$

이 부등식이 $x^2+ax-3\geq0$과 같으므로

$-(b+1)=a$, $b=-3$, 즉 $a=2$, $b=-3$

$\therefore a-b=2-(-3)=5$

320 절댓값 기호를 포함한 이차부등식

$x^2+|x|-12\leq0$에서

(ⅰ) $x<0$일 때

$\quad x^2-x-12\leq0$, $(x+3)(x-4)\leq0$

$\quad \therefore -3\leq x\leq4$

$\quad$ 그런데 $x<0$이므로 $-3\leq x<0$

(ⅱ) $x\geq0$일 때

$\quad x^2+x-12\leq0$, $(x+4)(x-3)\leq0$

$\quad \therefore -4\leq x\leq3$

$\quad$ 그런데 $x\geq0$이므로 $0\leq x\leq3$

(ⅰ), (ⅱ)에서 주어진 부등식의 해는

$-3\leq x\leq3$

따라서 $\alpha=-3$, $\beta=3$이므로

$\beta-\alpha=3-(-3)=6$

✏ **다른 풀이**

$x^2+|x|-12\leq0$에서 $|x|^2+|x|-12\leq0$

$(|x|+4)(|x|-3)\leq0$ $\therefore -4\leq|x|\leq3$

그런데 $|x|\geq0$이므로 $0\leq|x|\leq3$ $\therefore -3\leq x\leq3$

321 절댓값 기호를 포함한 이차부등식

$|2x-3|+3x+3>x^2$에서

$|2x-3|>x^2-3x-3$

(ⅰ) $x<\dfrac{3}{2}$일 때

$\quad -(2x-3)>x^2-3x-3$

$\quad x^2-x-6<0$, $(x+2)(x-3)<0$

$\quad \therefore -2<x<3$

$\quad$ 그런데 $x<\dfrac{3}{2}$이므로 $-2<x<\dfrac{3}{2}$

(ⅱ) $x\geq\dfrac{3}{2}$일 때

$\quad 2x-3>x^2-3x-3$

$\quad x^2-5x<0$, $x(x-5)<0$

$\quad \therefore 0<x<5$

$\quad$ 그런데 $x\geq\dfrac{3}{2}$이므로 $\dfrac{3}{2}\leq x<5$

(ⅰ), (ⅱ)에서 주어진 부등식의 해는

$-2<x<5$

따라서 정수 x는 -1, 0, 1, 2, 3, 4의 6개이다.

322 이차부등식의 풀이

$f(x)=x^2+ax+3$이라 하자.

이차부등식 $x^2+ax+3<0$의 정수인 해가
2뿐이려면 함수 $y=f(x)$의 그래프는 오른
쪽 그림과 같아야 한다.

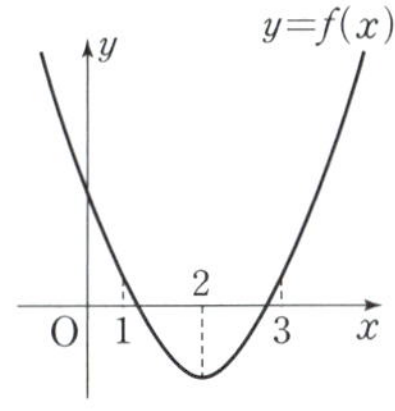

즉, $f(1)\geq0$, $f(2)<0$, $f(3)\geq0$이어야 하
므로

$f(1)=1+a+3\geq0$에서 $a\geq-4$ ······ ㉠

$f(2)=4+2a+3<0$에서 $a<-\dfrac{7}{2}$ ······ ㉡

$f(3)=9+3a+3\geq0$에서 $a\geq-4$ ······ ㉢

㉠, ㉡, ㉢의 공통부분을 구하면

$-4\leq a<-\dfrac{7}{2}$

323 이차부등식의 풀이

해가 $-3 < x < 6$이고 x^2의 계수가 1인 이차부등식은
$(x+3)(x-6) < 0$
즉, $f(x) = (x+3)(x-6)$이므로
$f(3x+1) = (3x+1+3)(3x+1-6) = (3x+4)(3x-5)$
$f(3x+1) < 8(x^2+1)$에서
$(3x+4)(3x-5) < 8(x^2+1)$
$9x^2 - 3x - 20 < 8x^2 + 8$
$x^2 - 3x - 28 < 0, \ (x+4)(x-7) < 0$
$\therefore \ -4 < x < 7$
따라서 $\alpha = -4, \ \beta = 7$이므로
$\alpha + \beta = (-4) + 7 = 3$

324 이차부등식이 항상 성립할 조건

이차부등식 $x^2 + (k-2)x + k^2 < 0$의 해가 존재하려면 이차방정식
$x^2 + (k-2)x + k^2 = 0$이 서로 다른 두 실근을 가져야 한다.
즉, 이차방정식 $x^2 + (k-2)x + k^2 = 0$의 판별식 D에 대하여
$D > 0$이어야 하므로
$D = (k-2)^2 - 4k^2 > 0, \ -3k^2 - 4k + 4 > 0$
$3k^2 + 4k - 4 < 0, \ (k+2)(3k-2) < 0$
$\therefore \ -2 < k < \dfrac{2}{3}$

325 이차부등식이 항상 성립할 조건

이차함수 $f(x) = x^2 - 2kx - 2k^2 + k$에 대하여 함수 $f(x)$의 최솟값이 -4 이상이 되려면 $f(x) \geq -4$에서
$x^2 - 2kx - 2k^2 + k \geq -4$
이때 부등식 $x^2 - 2kx - 2k^2 + k + 4 \geq 0$이 모든 실수 x에 대하여 성립해야 하므로 이차방정식 $x^2 - 2kx - 2k^2 + k + 4 = 0$의 판별식 D에 대하여 $D \leq 0$이어야 한다. 즉,
$\dfrac{D}{4} = (-k)^2 - (-2k^2 + k + 4) \leq 0$
$3k^2 - k - 4 \leq 0, \ (k+1)(3k-4) \leq 0$
$\therefore \ -1 \leq k \leq \dfrac{4}{3}$

✎ 다른 풀이

$f(x) = (x-k)^2 - 3k^2 + k$이므로 함수 $f(x)$는 $x = k$일 때 최솟값 $-3k^2 + k$를 갖는다.
즉, 함수 $f(x)$의 최솟값이 -4 이상이려면
$-3k^2 + k \geq -4, \ 3k^2 - k - 4 \leq 0$
$(k+1)(3k-4) \leq 0 \qquad \therefore \ -1 \leq k \leq \dfrac{4}{3}$

326 이차부등식이 항상 성립할 조건

(i) $k = 2$일 때
　　$14 \geq 0$이므로 주어진 부등식은 모든 실수 x에 대하여 성립한다.

(ii) $k \neq 2$일 때
　　부등식 $(k-2)x^2 + 2(k-2)x + 16 - k \geq 0$이 모든 실수 x에 대하여 성립하려면 $k - 2 > 0$이고 이차방정식
　　$(k-2)x^2 + 2(k-2)x + 16 - k = 0$의 판별식 D에 대하여
　　$D \leq 0$이어야 한다. 즉,
　　$\dfrac{D}{4} = (k-2)^2 - (k-2)(16-k) \leq 0$
　　$(k-2)\{(k-2) - (16-k)\} \leq 0$
　　$(k-2)(2k-18) \leq 0, \ (k-2)(k-9) \leq 0$
　　$\therefore \ 2 \leq k \leq 9$
　　그런데 $k > 2$이므로 $2 < k \leq 9$

(i), (ii)에서 조건을 만족시키는 실수 k의 값의 범위는
$2 \leq k \leq 9$
따라서 정수 k는 $2, 3, 4, \cdots, 9$이므로 그 합은
$2 + 3 + 4 + \cdots + 9 = 44$

327 이차부등식이 항상 성립할 조건

$k^2 - 2k - 3 = (k+1)(k-3)$이므로
$(k^2 - 2k - 3)x^2 + 2kx - 2 \geq 0$에서
$(k+1)(k-3)x^2 + 2kx - 2 \geq 0$ $\qquad\qquad$ …… ㉠

(i) $k = -1$일 때
　　㉠에서 $-2x - 2 \geq 0$이므로 $x \leq -1$
　　즉, 부등식 ㉠은 해가 존재한다.

(ii) $k = 3$일 때
　　㉠에서 $6x - 2 \geq 0$이므로 $x \geq \dfrac{1}{3}$
　　즉, 부등식 ㉠은 해가 존재한다.

(iii) $k \neq -1, \ k \neq 3$인 실수 k에 대하여 부등식 ㉠의 해가 존재하지 않으려면 $(k+1)(k-3) < 0$이고 이차방정식
　　$(k^2 - 2k - 3)x^2 + 2kx - 2 = 0$의 판별식 D에 대하여 $D < 0$이어야 한다. 즉,
　　$-1 < k < 3$ $\qquad\qquad$ …… ㉡
　　이고
　　$\dfrac{D}{4} = k^2 - (k^2 - 2k - 3) \times (-2) < 0$
　　$3k^2 - 4k - 6 < 0 \qquad \therefore \ \dfrac{2 - \sqrt{22}}{3} < k < \dfrac{2 + \sqrt{22}}{3}$ …… ㉢
　　㉡, ㉢의 공통부분을 구하면
　　$\dfrac{2 - \sqrt{22}}{3} < k < \dfrac{2 + \sqrt{22}}{3}$

(i), (ii), (iii)에서 실수 k의 값의 범위는
$\dfrac{2 - \sqrt{22}}{3} < k < \dfrac{2 + \sqrt{22}}{3}$
따라서 정수 k는 $0, 1, 2$이므로 그 합은
$0 + 1 + 2 = 3$

328 이차부등식이 항상 성립할 조건

$f(x) = x^2 + 2ax - 3a^2$이라 하면
$f(x) = (x+3a)(x-a)$

(i) $a=0$일 때

$f(x)=x^2$이므로 이차부등식 $f(x)>0$은 $x<-6$ 또는 $x>12$
에서 항상 성립한다.

(ii) $a>0$일 때

이차부등식 $f(x)>0$의 해는

$x<-3a$ 또는 $x>a$이므로 $x<-6$

또는 $x>12$에서 $f(x)>0$이 항상 성

립하려면 함수 $y=f(x)$의 그래프는

오른쪽 그림과 같아야 한다.

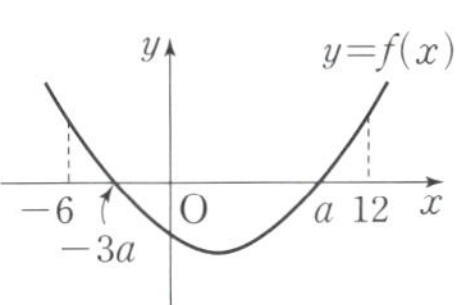

즉, $-3a\geq-6$, $a\leq12$이어야 하므로

$a\leq2$, $a\leq12$ $\quad\therefore a\leq2$

그런데 $a>0$이므로 $0<a\leq2$

(iii) $a<0$일 때

이차부등식 $f(x)>0$의 해는

$x<a$ 또는 $x>-3a$이므로 $x<-6$

또는 $x>12$에서 $f(x)>0$이 항상 성

립하려면 함수 $y=f(x)$의 그래프는

오른쪽 그림과 같아야 한다.

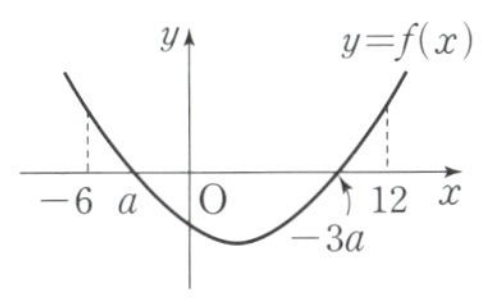

즉, $a\geq-6$, $-3a\leq12$이어야 하므로

$a\geq-6$, $a\geq-4$ $\quad\therefore a\geq-4$

그런데 $a<0$이므로 $-4\leq a<0$

(i), (ii), (iii)에서 실수 a의 값의 범위는

$-4\leq a\leq2$

따라서 정수 a의 최댓값 $M=2$, 최솟값 $m=-4$이므로

$M-m=2-(-4)=6$

329 절댓값 기호를 포함한 연립이차부등식

$|x|\geq2$에서

$x\leq-2$ 또는 $x\geq2$ $\quad\cdots\cdots$ ㉠

$x^2-6x<0$에서 $x(x-6)<0$

$\therefore 0<x<6$ $\quad\cdots\cdots$ ㉡

㉠, ㉡의 공통부분을 구하면

$2\leq x<6$

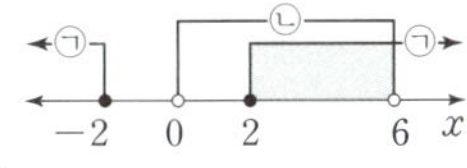

따라서 정수 x는 2, 3, 4, 5이므로 그 합은

$2+3+4+5=14$

330 절댓값 기호를 포함한 연립이차부등식

$x^2+2x-3\leq0$에서 $(x+3)(x-1)\leq0$

$\therefore -3\leq x\leq1$ $\quad\cdots\cdots$ ㉠

$x^2+|x|-6\leq0$에서

(i) $x<0$일 때

$x^2-x-6\leq0$, $(x+2)(x-3)\leq0$ $\quad\therefore -2\leq x\leq3$

그런데 $x<0$이므로 $-2\leq x<0$

(ii) $x\geq0$일 때

$x^2+x-6\leq0$, $(x+3)(x-2)\leq0$ $\quad\therefore -3\leq x\leq2$

그런데 $x\geq0$이므로 $0\leq x\leq2$

(i), (ii)에서 부등식 $x^2+|x|-6\leq0$의 해는

$-2\leq x\leq2$ $\quad\cdots\cdots$ ㉡

㉠, ㉡의 공통부분을 구하면

$-2\leq x\leq1$

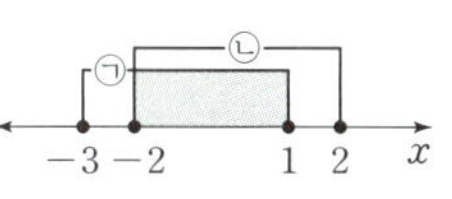

따라서 $\alpha=-2$, $\beta=1$이므로

$\alpha+\beta=(-2)+1=-1$

331 연립이차부등식의 풀이

$x^2-4x\leq0$에서 $x(x-4)\leq0$

$\therefore 0\leq x\leq4$ $\quad\cdots\cdots$ ㉠

$x^2+4x-12\geq0$에서 $(x+6)(x-2)\geq0$

$\therefore x\leq-6$ 또는 $x\geq2$ $\quad\cdots\cdots$ ㉡

㉠, ㉡의 공통부분을 구하면

$2\leq x\leq4$

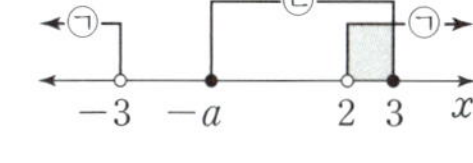

즉, 해가 $2\leq x\leq4$이고 x^2의 계수가 1인

이차부등식은

$(x-2)(x-4)\leq0$

$\therefore x^2-6x+8\leq0$

이 부등식이 $ax^2+bx-16\geq0$과 같으므로 $a<0$

$x^2-6x+8\leq0$의 양변에 a를 곱하면

$ax^2-6ax+8a\geq0$

따라서 $-6a=b$, $8a=-16$이므로

$a=-2$, $b=12$

$\therefore a+b=(-2)+12=10$

332 연립이차부등식의 풀이

$x^2+x-6>0$에서 $(x+3)(x-2)>0$

$\therefore x<-3$ 또는 $x>2$ $\quad\cdots\cdots$ ㉠

$x^2+(a-3)x-3a\leq0$에서

$(x+a)(x-3)\leq0$ $\quad\cdots\cdots$ ㉡

㉠, ㉡을 동시에 만족시키는 해가

$2<x\leq3$이려면 오른쪽 그림에서

$-3\leq-a\leq2$

$\therefore -2\leq a\leq3$

따라서 정수 a는 -2, -1, 0, 1, 2, 3의 6개이다.

＋ 플러스 강의

연립부등식 $\begin{cases} x^2+ax+b<0 \\ x^2+cx+d\leq0 \end{cases}$의 해가 $\alpha<x\leq\beta$이면 α는 이차방정식

$x^2+ax+b=0$의 근이고, β는 이차방정식 $x^2+cx+d=0$의 근이다.

333 연립이차부등식의 풀이

$x^2+x+a<2x^2+x-3$에서

$x^2-a-3>0$ $\quad\cdots\cdots$ ㉠

$2x^2+x-3\leq3x^2+bx-9$에서

$x^2+(b-1)x-6\geq0$ $\quad\cdots\cdots$ ㉡

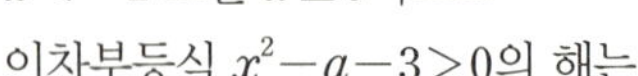

㉠, ㉡을 동시에 만족시키는 해가

$x<-2$ 또는 $x\geq6$이므로

이차부등식 $x^2-a-3>0$의 해는

$x<-2$ 또는 $x>\alpha\ (\alpha>-2)$ 꼴이고,

이차부등식 $x^2+(b-1)x-6\geq0$의 해는

$x\leq\beta$ 또는 $x\geq6\ (\beta<6)$ 꼴이어야 한다. (단, $\alpha\geq\beta$)

즉, $x=-2$는 이차방정식 $x^2-a-3=0$의 근이므로

$4-a-3=0$ $\therefore a=1$

$x=6$은 이차방정식 $x^2+(b-1)x-6=0$의 근이므로

$36+6b-6-6=0$ $\therefore b=-4$

$\therefore a+b=1+(-4)=-3$

334 연립이차부등식의 활용

액자의 둘레의 길이가 32 cm이므로 가로의 길이를 x cm라 하면

세로의 길이는 $(16-x)$ cm이다.

이때 가로의 길이가 세로의 길이보다 길거나 같으므로

$x\geq16-x,\ 2x\geq16$ $\therefore x\geq8$ ······ ㉠

또한, 액자의 넓이가 48 cm^2 이상이려면

$x(16-x)\geq48,\ x^2-16x+48\leq0$

$(x-4)(x-12)\leq0$ $\therefore 4\leq x\leq12$ ······ ㉡

㉠, ㉡의 공통부분을 구하면

$8\leq x\leq12$

따라서 가로의 길이의 최댓값은 12 cm이다.

335 이차방정식의 근의 판별과 이차부등식

이차방정식 $x^2-2x+k=0$이 서로 다른 두 실근을 가지려면 이차방정식 $x^2-2x+k=0$의 판별식 D_1에 대하여 $D_1>0$이어야 한다. 즉,

$\dfrac{D_1}{4}=(-1)^2-k>0$

$\therefore k<1$ ······ ㉠

또한, 이차방정식 $x^2-2kx+25=0$이 실근을 갖지 않으려면 이차방정식 $x^2-2kx+25=0$의 판별식 D_2에 대하여 $D_2<0$이어야 한다. 즉,

$\dfrac{D_2}{4}=(-k)^2-25<0,\ (k+5)(k-5)<0$

$\therefore -5<k<5$ ······ ㉡

㉠, ㉡의 공통부분을 구하면

$-5<k<1$

따라서 정수 k는 $-4,\ -3,\ -2,$

$-1,\ 0$의 5개이다.

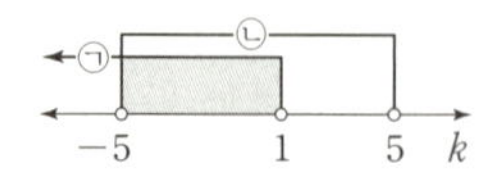

이차방정식 $ax^2+bx+c=0$의 판별식 D에 대하여

(1) 서로 다른 두 실근을 갖는다. $\Longrightarrow D>0$

(2) 중근을 갖는다. $\Longrightarrow D=0$

(3) 서로 다른 두 허근을 갖는다. $\Longrightarrow D<0$

336 이차방정식의 근의 판별과 이차부등식

$(6-k)x^2+2kx+3=0$에서

(i) $k=6$일 때

$12x+3=0$

$\therefore x=-\dfrac{1}{4}$

즉, 실근을 갖는다.

(ii) $k\neq6$일 때

이차방정식 $(6-k)x^2+2kx+3=0$이 실근을 가지므로

이 이차방정식의 판별식 D에 대하여 $D\geq0$이어야 한다. 즉,

$\dfrac{D}{4}=k^2-(6-k)\times3\geq0$

$k^2+3k-18\geq0,\ (k+6)(k-3)\geq0$

$\therefore k\leq-6$ 또는 $k\geq3$

그런데 $k\neq6$이므로

$k\leq-6$ 또는 $3\leq k<6$ 또는 $k>6$

(i), (ii)에서 실수 k의 값의 범위는

$k\leq-6$ 또는 $k\geq3$

337 연립이차부등식의 풀이

Step ❶ 각 부등식의 해 구하기

$x^2+x-12<0$에서 $(x+4)(x-3)<0$

$\therefore -4<x<3$ ······ ㉠

$x^2-(a+1)x+a<0$에서 $(x-a)(x-1)<0$

$a<1$일 때, $a<x<1$ ······ ㉡

$a>1$일 때, $1<x<a$ ······ ㉢

Step ❷ x의 값의 범위를 나누어 조건을 만족시키는 실수 a의 값의 범위 구하기

주어진 연립부등식을 만족시키는 정수 x가 오직 한 개뿐이므로

(i) $a<x<1$일 때

㉠, ㉡을 동시에 만족시키는 정수 x가 오직 한 개뿐이므로 다음 그림과 같아야 한다.

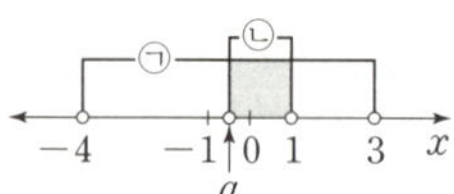

$\therefore -1\leq a<0$

(ii) $1<x<a$일 때

㉠, ㉢을 동시에 만족시키는 정수 x가 오직 한 개뿐이므로 다음 그림과 같아야 한다.

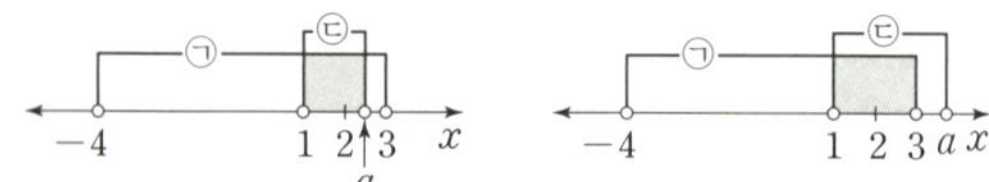

즉, $2<a\leq3$ 또는 $a>3$이므로

$a>2$

Step ❸ 실수 a의 값의 범위 구하기

(i), (ii)에서 실수 a의 값의 범위는

$-1\leq a<0$ 또는 $a>2$

338 연립이차부등식의 풀이

Step ❶ 주어진 두 연립부등식의 해를 이용하여 이차방정식
$x^2+ax+b=0$의 근 구하기

(ⅰ) $\begin{cases} x^2-6x-16\leq0 \\ x^2+ax+b\leq0 \end{cases}$ ...... ㉠

㉠의 $x^2-6x-16\leq0$에서
$(x+2)(x-8)\leq0$ ∴ $-2\leq x\leq8$

이때 ㉠의 해가 $2\leq x\leq8$이므로 $x^2+ax+b\leq0$에서 이차방정식 $x^2+ax+b=0$의 두 근 중 작은 근은 2이다.

(ⅱ) $\begin{cases} x^2-15x+54<0 \\ x^2+ax+b<0 \end{cases}$ ...... ㉡

㉡의 $x^2-15x+54<0$에서
$(x-6)(x-9)<0$ ∴ $6<x<9$

이때 ㉡의 해가 $6<x<7$이므로 $x^2+ax+b<0$에서 이차방정식 $x^2+ax+b=0$의 두 근 중 큰 근은 7이다.

Step ❷ 이차방정식 $x^2+ax+b=0$의 두 근을 이용하여 a, b의 값 구하기

(ⅰ), (ⅱ)에서 이차방정식 $x^2+ax+b=0$의 두 근이 2, 7이므로
$x^2+ax+b=(x-2)(x-7)=x^2-9x+14$
∴ $a=-9$, $b=14$

Step ❸ $a+b$의 값 구하기
$a+b=(-9)+14=5$

339 이차방정식의 근의 판별과 이차부등식

Step ❶ 이차방정식이 실근을 가질 조건을 이용하여 실수 k의 값의 범위 구하기

이차방정식 $2x^2-2kx+k(k-1)=0$이 실근을 가지므로 이 이차방정식의 판별식 D에 대하여 $D\geq0$이어야 한다. 즉,
$\dfrac{D}{4}=(-k)^2-2k(k-1)\geq0$
$k^2-2k\leq0$, $k(k-2)\leq0$
∴ $0\leq k\leq2$

Step ❷ $(\alpha-\beta)^2$을 k에 대한 식으로 나타내기

주어진 이차방정식의 두 실근이 α, β이므로 이차방정식의 근과 계수의 관계에 의하여
$\alpha+\beta=k$, $\alpha\beta=\dfrac{k(k-1)}{2}$
∴ $(\alpha-\beta)^2=(\alpha+\beta)^2-4\alpha\beta=k^2-4\times\dfrac{k(k-1)}{2}$
$\qquad =k^2-2k(k-1)=-k^2+2k$
$\qquad =-(k-1)^2+1$

Step ❸ $M+m$의 값 구하기

$y=-(k-1)^2+1$이라 하면 오른쪽 그림과 같이 $0\leq k\leq2$에서 함수 $y=-(k-1)^2+1$의 최댓값 $M=1$, 최솟값 $m=0$
∴ $M+m=1+0=1$

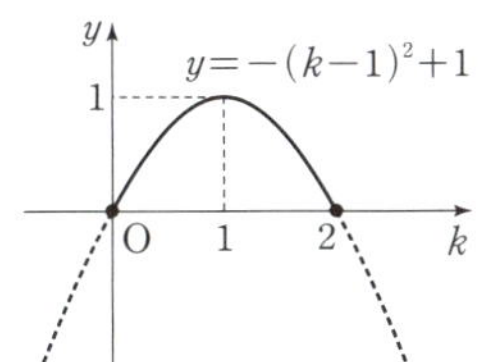

340 이차부등식의 풀이

해가 $-5<x<b$이고 x^2의 계수가 1인 이차부등식은
$(x+5)(x-b)<0$
∴ $x^2+(5-b)x-5b<0$ ... ❶
이 부등식이 $x^2+3x+a<0$과 같으므로
$5-b=3$, $-5b=a$
∴ $a=-10$, $b=2$ ...... ㉠ ... ❷
㉠을 $x^2+(b+1)x+a>0$에 대입하면
$x^2+3x-10>0$, $(x+5)(x-2)>0$
∴ $x<-5$ 또는 $x>2$
따라서 $p=-5$, $q=2$이므로
$p+q=(-5)+2=-3$ ... ❸

채점 기준	배점 비율
❶ 해가 $-5<x<b$이고 x^2의 계수가 1인 이차부등식 세우기	40%
❷ a, b의 값 각각 구하기	20%
❸ $p+q$의 값 구하기	40%

341 연립이차부등식의 풀이

$x^2-2x-8\leq0$에서 $(x+2)(x-4)\leq0$
∴ $-2\leq x\leq4$ ...... ㉠
$(x-a)(x-a+4)\leq0$에서 $a-4<a$이므로
$a-4\leq x\leq a$ ...... ㉡ ... ❶
주어진 연립부등식의 해가 존재하지 않으므로 ㉠, ㉡을 수직선 위에 나타내면 다음 그림과 같이 공통부분이 존재하지 않아야 한다.

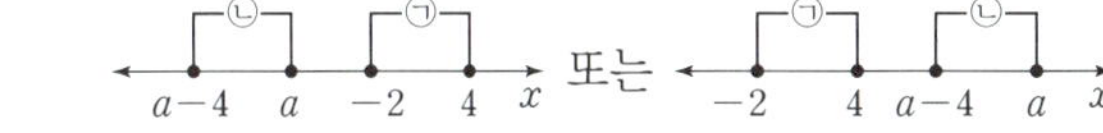

즉, $a<-2$ 또는 $a-4>4$ ... ❷
∴ $a<-2$ 또는 $a>8$ ... ❸

채점 기준	배점 비율
❶ 주어진 이차부등식의 해 각각 구하기	30%
❷ 연립부등식의 해가 존재하지 않을 조건 구하기	50%
❸ 실수 a의 값의 범위 구하기	20%

342 연립이차부등식의 활용

새로 만든 직육면체의 밑면의 가로의 길이, 세로의 길이, 높이는 각각 $a+3$, $a-2$, a이므로
$a-2>0$ ∴ $a>2$ ...... ㉠ ... ❶
이 직육면체의 부피는
$(a+3)(a-2)a=a^3+a^2-6a$
이고 한 모서리의 길이가 a인 처음 정육면체의 부피는 a^3이므로 직육면체의 부피가 처음 정육면체의 부피보다 작으려면
$a^3+a^2-6a<a^3$, $a^2-6a<0$
$a(a-6)<0$ ∴ $0<a<6$ ...... ㉡ ... ❷

㉠, ㉡의 공통부분을 구하면

$2 < a < 6$

따라서 자연수 a의 최댓값은 5이다. ... ❸

채점 기준	배점 비율
❶ 직육면체의 모서리의 길이를 이용하여 a의 값의 범위 구하기	40%
❷ 직육면체의 부피를 이용하여 a의 값의 범위 구하기	40%
❸ 자연수 a의 최댓값 구하기	20%

▼ 교육청 기출문제

본문 076~077쪽

343 22	**344** ②	**345** 18	**346** ②
347 11	**348** 10	**349** 27	**350** 6

343 이차부등식이 항상 성립할 조건

정답률	52%

$x^2+8x+(a-6)<0$이 해를 갖지 않으려면 이차방정식
$x^2+8x+(a-6)=0$의 판별식 D에 대하여 $D \leq 0$이어야 한다. 즉,

$\dfrac{D}{4}=4^2-(a-6) \leq 0, \ -a+22 \leq 0$

$\therefore a \geq 22$

따라서 실수 a의 최솟값은 22이다.

344 이차부등식이 항상 성립할 조건

선택률	①	②	③	④	⑤
	12%	75%	8%	3%	2%

$f(x)=x^2-4x-4k+3$이라 하면

$f(x)=(x-2)^2-4k-1$

$3 \leq x \leq 5$에서 부등식 $f(x) \leq 0$이 항상 성립하려면 함수 $y=f(x)$의 그래프는 오른쪽 그림과 같아야 한다.

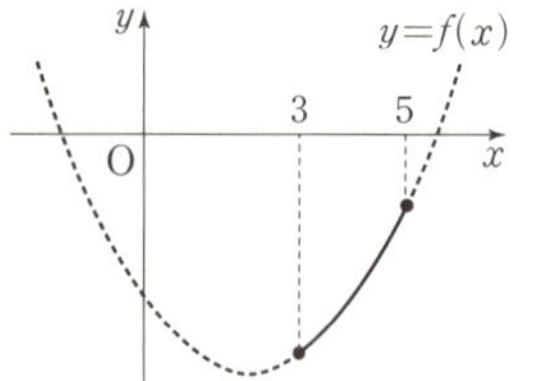

즉, $f(5) \leq 0$에서

$25-20-4k+3 \leq 0$

$8-4k \leq 0 \qquad \therefore k \geq 2$

따라서 상수 k의 최솟값은 2이다.

345 연립이차부등식의 활용

정답률	37%

$\overline{QC}=a$이므로 $0<a<12$이고 $\overline{BQ}=12-a$

이때 세 삼각형 ABC, APR, PBQ는 모두 직각이등변삼각형이므로

$\overline{AR}=\overline{PR}=a, \ \overline{PQ}=\overline{BQ}=12-a$

직사각형 PQCR의 넓이는 $a(12-a)$,

삼각형 APR의 넓이는 $\dfrac{1}{2}a^2$,

삼각형 PBQ의 넓이는 $\dfrac{1}{2}(12-a)^2$이므로

$\begin{cases} a(12-a) > \dfrac{1}{2}a^2 \\ a(12-a) > \dfrac{1}{2}(12-a)^2 \end{cases}$

$a(12-a) > \dfrac{1}{2}a^2$에서

$a^2-8a<0, \ a(a-8)<0$

$\therefore 0<a<8 \qquad \cdots\cdots$ ㉠

$a(12-a) > \dfrac{1}{2}(12-a)^2$에서

$a^2-16a+48<0, \ (a-4)(a-12)<0$

$\therefore 4<a<12 \qquad \cdots\cdots$ ㉡

㉠, ㉡의 공통부분을 구하면

$4<a<8$

따라서 자연수 a는 5, 6, 7이므로 그 합은

$5+6+7=18$

346 연립이차부등식의 풀이

선택률	①	②	③	④	⑤
	22%	65%	5%	5%	3%

$x^2+3x-10<0$에서 $(x+5)(x-2)<0$

$\therefore -5<x<2$

(i) $a=0$일 때

$ax \geq a^2$에서 $0 \times x \geq 0$이므로 이 부등식의 해는 모든 실수이다. 즉, 주어진 연립부등식의 해는 $-5<x<2$이고 이 연립부등식을 만족시키는 정수 x는 $-4, -3, -2, -1, 0, 1$의 6개이므로 주어진 조건을 만족시키지 않는다.

(ii) $a>0$일 때

$ax \geq a^2$에서 $x \geq a$

이때 $a=1$이면 $x \geq 1$이므로 오른쪽 그림과 같이 주어진 연립부등식의 해는 $1 \leq x<2$이고 이 연립부등식을 만족시키는 정수 x는 1의 1개이다.

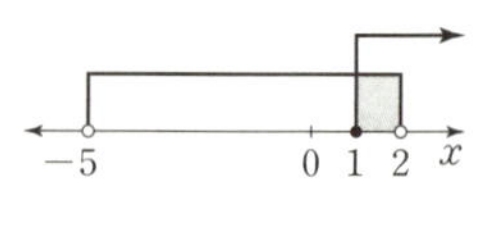

한편, a가 2 이상의 정수이면 주어진 연립부등식은 해가 없다. 즉, $a>0$일 때는 조건을 만족시키지 않는다.

(iii) $a<0$일 때

$ax \geq a^2$에서 $x \leq a$

이때 $a=-1$이면 $x \leq -1$이므로 오른쪽 그림과 같이 주어진 연립부등식의 해는 $-5<x \leq -1$이고 이 연립부등식을 만족시키는 정수 x는 $-4, -3, -2, -1$의 4개이다.

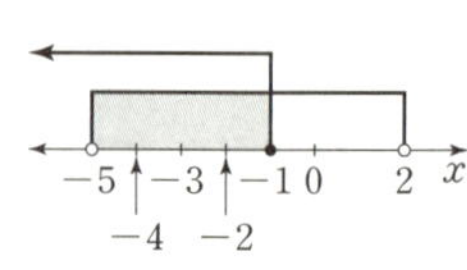

한편, a가 -2 이하의 정수이면 주어진 연립부등식을 만족시키는 정수 x는 3개 이하이므로 조건을 만족시키지 않는다.

(i), (ii), (iii)에서 조건을 만족시키는 정수 a의 값은 -1이다.

347 연립이차부등식의 풀이

$x^2-11x+24<0$에서 $(x-3)(x-8)<0$

$\therefore 3<x<8$ ······ ㉠

$x^2-2kx+k^2-9>0$에서

$x^2-2kx+(k-3)(k+3)>0$

$\{x-(k-3)\}\{x-(k+3)\}>0$

$\therefore x<k-3$ 또는 $x>k+3$ ······ ㉡

(ⅰ) $3<k-3<8$인 경우

㉠, ㉡의 공통부분을 구하면

$3<x<k-3$

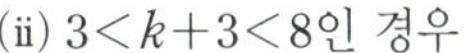

이때 $\beta-\alpha=2$이므로

$(k-3)-3=2$ $\therefore k=8$

(ⅱ) $3<k+3<8$인 경우

㉠, ㉡의 공통부분을 구하면

$k+3<x<8$

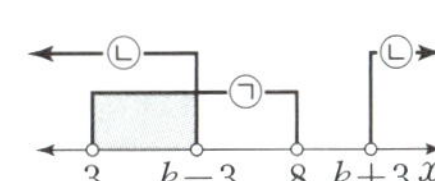

이때 $\beta-\alpha=2$이므로

$8-(k+3)=2$ $\therefore k=3$

(ⅰ), (ⅱ)에서 모든 실수 k의 값의 합은

$8+3=11$

348 연립이차부등식의 풀이

$x^2-(a^2-3)x-3a^2<0$에서 $(x+3)(x-a^2)<0$

$\therefore -3<x<a^2$ ······ ㉠

$x^2+(a-9)x-9a>0$에서 $(x+a)(x-9)>0$

$\therefore x<-a$ 또는 $x>9$ ($\because a>2$)   ······ ㉡

㉠, ㉡을 동시에 만족시키는 정수 x가
존재하지 않으므로 오른쪽 그림과 같아
야 한다.

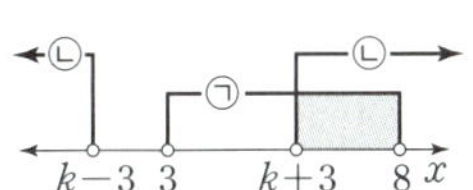

즉, $-a\leq-2$, $a^2\leq10$이어야 하므로

$a\geq2$, $-\sqrt{10}\leq a\leq\sqrt{10}$

$\therefore 2<a\leq\sqrt{10}$ ($\because a>2$)

따라서 조건을 만족시키는 실수 a의 최댓값은 $M=\sqrt{10}$이므로

$M^2=10$

349 이차부등식의 풀이

조건 (가)에서 최고차항의 계수가 각각 $\dfrac{1}{2}$, 2인 두 이차함수

$y=f(x)$, $y=g(x)$의 그래프의 축은 직선 $x=p$이므로

$f(x)=\dfrac{1}{2}(x-p)^2+a,$

$g(x)=2(x-p)^2+b$ (단, a, b는 상수)

라 하자.

부등식 $f(x)\geq g(x)$, 즉 $g(x)-f(x)\leq0$은

$$g(x)-f(x)=2(x-p)^2+b-\left\{\dfrac{1}{2}(x-p)^2+a\right\}$$

$$=\dfrac{3}{2}(x-p)^2+b-a$$

$$=\dfrac{3}{2}x^2-3px+\dfrac{3}{2}p^2+b-a\leq0 \quad ······ ㉠$$

또한, 조건 (나)에서 부등식 $f(x)\geq g(x)$의 해가 $-1\leq x\leq5$이므

로 최고차항의 계수가 $\dfrac{3}{2}$인 이차부등식 $g(x)-f(x)\leq0$은

$$\dfrac{3}{2}(x+1)(x-5)\leq0$$

$$\therefore \dfrac{3}{2}x^2-6x-\dfrac{15}{2}\leq0$$

이 부등식이 ㉠과 같으므로

$$-3p=-6,\ \dfrac{3}{2}p^2+b-a=-\dfrac{15}{2}$$

$p=2$이므로 이를 $\dfrac{3}{2}p^2+b-a=-\dfrac{15}{2}$에 대입하면

$$a-b=\dfrac{27}{2}$$

따라서 $f(x)-g(x)=-\dfrac{3}{2}(x-2)^2+\dfrac{27}{2}$이므로

$$f(2)-g(2)=\dfrac{27}{2}$$

$$\therefore p\times\{f(2)-g(2)\}=2\times\dfrac{27}{2}=27$$

350 이차부등식의 풀이

조건 (가)에서 $\beta-\alpha$는 자연수이므로 α, β는 모두 정수 또는 모두
정수가 아닌 실수이다.

조건 (나)에서 $\alpha\leq x\leq\beta$를 만족하는 정수 x의 개수가 3이므로

α, β가 모두 정수이면 $\beta-\alpha=2$, 모두 정수가 아닌 실수이면

$\beta-\alpha=3$이어야 한다.

이차부등식 $(2x-a^2+2a)(2x-3a)\leq0$의 해가 $\alpha\leq x\leq\beta$이므로

(ⅰ) 이차부등식의 해가 $\dfrac{a^2-2a}{2}\leq x\leq\dfrac{3a}{2}$인 경우

$\dfrac{a^2-2a}{2}$, $\dfrac{3a}{2}$가 모두 정수이면 $\dfrac{3a}{2}-\dfrac{a^2-2a}{2}=2$이므로

$a^2-5a+4=0$, $(a-1)(a-4)=0$

$a=1$ 또는 $a=4$

이때 $a=1$이면 $\alpha=-\dfrac{1}{2}$, $\beta=\dfrac{3}{2}$이므로 α, β는 정수가 아니다.

또한, $a=4$이면 $\alpha=4$, $\beta=6$이므로 모두 정수이다.

$\therefore a=4$

$\dfrac{a^2-2a}{2}$, $\dfrac{3a}{2}$가 모두 정수가 아닌 실수이면 $\dfrac{3a}{2}-\dfrac{a^2-2a}{2}=3$

이므로

$a^2-5a+6=0$, $(a-2)(a-3)=0$

$a=2$ 또는 $a=3$

이때 $a=2$이면 $\alpha=0$, $\beta=3$이므로 α, β는 모두 정수이다.

또한, $a=3$이면 $\alpha=\dfrac{3}{2}$, $\beta=\dfrac{9}{2}$이므로 각각 정수가 아닌 실수이다.

$\therefore\ a=3$

(ii) 이차부등식의 해가 $\dfrac{3a}{2}\leq x\leq\dfrac{a^2-2a}{2}$인 경우

$\dfrac{3a}{2}$, $\dfrac{a^2-2a}{2}$가 모두 정수이면 $\dfrac{a^2-2a}{2}-\dfrac{3a}{2}=2$이므로

$a^2-5a-4=0$, $a=\dfrac{5\pm\sqrt{41}}{2}$

이때 $a=\dfrac{5\pm\sqrt{41}}{2}$이면 α, β는 정수가 아니다.

$\dfrac{3a}{2}$, $\dfrac{a^2-2a}{2}$가 모두 정수가 아닌 실수이면 $\dfrac{a^2-2a}{2}-\dfrac{3a}{2}=3$

이므로

$a^2-5a-6=0$, $(a+1)(a-6)=0$

$a=-1$ 또는 $a=6$

이때 $a=6$이면 $\alpha=9$, $\beta=12$이므로 α, β는 모두 정수이다.

또한, $a=-1$이면 $\alpha=-\dfrac{3}{2}$, $\beta=\dfrac{3}{2}$이므로 각각 정수가 아닌 실수이다.

$\therefore\ a=-1$

(i), (ii)에서 실수 a의 값은 4, 3, -1이므로 그 합은

$4+3+(-1)=6$

III. 경우의 수

10 경우의 수와 순열

기본 문제   본문 080~081쪽

351 ②	**352** ②	**353** ③	**354** ④
355 ②	**356** ②	**357** ④	**358** ④

351 경우의 수

두 주사위에서 나오는 눈의 수를 순서쌍으로 나타내면

(i) 두 눈의 수의 합이 5인 경우의 수

$(1,\ 4)$, $(2,\ 3)$, $(3,\ 2)$, $(4,\ 1)$의 4

(ii) 두 눈의 수의 합이 10인 경우의 수

$(4,\ 6)$, $(5,\ 5)$, $(6,\ 4)$의 3

(i), (ii)에서

$4+3=7$

352 부등식의 해의 개수

(i) $y=1$인 경우

$x+2y\leq6$에서 $x\leq4$이므로 순서쌍 $(x,\ y)$의 개수는

$(1,\ 1)$, $(2,\ 1)$, $(3,\ 1)$, $(4,\ 1)$의 4

(ii) $y=2$인 경우

$x+2y\leq6$에서 $x\leq2$이므로 순서쌍 $(x,\ y)$의 개수는

$(1,\ 2)$, $(2,\ 2)$의 2

(i), (ii)에서

$4+2=6$

353 항의 개수

$(a+b+c)(s-t)$를 전개할 때 생기는 항의 개수는

$3\times2=6$

$(p+q)(v+w)$를 전개할 때 생기는 항의 개수는

$2\times2=4$

이때 사용한 문자가 모두 다르므로 동류항이 존재하지 않는다.

따라서 구하는 항의 개수는

$6+4=10$

> **플러스 강의**
>
> $(x_1+x_2+\cdots+x_a)(y_1+y_2+\cdots+y_b)(z_1+z_2+\cdots+z_c)$를 전개할 때 생기는 항의 개수는
>
> $a\times b\times c$

354 도로망에서의 경우의 수

(i) A $\longrightarrow$ C로 가는 경우의 수

3

(ii) A $\longrightarrow$ B $\longrightarrow$ C로 가는 경우의 수

　지점 A에서 지점 B로 가는 경우의 수는

　4

　지점 B에서 지점 C로 가는 경우의 수는

　2

　즉, 조건을 만족시키는 경우의 수는

　$4 \times 2 = 8$

(i), (ii)에서

$3 + 8 = 11$

355　$_n\mathrm{P}_r$의 계산

$2 \times {}_{n+1}\mathrm{P}_2 - {}_n\mathrm{P}_2 = 18$에서

$2(n+1)n - n(n-1) = 18$

$2n^2 + 2n - (n^2 - n) = 18$

$n^2 + 3n - 18 = 0,\ (n+6)(n-3) = 0$

$\therefore n = 3\ (\because n$은 자연수$)$

356　이웃하는 순열의 수

영표, 상백, 민수가 모두 이웃해야 하므로 이 세 사람을 한 사람으로 생각하여 4명을 일렬로 세우는 방법의 수는

$4! = 24$

이때 영표, 상백, 민수가 서로 자리를 바꾸는 방법의 수는

$3! = 6$

따라서 구하는 방법의 수는

$24 \times 6 = 144$

357　자리에 대한 조건이 있는 순열의 수

지환이와 해민이가 양 끝에 서는 방법의 수는

$2! = 2$

지환이와 해민이를 제외한 나머지 5명의 학생을 일렬로 세우는 방법의 수는

$5! = 120$

따라서 구하는 방법의 수는

$2 \times 120 = 240$

358　자연수의 개수

백의 자리에 올 수 있는 숫자의 개수는 0을 제외한 1, 2, 3, 4의

4

십의 자리와 일의 자리에는 백의 자리에 놓은 숫자를 제외한 4개의 숫자 중에서 2개를 택하여 일렬로 배열하면 되므로

$_4\mathrm{P}_2 = 4 \times 3 = 12$

따라서 구하는 세 자리의 자연수의 개수는

$4 \times 12 = 48$

359 ⑤	**360** 5	**361** ④	**362** ④
363 ①	**364** ②	**365** ①	**366** ③
367 ⑤	**368** ③	**369** ④	**370** ④
371 ①	**372** ③	**373** ①	**374** ⑤
375 ②	**376** ⑤	**377** ②	**378** ⑤
379 840	**380** 141	**381** 10	**382** 42

359　경우의 수

(i) 약수의 개수가 1인 경우

　약수의 개수가 1인 수는 1이므로 그 경우의 수는

　$(1, 1)$의 1

(ii) 약수의 개수가 2인 경우

　약수의 개수가 2인 수는 소수이므로 그 경우의 수는

　$(1, 2), (1, 3), (1, 5), (2, 1), (3, 1), (5, 1)$의 6

(i), (ii)에서

$1 + 6 = 7$

360　약수의 개수

$2^3 \times 3^a \times 11^2$의 약수의 개수는

$(3+1) \times (a+1) \times (2+1) = 12(a+1)$

즉, $12(a+1) = 72$에서

$a + 1 = 6$

$\therefore a = 5$

플러스 강의

약수의 개수와 약수의 총합

자연수 N이 $N = x^a y^b z^c$ (x, y, z는 서로 다른 소수, a, b, c는 자연수) 꼴로 소인수분해될 때

(1) N의 약수의 개수: $(a+1)(b+1)(c+1)$

(2) N의 약수의 총합:

　$(1 + x + x^2 + \cdots + x^a)(1 + y + y^2 + \cdots + y^b)(1 + z + z^2 + \cdots + z^c)$

361　도로망에서의 경우의 수

(i) A → B → C로 가는 경우의 수

　$2 \times 2 = 4$

(ii) A → D → C로 가는 경우의 수

　$1 \times 3 = 3$

(iii) A → B → D → C로 가는 경우의 수

　$2 \times 2 \times 3 = 12$

(iv) A → D → B → C로 가는 경우의 수

　$1 \times 2 \times 2 = 4$

(i)~(iv)에서

$4 + 3 + 12 + 4 = 23$

362 색칠하는 방법의 수

영역 B에 칠할 수 있는 색의 개수는 4

영역 A에 칠할 수 있는 색의 개수는 영역 B에 칠한 색을 제외한 3

영역 C에 칠할 수 있는 색의 개수는 영역 A와 영역 B에 칠한 색을 제외한 2

영역 D에 칠할 수 있는 색의 개수는 영역 B와 영역 C에 칠한 색을 제외한 2

따라서 구하는 방법의 수는

$4 \times 3 \times 2 \times 2 = 48$

363 수형도를 이용하는 경우의 수

네 학생 A, B, C, D의 시험지를 차례대로 a, b, c, d라 하자.
학생 A가 학생 B의 답안지를 채점할 때의 경우를 수형도로 나타내면 오른쪽 그림과 같이 3가지 경우이다.

$$\begin{array}{c} A \quad B \quad C \quad D \\ a - d - c \\ b \left< \begin{array}{l} c - d - a \\ d - a - c \end{array} \right. \end{array}$$

같은 방법으로 학생 A가 학생 C 또는 학생 D의 답안지를 채점하는 경우의 수도 각각 3이다.

따라서 구하는 경우의 수는

$3 \times 3 = 9$

364 순열의 수

a와 b를 제외한 5개의 문자 중에서 2개의 문자를 택하여 a와 b 사이에 나열하는 방법의 수는

$_5P_2 = 5 \times 4 = 20$

a, b와 그 사이에 나열한 2개의 문자를 한 문자로 생각하고 나머지 3개의 문자와 함께 4개의 문자를 일렬로 나열하는 방법의 수는

$4! = 24$

이때 a와 b가 서로 자리를 바꾸는 방법의 수는

$2! = 2$

따라서 구하는 방법의 수는

$20 \times 24 \times 2 = 960$

365 순열의 수

동주의 양옆에 두 명의 선생님이 앉아야 하므로 동주는 앞에서부터 두 번째 줄 또는 세 번째 줄의 가운데에 앉아야 한다.

(ⅰ) 동주가 두 번째 줄의 가운데에 앉는 경우

동주의 양옆에 선생님 2명이 앉는 경우의 수는

$2! = 2$

남은 5개의 자리에 동주를 제외한 5명의 학생이 앉는 경우의 수는

$5! = 120$

즉, 조건을 만족시키는 경우의 수는

$2 \times 120 = 240$

(ⅱ) 동주가 세 번째 줄의 가운데에 앉는 경우

(ⅰ)과 같은 방법으로 240

(ⅰ), (ⅱ)에서

$240 + 240 = 480$

366 이웃하는 순열의 수

9개의 문자에서 자음은 m, g, s, t, d, y의 6개, 모음은 e, a, u의 3개이다.

모음끼리 이웃해야 하므로 3개의 문자를 일렬로 나열하는 경우의 수는

$3! = 6$

모음을 한 문자로 생각하여 7개의 문자를 일렬로 나열하는 경우의 수는 7!

따라서 구하는 경우의 수는

$6 \times 7!$

367 자리에 대한 조건이 있는 순열의 수

여학생 2명을 뽑아 세우는 경우의 수는

$_5P_2 = 5 \times 4 = 20$

양 끝에 남학생 2명을 뽑아 세우는 경우의 수는

$_4P_2 = 4 \times 3 = 12$

따라서 구하는 경우의 수는

$20 \times 12 = 240$

368 자리에 대한 조건이 있는 순열의 수

5장의 숫자 카드 중 4장을 짝수 번째 자리에 놓는 방법의 수는

$_5P_4 = 5 \times 4 \times 3 \times 2 = 120$

남은 숫자 카드 1장과 3장의 문자 카드를 홀수 번째 자리에 놓는 방법의 수는

$4! = 24$

따라서 구하는 방법의 수는

$120 \times 24 = 2880$

369 자리에 대한 조건이 있는 순열의 수

소설책 10권을 일렬로 배열하는 경우의 수는

10!

이때 소설책끼리 서로 이웃한 책의 수가 항상 짝수가 되어야 하므로 다음 그림과 같이 소설책을 2권씩 묶은 후 묶음의 사이사이 및 양 끝의 6개의 자리 중 2개의 자리에 만화책 2권을 배열하면 된다.

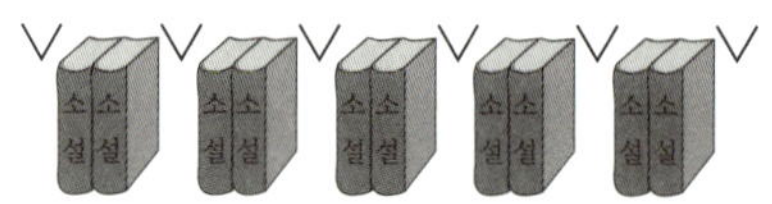

즉, 만화책 2권을 배열하는 경우의 수는

$_6P_2 = 6 \times 5 = 30$

따라서 구하는 경우의 수는

$30 \times 10!$

370 '적어도'의 조건이 있는 순열의 수

6명의 학생을 일렬로 세우는 방법의 수는

$6! = 720$

A와 E가 양쪽 끝에 오지 않는 방법의 수는 A와 E를 제외한 나머지 4명 중에서 두 명이 양쪽 끝에 오고, 이 두 명을 제외한 4명이 나머지 자리에 오는 방법의 수와 같으므로

$_4\mathrm{P}_2 \times 4! = 4 \times 3 \times 24 = 288$

따라서 구하는 방법의 수는

$720 - 288 = 432$

✔ 다른 풀이

A가 양쪽 끝에 오는 방법의 수는

$2 \times 5! = 2 \times 120 = 240$

E가 양쪽 끝에 오는 방법의 수는

$2 \times 5! = 2 \times 120 = 240$

A와 E가 모두 양쪽 끝에 오는 방법의 수는

$2 \times 4! = 2 \times 24 = 48$

따라서 구하는 방법의 수는

$240 + 240 - 48 = 432$

371 '적어도'의 조건이 있는 순열의 수

5개의 문자 a, b, c, d, e를 일렬로 나열하는 방법의 수는

$5! = 120$

3개의 문자 a, b, c 중에서 어느 2개의 문자도 이웃하지 않게 나열하는 방법의 수는 먼저 a, b, c를 나열하고 그 사이사이에 나머지 문자 d, e를 나열하는 방법의 수와 같으므로

$3! \times 2! = 6 \times 2 = 12$

따라서 구하는 방법의 수는

$120 - 12 = 108$

372 자연수의 개수

두 자리의 자연수 중 각각 자리의 숫자의 합이 짝수가 되려면 각 자리의 숫자가 모두 홀수이거나 짝수이어야 한다.

각 자리의 숫자가 홀수인 자연수의 개수는

$_4\mathrm{P}_2 = 4 \times 3 = 12$

각 자리의 숫자가 짝수인 자연수의 개수는

$_3\mathrm{P}_2 = 3 \times 2 = 6$

따라서 구하는 자연수의 개수는

$12 + 6 = 18$

373 자연수의 개수

세 자리의 자연수 중 각 자리에 사용되는 숫자가 서로 다른 홀수이면서 각 자리의 숫자의 합이 15가 되는 경우를 순서쌍으로 나타

내면

$(1, 5, 9), (3, 5, 7)$

이 각각에 대하여 세 자리의 자연수의 개수는

$3! = 6$

따라서 구하는 자연수의 개수는

$6 \times 2 = 12$

374 자연수의 개수

최고 자리 수와 일의 자리 수의 곱이 홀수가 되려면 두 수 모두 홀수이어야 한다.

즉, 최고 자리와 일의 자리에는 4개의 홀수 1, 3, 5, 7 중에서 2개를 택하여 놓으면 되므로

$_4\mathrm{P}_2 = 4 \times 3 = 12$

남은 다섯 자리에는 최고 자리와 일의 자리에 놓은 2개의 숫자를 제외한 5개의 숫자를 일렬로 배열하면 되므로

$5! = 120$

따라서 구하는 자연수의 개수는

$12 \times 120 = 1440$

375 자연수의 개수

네 자리의 자연수가 3의 배수가 되려면 각 자리의 숫자의 합이 3의 배수이어야 한다.

즉, 네 자리의 자연수는 0, 1, 2, 3 또는 0, 2, 3, 4로 이루어져야 한다.

(ⅰ) 0, 1, 2, 3으로 이루어진 네 자리의 자연수의 개수

천의 자리에는 0이 올 수 없으므로

$3 \times 3! = 3 \times 6 = 18$

(ⅱ) 0, 2, 3, 4로 이루어진 네 자리의 자연수의 개수

(ⅰ)과 같은 방법으로 18

(ⅰ), (ⅱ)에서

$18 + 18 = 36$

⊕ 플러스 강의

배수 판정법

(1) 2의 배수: 일의 자리 숫자가 0 또는 2 또는 4 또는 6 또는 8

(2) 3의 배수: 각 자리 숫자의 합이 3의 배수

(3) 4의 배수: 끝의 두 자리 수가 4의 배수 또는 00

(4) 5의 배수: 일의 자리 숫자가 0 또는 5

(5) 6의 배수: (1)과 (2)를 동시에 만족시키는 수

376 사전식으로 배열하는 순열의 수

1○○○○ 꼴의 자연수의 개수는 $4! = 24$

2○○○○ 꼴의 자연수의 개수는 $4! = 24$

30○○○ 꼴의 자연수의 개수는 $3! = 6$

31○○○ 꼴의 자연수의 개수는 $3! = 6$

따라서 10234부터 31420까지의 자연수의 개수는

$24+24+6+6=60$

이므로 63번째 오는 수는

32014, 32041, 32104, …에서 32104이다.

377 색칠하는 방법의 수

Step❶ 두 영역 B, D에 같은 색을 칠하는 방법의 수 구하기

(i) 두 영역 B, D에 같은 색을 칠하는 경우

영역 A에 칠할 수 있는 색의 개수는 5

영역 B에 칠할 수 있는 색의 개수는 영역 A에 칠한 색을 제외한 4

영역 D에 칠할 수 있는 색의 개수는 영역 B에 칠한 색 1

영역 C에 칠할 수 있는 색은 두 영역 A, B에 칠한 색을 제외한 3

영역 E에 칠할 수 있는 색은 두 영역 A, B에 칠한 색을 제외한 3

즉, 이 경우의 방법의 수는

$5\times4\times1\times3\times3=180$

Step❷ 두 영역 B, D에 다른 색을 칠하는 방법의 수 구하기

(ii) 두 영역 B, D에 다른 색을 칠하는 경우

영역 A에 칠할 수 있는 색의 개수는 5

영역 B에 칠할 수 있는 색의 개수는 영역 A에 칠한 색을 제외한 4

영역 D에 칠할 수 있는 색의 개수는 두 영역 A, B에 칠한 색을 제외한 3

영역 C에 칠할 수 있는 색은 세 영역 A, B, D에 칠한 색을 제외한 2

영역 E에 칠할 수 있는 색은 세 영역 A, B, D에 칠한 색을 제외한 2

즉, 이 경우의 방법의 수는

$5\times4\times3\times2\times2=240$

Step❸ 색을 칠하는 방법의 수 구하기

(i), (ii)에서

$180+240=420$

378 순열의 수

Step❶ 세 지역의 여행 순서를 정하는 방법의 수 구하기

안동, 경주, 부산 세 지역의 여행 순서를 정하는 방법의 수는

$3!=6$

Step❷ 세 지역에서 숙박을 하는 방법의 수 구하기

세 지역에서 적어도 1박을 해야 하므로 6박 중 남은 3박을 세 지역에 배치하면 된다.

(i) 3박을 모두 한 지역에서 하는 경우의 수

세 지역 중에서 한 지역을 택하면 되므로

3

(ii) 3박을 (2박, 1박, 0박)으로 하는 경우의 수

세 지역을 일렬로 나열하는 경우의 수와 같으므로

$3!=6$

(iii) 3박을 (1박, 1박, 1박)으로 하는 경우의 수

세 지역에서 각각 1박씩 하면 되므로 1

(i), (ii), (iii)에서 남은 3박을 하는 방법의 수는

$3+6+1=10$

Step❸ 건우가 계획할 수 있는 여행 일정의 수 구하기

건우가 계획할 수 있는 여행 일정의 수는

$6\times10=60$

379 이웃하지 않는 순열의 수

Step❶ 주어진 조건의 의미 알기

구하는 경우의 수는 3층부터 12층까지 10개의 층에서 조건 (나)를 만족시키면서 내리는 경우의 수이다.

Step❷ 주어진 조건을 만족시키는 경우의 수 구하기

3층부터 12층까지 한 층에서 1명씩만 내리므로 아무도 내리지 않는 층은 6개 층이다.

즉, 구하는 경우의 수는 다음 그림과 같이 6개 층 사이사이 및 양 끝에 4명이 내릴 층을 나열하는 것과 같다.

$$\vee\bigcirc\vee\bigcirc\vee\bigcirc\vee\bigcirc\vee\bigcirc\vee\bigcirc\vee$$

$$\therefore {}_7P_4=7\times6\times5\times4=840$$

380 경우의 수

(i) 한식, 중식 요리와 음료를 주문하는 방법의 수

$4\times3\times3=36$ ⋯ ❶

(ii) 중식, 일식 요리와 음료를 주문하는 방법의 수

$3\times5\times3=45$ ⋯ ❷

(iii) 한식, 일식 요리와 음료를 주문하는 방법의 수

$4\times5\times3=60$ ⋯ ❸

(i), (ii), (iii)에서

$36+45+60=141$ ⋯ ❹

채점 기준	배점 비율
❶ 한식, 중식 요리와 음료를 주문하는 방법의 수 구하기	30%
❷ 중식, 일식 요리와 음료를 주문하는 방법의 수 구하기	30%
❸ 한식, 일식 요리와 음료를 주문하는 방법의 수 구하기	30%
❹ 주문할 수 있는 방법의 수 구하기	10%

381 자리에 대한 조건이 있는 순열의 수

남자 회원이 맨 앞과 맨 뒤에서 달리는 경우의 수는 맨 앞과 맨 뒤에 남자 회원을 나열하고, 그 사이에 남은 5명의 회원을 나열하는 경우의 수와 같으므로

$${}_4P_2\times5!=4\times3\times120=1440 \qquad \therefore a=1440$$ ⋯ ❶

남자 회원과 여자 회원이 교대로 달리는 경우의 수는 남자 회원을 나열한 후 그 사이사이에 여자 회원을 나열하는 경우의 수와 같으므로

$4! \times 3! = 24 \times 6 = 144$　　$\therefore b = 144$　　　　… ❷

$\therefore \dfrac{a}{b} = \dfrac{1440}{144} = 10$　　　　　　… ❸

채점 기준	배점 비율
❶ a의 값 구하기	40%
❷ b의 값 구하기	40%
❸ $\dfrac{a}{b}$의 값 구하기	20%

382 자리에 대한 조건이 있는 순열의 수

선생님은 맨 처음에 달려야 하고, 민재와 수빈이를 한 명으로 생각하여 4명이 달리는 방법의 수는

$4! = 24$

이때 민재와 수빈이가 서로 자리를 바꾸는 방법의 수는

$2! = 2$

즉, 조건 (가), (나)를 만족시키는 방법의 수는

$24 \times 2 = 48$　　　　　　　　　　… ❶

한편, 선생님 바로 뒤에 민재가 달리는 경우는

선생님 ― 민재 ― 수빈 ― ○ ― ○ ― ○

이고, 이 방법의 수는 $3! = 6$　　　　　… ❷

따라서 구하는 방법의 수는

$48 - 6 = 42$　　　　　　　　　　… ❸

채점 기준	배점 비율
❶ 조건 (가), (나)를 만족시키는 방법의 수 구하기	40%
❷ 조건 (다)의 반대의 경우를 만족시키는 방법의 수 구하기	40%
❸ 주어진 조건을 만족시키는 방법의 수 구하기	20%

▼ 교육청 기출문제
본문 086~087쪽

383 ⑤	**384** ⑤	**385** 20	**386** ③
387 18	**388** 36	**389** ①	**390** 576

383 자리에 대한 조건이 있는 순열의 수

선택률	①	②	③	④	⑤
	11%	3%	4%	4%	75%

두 학생 A, B가 앉는 줄을 선택하는 경우의 수는

2

두 학생 A, B가 같은 줄에 있는 3개의 좌석 중 2개의 좌석에 앉는 경우의 수는

$_3P_2 = 3 \times 2 = 6$

나머지 3명의 학생이 A, B가 앉은 줄의 맞은편에 있는 3개의 좌석에 앉는 경우의 수는

$3! = 6$

따라서 구하는 경우의 수는

$2 \times 6 \times 6 = 72$

384 이웃하지 않는 순열의 수

선택률	①	②	③	④	⑤
	4%	10%	6%	6%	74%

숫자 1, 3, 5가 적혀 있는 3장의 카드를 나열하는 경우의 수는

$3! = 6$

숫자 1, 3, 5가 적혀 있는 3장의 카드의 사이사이와 양 끝의 네 곳 중에서 두 곳을 선택하여 숫자 2, 4가 적혀 있는 카드를 나열하는 경우의 수는

$_4P_2 = 4 \times 3 = 12$

따라서 구하는 경우의 수는

$6 \times 12 = 72$

✏ 다른 풀이

5장의 카드를 일렬로 나열하는 경우의 수는

$5! = 120$

숫자 2, 4가 적혀 있는 카드를 한 묶음으로 생각하여 4장의 카드를 일렬로 나열하는 경우의 수는

$4! = 24$

이 각각에 대하여 숫자 2, 4가 적혀 있는 카드를 나열하는 경우의 수는

$2! = 2$

즉, 짝수가 적혀 있는 카드끼리 서로 이웃하도록 나열하는 경우의 수는

$24 \times 2 = 48$

따라서 짝수가 적혀 있는 카드끼리 서로 이웃하지 않도록 나열하는 경우의 수는

$120 - 48 = 72$

385 경우의 수

정답률	78%

(i) 꽃병 A에 장미 1송이를 꽂는 경우

　　꽃병 A에 장미 1송이를 꽂으면 꽃병 B에는 카네이션과 백합을 합하여 9송이를 꽂아야 한다.

　　꽃병 B에 꽂을 카네이션의 수와 백합의 수를 (카네이션의 수, 백합의 수)로 나타내면 그 경우의 수는

　　$(1, 8), (2, 7), (3, 6), (4, 5), (5, 4), (6, 3)$의 6

(ii) 꽃병 A에 카네이션 1송이를 꽂는 경우

　　꽃병 A에 카네이션 1송이를 꽂으면 꽃병 B에는 장미와 백합을 합하여 9송이를 꽂아야 한다.

꽃병 B에 꽂을 장미의 수와 백합의 수를
(장미의 수, 백합의 수)로 나타내면 그 경우의 수는
$(1, 8), (2, 7), (3, 6), (4, 5), (5, 4), (6, 3), (7, 2),$
$(8, 1)$의 8

(iii) 꽃병 A에 백합 1송이를 꽂는 경우

꽃병 A에 백합 1송이를 꽂으면 꽃병 B에는 장미와 카네이션을
합하여 9송이를 꽂아야 한다.

꽃병 B에 꽂을 장미의 수와 카네이션의 수를
(장미의 수, 카네이션의 수)로 나타내면 그 경우의 수는
$(3, 6), (4, 5), (5, 4), (6, 3), (7, 2), (8, 1)$의 6

(i), (ii), (iii)에서

$6+8+6=20$

386 색칠하는 방법의 수

선택률	①	②	③	④	⑤
	15%	6%	64%	9%	6%

1이 적힌 정사각형에 칠할 수 있는 색의 개수는 4

조건 (가)에 의하여 6이 적힌 정사각형에 칠할 수 있는 색의 개수는 1

조건 (나)에 의하여

2가 적힌 정사각형에 칠할 수 있는 색의 개수는 1이 적힌 정사각형에 칠한 색을 제외한 3

3이 적힌 정사각형에 칠할 수 있는 색의 개수는 2, 6이 적힌 정사각형에 칠한 색을 제외한 2

5가 적힌 정사각형에 칠할 수 있는 색의 개수는 2, 6이 적힌 정사각형에 칠한 색을 제외한 2

4가 적힌 정사각형에 칠할 수 있는 색의 개수는 1, 5가 적힌 정사각형에 칠한 색을 제외한 2

따라서 조건을 만족시키도록 6개의 정사각형에 색을 칠하는 경우의 수는

$4 \times 1 \times 3 \times 2 \times 2 \times 2 = 96$

387 수형도를 이용하는 경우의 수

정답률	40%

만의 자리 숫자와 일의 자리 숫자가 같은 다섯 자리 자연수는
$10\bigcirc\bigcirc1, 20\bigcirc\bigcirc2, 30\bigcirc\bigcirc3$ 꼴이다.

(i) $10\bigcirc\bigcirc1$ 꼴의 경우의 수

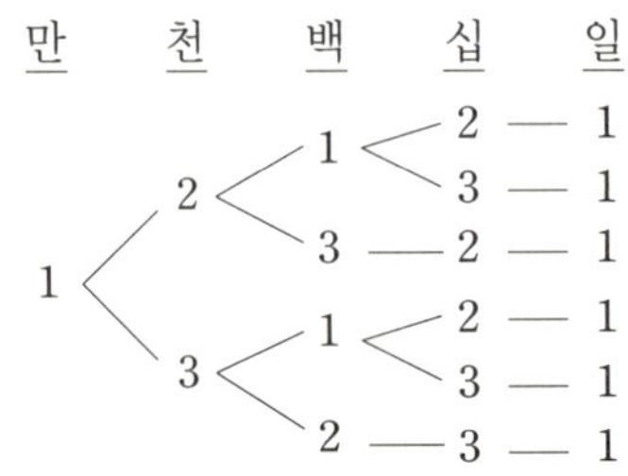

이므로 6

(ii) $20\bigcirc\bigcirc2$ 꼴의 경우의 수

(i)과 같은 방법으로 6

(iii) $30\bigcirc\bigcirc3$ 꼴의 경우의 수

(i)과 같은 방법으로 6

(i), (ii), (iii)에서

$6+6+6=18$

388 자리에 대한 조건이 있는 순열의 수

정답률	29%

(i) A, B가 2인용 소파에 앉는 경우

A, B가 2인용 소파에 앉는 방법의 수는
$2!=2$

C, D, E가 3인용 소파에 앉는 방법의 수는
$3!=6$

즉, 조건을 만족시키는 방법의 수는
$2 \times 6 = 12$

(ii) A, B가 3인용 소파에 앉는 경우

C, D, E 중에서 2명이 2인용 소파에 나누어 앉는 방법의 수는
$_3P_2 = 3 \times 2 = 6$

3인용 소파에 C, D, E 중 남은 한 명과 A, B가 이웃하여 앉는 방법의 수는
$2! \times 2! = 4$

즉, 조건을 만족시키는 방법의 수는
$6 \times 4 = 24$

(i), (ii)에서

$12+24=36$

389 이웃하지 않는 경우의 수

선택률	①	②	③	④	⑤
	33%	23%	10%	8%	26%

3개의 둥근 의자와 3개의 사각 의자를 각각 왼쪽부터 A, B, C, a, b, c라 하자.

$$Ⓐ\ \boxed{a}\ Ⓑ\ \boxed{b}\ Ⓒ\ \boxed{c}$$

(i) 2학년 학생이 a, b에 앉는 경우

2학년 학생이 의자를 선택하는 경우의 수는 $2!=2$

c에 한 명의 1학년 학생이 앉는 경우의 수는 2

이때 C에는 다른 1학년 학생이 앉지 못하므로 다른 1학년 학생이 앉는 경우의 수는 2

남은 두 의자에 3학년 학생이 앉는 경우의 수는 $2!=2$

즉, c에 1학년 학생이 앉는 경우의 수는 $2 \times 2 \times 2 = 8$

c에 3학년 학생이 앉는 경우도 마찬가지이므로 경우의 수는 8

즉, 이 경우의 수는
$2 \times (8+8) = 32$

(ii) 2학년 학생이 a, c에 앉는 경우

2학년 학생이 의자를 선택하는 경우의 수는 $2!=2$

b에 한 명의 1학년 학생이 앉는 경우의 수는 2

이때 다른 1학년 학생은 항상 A에 앉아야 하므로 이 경우의 수는 1

남은 두 의자에 3학년 학생이 앉는 경우의 수는 $2!=2$

즉, b에 1학년 학생이 앉는 경우의 수는 $2\times1\times2=4$

b에 3학년 학생이 앉는 경우도 마찬가지이므로 경우의 수는 4

즉, 이 경우의 수는

$2\times(4+4)=16$

(iii) 2학년 학생이 b, c에 앉는 경우

2학년 학생이 의자를 선택하는 경우의 수는 $2!=2$

a에 한 명의 1학년 학생이 앉는 경우의 수는 2

이때 다른 1학년 학생은 항상 C에 앉아야 하므로 이 경우의 수는 1

남은 두 의자에 3학년 학생이 앉는 경우의 수는 $2!=2$

즉, a에 1학년 학생이 앉는 경우의 수는 $2\times1\times2=4$

a에 3학년 학생이 앉는 경우도 마찬가지이므로 경우의 수는 4

즉, 이 경우의 수는

$2\times(4+4)=16$

(i), (ii), (iii)에서

$32+16+16=64$

✎ 다른 풀이

2학년 학생 2명이 사각 의자에 앉는 경우의 수는

$_3{\rm P}_2=3\times2=6$

나머지 4개의 의자에 1학년 학생 2명과 3학년 학생 2명이 앉는 경우의 수는

$4!=24$

한편, 1학년 학생이 서로 이웃하여 앉는 경우를 왼쪽부터 나타내면

③-②-③-②-①-①, ③-②-①-①-③-②,
③-②-③-①-①-②, ①-①-③-②-③-②,
③-①-①-②-③-②

이 경우의 수는 5이고 각각의 경우 1, 2, 3학년 학생들이 앉는 경우의 수는

$_2{\rm P}_2\times{_2{\rm P}_2}\times{_2{\rm P}_2}=2\times2\times2=8$

즉, 1학년 학생이 서로 이웃하여 앉는 경우의 수는

$5\times8=40$

같은 방법으로 3학년이 서로 이웃하여 앉는 경우의 수는 40

따라서 두 조건 (가), (나)를 모두 만족시키도록 6개의 의자에 앉는 경우의 수는

$6\times24-(40+40)=64$

이때 A와 B가 서로 자리를 바꿀 수 있으므로 A와 B가 앉는 경우의 수는

$3\times2!=6$

조건 (나)에서 C와 D는 같은 2인용 의자에 이웃하여 앉지 않으므로 C와 D가 앉는 경우의 수는 전체 경우의 수에서 C와 D가 이웃하여 앉는 경우의 수를 제외하여 구할 수 있다.

남은 5개의 좌석에 C와 D가 앉는 전체 경우의 수는

$_5{\rm P}_2=5\times4=20$

남은 2인용 의자는 A와 B가 앉은 의자와 마부가 앉은 의자를 제외한 2개이고 C와 D가 서로 자리를 바꿀 수 있으므로 C와 D가 이웃하여 앉는 경우의 수는

$2\times2!=4$

즉, C와 D가 이웃하여 앉지 않는 경우의 수는

$20-4=16$

나머지 E, F, G는 남은 3개의 좌석에 앉으면 되므로 이 경우의 수는

$3!=6$

따라서 구하는 경우의 수는

$6\times16\times6=576$

✎ 다른 풀이

A와 B는 마부가 앉은 2인용 의자를 제외한 3개의 2인용 의자에 앉을 수 있고, A와 B가 서로 자리를 바꿀 수 있으므로 A와 B가 앉는 경우의 수는

$3\times2!=6$

C가 마부의 옆 좌석에 앉으면 D는 나머지 4개의 좌석 중 하나에 앉을 수 있고, C가 마부의 옆 좌석이 아닌 4개의 좌석 중 하나에 앉으면 D는 C의 옆 좌석을 제외한 3개의 좌석 중 하나에 앉을 수 있으므로 C와 D가 앉는 경우의 수는

$1\times4+4\times3=16$

나머지 E, F, G는 남은 3개의 좌석에 앉으면 되므로 이 경우의 수는

$3!=6$

따라서 구하는 경우의 수는

$6\times16\times6=576$

390   자리에 대한 조건이 있는 순열의 수

정답률	16%

조건 (가)에서 A와 B는 같은 2인용 의자에 이웃하여 앉으므로 A와 B가 앉을 수 있는 2인용 의자는 마부가 앉은 2인용 의자를 제외한 3개이다.

11 조합

본문 088~089쪽

391 ①	392 ④	393 ③	394 ⑤
395 ④	396 ①	397 ①	398 ③

391 $_nC_r$의 계산

$2(_{n+1}C_3 - {_nC_2}) = n-1$에서

$2\left\{\dfrac{(n+1)n(n-1)}{3\times2\times1} - \dfrac{n(n-1)}{2\times1}\right\} = n-1$

$(n+1)n(n-1) - 3n(n-1) = 3n-3$

$(n^3-n) - (3n^2-3n) = 3n-3$

$n^3 - 3n^2 - n + 3 = 0$

$(n+1)(n-1)(n-3) = 0$

$\therefore n=3 \ (\because n \geq 2)$

392 조합의 수

구하는 총 경기 수는 서로 다른 8개 팀 중에서 경기를 할 2개 팀을 뽑는 경우의 수와 같으므로

$_8C_2 = \dfrac{8\times7}{2\times1} = 28$

393 조합의 수

남학생 4명 중에서 대표 2명을 뽑는 방법의 수는

$_4C_2 = \dfrac{4\times3}{2\times1} = 6$

여학생 5명 중에서 대표 1명을 뽑는 방법의 수는

$_5C_1 = 5$

따라서 구하는 방법의 수는

$6\times5 = 30$

394 자연수의 개수

구하는 세 자리의 자연수의 개수는 1부터 9까지의 9개의 수 중에서 3개를 택하여 작은 수부터 차례로 a, b, c의 값으로 정하면 되므로

$_9C_3 = \dfrac{9\times8\times7}{3\times2\times1} = 84$

395 도형의 개수

원 위에 있는 점 6개에서 두 점을 연결하여 만들 수 있는 서로 다른 직선의 개수는

$_6C_2 = \dfrac{6\times5}{2\times1} = 15$

세 점을 연결하여 만들 수 있는 서로 다른 삼각형의 개수는

$_6C_3 = \dfrac{6\times5\times4}{3\times2\times1} = 20$

따라서 구하는 경우의 수는

$15+20 = 35$

396 묶음으로 나누는 방법의 수

8명의 학생을 4명, 4명의 두 조로 나누는 방법의 수는

$_8C_4 \times {_4C_4} \times \dfrac{1}{2!} = \dfrac{8\times7\times6\times5}{4\times3\times2\times1} \times 1 \times \dfrac{1}{2} = 35$

397 묶음으로 나누는 방법의 수

구하는 방법의 수는 9명의 학생을 4명, 3명, 2명의 세 조로 나누는 방법의 수와 같으므로

$_9C_4 \times {_5C_3} \times {_2C_2} = {_9C_4} \times {_5C_2} \times {_2C_2}$

$\qquad = \dfrac{9\times8\times7\times6}{4\times3\times2\times1} \times \dfrac{5\times4}{2\times1} \times 1 = 1260$

398 묶음으로 나누어 주는 방법의 수

서로 다른 연필 6자루를 2자루, 2자루, 2자루의 3묶음으로 나누는 방법의 수는

$_6C_2 \times {_4C_2} \times {_2C_2} \times \dfrac{1}{3!} = \dfrac{6\times5}{2\times1} \times \dfrac{4\times3}{2\times1} \times 1 \times \dfrac{1}{6} = 15$

나눈 3묶음을 세 필통 A, B, C에 나누어 담는 방법의 수는

$3! = 6$

따라서 구하는 방법의 수는

$15\times6 = 90$

본문 090~093쪽

399 ⑤	400 ②	401 ①	402 ①
403 ①	404 ③	405 ②	406 ④
407 ④	408 ③	409 ③	410 ②
411 ③	412 ②	413 ④	414 ⑤
415 ②	416 ④	417 ②	418 ④
419 16	420 57	421 2940	422 34

399 조합의 수

각 상자에 공을 2개 이상 넣지 않으므로 상자에는 공이 1개 들어 있거나 비어 있다.

따라서 구하는 경우의 수는 서로 다른 8개의 상자 중에서 공이 들어갈 상자 4개를 택하면 되므로

$_8C_4 = \dfrac{8\times7\times6\times5}{4\times3\times2\times1} = 70$

400 조합의 수

(ⅰ) 3명 모두 A형인 경우의 수

$$_7C_3=\frac{7\times6\times5}{3\times2\times1}=35$$

(ⅱ) 3명 모두 B형인 경우의 수

$$_4C_3=_4C_1=4$$

(ⅲ) 3명 모두 AB형인 경우의 수

$$_3C_3=1$$

(ⅳ) 3명 모두 O형인 경우의 수

$$_6C_3=\frac{6\times5\times4}{3\times2\times1}=20$$

(ⅰ)~(ⅳ)에서 $35+4+1+20=60$

401 조합의 수

5일 중 피아노를 칠 3일을 택하는 경우의 수는

$$_5C_3=_5C_2=\frac{5\times4}{2\times1}=10$$

나머지 이틀 중 하루를 택하여 수영, 조깅 중 한 가지를 하는 경우의 수는

$$_2C_1\times_2C_1=2\times2=4$$

나머지 하루에 요리, 독서, 영화감상 중 한 가지를 하는 경우의 수는

$$_3C_1=3$$

따라서 구하는 계획의 가짓수는

$$10\times4\times3=120$$

402 조합의 수

두 마네킹에 모자를 착용시키는 방법의 수는

$$_3C_2=_3C_1=3$$

이때 두 마네킹은 서로 다른 모자를 착용하였으므로 서로 다른 마네킹이 된다.

이 두 마네킹에 상의 및 하의를 착용시키는 방법의 수는

$$_5P_2\times_4P_2=(5\times4)\times(4\times3)=240$$

따라서 구하는 방법의 수는

$$3\times240=720$$

403 특정한 것을 포함하거나 포함하지 않는 조합의 수

흰 공과 검은 공을 각각 1개씩 먼저 꺼냈다고 생각하면 구하는 경우의 수는 남은 공 10개에서 5개의 공을 꺼내는 경우의 수와 같으므로

$$_{10}C_5=\frac{10\times9\times8\times7\times6}{5\times4\times3\times2\times1}=252$$

404 특정한 것을 포함하거나 포함하지 않는 조합의 수

세훈이를 포함하여 n명의 친구들이 모여 있다고 하면 n명 중에서 세훈이를 포함하여 4명을 택하는 경우의 수가 20이므로 세훈이를 제외한 $(n-1)$명 중에서 3명을 택하는 경우의 수도 20이다.

즉, $_{n-1}C_3=20$에서

$$\frac{(n-1)(n-2)(n-3)}{3\times2\times1}=20$$

$$(n-1)(n-2)(n-3)=120$$

$$n^3-6n^2+11n-6=120$$

$$n^3-6n^2+11n-126=0$$

$$(n-7)(n^2+n+18)=0$$

$$\therefore\ n=7$$

✎ 다른 풀이

$$(n-1)(n-2)(n-3)=120$$
$$=6\times5\times4$$

$$\therefore\ n=7$$

405 '적어도'의 조건이 있는 조합의 수

10명 중에서 4명을 뽑는 방법의 수는

$$_{10}C_4=\frac{10\times9\times8\times7}{4\times3\times2\times1}=210$$

10명 중에서 A, B를 제외한 4명을 뽑는 방법의 수는 A와 B를 제외한 8명 중에서 4명을 뽑는 방법의 수와 같으므로

$$_8C_4=\frac{8\times7\times6\times5}{4\times3\times2\times1}=70$$

따라서 구하는 방법의 수는

$$210-70=140$$

406 '적어도'의 조건이 있는 조합의 수

적어도 남자 2명이 콜라를 마시는 경우는 다음 두 가지 경우가 있다.

(ⅰ) 남자 3명 중에서 2명이 콜라를 마시는 경우

남자 3명 중에서 콜라를 마시는 2명을 택하는 경우의 수는

$$_3C_2=_3C_1=3$$

이때 여자 4명 중에서 콜라를 마시는 2명을 택하는 경우의 수는

$$_4C_2=\frac{4\times3}{2\times1}=6$$

나머지 3명은 우유를 마시면 되므로 조건을 만족시키는 경우의 수는

$$3\times6=18$$

(ⅱ) 남자 3명 모두 콜라를 마시는 경우

여자 4명 중에서 1명은 콜라를 마시고 나머지 3명은 우유를 마시면 되므로 이 경우의 수는

$$_4C_1=4$$

(ⅰ), (ⅱ)에서 $18+4=22$

407 뽑아서 나열하는 경우의 수

1학년 8명 중에서 3명을 뽑는 경우의 수는

$$_8C_3$$

2학년 7명 중에서 2명을 뽑는 경우의 수는

$$_7C_2$$

뽑힌 5명을 월요일부터 금요일까지 청소 당번으로 정하는 경우의 수는

$5!$

따라서 구하는 방법의 수는

$$_8C_3 \times _7C_2 \times 5! = \frac{8 \times 7 \times 6}{3 \times 2 \times 1} \times \frac{7 \times 6}{2 \times 1} \times 5! = 28 \times 7!$$

408 뽑아서 나열하는 경우의 수

6개 학교 중에서 경품을 받을 3개 학교를 택하는 경우의 수는

$$_6C_3 = \frac{6 \times 5 \times 4}{3 \times 2 \times 1} = 20$$

이 세 학교에서 경품을 받을 학생 1명씩을 택하는 경우의 수는

$$_3C_1 \times _3C_1 \times _3C_1 = 3 \times 3 \times 3 = 27$$

이 세 학생이 컴퓨터, 자전거, 학용품을 받는 경우의 수는

$$3! = 6$$

따라서 구하는 경우의 수는

$$20 \times 27 \times 6 = 3240$$

409 도형의 개수

오른쪽 그림에서 7개의 직선 l_1, l_2, l_3, l_4, l_5, l_6, l_7 중 서로 다른 2개의 직선을 택하고 4개의 직선 m_1, m_2, m_3, m_4 중 서로 다른 2개의 직선을 택하면 사각형 1개가 만들어진다.

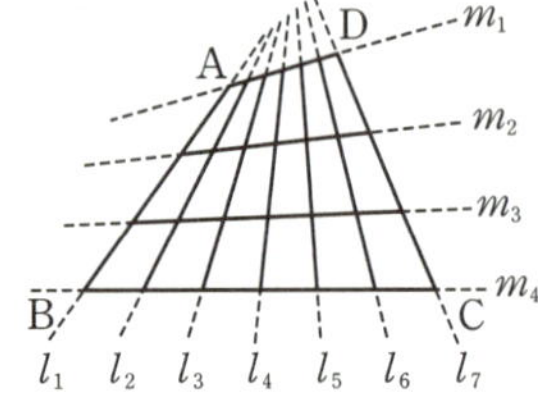

따라서 만들 수 있는 사각형의 개수는

$$_7C_2 \times _4C_2 = \frac{7 \times 6}{2 \times 1} \times \frac{4 \times 3}{2 \times 1}$$
$$= 21 \times 6 = 126$$

410 도형의 개수

서로 다른 두 점을 이으면 하나의 직선이 만들어지므로 12개의 점 중에서 2개를 택하는 방법의 수는

$$_{12}C_2 = \frac{12 \times 11}{2 \times 1} = 66$$

(i) 한 직선 위의 3개의 점 중에서 2개를 택하는 방법의 수

$$8 \times _3C_2 = 8 \times _3C_1 = 8 \times 3 = 24$$

(ii) 한 직선 위의 4개의 점 중에서 2개를 택하는 방법의 수

$$3 \times _4C_2 = 3 \times \frac{4 \times 3}{2 \times 1} = 18$$

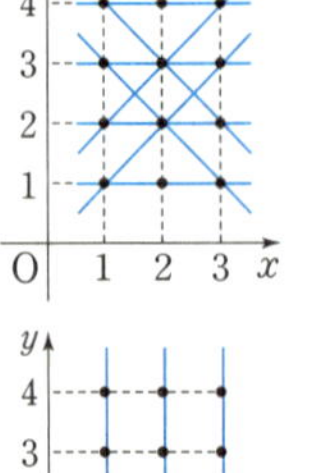

이때 (i), (ii)에서 만들 수 있는 직선은 각각 8개, 3개이므로 구하는 직선의 개수는

$$66 - 24 - 18 + 8 + 3 = 35$$

411 자연수의 개수

숫자 7을 놓을 두 자리를 택하는 경우의 수는

$$_5C_2 = \frac{5 \times 4}{2 \times 1} = 10$$

남은 세 자리에 7을 제외한 4개의 숫자 중에서 3개를 놓는 경우의 수는

$$_4P_3 = 4 \times 3 \times 2 = 24$$

따라서 구하는 비밀번호의 개수는

$$10 \times 24 = 240$$

412 자연수의 개수

1은 반드시 포함하고 7은 포함하지 않아야 하므로 1과 7을 제외한 5개의 자연수 중에서 3개를 택하는 방법의 수는

$$_5C_3 = _5C_2 = \frac{5 \times 4}{2 \times 1} = 10$$

위에서 택한 3개의 자연수와 1을 일렬로 나열하는 방법의 수는

$$4! = 24$$

따라서 구하는 자연수의 개수는

$$10 \times 24 = 240$$

413 묶음으로 나누는 방법의 수

초콜릿, 바나나, 딸기, 멜론의 4가지 맛을 제외한 서로 다른 6가지 맛의 아이스크림 중에서 서로 다른 3가지 맛의 아이스크림을 택하는 방법의 수는

$$_6C_3 = \frac{6 \times 5 \times 4}{3 \times 2 \times 1} = 20$$

이때 초콜릿, 바나나, 딸기, 멜론의 4가지 맛 아이스크림은 같은 컵에 담아야 하므로 7가지 맛의 아이스크림을 세 개의 컵에 나누어 담는 방법은 4가지, 2가지, 1가지 또는 5가지, 1가지, 1가지이다.

(i) 4가지, 2가지, 1가지로 담는 경우

초콜릿, 바나나, 딸기, 멜론의 4가지 맛을 제외한 나머지 3가지 맛의 아이스크림을 2가지, 1가지로 나누는 방법의 수와 같으므로

$$_3C_2 \times _1C_1 = _3C_1 \times _1C_1 = 3 \times 1 = 3$$

(ii) 5가지, 1가지, 1가지로 담는 경우

초콜릿, 바나나, 딸기, 멜론의 4가지 맛을 제외한 나머지 3가지 맛의 아이스크림 중에서 위의 4가지 맛과 함께 담을 1가지 맛을 택하는 방법의 수와 같으므로

$$_3C_1 = 3$$

(i), (ii)에서 7가지 맛의 아이스크림을 세 개의 컵에 나누어 담는 방법의 수는

$$3 + 3 = 6$$

따라서 구하는 방법의 수는

$$20 \times 6 = 120$$

414 묶음으로 나누어 주는 방법의 수

남학생 5명을 2명, 3명으로 나누는 경우의 수는
$$_5C_2 \times {}_3C_3 = \frac{5 \times 4}{2 \times 1} \times 1 = 10$$
여학생 7명을 3명, 4명으로 나누는 경우의 수는
$$_7C_3 \times {}_4C_4 = \frac{7 \times 6 \times 5}{3 \times 2 \times 1} \times 1 = 35$$
이 4개의 조를 1, 2, 3, 4호실에 배정하는 경우의 수는
$$4! = 24$$
따라서 구하는 경우의 수는
$$10 \times 35 \times 24 = 8400$$

415 묶음으로 나누어 주는 방법의 수

6명의 학생이 정원이 4명인 서로 다른 2대의 레일바이크에 나누어 타는 방법은 4명, 2명 또는 3명, 3명이다.

(i) 4명, 2명으로 나누어 타는 방법의 수

6명을 4명, 2명의 두 조로 나누는 방법의 수는
$$_6C_4 \times {}_2C_2 = {}_6C_2 \times {}_2C_2$$
$$= \frac{6 \times 5}{2 \times 1} \times 1 = 15$$
이 두 조가 서로 다른 2대의 레일바이크에 나누어 타는 방법의 수는
$$2! = 2$$
즉, 조건을 만족시키는 방법의 수는
$$15 \times 2 = 30$$

(ii) 3명, 3명으로 나누어 타는 방법의 수

6명을 3명, 3명의 두 조로 나누는 방법의 수는
$$_6C_3 \times {}_3C_3 \times \frac{1}{2!} = \frac{6 \times 5 \times 4}{3 \times 2 \times 1} \times 1 \times \frac{1}{2} = 10$$
이 두 조가 서로 다른 2대의 레일바이크에 나누어 타는 방법의 수는
$$2! = 2$$
즉, 조건을 만족시키는 방법의 수는
$$10 \times 2 = 20$$

(i), (ii)에서 $30 + 20 = 50$

416 대진표 작성하기

오른쪽 그림과 같이 그룹 A에 3팀, 그룹 B에 4팀으로 나누는 방법의 수는
$$_7C_3 \times {}_4C_4 = \frac{7 \times 6 \times 5}{3 \times 2 \times 1} \times 1 = 35$$
이때 그룹 A에서 부전승으로 올라갈 한 팀을 뽑는 방법의 수는
$$_3C_1 = 3$$
또한, 그룹 B의 4팀을 2팀, 2팀으로 나누는 방법의 수는
$$_4C_2 \times {}_2C_2 \times \frac{1}{2!} = \frac{4 \times 3}{2 \times 1} \times 1 \times \frac{1}{2} = 3$$
따라서 구하는 방법의 수는
$$35 \times 3 \times 3 = 315$$

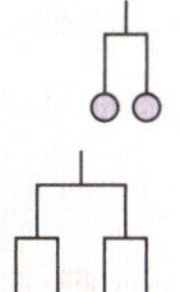

⊕ 플러스 강의

n명의 대진표를 작성할 때

(1) 그림과 같이 서로 맞붙는 2명을 정하는 방법의 수
   $$\Rightarrow {}_nC_2$$

(2) 그림과 같이 2명으로 이루어진 2개의 조가 있을 때의 방법의 수
   $$\Rightarrow {}_nC_2 \times {}_{n-2}C_2 \times \frac{1}{2!}$$

417 조합의 수

Step ❶ b의 값에 따른 순서쌍 (a, b)의 개수를 각각 구하기

$0 \leq 3b < 12 - a^2$에서 $b \geq 0$이므로

(i) $b = 0$인 경우

$0 \leq 3b < 12 - a^2$에서 $a^2 < 12$

즉, $a = 0$ 또는 $a = \pm 1$ 또는 $a = \pm 2$ 또는 $a = \pm 3$이므로

순서쌍 (a, b)의 개수는 7

(ii) $b = 1$인 경우

$0 \leq 3b < 12 - a^2$에서 $a^2 < 9$

즉, $a = 0$ 또는 $a = \pm 1$ 또는 $a = \pm 2$이므로

순서쌍 (a, b)의 개수는 5

(iii) $b = 2$인 경우

$0 \leq 3b < 12 - a^2$에서 $a^2 < 6$

즉, $a = 0$ 또는 $a = \pm 1$ 또는 $a = \pm 2$이므로

순서쌍 (a, b)의 개수는 5

(iv) $b = 3$인 경우

$0 \leq 3b < 12 - a^2$에서 $a^2 < 3$

즉, $a = 0$ 또는 $a = \pm 1$이므로

순서쌍 (a, b)의 개수는 3

(v) $b \geq 4$인 경우에는 $0 \leq 3b < 12 - a^2$을 만족시키는 순서쌍 (a, b)가 존재하지 않는다.

Step ❷ 조건을 만족시키는 경우의 수 구하기

(i)~(v)에서 y좌표가 같은 순서쌍의 개수가 각각 7, 5, 5, 3이므로 구하는 경우의 수는
$$_7C_2 + {}_5C_2 + {}_5C_2 + {}_3C_2 = \frac{7 \times 6}{2 \times 1} + \frac{5 \times 4}{2 \times 1} + \frac{5 \times 4}{2 \times 1} + \frac{3 \times 2}{2 \times 1} = 44$$

418 조합의 수

Step ❶ 조건 (가)를 만족시키는 경우의 수 구하기

조건 (가)에서 공을 택하기만 하면 그 공은 같은 수가 적힌 상자에 넣으면 된다.

즉, 4개의 공만 택하면 되므로

서로 다른 7개의 공에서 4개를 택하는 방법의 수는
$$_7C_4 = {}_7C_3 = \frac{7 \times 6 \times 5}{3 \times 2 \times 1} = 35$$

Step ❷ 조건 (나)를 만족시키는 경우의 수 구하기

조건 (나)에서 공을 택하면 그 공은 다른 수가 적힌 상자에 넣어야 한다.

즉, 조건 (가)에서 택한 공을 제외한 나머지 3개의 공은 모두 다른
수가 적힌 상자에 넣어야 한다.

예를 들어, 3개의 공에 적힌 수가 1, 2, 3인
경우를 수형도로 나타내면 오른쪽 그림과
같이 2가지이다.

① ② ③
$2 — 3 — 1$
$3 — 1 — 2$

Step ❸ 조건을 만족시키는 방법의 수 구하기
따라서 조건을 만족시키도록 상자에 공을 모두 넣는 방법의 수는
$35 \times 2 = 70$

---

419 묶음으로 나누어 주는 방법의 수

Step ❶ 댄스 경연대회 참가자 10명을 세 트레이너에게 배정하는 경우의 수 구하기
댄스 경연대회 참가자 10명을 3명, 3명, 4명의 세 팀으로 나누는
경우의 수는

$$_{10}C_3 \times {}_7C_3 \times {}_4C_4 \times \frac{1}{2!}$$

이 세 팀을 세 트레이너 A, B, C에게 임의로 배정하는 경우의 수는
$3!$

즉, 댄스 경연대회 참가자 10명을 세 트레이너에게 배정하는 경우
의 수는

$$_{10}C_3 \times {}_7C_3 \times {}_4C_4 \times \frac{1}{2!} \times 3!$$

Step ❷ 각 팀의 경연 순서를 정하는 경우의 수 구하기
각 팀의 경연 순서를 정하는 경우의 수는

(i) 3명으로 구성된 팀인 경우

　3명으로 구성된 팀은 두 팀이고, 각 팀의 3명이 경연 순서를
　정하는 경우의 수는 각각 $3!$이므로
　두 팀의 경연 순서를 정하는 경우의 수는
　$3! \times 3!$

(ii) 4명으로 구성된 팀인 경우

　4명을 1명, 1명, 2명의 세 팀으로 나누는 경우의 수는

$$_4C_1 \times {}_3C_1 \times {}_2C_2 \times \frac{1}{2!} = 4 \times 3 \times 1 \times \frac{1}{2} = 6$$

　이 세 팀의 경연 순서를 정하는 경우의 수는 $3! = 6$
　즉, 조건을 만족시키는 경우의 수는
　$6 \times 6 = 36$

(i), (ii)에서
$3! \times 3! \times 36$

Step ❸ 댄스 배틀을 하는 경우의 수를 $2^a \times 3^b \times 5^c \times 7^d$ 꼴로 나타내기
댄스 배틀을 하는 경우의 수는

$$\left({}_{10}C_3 \times {}_7C_3 \times {}_4C_4 \times \frac{1}{2!} \times 3! \right) \times (3! \times 3! \times 36)$$

$$= \frac{10 \times 9 \times 8}{3 \times 2 \times 1} \times \frac{7 \times 6 \times 5}{3 \times 2 \times 1} \times 1 \times \frac{1}{2} \times 6 \times 6 \times 6 \times 36$$

$$= 2^7 \times 3^6 \times 5^2 \times 7$$

Step ❹ $a+b+c+d$의 값 구하기
$a = 7$, $b = 6$, $c = 2$, $d = 1$이므로
$a+b+c+d = 7+6+2+1 = 16$

---

420 조합의 수

연필 5자루는 똑같으므로 연필을 주는 방법의 수는 주는 개수에
관계없이 항상 1이다.

즉, 색연필의 개수를 정하고, 남은 개수만큼 연필을 주면 된다.

··· ❶

(i) 색연필 0자루, 연필 4자루를 주는 방법의 수
　　$_6C_0 \times 1 = 1 \times 1 = 1$

(ii) 색연필 1자루, 연필 3자루를 주는 방법의 수
　　$_6C_1 \times 1 = 6 \times 1 = 6$

(iii) 색연필 2자루, 연필 2자루를 주는 방법의 수
　　$_6C_2 \times 1 = \frac{6 \times 5}{2 \times 1} \times 1 = 15$

(iv) 색연필 3자루, 연필 1자루를 주는 방법의 수
　　$_6C_3 \times 1 = \frac{6 \times 5 \times 4}{3 \times 2 \times 1} \times 1 = 20$

(v) 색연필 4자루, 연필 0자루를 주는 방법의 수
　　$_6C_4 \times 1 = {}_6C_2 \times 1 = \frac{6 \times 5}{2 \times 1} \times 1 = 15$

··· ❷

(i)~(v)에서
$1+6+15+20+15 = 57$

··· ❸

채점 기준	배점 비율
❶ 문제의 의미 파악하기	30%
❷ 색연필의 개수에 따른 방법의 수 구하기	60%
❸ 조건을 만족시키는 방법의 수 구하기	10%

---

421 묶음으로 나누어 주는 방법의 수

8명을 각 조가 2명 이상이 되도록 3개 조로 나누려면 2명, 2명, 4명
또는 2명, 3명, 3명으로 나누어야 한다.

(i) 2명, 2명, 4명으로 나누는 경우

　8명을 2명, 2명, 4명의 세 조로 나누는 방법의 수는

$$_8C_2 \times {}_6C_2 \times {}_4C_4 \times \frac{1}{2!} = \frac{8 \times 7}{2 \times 1} \times \frac{6 \times 5}{2 \times 1} \times 1 \times \frac{1}{2}$$
$$= 210$$

　이 세 조를 세 지역 A, B, C에 배치하는 방법의 수는
　$3! = 6$
　즉, 조건을 만족시키는 방법의 수는
　$210 \times 6 = 1260$

··· ❶

(ii) 2명, 3명, 3명으로 나누는 경우

　8명을 2명, 3명, 3명의 세 조로 나누는 방법의 수는

$$_8C_2 \times {}_6C_3 \times {}_3C_3 \times \frac{1}{2!} = \frac{8 \times 7}{2 \times 1} \times \frac{6 \times 5 \times 4}{3 \times 2 \times 1} \times 1 \times \frac{1}{2}$$
$$= 280$$

　이 세 조를 세 지역 A, B, C에 배치하는 방법의 수는
　$3! = 6$
　즉, 조건을 만족시키는 방법의 수는
　$280 \times 6 = 1680$

··· ❷

(i), (ii)에서
$1260 + 1680 = 2940$

··· ❸

채점 기준	배점 비율
❶ 각 조가 2명, 2명, 4명일 때의 방법의 수 구하기	45%
❷ 각 조가 2명, 3명, 3명일 때의 방법의 수 구하기	45%
❸ 조건을 만족시키는 방법의 수 구하기	10%

422 자연수의 개수

6000보다 크고 8500보다 작은 네 자리의 자연수가 되려면 $a=6$ 또는 $a=7$ 또는 $a=8$이다. … ❶

(i) $a=6$인 경우

$d<c<b<6$이므로 1부터 5까지의 자연수 중에서 3개를 택하여 큰 순서대로 b, c, d라 하면 되므로 이 경우의 수는

$$_5C_3={_5C_2}=\frac{5\times4}{2\times1}=10$$

(ii) $a=7$인 경우

$d<c<b<7$이므로 1부터 6까지의 자연수 중에서 3개를 택하여 큰 순서대로 b, c, d라 하면 되므로 이 경우의 수는

$$_6C_3=\frac{6\times5\times4}{3\times2\times1}=20$$

(iii) $a=8$인 경우

8500보다 작고 $d<c<b$이므로 $b=3$ 또는 $b=4$

$b=3$이면 $d<c<3$이므로 $c=2$, $d=1$의 1

$b=4$이면 $d<c<4$이므로 1부터 3까지의 자연수 중에서 2개를 택하여 큰 수를 c, 작은 수를 d라 하면 되므로 이 경우의 수는 $_3C_2={_3C_1}=3$ … ❷

(i), (ii), (iii)에서 조건을 만족시키는 자연수의 개수는

$10+20+(1+3)=34$ … ❸

채점 기준	배점 비율
❶ 조건을 만족시키는 a의 값 구하기	20%
❷ 각 경우에 대하여 b, c, d의 경우의 수 구하기	70%
❸ 조건을 만족시키는 자연수의 개수 구하기	10%

▼ 교육청 기출문제
본문 094~095쪽

423 ⑤	**424** ②	**425** ④	**426** 16
427 130	**428** 450	**429** 960	**430** 9

423 자연수의 개수

선택률	①	②	③	④	⑤
	7%	5%	8%	9%	68%

0끼리는 이웃하지 않아야 하고 아홉 자리의 자연수의 첫 번째 숫자는 0이 될 수 없으므로 1을 먼저 나열하면 다음과 같다.

1○1○1○1○1○1○

위와 같은 배열에서 6개의 ○에서 3개를 택하여 0을 넣으면 되므로 만들 수 있는 아홉 자리의 자연수의 개수는

$$_6C_3=\frac{6\times5\times4}{3\times2\times1}=20$$

424 조합의 수

선택률	①	②	③	④	⑤
	5%	82%	4%	5%	4%

5장의 카드에 적혀 있는 수의 합이 짝수이려면

홀수가 적혀 있는 카드 2장, 짝수가 적혀 있는 카드 3장

또는 홀수가 적혀 있는 카드 4장, 짝수가 적혀 있는 카드 1장

이어야 한다.

(i) 홀수가 적혀 있는 카드 2장, 짝수가 적혀 있는 카드 3장을 선택하는 경우

1, 3, 5, 7이 적혀 있는 카드 중 2장을 선택하고, 2, 4, 6, 8이 적혀 있는 카드 중 3장을 선택하는 경우이므로

$$_4C_2\times{_4C_3}={_4C_2}\times{_4C_1}$$
$$=\frac{4\times3}{2\times1}\times4=24$$

(ii) 홀수가 적혀 있는 카드 4장, 짝수가 적혀 있는 카드 1장을 선택하는 경우

1, 3, 5, 7이 적혀 있는 카드 중 4장을 선택하고, 2, 4, 6, 8이 적혀 있는 카드 중 1장을 선택하는 경우이므로

$$_4C_4\times{_4C_1}=1\times4=4$$

(i), (ii)에서

$24+4=28$

425 조합의 수

선택률	①	②	③	④	⑤
	4%	8%	3%	78%	5%

3개의 가로줄 중 2개의 가로줄을 선택하는 경우의 수는

$$_3C_2={_3C_1}=3$$

선택한 2개의 가로줄 중 하나의 가로줄에 있는 3개의 숫자에서 하나를 선택하는 경우의 수는

$$_3C_1=3$$

선택한 2개의 가로줄 중 남은 하나의 가로줄에 있는 3개의 숫자에서 먼저 선택한 숫자와 다른 세로줄에 있는 숫자 2개 중 하나를 선택하는 경우의 수는

$$_2C_1=2$$

따라서 조건을 만족시키도록 2개의 숫자를 선택하는 경우의 수는

$3\times3\times2=18$

✎ 다른 풀이

9개의 숫자 중 하나를 선택하는 경우의 수는

$$_9C_1=9$$

선택한 숫자와 같은 가로줄, 세로줄에 있는 4개의 숫자를 제외하고 남은 4개의 숫자 중 하나를 선택하는 경우의 수는

$$_4C_1=4$$

예를 들어 1을 선택하고 5를 선택한 경우와 5를 선택하고 1을 선택한 경우는 서로 같다.

따라서 조건을 만족시키도록 2개의 숫자를 선택하는 경우의 수는

$9\times4\times\dfrac{1}{2}=18$

426 조합의 수

정답률	34%

서로 다른 네 종류의 인형이 각각 2개씩 있으므로 이 8개의 인형 중에서 5개의 인형을 선택하려면 세 종류 이상의 인형을 선택해야 한다. 즉, 세 종류 또는 네 종류의 인형을 선택해야 한다.

(i) 세 종류의 인형을 선택하는 경우

서로 다른 네 종류의 인형 중에서 선택할 세 종류의 인형을 정하는 경우의 수는

$_4C_3 = {}_4C_1 = 4$

이 세 종류의 인형 중에서 5개의 인형을 선택하려면 각각 1개, 2개, 2개를 선택해야 한다. 이때 1개를 선택할 인형의 종류만 정하면 나머지 두 종류의 인형은 각각 2개씩 선택되므로 5개의 인형을 선택하는 경우의 수는

$_3C_1 = 3$

따라서 세 종류의 인형 중에서 5개의 인형을 선택하는 경우의 수는

$4 \times 3 = 12$

(ii) 네 종류의 인형을 선택하는 경우

서로 다른 네 종류의 인형 중에서 선택할 네 종류의 인형을 정하는 경우의 수는

$_4C_4 = 1$

이 네 종류의 인형 중에서 5개의 인형을 선택하려면 각각 1개, 1개, 1개, 2개를 선택해야 한다. 이때 2개를 선택할 인형의 종류만 정하면 나머지 세 종류의 인형은 각각 1개씩 선택되므로 5개의 인형을 선택하는 경우의 수는

$_4C_1 = 4$

따라서 네 종류의 인형 중에서 5개의 인형을 선택하는 경우의 수는

$1 \times 4 = 4$

(i), (ii)에서

$12 + 4 = 16$

427 조합의 수

정답률	36%

오른쪽 그림과 같이 정삼각형에 적힌 수를 a, 정사각형에 적힌 수를 각각 b, c, d라 하자.

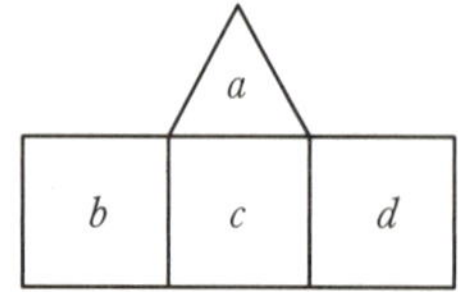

조건 (가)에 의하여 $a > b$, $a > c$, $a > d$

조건 (나)에 의하여 $b \neq c$, $c \neq d$

이때 b와 d는 변을 공유하고 있지 않으므로 $b = d$ 또는 $b \neq d$이다.

(i) $b = d$인 경우

$a > b = d$, $a > c$이고 $b \neq c$, $c \neq d$이므로 a, $b(=d)$, c는 서로 다른 3개의 수이다.

6개의 자연수 중에서 서로 다른 3개의 수를 택하는 경우의 수는

$_6C_3 = \dfrac{6 \times 5 \times 4}{3 \times 2 \times 1} = 20$

택한 3개의 수 중에서 가장 큰 수가 a이고, 나머지 2개의 수를 $b(=d)$, c로 정하는 경우의 수는

$1 \times 2! = 2$

따라서 $b = d$일 때 구하는 경우의 수는

$20 \times 2 = 40$

(ii) $b \neq d$인 경우

조건 (가), (나)에 의하여 a, b, c, d는 서로 다른 4개의 수이다.

6개의 자연수 중에서 서로 다른 4개의 수를 택하는 경우의 수는

$_6C_4 = {}_6C_2 = \dfrac{6 \times 5}{2 \times 1} = 15$

택한 4개의 수 중에서 가장 큰 수가 a이고, 나머지 3개의 수를 b, c, d로 정하는 경우의 수는

$1 \times 3! = 6$

따라서 $b \neq d$일 때 구하는 경우의 수는

$15 \times 6 = 90$

(i), (ii)에서

$40 + 90 = 130$

428 조합의 수

정답률	26%

조건 (나)에서 빨간색 공은 한 바구니에 2개 이상 넣을 수 없으므로 빨간색 공은 서로 다른 5개의 바구니 중 3개의 바구니에 각각 1개씩 넣어야 한다.

즉, 빨간색 공을 서로 다른 5개의 바구니에 넣는 경우의 수는

$_5C_3 = {}_5C_2 = \dfrac{5 \times 4}{2 \times 1} = 10$

한편, 조건 (가)에서 각 바구니에 공은 1개 이상 넣어야 하므로 서로 다른 5개의 바구니 중 빨간색 공을 넣지 않은 나머지 2개의 바구니에는 파란색 공을 무조건 1개씩 넣어야 한다.

또한, 조건 (가)에서 각 바구니에 공은 3개 이하로 넣어야 하므로 남은 4개의 파란색 공을 서로 다른 5개의 바구니에 최대 2개씩 더 넣을 수 있다.

(i) 파란색 공을 서로 다른 5개의 바구니 중 2개의 바구니에 2개, 2개 더 넣는 경우의 수

$_5C_2 = \dfrac{5 \times 4}{2 \times 1} = 10$

(ii) 파란색 공을 서로 다른 5개의 바구니 중 3개의 바구니에 2개, 1개, 1개 더 넣는 경우의 수

$_5C_3 \times {}_3C_1 = {}_5C_2 \times {}_3C_1$

$\qquad = \dfrac{5 \times 4}{2 \times 1} \times 3 = 30$

(iii) 파란색 공을 서로 다른 5개의 바구니 중 4개의 바구니에 1개, 1개, 1개, 1개 더 넣는 경우의 수

$_5C_4 = {}_5C_1 = 5$

(i), (ii), (iii)에서

$10 + 30 + 5 = 45$

따라서 주어진 조건을 만족시키는 경우의 수는

$10 \times 45 = 450$

정답률	19%

서로 다른 종류의 꽃 4송이와 같은 종류의 초콜릿 2개를 5명의 학생에게 아무것도 받지 못하는 학생이 없도록 나누어 주려면 한 학생은 꽃 또는 초콜릿을 합쳐서 2개를 받아야 한다.

즉, 한 학생은 꽃 2송이 또는 꽃 1송이와 초콜릿 1개 또는 초콜릿 2개를 받아야 한다. 이때 나머지 네 명의 학생은 꽃 또는 초콜릿 중에서 하나만 받게 된다.

(i) 1명의 학생이 꽃 2송이를 받는 경우

꽃 4송이 중에서 1명의 학생이 받을 꽃 2송이를 고르는 경우의 수는

$$_4C_2 = \frac{4 \times 3}{2 \times 1} = 6$$

이 2송이의 꽃을 받을 1명의 학생과 남은 꽃을 각각 한 송이씩 받을 2명의 학생을 정하는 경우의 수는

$$_5C_1 \times _4P_2 = _5P_3$$
$$= 5 \times 4 \times 3 = 60$$

꽃을 받지 못한 2명의 학생에게 초콜릿을 각각 1개씩 주는 경우의 수는

1 ($\because$ 같은 종류의 초콜릿은 서로 구별하지 않기 때문이다.)

즉, 1명의 학생이 꽃 2송이를 받을 때 구하는 경우의 수는

$$6 \times 60 \times 1 = 360$$

(ii) 1명의 학생이 꽃 1송이와 초콜릿 1개를 받는 경우

꽃 4송이 중에서 1명의 학생이 받을 꽃 1송이와 초콜릿 1개를 고르는 경우의 수는

$$_4C_1 \times 1 = 4 \times 1 = 4$$

($\because$ 같은 종류의 초콜릿은 서로 구별하지 않기 때문이다.)

이 꽃 1송이와 초콜릿 1개를 받을 1명의 학생과 남은 꽃을 각각 한 송이씩 받을 3명의 학생을 정하는 경우의 수는

$$_5C_1 \times _4P_3 = _5P_4$$
$$= 5 \times 4 \times 3 \times 2 = 120$$

꽃을 받지 못한 1명의 학생에게 초콜릿을 1개 주는 경우의 수는

1

즉, 1명의 학생이 꽃 1송이와 초콜릿 1개를 받을 때 구하는 경우의 수는

$$4 \times 120 \times 1 = 480$$

(iii) 1명의 학생이 초콜릿 2개를 받는 경우

초콜릿 2개를 고르는 경우의 수는

$$_2C_2 = 1$$

초콜릿 2개를 받을 1명의 학생과 꽃을 각각 한 송이씩 받을 4명의 학생을 정하는 경우의 수는

$$_5C_1 \times _4P_4 = 5!$$
$$= 5 \times 4 \times 3 \times 2 \times 1 = 120$$

즉, 1명의 학생이 초콜릿 2개를 받을 때 구하는 경우의 수는

$$1 \times 120 = 120$$

(i), (ii), (iii)에서

$$360 + 480 + 120 = 960$$

정답률	13%

A 지점에서 출발하여 B 지점으로 도착할 때, 가로 방향으로 이동한 길이의 합이 4이고 전체 이동한 길이의 합이 12여야 하므로 세로 방향으로 이동한 길이의 합은 8이어야 한다.

(i) 길이가 2인 세로 방향의 도로망을 4번 지나는 경우

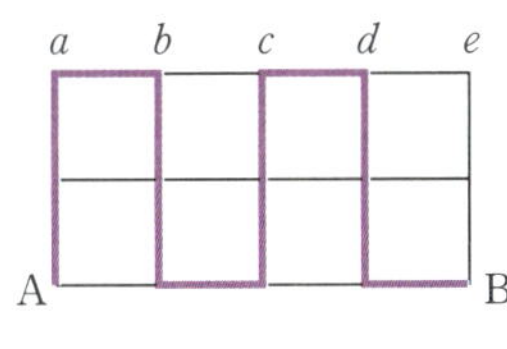

오른쪽 그림과 같이 세로 방향의 도로망 a, b, c, d, e의 5개 중에서 4개를 선택하면 길이가 1인 가로 방향의 4개의 도로망은 자동으로 결정된다.

즉, 조건을 만족시키는 경우의 수는

$$_5C_4 = _5C_1 = 5$$

(ii) 길이가 2인 세로 방향의 도로망을 3번 지나는 경우

세로 방향으로 이동한 길이의 합이 8이어야 하므로 다음 그림과 같이 길이가 1인 (세로, 가로, 세로)방향의 도로망을 연달아 1번 지나야 한다.

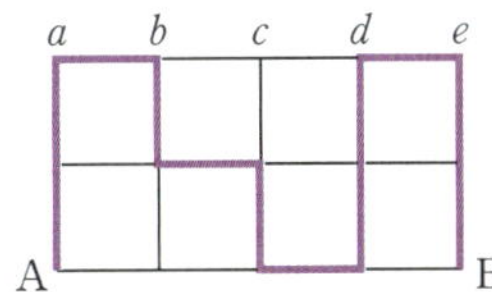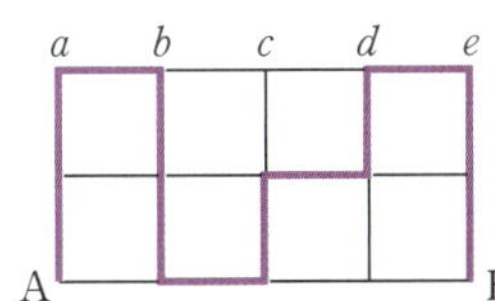

이때 연달아 지나는 길이가 1인 (세로, 가로, 세로) 방향의 도로망이 정해지면 나머지 길이가 1인 가로 방향의 3개의 도로망과 길이가 2인 세로 방향의 3개의 도로망은 자동으로 결정된다.

길이가 1인 (세로, 가로, 세로) 방향의 도로망을 정하는 경우의 수는 세로 방향의 도로망 a, b, c, d, e에 대하여 (a, b), (b, c), (c, d), (d, e) 중에서 한 개를 택하는 경우의 수와 같으므로

$$_4C_1 = 4$$

(i), (ii)에서 $5 + 4 = 9$

Ⅳ. 행렬

12 행렬과 그 연산

기본 문제

본문 098~099쪽

431 ⑤	**432** $A=\begin{pmatrix} 1 & 2 \\ 1 & 0 \end{pmatrix}$		**433** ⑤
434 -3	**435** 1	**436** ④	**437** 2
438 ⑤			

431 행렬의 뜻

$a_{11}=1+2\times1-2=1,\ a_{12}=1+2\times2-2=3,\ a_{13}=1+2\times3-2=5$
$a_{21}=2+2\times1-2=2,\ a_{22}=2+2\times2-2=4,\ a_{23}=2+2\times3-2=6$
$$\therefore A=\begin{pmatrix} 1 & 3 & 5 \\ 2 & 4 & 6 \end{pmatrix}$$
따라서 행렬 A의 모든 성분의 합은
$1+3+5+2+4+6=21$

432 행렬의 뜻

$a_{11}=($도시 1에서 도시 1로 가는 길의 개수$)=1$
$a_{12}=($도시 1에서 도시 2로 가는 길의 개수$)=2$
$a_{21}=($도시 2에서 도시 1로 가는 길의 개수$)=1$
$a_{22}=($도시 2에서 도시 2로 가는 길의 개수$)=0$
$$\therefore A=\begin{pmatrix} 1 & 2 \\ 1 & 0 \end{pmatrix}$$

433 서로 같은 행렬

$\begin{pmatrix} x-2 & -4 \\ 7 & z+w \end{pmatrix}=\begin{pmatrix} -3 & x-y \\ w+3 & 5 \end{pmatrix}$이므로
$x-2=-3$ $\cdots\cdots$ ㉠, $-4=x-y$ $\cdots\cdots$ ㉡
$7=w+3$ $\cdots\cdots$ ㉢, $z+w=5$ $\cdots\cdots$ ㉣
㉠, ㉢에서 $x=-1,\ w=4$
$x=-1$을 ㉡에 대입하면 $y=3$
$w=4$를 ㉣에 대입하면 $z=1$
$\therefore x+y+z-w=(-1)+3+1-4=-1$

434 행렬의 덧셈과 뺄셈

$A+B=\begin{pmatrix} -2 & 1 \\ 1 & 6 \end{pmatrix}+\begin{pmatrix} 1 & -2 \\ 3 & 4 \end{pmatrix}=\begin{pmatrix} -1 & -1 \\ 4 & 10 \end{pmatrix}$

$A-B=\begin{pmatrix} -2 & 1 \\ 1 & 6 \end{pmatrix}-\begin{pmatrix} 1 & -2 \\ 3 & 4 \end{pmatrix}=\begin{pmatrix} -3 & 3 \\ -2 & 2 \end{pmatrix}$

따라서 행렬 $A+B$의 $(1,\ 2)$ 성분은 -1이고, 행렬 $A-B$의
$(2,\ 1)$ 성분은 -2이므로 $m=-1,\ n=-2$
$\therefore m+n=(-1)+(-2)=-3$

435 행렬의 실수배

$\begin{pmatrix} 7 & 3 \\ 9 & 6 \end{pmatrix}=xA+yB$에서

$\begin{pmatrix} 7 & 3 \\ 9 & 6 \end{pmatrix}=x\begin{pmatrix} 3 & 1 \\ 1 & 4 \end{pmatrix}+y\begin{pmatrix} 1 & 0 \\ -3 & 3 \end{pmatrix}$

$\qquad=\begin{pmatrix} 3x & x \\ x & 4x \end{pmatrix}+\begin{pmatrix} y & 0 \\ -3y & 3y \end{pmatrix}$

$\qquad=\begin{pmatrix} 3x+y & x \\ x-3y & 4x+3y \end{pmatrix}$

두 행렬이 서로 같을 조건에 의하여
$3x+y=7$ $\cdots\cdots$ ㉠, $x=3$ $\cdots\cdots$ ㉡
$x-3y=9$ $\cdots\cdots$ ㉢, $4x+3y=6$ $\cdots\cdots$ ㉣
㉠, ㉡에서 $x=3,\ y=-2$
$x=3,\ y=-2$를 ㉢, ㉣에 대입하면 성립한다.
$\therefore x+y=3+(-2)=1$

436 행렬의 곱셈

$A:1\times2$ 행렬, $B:2\times1$ 행렬, $C:2\times2$ 행렬
① 행렬 A의 열의 개수와 행렬 B의 행의 개수가 같으므로 행렬
AB는 정의된다.
② 행렬 A의 열의 개수와 행렬 C의 행의 개수가 같으므로 행렬
AC는 정의된다.
③ 행렬 B의 열의 개수와 행렬 A의 행의 개수가 같으므로 행렬
BA는 정의된다.
④ 행렬 C의 열의 개수와 행렬 A의 행의 개수가 같지 않으므로
행렬 CA는 정의할 수 없다.
⑤ 행렬 C의 열의 개수와 행렬 B의 행의 개수가 같으므로 행렬
CB는 정의된다.
따라서 그 곱을 정의할 수 없는 것은 ④이다.

437 행렬의 거듭제곱

$A=\begin{pmatrix} 2 & -1 \\ 1 & 0 \end{pmatrix}$에서

$A^2=\begin{pmatrix} 2 & -1 \\ 1 & 0 \end{pmatrix}\begin{pmatrix} 2 & -1 \\ 1 & 0 \end{pmatrix}=\begin{pmatrix} 3 & -2 \\ 2 & -1 \end{pmatrix}$

$A^3=A^2A=\begin{pmatrix} 3 & -2 \\ 2 & -1 \end{pmatrix}\begin{pmatrix} 2 & -1 \\ 1 & 0 \end{pmatrix}=\begin{pmatrix} 4 & -3 \\ 3 & -2 \end{pmatrix}$

$\quad\vdots$

$\therefore A^n=\begin{pmatrix} n+1 & -n \\ n & -(n-1) \end{pmatrix}$ (n은 자연수)

$\therefore A^{50}=\begin{pmatrix} 51 & -50 \\ 50 & -49 \end{pmatrix}$

따라서 행렬 A^{50}의 모든 성분의 합은
$51+(-50)+50+(-49)=2$

438 행렬의 곱셈에 대한 성질

$(A+B)^2=A^2+AB+BA+B^2$에서

$$A^2+B^2=(A+B)^2-(AB+BA)$$
$$=\begin{pmatrix} 5 & 2 \\ 0 & -1 \end{pmatrix}\begin{pmatrix} 5 & 2 \\ 0 & -1 \end{pmatrix}-\begin{pmatrix} 0 & 4 \\ 6 & 0 \end{pmatrix}$$
$$=\begin{pmatrix} 25 & 8 \\ 0 & 1 \end{pmatrix}-\begin{pmatrix} 0 & 4 \\ 6 & 0 \end{pmatrix}=\begin{pmatrix} 25 & 4 \\ -6 & 1 \end{pmatrix}$$

439 ④	**440** 155	**441** 3	**442** ②
443 $\begin{pmatrix} 8 & 4 \\ 2 & 9 \end{pmatrix}$	**444** 13	**445** 10	**446** 4
447 ③	**448** 97	**449** 3	**450** ④
451 ③	**452** ①	**453** ①	**454** ③
455 ①	**456** 5	**457** 3	**458** -1

439　행렬의 뜻

$i>j$일 때, $a_{ij}=i+j+3$이므로
$a_{21}=2+1+3=6$
$i=j$일 때, $a_{ij}=ij+1$이므로
$a_{11}=1\times1+1=2$, $a_{22}=2\times2+1=5$
$i<j$일 때, $a_{ij}=i+j-2$이므로
$a_{12}=1+2-2=1$, $a_{13}=1+3-2=2$,
$a_{23}=2+3-2=3$
따라서 $A=\begin{pmatrix} 2 & 1 & 2 \\ 6 & 5 & 3 \end{pmatrix}$이므로 행렬 A의 모든 성분의 합은
$2+1+2+6+5+3=19$

440　서로 같은 행렬

$\begin{pmatrix} x+y & -1 \\ -2 & 2 \end{pmatrix}=\begin{pmatrix} 5 & -1 \\ xy & 2 \end{pmatrix}$이므로
$x+y=5$, $xy=-2$
$\therefore x^3+y^3=(x+y)^3-3xy(x+y)$
$$=5^3-3\times(-2)\times5$$
$$=125+30=155$$

441　행렬의 덧셈과 뺄셈

$3A+2B=\begin{pmatrix} 2 & 7 \\ -3 & 4 \end{pmatrix}$　　······ ㉠

$2A-B=\begin{pmatrix} -1 & 14 \\ -2 & -2 \end{pmatrix}$　　······ ㉡

㉠+㉡×2를 하면
$7A=\begin{pmatrix} 2 & 7 \\ -3 & 4 \end{pmatrix}+2\begin{pmatrix} -1 & 14 \\ -2 & -2 \end{pmatrix}=\begin{pmatrix} 0 & 35 \\ -7 & 0 \end{pmatrix}$
$\therefore A=\begin{pmatrix} 0 & 5 \\ -1 & 0 \end{pmatrix}$

이것을 ㉡에 대입하면
$B=2A-\begin{pmatrix} -1 & 14 \\ -2 & -2 \end{pmatrix}$
$$=2\begin{pmatrix} 0 & 5 \\ -1 & 0 \end{pmatrix}-\begin{pmatrix} -1 & 14 \\ -2 & -2 \end{pmatrix}$$
$$=\begin{pmatrix} 1 & -4 \\ 0 & 2 \end{pmatrix}$$
따라서 $A+B=\begin{pmatrix} 0 & 5 \\ -1 & 0 \end{pmatrix}+\begin{pmatrix} 1 & -4 \\ 0 & 2 \end{pmatrix}=\begin{pmatrix} 1 & 1 \\ -1 & 2 \end{pmatrix}$이므로
행렬 $A+B$의 모든 성분의 합은
$1+1+(-1)+2=3$

442　행렬의 덧셈과 뺄셈

$3X-B=3(A+2X)+5B$에서
$3X-B=3A+6X+5B$
$3X=-3A-6B$
$\therefore X=-A-2B$
$$=-\begin{pmatrix} 2 & 1 \\ 1 & 2 \end{pmatrix}-2\begin{pmatrix} 1 & -3 \\ -2 & 1 \end{pmatrix}$$
$$=\begin{pmatrix} -2 & -1 \\ -1 & -2 \end{pmatrix}-\begin{pmatrix} 2 & -6 \\ -4 & 2 \end{pmatrix}$$
$$=\begin{pmatrix} -4 & 5 \\ 3 & -4 \end{pmatrix}$$

443　행렬의 곱셈

$A=\begin{pmatrix} 0 & 4 \\ 2 & 1 \end{pmatrix}$의 (i, j) 성분은 i지점에서 j지점으로 가는 관광 코스의 수를 나타낸다.
i지점에서 출발하여 두 코스를 이어서 관광하고, j지점에 도착하는 경우는 $i \rightarrow k \rightarrow j$ $(k=1, 2)$이므로 행렬 A의 (i, j) 성분을 a_{ij}라 하면 방법의 수 b_{ij}는
$b_{ij}=a_{i1}a_{1j}+a_{i2}a_{2j}$ $(i, j=1, 2)$
$\therefore b_{11}=a_{11}a_{11}+a_{12}a_{21}$, $b_{12}=a_{11}a_{12}+a_{12}a_{22}$,
　　$b_{21}=a_{21}a_{11}+a_{22}a_{21}$, $b_{22}=a_{21}a_{12}+a_{22}a_{22}$
따라서 두 코스를 이어서 관광하는 방법의 수를 나타내는 행렬은 A^2이다.
$\therefore A^2=\begin{pmatrix} 0 & 4 \\ 2 & 1 \end{pmatrix}\begin{pmatrix} 0 & 4 \\ 2 & 1 \end{pmatrix}=\begin{pmatrix} 8 & 4 \\ 2 & 9 \end{pmatrix}$

444　행렬의 곱셈

이차방정식의 근과 계수의 관계에 의하여
$\alpha+\beta=1$, $\alpha\beta=-7$
$\therefore A^2-2A=\begin{pmatrix} \alpha & 1 \\ 1 & \beta \end{pmatrix}\begin{pmatrix} \alpha & 1 \\ 1 & \beta \end{pmatrix}-2\begin{pmatrix} \alpha & 1 \\ 1 & \beta \end{pmatrix}$
$$=\begin{pmatrix} \alpha^2+1 & \alpha+\beta \\ \alpha+\beta & 1+\beta^2 \end{pmatrix}-\begin{pmatrix} 2\alpha & 2 \\ 2 & 2\beta \end{pmatrix}$$
$$=\begin{pmatrix} \alpha^2-2\alpha+1 & \alpha+\beta-2 \\ \alpha+\beta-2 & \beta^2-2\beta+1 \end{pmatrix}$$

따라서 행렬 A^2-2A의 모든 성분의 합은
$$(\alpha^2-2\alpha+1)+2(\alpha+\beta-2)+(\beta^2-2\beta+1)$$
$$=\alpha^2+\beta^2-2=(\alpha+\beta)^2-2\alpha\beta-2$$
$$=1^2-2\times(-7)-2=13$$

445 행렬의 곱셈

$A+2B=\begin{pmatrix} 3 & 2 \\ -4 & 1 \end{pmatrix}$ ...... ㉠

$A-2B=\begin{pmatrix} -1 & 2 \\ 4 & -3 \end{pmatrix}$ ...... ㉡

㉠+㉡을 하면
$$2A=\begin{pmatrix} 3 & 2 \\ -4 & 1 \end{pmatrix}+\begin{pmatrix} -1 & 2 \\ 4 & -3 \end{pmatrix}=\begin{pmatrix} 2 & 4 \\ 0 & -2 \end{pmatrix}$$

$\therefore A=\begin{pmatrix} 1 & 2 \\ 0 & -1 \end{pmatrix}$

이것을 ㉠에 대입하면
$$2B=\begin{pmatrix} 3 & 2 \\ -4 & 1 \end{pmatrix}-\begin{pmatrix} 1 & 2 \\ 0 & -1 \end{pmatrix}=\begin{pmatrix} 2 & 0 \\ -4 & 2 \end{pmatrix}$$

$\therefore B=\begin{pmatrix} 1 & 0 \\ -2 & 1 \end{pmatrix}$

$$\therefore A^2-4B^2=\begin{pmatrix} 1 & 2 \\ 0 & -1 \end{pmatrix}\begin{pmatrix} 1 & 2 \\ 0 & -1 \end{pmatrix}-4\begin{pmatrix} 1 & 0 \\ -2 & 1 \end{pmatrix}\begin{pmatrix} 1 & 0 \\ -2 & 1 \end{pmatrix}$$
$$=\begin{pmatrix} 1 & 0 \\ 0 & 1 \end{pmatrix}-4\begin{pmatrix} 1 & 0 \\ -4 & 1 \end{pmatrix}$$
$$=\begin{pmatrix} -3 & 0 \\ 16 & -3 \end{pmatrix}$$

따라서 행렬 A^2-4B^2의 모든 성분의 합은
$$(-3)+0+16+(-3)=10$$

> **플러스 강의**
>
> 일반적으로 두 행렬 A, B에 대하여 $AB\neq BA$이므로
> $A^2-4B^2\neq(A+2B)(A-2B)$임에 유의해야 한다.
> 따라서 이 문제는 조건식으로부터 두 행렬 A, B를 각각 구한 후 행렬
> A^2-4B^2을 구해야 한다.

446 행렬의 곱셈

$M=\begin{pmatrix} a & b \\ c & d \end{pmatrix}$라 하면 조건 (가)에 의하여

$$\begin{pmatrix} 0 & 0 \\ 1 & -1 \end{pmatrix}\begin{pmatrix} a & b \\ c & d \end{pmatrix}=\begin{pmatrix} a & b \\ c & d \end{pmatrix}\begin{pmatrix} 0 & 0 \\ 1 & -1 \end{pmatrix}$$

$$\therefore \begin{pmatrix} 0 & 0 \\ a-c & b-d \end{pmatrix}=\begin{pmatrix} b & -b \\ d & -d \end{pmatrix}$$

두 행렬이 서로 같을 조건에 의하여
$$b=0, \ a-c=d \quad \cdots\cdots ㉠$$
한편, 조건 (나)에 의하여 $a+b+c+d=6$이고
㉠에서 $b=0$, $a-c=d$, 즉 $b=0$, $a=c+d$이므로
$$c+d+0+c+d=6 \quad \therefore c+d=3$$
조건 (다)에 의하여 c, d는 음이 아닌 정수이므로 순서쌍 (c, d)
는 $(0, 3)$, $(1, 2)$, $(2, 1)$, $(3, 0)$의 4개이다.

이때 $a=3$, $b=0$이므로 행렬 M은

$\begin{pmatrix} 3 & 0 \\ 0 & 3 \end{pmatrix}, \begin{pmatrix} 3 & 0 \\ 1 & 2 \end{pmatrix}, \begin{pmatrix} 3 & 0 \\ 2 & 1 \end{pmatrix}, \begin{pmatrix} 3 & 0 \\ 3 & 0 \end{pmatrix}$의 4개이다.

447 행렬의 곱셈

행렬 $A=\begin{pmatrix} a & b \\ c & d \end{pmatrix}$ (a, b, c, d는 0 또는 1)라 하면

$$A^2=\begin{pmatrix} a & b \\ c & d \end{pmatrix}\begin{pmatrix} a & b \\ c & d \end{pmatrix}=\begin{pmatrix} a^2+bc & b(a+d) \\ c(a+d) & bc+d^2 \end{pmatrix}=\begin{pmatrix} 1 & 0 \\ 2 & 1 \end{pmatrix}$$

$\therefore a^2+bc=1$ ...... ㉠
$b(a+d)=0$ ...... ㉡
$c(a+d)=2$ ...... ㉢
$bc+d^2=1$ ...... ㉣

㉠−㉣을 하면
$$a^2-d^2=0, \ (a+d)(a-d)=0$$
$$a+d=0 \text{ 또는 } a-d=0$$
$$\therefore a=0, d=0 \text{ 또는 } a=1, d=1$$
그런데 $a=0$, $d=0$이면 ㉢은 성립하지 않으므로
$$a=1, d=1 \quad \cdots\cdots ㉤$$
㉤을 ㉡에 대입하면 $b(1+1)=0$ $\therefore b=0$
㉤을 ㉢에 대입하면 $c(1+1)=2$ $\therefore c=1$

$\therefore A=\begin{pmatrix} 1 & 0 \\ 1 & 1 \end{pmatrix}$

ㄱ. $a_{11}=1$이므로 P_1항공사는 X_1지역으로 운항하는 노선이 있다. (참)

ㄴ. $a_{21}=1$, $a_{22}=1$이므로 P_2항공사는 X_1, X_2 두 지역으로 운항하는 노선이 모두 있다. (참)

ㄷ. $a_{12}=0$이므로 P_1항공사는 X_2지역으로 운항하는 노선이 없다. (거짓)

따라서 옳은 것은 ㄱ, ㄴ이다.

448 행렬의 거듭제곱

$A=\begin{pmatrix} 1 & 2 \\ -1 & -1 \end{pmatrix}$에서

$A^2=\begin{pmatrix} 1 & 2 \\ -1 & -1 \end{pmatrix}\begin{pmatrix} 1 & 2 \\ -1 & -1 \end{pmatrix}=\begin{pmatrix} -1 & 0 \\ 0 & -1 \end{pmatrix}=-E$

$A^4=(A^2)^2=(-E)^2=E$

$\therefore A=A^5=A^9=\cdots$

따라서 n은 4로 나누었을 때의 나머지가 1인 수이므로 두 자리의 자연수 n의 최댓값은 97이다.

449 행렬의 거듭제곱

$A=\begin{pmatrix} a & 0 \\ 0 & 1 \end{pmatrix}$에서

$A^2=\begin{pmatrix} a & 0 \\ 0 & 1 \end{pmatrix}\begin{pmatrix} a & 0 \\ 0 & 1 \end{pmatrix}=\begin{pmatrix} a^2 & 0 \\ 0 & 1 \end{pmatrix}$

$$A^3=A^2A=\begin{pmatrix} a^2 & 0 \\ 0 & 1 \end{pmatrix}\begin{pmatrix} a & 0 \\ 0 & 1 \end{pmatrix}=\begin{pmatrix} a^3 & 0 \\ 0 & 1 \end{pmatrix}$$

$$\vdots$$

$$\therefore A^n=\begin{pmatrix} a^n & 0 \\ 0 & 1 \end{pmatrix} (n\text{은 자연수})$$

따라서 $A^9=\begin{pmatrix} a^9 & 0 \\ 0 & 1 \end{pmatrix}=\begin{pmatrix} 512 & b \\ c & d \end{pmatrix}$이므로

$a=2,\ b=0,\ c=0,\ d=1$

$\therefore a+b+c+d=2+0+0+1=3$

플러스 강의

다음과 같은 특수한 행렬의 거듭제곱을 알아두면 편리하다.

(1) $\begin{pmatrix} 1 & a \\ 0 & 1 \end{pmatrix}^n=\begin{pmatrix} 1 & an \\ 0 & 1 \end{pmatrix}$ 　　(2) $\begin{pmatrix} 1 & 0 \\ a & 1 \end{pmatrix}^n=\begin{pmatrix} 1 & 0 \\ an & 1 \end{pmatrix}$

(3) $\begin{pmatrix} a & 0 \\ 0 & b \end{pmatrix}^n=\begin{pmatrix} a^n & 0 \\ 0 & b^n \end{pmatrix}$

450　행렬의 곱셈

$$\begin{pmatrix} 2a+5c \\ 2b+5d \end{pmatrix}=\begin{pmatrix} 2a \\ 2b \end{pmatrix}+\begin{pmatrix} 5c \\ 5d \end{pmatrix}=2\begin{pmatrix} a \\ b \end{pmatrix}+5\begin{pmatrix} c \\ d \end{pmatrix}$$

$$\therefore A\begin{pmatrix} 2a+5c \\ 2b+5d \end{pmatrix}=2A\begin{pmatrix} a \\ b \end{pmatrix}+5A\begin{pmatrix} c \\ d \end{pmatrix}$$

$$=2\begin{pmatrix} 2 \\ 1 \end{pmatrix}+5\begin{pmatrix} 1 \\ -2 \end{pmatrix}$$

$$=\begin{pmatrix} 4 \\ 2 \end{pmatrix}+\begin{pmatrix} 5 \\ -10 \end{pmatrix}=\begin{pmatrix} 9 \\ -8 \end{pmatrix}$$

플러스 강의

행렬의 곱셈식이 변형된 문제

이차정사각행렬 A에 대하여 $A\begin{pmatrix} a \\ b \end{pmatrix}=\begin{pmatrix} p \\ q \end{pmatrix},\ A\begin{pmatrix} c \\ d \end{pmatrix}=\begin{pmatrix} r \\ s \end{pmatrix}$이면

(1) $A\begin{pmatrix} a+c \\ b+d \end{pmatrix}=\begin{pmatrix} p+r \\ q+s \end{pmatrix}$

(2) $\begin{pmatrix} m \\ n \end{pmatrix}=x\begin{pmatrix} a \\ b \end{pmatrix}+y\begin{pmatrix} c \\ d \end{pmatrix}$일 때,

$\quad A\begin{pmatrix} m \\ n \end{pmatrix}=xA\begin{pmatrix} a \\ b \end{pmatrix}+yA\begin{pmatrix} c \\ d \end{pmatrix}=x\begin{pmatrix} p \\ q \end{pmatrix}+y\begin{pmatrix} r \\ s \end{pmatrix}=\begin{pmatrix} xp+yr \\ xq+ys \end{pmatrix}$

451　행렬의 곱셈

$\begin{pmatrix} 4 \\ 5 \end{pmatrix}=a\begin{pmatrix} 2 \\ 1 \end{pmatrix}+b\begin{pmatrix} 1 \\ 2 \end{pmatrix}$ $(a,\ b$는 상수$)$라 하면

$$\begin{pmatrix} 4 \\ 5 \end{pmatrix}=\begin{pmatrix} 2a \\ a \end{pmatrix}+\begin{pmatrix} b \\ 2b \end{pmatrix}=\begin{pmatrix} 2a+b \\ a+2b \end{pmatrix}$$

$\therefore 2a+b=4,\ a+2b=5$

이 두 식을 연립하여 풀면

$a=1,\ b=2$

즉, $\begin{pmatrix} 4 \\ 5 \end{pmatrix}=\begin{pmatrix} 2 \\ 1 \end{pmatrix}+2\begin{pmatrix} 1 \\ 2 \end{pmatrix}$이므로 양변의 왼쪽에 행렬 A를 곱하면

$$A\begin{pmatrix} 4 \\ 5 \end{pmatrix}=A\begin{pmatrix} 2 \\ 1 \end{pmatrix}+2A\begin{pmatrix} 1 \\ 2 \end{pmatrix}$$

$$=\begin{pmatrix} 3 \\ -2 \end{pmatrix}+2\begin{pmatrix} -1 \\ 1 \end{pmatrix}=\begin{pmatrix} 1 \\ 0 \end{pmatrix}$$

452　행렬의 곱셈에 대한 성질

$\neg.\ (A+B)(A-B)=A^2-AB+BA-B^2$
$$\neq A^2-B^2\ (\because AB\neq BA)\ (\text{거짓})$$

$\llcorner.\ (A+E)^2=(A+E)(A+E)$
$$=A^2+AE+EA+E^2$$
$$=A^2+2A+E\ (\text{참})$$

$\llcorner\llcorner.\ A^3B-AB^3=A(A^2B-B^3)$
$$=A(A^2-B^2)B$$
$$\neq AB(A^2-B^2)$$
$$(\because (A^2-B^2)B\neq B(A^2-B^2))\ (\text{거짓})$$

따라서 옳은 것은 ㄴ이다.

플러스 강의

행렬의 곱셈에 대한 성질은 실수의 곱셈에 대한 성질과 다르므로 다음에 주의한다.

(1) $A\neq O,\ B\neq O$이면 $AB\neq O$이다. (거짓)

(2) $AB=O$이면 $A=O$ 또는 $B=O$이다. (거짓)

(3) $A^3=O$이면 $A=O$이다. (거짓)

(4) $AC=BC$이고 $C\neq O$이면 $A=B$이다. (거짓)

(5) $A\neq O,\ B\neq O$이지만 $AB=O$인 행렬 $A,\ B$가 존재한다. (참)

(6) 서로소인 두 자연수 $m,\ n$에 대하여 $A^m=A^n=E$이면 $A=E$이다.
$\qquad\qquad\qquad\qquad\qquad\qquad\qquad\qquad$ (참)

453　행렬의 거듭제곱

Step ❶ $A^2,\ B^2$을 E에 대하여 나타내기

$A+B=O$에서 $B=-A$이므로

이것을 $AB=3E$에 대입하면

$A(-A)=3E$

$\therefore A^2=-3E$

$A+B=O$에서 $A=-B$이므로

이것을 $AB=3E$에 대입하면

$(-B)B=3E$

$\therefore B^2=-3E$

Step ❷ $A^{2n}+B^{2n},\ A^{2n+1}+B^{2n+1}$을 간단히 나타내기

자연수 n에 대하여

$$A^{2n}+B^{2n}=(A^2)^n+(B^2)^n$$
$$=(-3E)^n+(-3E)^n$$
$$=2\times(-3)^nE$$
$$A^{2n+1}+B^{2n+1}=(A^2)^nA+(B^2)^nB$$
$$=(-3E)^nA+(-3E)^nB$$
$$=(-3E)^n(A+B)$$
$$=O\ (\because A+B=O)$$

Step ❸ 상수 k의 값 구하기

$\therefore (A+B)+(A^2+B^2)+\cdots+(A^{10}+B^{10})$
$$=O+2\times(-3)E+O+2\times(-3)^2E+\cdots+O+2\times(-3)^5E$$
$$=\{(-6)+18+(-54)+162+(-486)\}E$$
$$=-366E$$

$\therefore k=-366$

454 행렬의 곱셈

Step ❶ AB를 주어진 표의 성분으로 나타내어 a, b, c, d의 식 나타내기

$$AB=\begin{pmatrix} a_{11} & a_{12} \\ a_{21} & a_{22} \end{pmatrix}\begin{pmatrix} b_{11} & b_{12} \\ b_{21} & b_{22} \end{pmatrix}$$
$$=\begin{pmatrix} a_{11}b_{11}+a_{12}b_{21} & a_{11}b_{12}+a_{12}b_{22} \\ a_{21}b_{11}+a_{22}b_{21} & a_{21}b_{12}+a_{22}b_{22} \end{pmatrix}$$
$$=\begin{pmatrix} a & b \\ c & d \end{pmatrix}$$

Step ❷ 각 성분의 의미 파악하기

ㄱ. $a=a_{11}b_{11}+a_{12}b_{21}$이므로

a는 지난해 상반기에 판매된 두 제품 ㉮, ㉯의 제조원가 총액이다.

$b=a_{11}b_{12}+a_{12}b_{22}$이므로

b는 지난해 하반기에 판매된 두 제품 ㉮, ㉯의 제조원가 총액이다.

따라서 $a+b$는 지난해 1년 동안 판매된 두 제품 ㉮, ㉯의 제조원가 총액이다. (참)

ㄴ. $c=a_{21}b_{11}+a_{22}b_{21}$이므로

c는 지난해 상반기에 판매된 두 제품 ㉮, ㉯의 판매 총액이다.

$d=a_{21}b_{12}+a_{22}b_{22}$이므로

d는 지난해 하반기에 판매된 두 제품 ㉮, ㉯의 판매 총액이다.

따라서 $c+d$는 지난해 1년 동안 판매된 두 제품 ㉮, ㉯의 판매 총액이다. (거짓)

ㄷ. $c-a$는 지난해 상반기에 판매된 두 제품 ㉮, ㉯의 판매 총액에서 제조원가 총액을 뺀 것이므로 지난해 상반기에 판매된 두 제품 ㉮, ㉯의 판매 이익금 총액이다. (참)

따라서 옳은 것은 ㄱ, ㄷ이다.

455 행렬의 곱셈에 대한 성질

Step ❶ ㄱ, ㄴ, ㄷ의 참, 거짓 판단하기

ㄱ. $A=\begin{pmatrix} 0 & 1 \\ 0 & 0 \end{pmatrix}$이면

$$A^2=\begin{pmatrix} 0 & 1 \\ 0 & 0 \end{pmatrix}\begin{pmatrix} 0 & 1 \\ 0 & 0 \end{pmatrix}=\begin{pmatrix} 0 & 0 \\ 0 & 0 \end{pmatrix}=O$$

이지만 $A\neq O$이다. (거짓)

ㄴ. $A^2-A+E=O$의 양변에 $A+E$를 곱하면

$(A+E)(A^2-A+E)=O$

$(A^3-A^2+A)+(A^2-A+E)=O$

$\therefore A^3=-E$

$\therefore A^6=(A^3)^2=(-E)^2=E$ (참)

ㄷ. $A=\begin{pmatrix} 0 & 1 \\ 1 & 0 \end{pmatrix}$이면

$$A^2=\begin{pmatrix} 0 & 1 \\ 1 & 0 \end{pmatrix}\begin{pmatrix} 0 & 1 \\ 1 & 0 \end{pmatrix}=\begin{pmatrix} 1 & 0 \\ 0 & 1 \end{pmatrix}=E$$

이지만 $A\neq E$, $A\neq -E$이다. (거짓)

Step ❷ 옳은 것만을 있는 대로 고르기

따라서 옳은 것은 ㄴ이다.

456 행렬의 곱셈

$(A+B)(A-B)=A^2-AB+BA-B^2=A^2-B^2$

이므로 $AB=BA$가 성립한다. 즉,

$$\begin{pmatrix} 2 & -2 \\ 3 & 0 \end{pmatrix}\begin{pmatrix} a & -2 \\ 3 & 3 \end{pmatrix}=\begin{pmatrix} a & -2 \\ 3 & 3 \end{pmatrix}\begin{pmatrix} 2 & -2 \\ 3 & 0 \end{pmatrix}$$

$$\begin{pmatrix} 2a-6 & -10 \\ 3a & -6 \end{pmatrix}=\begin{pmatrix} 2a-6 & -2a \\ 15 & -6 \end{pmatrix} \qquad \cdots\ \text{❶}$$

두 행렬이 서로 같을 조건에 의하여

$-10=-2a$, $3a=15$

$\therefore a=5$ $\qquad\qquad\qquad\qquad\qquad\qquad \cdots\ \text{❷}$

채점 기준	배점 비율
❶ $(A+B)(A-B)=A^2-B^2$이 성립할 조건 찾기	50%
❷ a의 값 구하기	50%

457 행렬의 거듭제곱

$A=\begin{pmatrix} 1 & 0 \\ 0 & 2 \end{pmatrix}$에서

$$A^2=\begin{pmatrix} 1 & 0 \\ 0 & 2 \end{pmatrix}\begin{pmatrix} 1 & 0 \\ 0 & 2 \end{pmatrix}=\begin{pmatrix} 1 & 0 \\ 0 & 2^2 \end{pmatrix}$$

$$A^3=A^2A=\begin{pmatrix} 1 & 0 \\ 0 & 2^2 \end{pmatrix}\begin{pmatrix} 1 & 0 \\ 0 & 2 \end{pmatrix}=\begin{pmatrix} 1 & 0 \\ 0 & 2^3 \end{pmatrix}$$

$\vdots$

$\therefore A^n=\begin{pmatrix} 1 & 0 \\ 0 & 2^n \end{pmatrix}$ (n은 자연수) $\qquad \cdots\ \text{❶}$

$B=\begin{pmatrix} 3 & 0 \\ 0 & 1 \end{pmatrix}$에서

$$B^2=\begin{pmatrix} 3 & 0 \\ 0 & 1 \end{pmatrix}\begin{pmatrix} 3 & 0 \\ 0 & 1 \end{pmatrix}=\begin{pmatrix} 3^2 & 0 \\ 0 & 1 \end{pmatrix}$$

$$B^3=B^2B=\begin{pmatrix} 3^2 & 0 \\ 0 & 1 \end{pmatrix}\begin{pmatrix} 3 & 0 \\ 0 & 1 \end{pmatrix}=\begin{pmatrix} 3^3 & 0 \\ 0 & 1 \end{pmatrix}$$

$\vdots$

$\therefore B^n=\begin{pmatrix} 3^n & 0 \\ 0 & 1 \end{pmatrix}$ (n은 자연수) $\qquad \cdots\ \text{❷}$

$$\therefore A^n+B^n=\begin{pmatrix} 1 & 0 \\ 0 & 2^n \end{pmatrix}+\begin{pmatrix} 3^n & 0 \\ 0 & 1 \end{pmatrix}=\begin{pmatrix} 1+3^n & 0 \\ 0 & 2^n+1 \end{pmatrix}$$

이때 행렬 A^n+B^n의 모든 성분의 합은 2^n+3^n+2이므로

$2^n+3^n+2=37$에서 $2^n+3^n=35$

따라서 이 식을 만족시키는 자연수 n의 값은 3이다. $\qquad \cdots\ \text{❸}$

채점 기준	배점 비율
❶ 행렬 A^n을 n에 대한 식으로 나타내기	40%
❷ 행렬 B^n을 n에 대한 식으로 나타내기	40%
❸ 행렬 A^n+B^n을 n에 대한 식으로 나타낸 후, 조건을 만족시키는 자연수 n의 값 구하기	20%

458 행렬의 곱셈

$A\begin{pmatrix} 1 \\ 1 \end{pmatrix}=\begin{pmatrix} 1 \\ 0 \end{pmatrix}$의 양변의 왼쪽에 행렬 A를 곱하면

$A^2\begin{pmatrix} 1 \\ 1 \end{pmatrix}=A\begin{pmatrix} 1 \\ 0 \end{pmatrix}$ $\quad\cdots\cdots\ \bigcirc$ $\qquad \cdots\ \text{❶}$

$A^2-A+E=O$에서 $A^2=A-E$이므로 이것을 ㉠에 대입하면

$$(A-E)\binom{1}{1}=A\binom{1}{0}$$

$$A\binom{1}{1}-\binom{1}{1}=A\binom{1}{0},\ \binom{1}{0}-\binom{1}{1}=A\binom{1}{0}$$

$$\therefore A\binom{1}{0}=\binom{0}{-1} \qquad \cdots ❷$$

따라서 구하는 행렬의 모든 성분의 합은 -1이다. $\qquad \cdots ❸$

채점 기준	배점 비율
❶ $A\binom{1}{1}=\binom{1}{0}$의 양변의 왼쪽에 행렬 A를 곱하기	40%
❷ $A^2-A+E=O$를 이용하여 식 변형하기	40%
❸ 행렬 $A\binom{1}{0}$의 모든 성분의 합 구하기	20%

459 ②	**460** 36	**461** ①	**462** ③
463 ③	**464** 14	**465** 4	**466** 25

459 행렬의 뜻

이차함수 $y=x^2-2(i+j)x+9$의 그래프와 x축이 만나는 점의 개수는 이차방정식 $x^2-2(i+j)x+9=0$의 실근의 개수와 같다.

이차방정식 $x^2-2(i+j)x+9=0$의 판별식을 D라 하면

$$\frac{D}{4}=(i+j)^2-9$$

$i=1$, $j=1$일 때, $\dfrac{D}{4}=(1+1)^2-9=-5<0$이므로

$a_{11}=0$

$i=1$, $j=2$일 때, $\dfrac{D}{4}=(1+2)^2-9=0$이므로

$a_{12}=1$

$i=2$, $j=1$일 때, $\dfrac{D}{4}=(2+1)^2-9=0$이므로

$a_{21}=1$

$i=2$, $j=2$일 때, $\dfrac{D}{4}=(2+2)^2-9=7>0$이므로

$a_{22}=2$

$$\therefore A=\begin{pmatrix} 0 & 1 \\ 1 & 2 \end{pmatrix}$$

460 행렬의 곱셈

정답률	89%

$$AB=\begin{pmatrix} 1 & 0 \\ 2 & 1 \end{pmatrix}\begin{pmatrix} 3 & p \\ q & 3 \end{pmatrix}=\begin{pmatrix} 3 & p \\ 6+q & 2p+3 \end{pmatrix}$$에서

$$\begin{pmatrix} 3 & p \\ 6+q & 2p+3 \end{pmatrix}=\begin{pmatrix} 3 & 0 \\ 0 & 3 \end{pmatrix}$$이어야 하므로

$p=0$, $6+q=0$, $2p+3=3$

따라서 $p=0$, $q=-6$이므로

$p^2+q^2=0^2+(-6)^2=36$

461 행렬의 곱셈

수요일의 번호가 $\boxed{1}\,\boxed{1}\,\boxed{2}\,\boxed{5}$이므로

목요일의 번호는

$$\begin{pmatrix} 1 & 0 \\ 2 & 1 \end{pmatrix}\begin{pmatrix} 1 & 1 \\ 2 & 5 \end{pmatrix}=\begin{pmatrix} 1 & 1 \\ 4 & 7 \end{pmatrix}$$에서 $\boxed{1}\,\boxed{1}\,\boxed{4}\,\boxed{7}$

금요일의 번호는

$$\begin{pmatrix} 1 & 0 \\ 2 & 1 \end{pmatrix}\begin{pmatrix} 1 & 1 \\ 4 & 7 \end{pmatrix}=\begin{pmatrix} 1 & 1 \\ 6 & 9 \end{pmatrix}$$에서 $\boxed{1}\,\boxed{1}\,\boxed{6}\,\boxed{9}$

이때 $(2, 1)$ 성분과 $(2, 2)$ 성분이 2씩 증가하므로 바뀐 번호가 처음 설정한 번호와 일치하려면 수요일로부터 5일이 지난 날이어야 한다.

따라서 숙성창고 출입문이 처음으로 열리는 요일은 월요일이다.

462 행렬의 곱셈

$$A_1=\begin{pmatrix} 1 & 2 \\ 3 & 4 \end{pmatrix}$$에서

$$A_2=\begin{pmatrix} 1 & 2 \\ 3 & 4 \end{pmatrix}\begin{pmatrix} 0 & 1 \\ -1 & 0 \end{pmatrix}=\begin{pmatrix} -2 & 1 \\ -4 & 3 \end{pmatrix}$$

$$A_3=\begin{pmatrix} -2 & 1 \\ -4 & 3 \end{pmatrix}\begin{pmatrix} 0 & 1 \\ -1 & 0 \end{pmatrix}=\begin{pmatrix} -1 & -2 \\ -3 & -4 \end{pmatrix}$$

$$A_4=\begin{pmatrix} -1 & -2 \\ -3 & -4 \end{pmatrix}\begin{pmatrix} 0 & 1 \\ -1 & 0 \end{pmatrix}=\begin{pmatrix} 2 & -1 \\ 4 & -3 \end{pmatrix}$$

$$A_5=\begin{pmatrix} 2 & -1 \\ 4 & -3 \end{pmatrix}\begin{pmatrix} 0 & 1 \\ -1 & 0 \end{pmatrix}=\begin{pmatrix} 1 & 2 \\ 3 & 4 \end{pmatrix}=A_1$$

따라서

$A_1=A_5=A_9=\cdots=A_{97}$,

$A_2=A_6=A_{10}=\cdots=A_{98}$,

$A_3=A_7=A_{11}=\cdots=A_{99}$,

$A_4=A_8=A_{12}=\cdots=A_{100}$

이므로 행렬 A_{100}의 $(1, 1)$ 성분과 $(2, 2)$ 성분의 합은

$2+(-3)=-1$

463 행렬의 곱셈

선택률	①	②	③	④	⑤
	5%	2%	86%	2%	2%

A학과의 일반 전형 지원자 수는 30×5.1

B학과의 일반 전형 지원자 수는 40×10.7

A학과의 특별 전형 지원자 수는 10×21.4

B학과의 특별 전형 지원자 수는 20×11.5

즉, A, B 두 학과의 일반 전형 지원자 수의 합은

$m=30\times5.1+40\times10.7$

B학과의 일반 전형과 특별 전형 지원자 수의 합은
$n=40\times10.7+20\times11.5$

이때 두 행렬 $P=\begin{pmatrix}30&40\\10&20\end{pmatrix}$, $Q=\begin{pmatrix}5.1&21.4\\10.7&11.5\end{pmatrix}$에 대하여

$PQ=\begin{pmatrix}30\times5.1+40\times10.7&30\times21.4+40\times11.5\\10\times5.1+20\times10.7&10\times21.4+20\times11.5\end{pmatrix}$

$QP=\begin{pmatrix}5.1\times30+21.4\times10&5.1\times40+21.4\times20\\10.7\times30+11.5\times10&10.7\times40+11.5\times20\end{pmatrix}$

이므로 m은 행렬 PQ의 $(1,\ 1)$ 성분과 같고, n은 행렬 QP의 $(2,\ 2)$ 성분과 같다.

따라서 $m+n$의 값은 행렬 PQ의 $(1,\ 1)$ 성분과 행렬 QP의 $(2,\ 2)$ 성분의 합과 같다.

464 행렬의 곱셈

$a_{ij}=a_{ji}$이므로 $a_{12}=a_{21}$
$b_{ij}=-b_{ji}$이므로 $b_{11}=-b_{11}$, $b_{22}=-b_{22}$이려면
$b_{11}=b_{22}=0$이고, $b_{21}=-b_{12}$

이때 $A+B=\begin{pmatrix}8&15\\-1&7\end{pmatrix}$에서

$A+B=\begin{pmatrix}a_{11}&a_{12}\\a_{12}&a_{22}\end{pmatrix}+\begin{pmatrix}0&b_{12}\\-b_{12}&0\end{pmatrix}$

$\qquad=\begin{pmatrix}a_{11}&a_{12}+b_{12}\\a_{12}-b_{12}&a_{22}\end{pmatrix}=\begin{pmatrix}8&15\\-1&7\end{pmatrix}$

즉, $a_{22}=7$이고
$a_{12}+b_{12}=15$, $a_{12}-b_{12}=-1$이므로
이 두 식을 연립하여 풀면
$a_{12}=7$, $b_{12}=8$
$\therefore a_{21}+a_{22}=7+7=14$

465 행렬의 곱셈

두 행렬 $A=\begin{pmatrix}a&-1\\1&b\end{pmatrix}$, $B=\begin{pmatrix}-1&-1\\0&-2\end{pmatrix}$에 대하여

$AB+A=O$이어야 하므로

$AB=\begin{pmatrix}a&-1\\1&b\end{pmatrix}\begin{pmatrix}-1&-1\\0&-2\end{pmatrix}=\begin{pmatrix}-a&-a+2\\-1&-1-2b\end{pmatrix}$에서

$AB+A=\begin{pmatrix}-a&-a+2\\-1&-1-2b\end{pmatrix}+\begin{pmatrix}a&-1\\1&b\end{pmatrix}=\begin{pmatrix}0&-a+1\\0&-1-b\end{pmatrix}=\begin{pmatrix}0&0\\0&0\end{pmatrix}$

$-a+1=0$, $-1-b=0$
$\therefore a=1$, $b=-1$

$\therefore A=\begin{pmatrix}1&-1\\1&-1\end{pmatrix}$

이때 $A^2=\begin{pmatrix}1&-1\\1&-1\end{pmatrix}\begin{pmatrix}1&-1\\1&-1\end{pmatrix}=\begin{pmatrix}0&0\\0&0\end{pmatrix}=O$이므로

$A^2=A^3=A^4=\cdots=A^{2010}=O$

따라서 $A+A^2+A^3+\cdots+A^{2010}=A=\begin{pmatrix}1&-1\\1&-1\end{pmatrix}$이므로

$p=1$, $q=-1$, $r=1$, $s=-1$
$\therefore p^2+q^2+r^2+s^2=1^2+(-1)^2+1^2+(-1)^2=4$

466 행렬의 곱셈

$A=\begin{pmatrix}1&1\\0&p\end{pmatrix}$에 대하여

$A^2=\begin{pmatrix}1&1\\0&p\end{pmatrix}\begin{pmatrix}1&1\\0&p\end{pmatrix}=\begin{pmatrix}1&1+p\\0&p^2\end{pmatrix}$

$5A=5\begin{pmatrix}1&1\\0&p\end{pmatrix}=\begin{pmatrix}5&5\\0&5p\end{pmatrix}$

이때 행렬 $X=\begin{pmatrix}a&b\\c&d\end{pmatrix}$에 대하여 $D(X)=ad-bc$이므로

$D(A^2)=1\times p^2-(1+p)\times0=p^2$
$D(5A)=5\times5p-5\times0=25p$
$D(A^2)=D(5A)$이려면
$p^2=25p$에서 $p^2-25p=0$
$p(p-25)=0$
$\therefore p=0$ 또는 $p=25$
따라서 조건을 만족시키는 모든 상수 p의 합은
$0+25=25$

MEMO

MEMO

메가스터디 고등 학습 시리즈

메가스터디 N제

공통수학1 466제 정답 및 해설

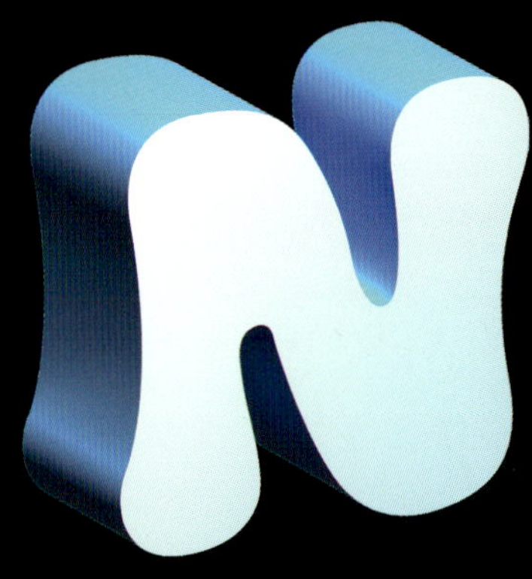

메가스터디BOOKS

내용 문의 02-6984-6901 | **구입 문의** 02-6984-6868,9 | www.megastudybooks.com